“十二五”职业教育国家规划教材
经全国职业教育教材审定委员会审定

工业企业供电
（第二版）

主　编　王艳华
副主编　韩志凌
编　写　宋玉秋　王升花
主　审　刘介才　徐其春

中国电力出版社
CHINA ELECTRIC POWER PRESS

内 容 简 介

本书为“十二五”职业教育国家规划教材。主要介绍了大中型（含小型）企业供电系统，共分十章，包括概述、电力负荷及其计算、电力线路、短路电流计算、电气设备及其选择、继电保护及接地与防雷、二次接线及自动装置、供电质量的提高与电能节约、电气照明、供电系统的运行与管理等内容。

本书在第一版的基础上，根据供电技术的发展增加了GIS组合电器、配电自动化系统、供电系统的运行与管理等内容。书中符号和术语均采用最新的国家标准和行业标准，内容符合最新的行业规程、规范，深入浅出，便于自学。为方便教师授课，本书还配有免费电子教案，凡选本书作为教材的单位，均可登录“教材服务网”(http://jc.cepp.sgcc.com.cn)注册、下载。

本书可作为高职高专、职工大学、电视大学的电气自动化技术、供用电技术、新能源应用技术、建筑电气技术等专业教学用书，并可供应用型本科相关专业及有关工程技术人员参考。

图书在版编目（CIP）数据

工业企业供电/王艳华主编. —2版. —北京：中国电力出版社，2014.8（2021.1重印）
“十二五”职业教育国家规划教材
ISBN 978-7-5123-6131-7

Ⅰ.①工… Ⅱ.①王… Ⅲ.①工业用电—供电—高等职业教育—教材 Ⅳ.①TM727.3

中国版本图书馆CIP数据核字（2014）第144769号

出版发行：中国电力出版社
地　　址：北京市东城区北京站西街19号（邮政编码100005）
网　　址：http://www.cepp.sgcc.com.cn
责任编辑：雷　锦（010-63412530）
责任校对：黄　蓓
装帧设计：郝晓燕
责任印制：钱兴根

印　　刷：北京九州迅驰传媒文化有限公司
版　　次：2006年3月第一版　2014年8月第二版
印　　次：2021年1月北京第七次印刷
开　　本：787毫米×1092毫米　16开本
印　　张：18
字　　数：436千字
定　　价：45.00元

前　言

本书是根据教育部审定的《高等职业学校专业教学标准》和电气类专业主干课程的教学大纲编写的，可作为高等职业教育电气类专业教学用书。

全书共分十章。首先简要地介绍了工业企业供电系统的概况及有关知识，接着系统地讲述了工业企业电力负荷及其计算、工业企业电力线路、短路电流计算、电气设备及其选择条件、工业企业供电系统继电保护、工业企业供电系统二次接线及自动装置、供电质量的提高与电能节约、工业企业的电气照明，最后讲述了供电系统的运行与管理。为了便于读者学习及检验学习效果，每章末附有习题，并在文前列出了常用文字符号表，附录给出了工业企业常用技术数据表，供读者参阅查询。

本书在第一版的基础上，根据供电技术的发展增加了 GIS 组合电器、配电自动化系统、供电系统的运行与管理等内容。书中符号和术语均采用最新的国家标准和行业标准，内容符合最新的行业规程、规范，深入浅出，便于自学。本书体现了现代教育侧重能力培养的理念和高职教育侧重技术应用的要求，具有"理论简、起点高、内容新、应用多、学得活"的特点；注重介绍新技术的应用和供电技术的发展趋势，结合大中型企业供电系统运行与管理的实际，增加了"GIS 组合电器"、"配电自动化系统"、"变电站微机保护"、"变电站综合自动化"等高新技术的内容。限于篇幅，部分内容只做了简要介绍，旨在抛砖引玉，引导读者深入阅读和自学相关书籍。

本书由王艳华任主编并编写第一、二、三、九章，韩志凌任副主编并编写第四、五、八、十章及附录，宋玉秋编写第六章，王升花编写第七章及常用文字符号表。全书由王艳华教授整理并定稿。

本书由刘介才教授及北京市电力公司徐其春担任主审，他们在审阅大纲和稿件过程中提出了许多宝贵的意见和建议，在此表示衷心的感谢！

由于时间紧迫，书中难免有疏漏及不妥之处，恳请读者批评指正。

编　者

第一版前言

本书为教育部职业教育与成人教育司推荐教材，是根据教育部审定的电力技术类专业主干课程的教学大纲编写而成的，并列入教育部《2004～2007年职业教育教材开发编写计划》。本书经中国电力教育协会和中国电力出版社组织专家评审，同意列为全国电力高等职业教育规划教材，作为高等职业教育电力技术类专业教学用书。

本书体现了职业教育的性质、任务和培养目标；符合职业教育的课程教学基本要求和有关岗位资格和技术等级要求；具有思想性、科学性、适合国情的先进性和教学适应性；符合职业教育的特点和规律，具有明显的职业教育特色；符合国家有关部门颁发的技术质量标准。本书既可以作为学历教育教学用书，也可作为职业资格和岗位技能培训教材。

全书共分九章。首先简要地介绍了工业企业供电系统的概况及有关知识，接着系统地讲述了工业企业的电力负荷及其计算，工业企业电力线路，短路电流计算，电气设备及其选择条件，工业企业供电系统继电保护，接地与防雷，二次接线及自动装置，最后讲述了供电质量的提高、节约电能、电气照明的基本知识。为了便于学生学习，每章末附有习题，本书文前列出常用的电气设备的文字符号以及物理量下角标的文字符号，书末附录中编入了工业企业常用技术数据表。

本书是在作者查阅了大量相关书籍和资料，并结合多年教学经验与工程实践经验的基础上编写而成的。针对工业企业供电系统的研究、设计及运行的需要，在重点讲授供电基本理论和基本知识的同时，重视供电系统的设计与计算；加强了理论教学与工程实际的联系；在内容选取上努力贯彻少而精原则；有关的技术数据、资料均按新技术的政策、新设计规范及新设备产品样本进行了整理修订；并注意在有关章节内介绍新技术的应用和供电技术的发展趋势。

随着我国高职高专教育的不断改革和深入，在内容选取上以必需、够用为度，力求覆盖工业企业供电所要求的全部重点内容，内容系统、实用性强、深入浅出；注重介绍新技术的应用和供电技术的发展趋势，结合大中型企业供电系统运行与管理的实际，增加了"变电所微机保护"、"变电所综合自动化"等高新技术的内容。鉴于篇幅有限，有的内容只做了简要介绍，以期起到抛砖引玉的作用，详细地学习可参考有关书籍和资料。例如关于电网高次谐波的抑制方法，不仅介绍了传统的抑制方法，还介绍了应用现代电力电子器件抑制谐波的方法。

本书由王艳华任主编并编写第一、二、七、九章，韩志凌任副主编并编写第四、五章及第六章第七节，宋玉秋编写第六章第一节至第六节，邹振春编写第三章及本书常用字符表，高嵩编写第八章及附录。全书由王艳华教授整理并定稿。

本书由刘介才教授及北京市电力公司门头沟供电公司徐其春担任主审，他们在审阅大纲和稿件过程中提出了许多宝贵的意见和建议，在此表示衷心的感谢！

在本书编审中得到了中国电力出版社的大力支持，在此一并表示衷心的感谢！

限于我们业务水平，书中难免有疏误和不当之处，恳请读者批评指出。

编　者

常用文字符号表

一、电气设备常用基本文字符号

文字符号	中 文 名 称	英 文 名 称	旧 符 号
A	装备，设备	device，equipment	—
ACP	并联电容器屏	capacitor panel	BCP
AD	直流配电屏	direct current panel	ZP
AEL	事故照明配电箱	emergency lighting distribution box	SMX
AEP	事故电源配电箱	emergency power source distribution box	SDX
AH	高压开关柜	high voltage switch board	GKG
AL	低压配电屏	low voltage distribution panel	DP
ALD	照明配电箱	lighting distribution box	MX
APD	电力配电箱	power distribution box	DX
APD	备用电源自动投入装置	reserve-source auto-put into device	BZT
ARD	自动重合闸装置	auto-reclosing device	ZCH
C	电容器	electric capacity，capacitor	C
CP	电力电容器	power capacitor	C
EL	照明灯	lamping lighting	ZMQ
F	避雷器	arrester	BL
FU	熔断器	fuse	RD
G	发电机	generator	F
GB	蓄电池	battery	XDC
HA	电铃	electric bell	DL
HA	电笛	electric alarm whistle	DD
HDS	高压配电站	high voltage distribution substation	GPS
HG	绿色指示灯	green lamp	LD
HL	指示灯，信号灯	indicating lamp，signal lamp	XD
HSS	总降压变电站	head step-down substation	ZBS
HR	红色指示灯	red lamp	HD
HW	白色指示灯	white lamp	BD
HY	黄色指示灯	yellow lamp	WD

续表

文字符号	中 文 名 称	英 文 名 称	旧 符 号
K	继电器	relay	J
KA	电流继电器	current relay	LJ
KAR	重合闸继电器	auto-reclosing relay	ZCJ
KF	闪光继电器	flash-light relay	SGJ
KG	气体继电器	gas relay	WSJ
KH	热继电器	heating relay	RJ
KM	中间继电器	medium relay	ZJ
KI	冲击继电器	impulsing relay	CJJ
KM	接触器	contactor	CJ、C
KO	合闸接触器	closing operation contactor	HC
KS	信号继电器	signal relay	XJ
KT	时间继电器	timing relay	SJ
KV	电压继电器	voltage relay	YJ
L	电抗器	inductive coil reactor	DK
LA	消弧线圈	arc suppression coil	XQ
M	电动机	motor	D
N	中性线	Neutral wire	N
PA	电流表	ammeter	A
PE	保护线	protective wire	—
PEN	保护中性线	protective neutral wire	N
PPA	相位表	phase-angle meter	φ
PPF	功率因数表	power-factor meter	$\cos\varphi$
PJ	电能表	watt hour meter	Wh
PJR	无功电能表	reactive volt-ampere-hour meter	varh
PM	最大需要表	maximum-demand meter	
PR	无功功率表	reactive power meter	var
PV	电压表	voltmeter	V
PW	功率表	power meter	W
Q	电力开关	power switch	K
QF	断路器	circuit-breaker	DL
QFS	熔断器式开关	fuse-switch	RK

续表

文字符号	中 文 名 称	英 文 名 称	旧 符 号
QK	刀开关	knife switch	DK
QF	低压断路器（自动开关）	low-voltage circuit-breaker (auto-switch)	ZK
QL	负荷开关	load-switch	FK
QS	隔离开关	switch-disconnector	G
R	电阻器、变阻器	resistor	R
SA	控制开关	control switch	KK
SB	按钮	push button	AN
STS	车间变电站	shop transformer substation	CBS
T	变压器	transformer	B
TA	电流互感器	current transformer	LH，CT
TAN	零序电流互感器	neutral- current transformer	LLH
TAT	自耦变压器	auto-transformer	OB
TLC	有载调压变压器	on-load tap-changing transformer	ZTB
TV	电压互感器	voltage transformer	YH，PT
U，UR	整流器	rectifier	ZL
WAS	事故音响信号小母线	accident sound signal small-busbar	SYM
WB	电力母线	busbar	M
WC	控制小母线	control small busbar	KM
WF	闪光母线	flash busbar	
WFS	预报信号小母线	forecast signal busbar	YBM
WL	线路	line	XL
WO	合闸小母线	switch-on small busbar	HM
WP	保护母线	protective busbar	BM
WS	信号小母线	signal small busbar	XM
WV	电压小母线	voltage busbar	YM
X	端子板、接线板	terminal block	—
XB	连接片	link	LP
YA	电磁铁	electromagnet	DC
YO	合闸线圈	closing operation coil	HQ
YR	跳闸线圈，脱扣器	release operation coil	TQ

二、常用下标文字符号

文字符号	中 文 名 称	英 文 名 称	旧 符 号
a	年	year，annual	n
a	有功	active	a，yg
AC	交流	lternating urrent	AC
Al	铝	aluminium	Al
ast	自起动	self-start	zq
al	允许	allowable	yx
av	平均	average	pj
ba	平衡	balance	ph
C	电容	electric capacity，capacitor	C
c	计算	calculate	js
c	顶棚，天花板	ceiling	
c	闭合	close on	H
c	线圈	coil	q
cab	电缆	cable	L
cr	临界	critical	ij
Cu	铜	copper	Cu
d	需要	demand	x
d	基准	datum	j
DC	直流	direct current	zl
E	地，接地	earth，earthing	d，jd
e	设备	equipment	S
e	有效的	efficient	yx
ec	经济	economic	ji，j
eq	等效的	equivalent	dx
FE	熔体	fuse-element	RT
Fe	铁	iron	Fe
f	形状	figure	x
h	高度	height	h
i	电流	current	i
i	任意常数	arbitrary constant	i
ima	假想的	imaginary	jx

续表

文字符号	中 文 名 称	英 文 名 称	旧 符 号
in	输入	input	sr
inc	偏移	inclined	py
in	绝缘	insulation	
k	短路	short-circuit	d
L	负荷	load	H
l	线	line	l
man	人工的	manual	rg
max	最大	maximum	max
min	最小	minimum	min
N	额定，标称	rated，nominal	e
n	数目	number	n
nat	自然的	natural	zr
np	非周期性的	non-periodic	f-zq
oc	过电流	over current	GL
oc	断路	open circuit	dl
out	输出	out put	sc
oh	架空线路	over-head line	K
OL	过负荷	over-load	gh
op	动作	operating	dz
p	周期性的	periodic	zq
p	保护	protect	J
pk	尖峰	peak	jf
qb	速断	quick break	sd
r	无功的	reactive	wg
RC	室空间	room cabin	RC
re	返回	returningy	f
rel	可靠（性）	reliability	k
s	系统	system	XT
sen	灵敏	sensitivity	lm
saf	安全	safety	
sh	冲击	shock，impulse	cj，ch

续表

文字符号	中 文 名 称	英 文 名 称	旧 符 号
st	起动	start	q，qd
ur	表面	surface	bm
syn	同步	synchronizing	tb
t	时间	time	t
tou	接触	touch	jc
ub	不平衡	unbalance	bp
ut	利用	utilize	
w	接线	wiring	JX
w	工作	working	gz
w	墙壁	wall	
WL	导线，线路	wire，line	l
x	某一数值	a number	n
XC	（触头）接触	contact	jc
α	吸收	absorption	a
ρ	反射	reflection	ρ
θ	温度	temperature	θ
Σ	总和	total，sum	Σ
τ	透射	transmission	τ
ph	相	phase	ϕ
0	空载，零序分量	zero，nothing，empty	0
30	半小时	30min	30

目　　录

扫一扫，
获得课件和答案

第一章　概　　述

本章主要概述了工业企业供电的一些基本知识。首先简要介绍了电力系统的基本概念，然后介绍了工业企业供电系统的组成及其基本要求，最后介绍了电力系统的额定电压和电力系统中性点的运行方式。

第一节　电力系统的基本概念

电能不仅便于输送和分配，易于转换为其他的能源，而且便于控制、管理和调度，易于实现自动化。因此，电能在现代工业生产及整个国民经济生活中应用极为广泛。为了更好地做好工业企业供电工作，下面对电力系统的基本概念做简要介绍。

为了提高供电的可靠性和经济性，目前普遍将许多发电厂用电力网连接起来。这些由发电厂、变电站、电力线路和电能用户组成的统一整体，称为电力系统。电能的生产、输送、分配和使用几乎是同时完成的，因此电力系统是一个紧密联系的整体。电力系统加上热能动力装置或水能动力装置及其他能源动力装置，称为动力系统。电力系统中由各级电压的输配电线路和变电站组成的部分称为电力网，简称电网。图 1-1 所示为某电力系统示意图。

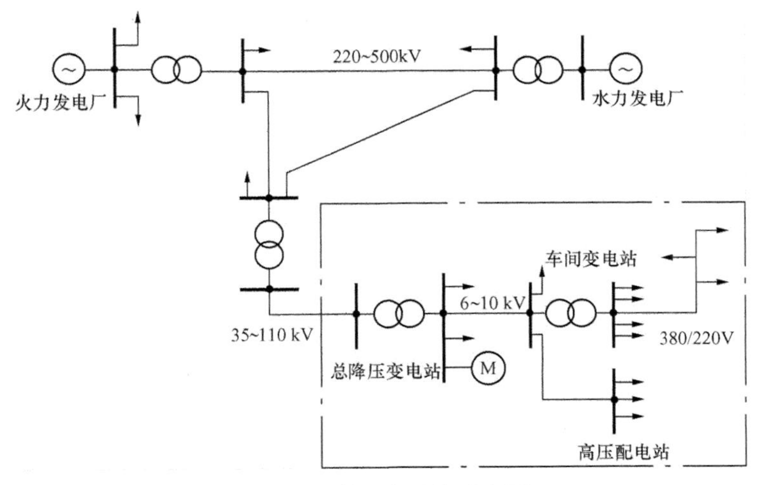

图 1-1　某电力系统示意图

一、发电厂

发电厂又称发电站，它是电力系统的中心环节。发电厂是将其他形式的能源（如热能、水能等）转换为电能的工厂。根据所利用一次能源的形式不同，发电厂可分为火力发电厂、水力发电厂、核能发电厂、风力发电厂、地热能发电厂、太阳能发电厂、潮汐能发电厂等。根据发电厂的容量大小及其供电范围又可分为区域性发电厂、地方性发电厂和自备专用发电厂。目前，我国的发电厂主要是火力发电厂和水力发电厂，火力发电厂一般是以煤炭为燃料的凝汽式发电厂。

为了充分利用动力资源，减少燃料运输，降低发电成本，区域性发电厂多建在一次能源丰富的地区附近，如具有大量水力资源或煤矿蕴藏的地方。但这些有动力资源的地方，往往远离用电中心，必须通过高压输电线路远距离输送，向大片区域供电。地方性发电厂一般为中小型发电厂，多建设在用户附近，直接供本地区用电。自备专用发电厂建在大型企业，作为企业自备电源（一般为小型汽轮机或内燃机发电厂），这种发电厂虽然经济性较差，但对重要的大型企业和电力系统起到了后备保安作用。

二、变电站

变电站又称变电所，是联系发电厂和电能用户的中间枢纽。变电站的功能是接受电能、变换电压和分配电能。为了实现电能的远距离输送和将电能分配到用户，需将发电机电压进行多次电压变换，这个任务由变电站完成。

变电站主要由电力变压器、母线和开关控制设备等组成。按性质和任务不同，变电站可分为升压变电站和降压变电站，除与发电机相连的变电站为升压变电站外，其余均为降压变电站。按地位和作用不同，变电站又可分为枢纽变电站、地区变电站和企业变电站。枢纽变电站位于大用电区域或大城市附近，从 220～500kV 的超高压输电网或发电厂直接受电，通过变压器把电压降为 35～110kV，供给该区域的用户或大型工业企业，其供电范围较大；地区变电站多位于用电负荷中心，高压侧从枢纽变电站受电，经变压器把电压降到 6～10kV，对市区、城镇或农村用户供电，其供电范围较小；企业变电站包括企业总降压变电站和车间变电站，如图 1-1 中点画线框内部分所示。企业总降压变电站与地区变电站相似，它是向企业内部输送电能的中心枢纽；车间变电站接受企业总降压变电站提供的电能，通过车间变压器把电压降为 380/220V，对车间各用电设备直接进行供电。

仅用来接受电能和分配电能的场所称为配电站；仅用于将交流电流转换为直流电流或将直流电流转换为交流电流的场所称为换流站。

三、电力线路

电力线路是把发电厂、变电站和电能用户联系起来的纽带，完成输送电能和分配电能的任务。

电力线路是输电线路和配电线路的总称。通常将电压在 220kV 及以上的电力线路称为输电线路，110kV 及以下的电力线路称为配电线路。110kV 配电线路一般作为城市配电干线和特大型企业的供电线路，6～35kV 配电线路主要为城市主要配电网及大中型企业的供电线路，1kV 以下的低压配电线路一般作为城市和企业的低压配电网。

四、电能用户

电能用户包括所有消耗电能的用电设备或用电单位，负荷是用户或用电设备的总称。电能用户按照行业可分为工业用户、农业用户、市政商业用户和居民用户等，其中工业企业用户是最大的电能用户，占总容量的 70%以上。

从供电的角度来说，凡总供电容量不超过 1000kVA 的工业企业，可视为小型企业；超过 1000kVA 而小于 10000kVA 的企业，可视为中型企业；超过 10000kVA 的企业，可视为大型企业。

第二节 工业企业供电系统

一、工业企业供电及其基本要求

工业企业供电是指对工业企业所需电能进行供应和分配。

在工业企业里，电能是工业生产的主要能源和动力。工业生产实现电气化以后，可大大增加产量，提高产品质量，提高劳动生产率，降低生产成本，减轻工人的劳动强度，改善工人的劳动条件，有利于实现生产过程自动化。从另一方面，如果企业的电能供应突然中断，则对工业生产可能造成严重的后果。例如某些对供电可靠性要求很高的企业，即使是极短时间的停电，也会引起重大的设备损坏，或引起大量产品报废，甚至可能发生重大的人身事故，带来经济上的重大损失和严重威胁人身安全。

为做好工业企业供电工作，要求工业企业供电系统必须达到以下基本要求。

1. 可靠性

可靠性就是指对用户连续供电。供电系统突然中断供电，将会造成生产停顿、生活混乱，甚至危及人身和设备安全，后果十分严重。电力系统只有不断建设，使系统具有足够的发电、输电和配电设备，才能满足日益增长的用电需求。即使具有足够的发电、输电和配电设备，但由于规划设计失误、设备各种缺陷、运行操作失误以及其他不可抗力等，也可导致供电中断。因此，加强规划设计、认真维护设备、正确操作运行，才能减少事故发生，提高供电的可靠性。

供电的可靠性是衡量供电质量的重要指标，一般以全年平均供电时间占全年时间的百分数来衡量供电可靠性的高低。

2. 安全性

安全性是指在电能的供应、分配和使用中，不应发生人身事故和设备事故。在工业企业供电工作中，必须特别注意电气安全，如果稍有疏忽和大意，就可能造成严重的人身事故和设备事故，给国家和人民带来极大的损失。

为了保证电气安全，必须加强安全教育，建立和健全必要的规章制度，确保供电工程的设计安装质量，加强运行维护和检修试验工作，采用各类电气安全用具等措施，以确保供电的安全性。

3. 优质性

优质性是指应满足电能用户对电能质量的要求，电能质量指标包括电压、频率及波形。

用电设备的额定电压是按设备长期正常工作时，有最大经济效果所规定的电压，供电电压过高、过低都会影响用电设备的正常工作。我国规定了供电电压允许偏差，见表1-1。

表1-1 供电电压的允许偏差

线路的额定电压	允许电压偏差	线路的额定电压	允许电压偏差
35kV及以上 10kV及以下	±5% ±7%	220V	+7%、-10%

频率的质量是以频率偏差来衡量的。我国采用的交流电额定频率为50Hz，偏差过大可能造成设备损坏，甚至引起人身事故。频率的允许偏差见表1-2。

表 1-2 频率的允许偏差

运行情况		允许频率偏差（Hz）
正常运行	300 万 kW 及以上设备 300 万 kW 以下设备	±0.2 ±0.5
非正常运行		±1.0

电能质量的另一个指标是交流电的波形，标准交流电的波形应为正弦波。但由于电力系统中存在大量非线性负荷，使电压波形发生畸变，除基波外，还有高次谐波分量。这些谐波分量不仅使系统效率下降，也会对电气设备产生较大干扰。因此，将谐波分量抑制在允许范围之内，是保证电能质量的一项重要任务。我国规定的公共电网电压波形畸变率见表 1-3。

表 1-3 公共电网电压波形畸变率

电网额定电压（kV）	电压总谐波畸变率（%）	各项谐波电压含有率（%）	
		奇 次	偶 次
0.38	5.0	4.0	2.0
6			
10	4.0	3.2	1.6
35			
60	3.0	2.4	1.2
110	2.0	1.6	0.8

表 1-3 中电压总谐波畸变率的定义为

$$\text{电压总谐波畸变率}=\frac{U_{\mathrm{H}}}{U_1}\times 100\%$$

$$U_{\mathrm{H}}=\sqrt{\sum_{n=2}^{\infty} U_n{}^2}$$

式中 U_1——基波电压的方均根值；

U_{H}——谐波电压含量；

U_n——第 n 次谐波电压的方均根值。

4. 经济性

经济性是指供电系统的投资要少，运行费用要低，并尽可能地节约电能和减少有色金属消耗量，提高电能利用率。节约能源是当今世界上普遍关注的问题。节约电能不只是减少企业的电费开支，降低产品成本，积累更多的资金，更重要的是由于电能能创造比它本身价值高几十倍甚至上百倍的工业产值，节约电能就能为国家创造更多的财富，有力地促进国民经济的发展。为此，尽量采取高效节能的发供电设备，加强电网优化、降低网损外，还要重视工业企业供电系统的科学管理和技术改造，提高供电的经济性。

5. 环保性

环保性是指在电能生产过程中要防止环境污染和人类生存环境遭到破坏。我国燃煤的火电厂占总装机容量的 70%，如果不采取措施，燃烧后排放到大气中的硫和氮的氧化物都会成为严重的污染源。为此，除应在火电厂采用除尘器、脱硫塔之外，还应在规划建设火电厂时注意厂址的选择、烟窗高度及燃料的含硫量等。

二、工业企业供电系统的组成

工业企业供电系统是电力系统的重要组成部分，也是电力系统的最大电能用户。它是由企业总降压变电站、高压配电线路、车间变电站（包含配电站）、低压配电线路及用电设备组成。图 1-1 中点画线内部分是一个典型的工业企业供电系统。

工业企业供电系统一般都是联合电力系统的一部分，其电源绝大多数来自电网。但对于某些工业企业，考虑到其生产对国民经济的重要性，需要建立自备发电厂作为备用电源时，可建立企业自备热电厂，同时为生产提供蒸汽和热水。一般当工业企业要求供电可靠性较高时，可考虑从电力系统引两个独立电源对其供电，以保证供电的不间断性。

工业企业的用电设备既有高压的（6、10kV），又有低压的（220、380、660V），而企业总降压变电站从电力系统接受的是 35～110kV 高压电能，为了把高压电能经过降压后再分配到用电厂房和车间，要求每个企业内部有一个合理的供电系统。

1. 企业总降压变电站

一般来说，大型工业企业均设立企业总降压变电站，把 35～110kV 电压降为 6～10kV 电压向车间变电站配电，总降压变电站是工业企业电能供应的枢纽。为了保证供电的可靠性，总降压变电站多设置两台降压变压器，由一条或多条线路供电，每台变压器的容量可从几千千伏安到几万千伏安。而中、小型企业则可以由附近企业（或市内二次变电站）用 10kV 电压转送电能，或者设立一个简单的降压变电站，由电网以 6～10kV 供电。

2. 车间变电站

车间变电站将 6～10kV 高压配电电压降为 380/220V（或 660V），对低压用电设备供电。对车间的高压用电设备，则可直接通过车间变电站的 6～10kV 母线供电。

在一个生产厂房和车间内，根据生产规模、用电设备的布局以及用电量大小等情况，可设立一个或几个车间变电站。几个相邻且用电量都不大的车间，可共同设立一个车间变电站，其位置可以选择在这几个车间的负荷中心附近，也可以选择在其中用电量最大的车间内。车间变电站内一般设置 1～2 台变压器，特殊情况最多不宜超过 3 台。单台变压器容量通常均为 1000kVA 以下，特殊情况最大不超过 2000kVA。从限制短路电流出发，多台变压器宜采用分列运行。

3. 高低压配电线路

在工业企业供电系统中，常用 6～10kV 高压线路将总降压变电站、车间变电站和高压用电设备连接起来，主要作为工业企业内输送、分配电能之用，通过它把电能输送到各个生产厂房和车间。

由于架空线路投资少且便于维护和检修，目前高压配电线路多采用架空线路。但在某些企业（如钢铁厂、化工厂等）的厂区内，由于厂房和其他建筑物较密集，架空敷设的各种管道在有些地方纵横交错地占据着空间，或者由于厂区的个别地方扩散于空间的腐蚀性气体较严重等因素的限制，可考虑在这些地段敷设地下电缆线路。最近几年来由于电缆制造技术的迅速发展，电缆质量不断提高且成本下降，同时为了美化厂区环境以利于文明生产，现代化企业的厂区高压配电线路已逐渐向电缆化方向发展。

工业企业低压配电线路将车间变电站的 380/220V 电能送到各低压用电设备。在户外敷设的低压配电线路目前多采用架空线路，且尽可能与高压线路同杆架设，以节省建设费用。在厂房车间内部则应根据具体情况而定，或采用明线配电线路，或采用电缆配电线路。在厂房车间内，由动力配电箱到电动机的配电线路一律采用绝缘导线穿管敷设或采用电缆线路。

在企业内，为了减轻大型电动机起动时引起的电压波动对照明产生影响，照明线路和动力线路分别架设为好。如果动力线路内没有频繁起动的电动机时，则两种线路可用同一台配电变压器供电。当然，最好是用专用的照明变压器对照明系统供电，这样可防止或减轻灯光的闪烁现象。对于所有的事故照明，必须设置可靠的独立电源，以保证发生事故时及时向事故照明系统继续供电。

4. 用电设备

用电设备按用途可分为动力用电设备、工艺用电设备、电热用电设备、试验用电设备和照明用电设备等。

三、工业企业的典型供电系统

应当指出，对于某个具体的工业企业供电系统，可能上述部分都有，也可能只有其中的几部分，这主要取决于企业电力负荷的大小和厂区的大小。

1. 电源进线为35kV及以上大中型企业的供电系统

图1-2所示是具有总降压变电站的供电系统。这是一个比较典型的大型企业供电系统的电气主接线图。这个系统采用35～110kV的电源进线，供电系统先经过总降压变电站（HSS），其中装设有两台较大容量的电力变压器，将35～110kV的电源电压降为6～10kV的配电电压，然后通过高压配电线路将电能送到各个车间变电站（STS）或高压配电站（HDS），最后利用车间变压器降到一般低压用电设备需要的电压。

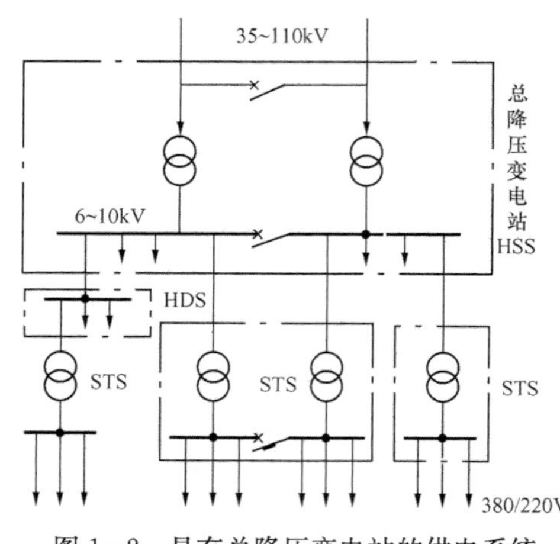

图1-2 具有总降压变电站的供电系统

近些年来，为了简化供电系统，减少投资费用和电能损耗，有些国家对于大型或厂区面积较大的工业企业，把35～110kV，甚至220kV的供电电压直接送入企业内部，在车间直接用35～110kV/0.4kV的变压器向车间内部供电。这种供电方式，叫做高压深入负荷中心的直降配电方式。

这种配电方式不需要建设总降压变电站，减少了企业内部6～10kV的配电网，大大简化了供电系统，节省了有色金属，降低了电能损耗和电压损耗，提高了供电质量，经济效果较好，因此有一定的推广价值。但是，厂区的环境条件要满足35～110kV架空线路深入负荷中心的“安全走廊”要求，以确保供电安全，否则不宜采用。

此外，采用这种配电方式，厂区内不设6～10kV的配电线路，便于企业扩建。过去，在建总降压变电站选择变压器的容量时，总要考虑企业以后的发展，留有余地。但装设后，设备长期得不到充分利用，运行经济指标低劣。而高压深入负荷中心的供电方式，只要从供电线路上引向新负荷点，建立新变电站就可以了。

2. 中型企业的供电系统

图 1 - 3 所示为中型企业的供电系统，这也是一个比较典型的中型企业供电系统电气主接线图。这个系统采用两条 6～10kV 的电源进线，电能先经过高压配电站集中，再由高压配电线路将电能分送给各车间变电站。车间变电站内装设有车间变压器，将 6～10kV 的高压降到一般低压用电设备需要的电压。

3. 小型企业的供电系统

对于小型企业，一般只设一个简单的降压变电站，相当于图 1 - 3 中的一个车间变电站。用电设备容量在 250kVA 及以下的小型企业，通常采用低压进线，因此只需设置一个低压配电室就行了，其供电系统如图 1 - 4 所示。

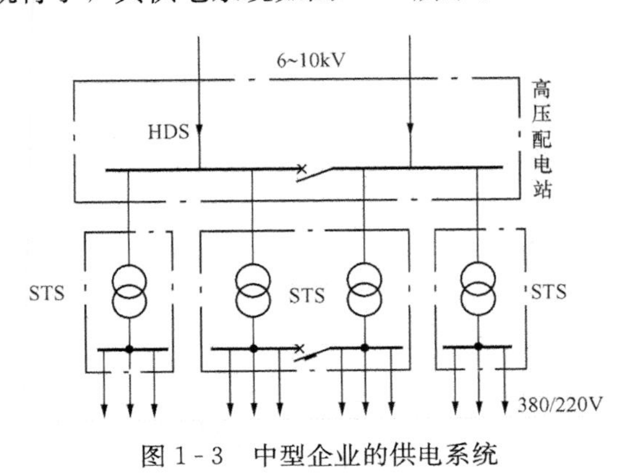

图 1 - 3　中型企业的供电系统

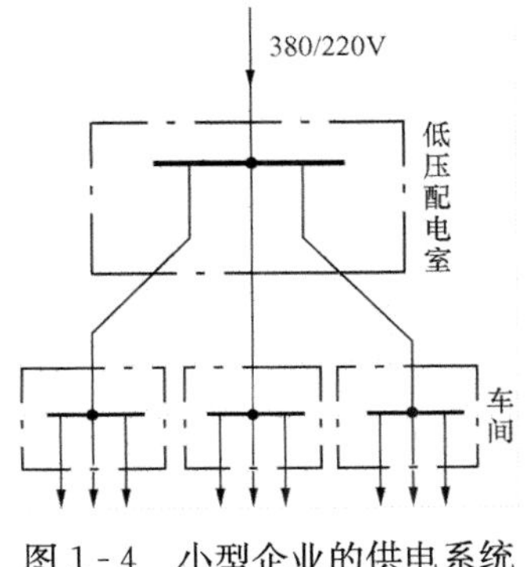

图 1 - 4　小型企业的供电系统

第三节　电力系统的额定电压

一、电力系统的额定电压

为使电力工业和电工制造业的生产标准化、系列化和统一化，世界上的许多国家和有关国际组织都制定了有关于额定电压等级的标准。

电气设备的额定电压是国家根据国民经济发展的需要、技术经济的合理性以及电机电器制造工业的水平等因素确定的。电力系统的额定电压包括电力系统中各种发电、供电、用电设备的额定电压。我国规定的三相交流电网和电力设备的额定电压见表 1 - 4。

表 1 - 4　我国三相交流电网和电力设备的额定电压

分类	电网和用电设备额定电压（kV）	发电机额定电压（kV）	电力变压器额定电压（kV）	
			一次绕组	二次绕组
低压	0.22 0.38 0.66	0.23 0.40 0.69	0.22 0.38 0.66	0.23 0.40 0.69
高压	3 6 10	3.15 6.3 10.5	3 及 3.15 6 及 6.3 10 及 10.5	3.15 及 3.3 6.3 及 6.6 10.5 及 11

续表

分类	电网和用电设备额定电压（kV）	发电机额定电压（kV）	电力变压器额定电压（kV）	
			一次绕组	二次绕组
高压	—	13.8，15.75，18，20	13.8，15.75，18，20	—
	35	—	35	38.5
	60	—	60	66
	110	—	110	121
	154	—	154	169
	220	—	220	242
	330	—	330	363
	500	—	500	550

1. 电网和用电设备的额定电压

电网（线路）的额定电压只能选用国家规定的额定电压，它是设计各类电气设备额定电压的基本依据。

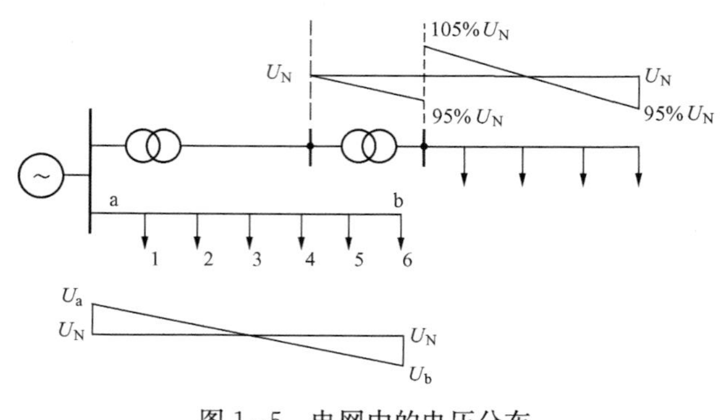

图 1-5 电网中的电压分布

当线路输送功率时，沿线路的电压分布通常是首端高于末端。例如，在图 1-5 中，沿线段 ab 的电压分布如直线 U_a-U_b 所示。从而，图中用电设备 1～6 的端电压将各不相同。所谓线路的额定电压 U_N 实际就是线路的平均电压（U_a+U_b）/2，而各用电设备的额定电压则取与同级线路的额定电压相等，使所有用电设备能在接近它们额定电压的条件下运行。

2. 发电机的额定电压

发电机的额定电压为线路额定电压的 105%。这是由于用电设备的允许电压偏差为±5%，而沿线路的电压降落一般为 10%，这就要求线路首端电压为额定值的 105%，以使其末端电压不低于额定值的 95%，保证用电设备的工作电压偏差均不会超出允许范围。发电机往往接在线路首端，因此，发电机的额定电压为线路额定电压的 105%。

3. 变压器的额定电压

变压器的一次绕组是接受电能的，相当于用电设备。连接在线路上的变压器一次绕组额定电压应等于用电设备额定电压，即等于线路额定电压；直接和发电机相连的变压器一次绕组额定电压应等于发电机额定电压。

变压器的二次绕组是向负荷供电的，相当于供电电源。从表 1-4 可以看出，其额定电压一般要比线路额定电压高出 10%。这是由于变压器二次额定电压规定为空载时的电压，而额定负荷下变压器内部的电压降落约为 5%，为使正常运行时变压器二次电压比线路额定电压高 5%，变压器二次额定电压应比线路额定电压高 10%。但在 3、6、10kV 电压时，如采用短路电压小于 7.5%的配电变压器，由于变压器的电压降落较小，则变压器二次额定电压只需高出线路额定电压 5%即可；如果配电线路较短，线路的电压降落可忽略不计，变压器二次额定电压也仅高出线路额定电压 5%即可。

二、工业企业额定电压的选择

一般来说，提高供电电压能减少电能损耗，提高电压质量，节约有色金属，但却增加了线路及设备的投资费用。

1. 额定电压选择需考虑的因素

(1) 负荷大小和距离电源远近与供电电压的选择有很大关系。某一供电电压等级都有它所对应的、最合理的供电容量和供电距离。如果导线的截面是按照经济电流密度选择的，根据计算证明，当电压一定时，能量损耗与有色金属量的消耗都和负荷距离成正比。不同电压等级推荐的输送功率和输送距离见表1-5。

表1-5　不同电压等级推荐的输送功率和输送距离

线路电压（kV）	线路结构	输送功率（kW）	输送距离（km）
0.38	架空线	≤100	≤0.25
0.38	电缆线	≤175	≤0.35
6	架空线	≤2000	3～10
6	电缆线	≤3000	≤8
10	架空线	≤3000	5～15
10	电缆线	≤5000	≤10
35	架空线	2000～15000	20～50
60	架空线	3500～30000	30～100
110	架空线	10000～50000	50～150
220	架空线	100000～500000	100～300
330	架空线	200000～800000	200～600
500	架空线	1000000～1500000	150～850
750	架空线	2000000～2500000	500以上
1000	架空线	3000000以上	1000～1500

(2) 供电电压还与下列因素有关：

1) 导线截面积的大小；

2) 工业企业的生产班次和负荷曲线的均衡程度；

3) 负荷的功率因数；

4) 电价制度；

5) 折旧等费用在设计时占投资额的百分比；

6) 国家规定的还本年限；

7) 是否有大型用电设备，如炼钢设备、轧钢设备及其他大型整流设备等。

根据上述这些复杂的条件，选择供电电压显然不可能用一个简单的公式完满地概括。但有一点却是很明显的，那就是在设计时尽量减少中间变压等级，就会取得较好的经济效益。

(3) 地区的原有电压对工业企业供电电压的选择起了极严格的限制作用。其实，企业能够自己比较和决定供电电压的可能性不大，只有在下述情况下才有可能：①本地区有两个不同的供电电压，而且都具备对企业供电的可能性；②由于建造和改造大型企业致使地区电网需要改建时，可将地区电网的改建与企业供电系统统一考虑；③企业自备电厂与系统连接时。

2. 高压配电电压的选择

在规划设计时，输配电网络额定电压的选择又称电压等级的选择，它是关系到供电系统建设费用的高低、运行是否方便、设备制造是否经济合理的一个综合性问题，因而较为复杂。

我们知道，在输送距离和传输容量一定的条件下，如果所用的额定电压越高，则线路上的电流越小，相应线路上的功率损耗、电能损耗和电压损耗也就越小，并且可以采用较小截面积的导线以节约有色金属。但是电压等级越高，线路的绝缘越要加强，杆塔的几何尺寸也要随导线之间的距离和导线对地之间的距离增加而增大。这样线路的投资和杆塔的材料消耗就要增加，同样线路两端的升压、降压变电站的变压器以及断路器等设备的投资也要随电压的增高而增大。因此，采用过高的额定电压并不一定恰当。一般说来，传输功率越大，输送距离越远，则选择较高的电压等级就越有利。

工业企业供电系统的高压配电电压，主要取决于当地供电电源电压及企业高压用电设备的电压、容量和数量等因素。表 1 - 5 可作为选择高压配电电压时的参考。

工业企业内部采用的高压配电电压通常是 6～10kV。从技术经济指标来看，最好采用 10kV。由表 1 - 5 所列各级电压线路合理的输送距离可以看出，采用 10kV 电压比采用 6kV 电压更适应于企业发展，输送功率更大，输送距离更远。而实际使用的 6kV 开关设备的型号规格与 10kV 的基本相同，因此采用 10kV 电压等级后，在开关设备的投资方面也不会比采用 6kV 电压等级有多少增加。另外，从供电的安全性和可靠性来说，6kV 与 10kV 也差不多。但是，如果企业拥有相当数量的 6kV 用电设备，或者供电电源电压就是 6kV（例如企业直接从相邻发电厂的 6.3kV 母线取得电源），则可考虑采用 6kV 电压作为企业的高压配电电压。

如果当地的电源电压为 35kV，而厂区环境条件和设备条件又允许采用 35kV 架空线路和较经济的电气设备时，则可考虑采用 35kV 作为高压配电电压直接深入企业各车间负荷中心，并经车间变电站直接降为低压用电设备所需的电压，但是必须考虑安全走廊等技术问题，以确保供电安全。

3. 低压配电电压的选择

工业企业的低压配电电压一般采用 380/220V，其中线电压 380V 接三相动力设备及 380V 的单相设备，相电压 220V 接一般照明灯具及其他 220V 的单相设备。但在采矿、石油、化工等少数企业，因负荷中心往往离变电站较远，为保证负荷端的电压水平常采用 660V，甚至 1140V 或 2000V 等较高电压配电。

采用高于 380V 的低压配电电压，不仅可以减少线路的电压损失和电能损耗，减少线路的有色金属消耗量和初投资，还可以增加配电半径，减少变电点，简化企业供配电系统，具有明显的经济效果，是节电的有效措施之一。

第四节　电力系统中性点的运行方式

电力系统中性点是指星形联结的发电机和变压器的中性点。中性点的运行方式是个很复杂的问题，它关系到绝缘水平、通信干扰、接地保护方式、电压等级、系统接线等方面。

电力系统中性点的运行方式有中性点不接地、中性点经消弧线圈接地、中性点直接接地三种。中性点不接地和经消弧线圈接地的系统，通常称为小接地短路电流系统；中性点直接接地系统称为大接地短路电流系统。

一、中性点不接地系统

电网的三相导线之间及各相对地之间，沿导线全长都分布有电容，这些电容将引起附加电流。为了便于讨论，可以认为三相系统是对称的，并将相与地之间均匀分布的电容用集中于线路中央的电容 C 来代替，如图 1-6（a）所示。各相之间的电容及由它们所决定的电流数值较小，在发生单相接地时，因为线电压不变，相间电容电流也不会改变，故可不予考虑。

1. 正常运行

中性点不接地系统在正常运行时，各相对地的电压 $\dot{U}_A$、$\dot{U}_B$、$\dot{U}_C$ 是对称的，就等于其相电压。如线路经过完全换位，三相对地电容是相等的，则各相对地的电容电流 $\dot{I}_{C,A}$、$\dot{I}_{C,B}$、$\dot{I}_{C,C}$ 也是对称的（其大小用 I_{C0} 表示），其相量和等于零，所以大地中没有电容电流流过，中性点电位为零。相量图如图 1-6（b）所示。

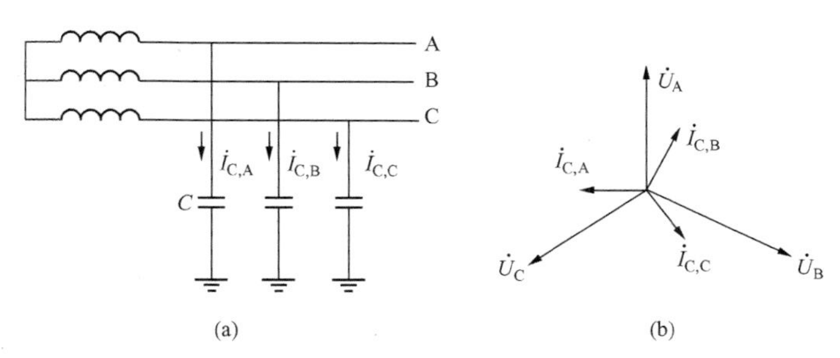

图 1-6　中性点不接地系统的正常运行

（a）电路图；（b）相量图

2. 单相接地故障

当系统发生单相接地故障时，各相对地电压改变，对地电容电流也发生变化，中性点电位不再为零，其对地电压值，视故障点的接地情况而异。

如图 1-7 所示，当一相为完全接地（亦称金属性接地，其接地电阻为零）时，故障相对地电压变为零，中性点对地电压值为相电压，非故障相的对地电压升高 $\sqrt{3}$ 倍，即变为线电压。

以 C 相发生完全接地为例说明。C 相对地电压 $\dot{U}'_C=0$，故中性点对地电压 $\dot{U}_0=-\dot{U}_C$，A 相对地电压 $\dot{U}'_A=\dot{U}_A-\dot{U}_C=\dot{U}_{AC}$，B 相对地电压 $\dot{U}'_B=\dot{U}_B-\dot{U}_C=\dot{U}_{BC}$，所以 $U'_A=U'_B=\sqrt{3}U_A$。

线路的线电压为

$$\left.\begin{aligned}\dot{U}'_{AB}&=\dot{U}'_A-\dot{U}'_B=\dot{U}_{AB}\\ \dot{U}'_{BC}&=\dot{U}'_B-\dot{U}'_C=\dot{U}_{BC}\\ \dot{U}'_{CA}&=\dot{U}'_C-\dot{U}'_A=\dot{U}_{CA}\end{aligned}\right\}$$

故在中性点不接地的系统中，发生单相接地时，线路线电压的大小和相位差仍维持不变。

A、B 两相对地电压升高变为线电压，即其对地电容上所加电压升高 $\sqrt{3}$ 倍，所以对地电容电流也较正常时的 I_{C0} 升高 $\sqrt{3}$ 倍，即 $I'_{C,A}=I'_{C,B}=\sqrt{3}I_{C0}$。因为 C 相接地，该相对地电容被短接，所以 C 相对地电容电流 $I'_{C,C}=0$。设电流正方向是由电源到电网，则可得出通过 C 相接地点的电流（简称接地电流）为

$$\dot{I}_C=-(\dot{I}'_{C,A}+\dot{I}'_{C,B})$$

因此，$I_C=3I_{C0}$，即单相接地的电容电流为正常运行时每相对地电容电流的三倍，$\dot{I}_C$

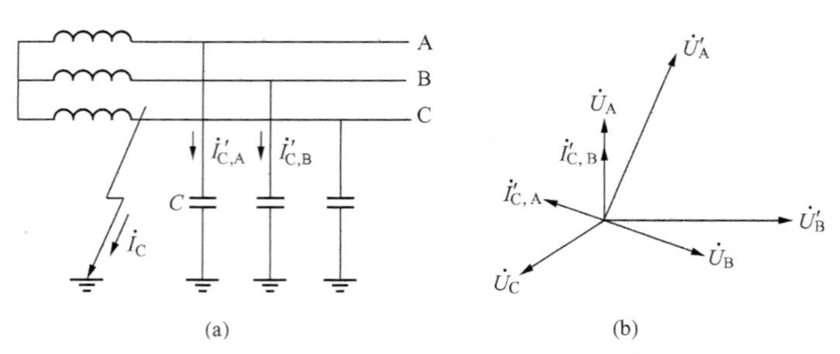

图 1-7　中性点不接地系统 C 相接地

（a）电路图；（b）相量图

在相位上正好超前 $\dot{U}_C 90°$。

接地电流 I_C 的值与电网的电压、频率和相对地的电容有关，而相对地的电容与电网的结构和线路的长度等有关。在实用中，接地电流可用下列近似公式计算

对架空线路　　$I_C=\dfrac{Ul}{350}$

对电缆线路　　$I_C=\dfrac{Ul}{10}$

式中　U——电网的线电压，kV；

l——电压为 U 的具有电联系的线路长度，km。

在不完全接地（即接地电阻不为零）时，接地相对地的电压大于零而小于相电压，非接地相对地的电压则大于相电压而小于线电压。此时，接地电流也比完全接地时小些。

在中性点不接地系统中，发生单相接地时，网络线电压的大小和相位差仍维持不变，因此接在线电压上的用电设备仍可正常运行。同时，这种系统中相对地的绝缘水平是根据线电压设计的，虽然非故障相对地的电压升高$\sqrt{3}$倍，但对设备的绝缘并不构成威胁。根据上述理由，中性点不接地系统在发生单相接地时可以继续工作。但是，不允许长期工作，只允许暂时继续运行不超过 2h，否则可能引起非故障相绝缘薄弱的地方损坏而造成相间短路。在这种系统中，一般应装设单相接地保护装置或交流绝缘监察装置，在发生单相接地时，发出预告信号以引起值班人员注意，并在最短时间内将故障消除。

接地电流将在故障点形成电弧，电弧可能是稳定性的或间歇性的。当接地电流 I_C 较大时，单相接地将产生稳定性电弧，电弧不易熄灭，容易烧坏设备或造成相间短路。通常只有在电压为 20～60kV、接地电流 $I_C \leqslant 10$A 或电压为 3～10kV、接地电流 $I_C \leqslant 30$A 的高压电网和 1000V 以下的三相三线制电网中采用中性点不接地方式。而供照明用电的 380/220V 系统除外，它采用的是中性点直接接地的三相四线制。

二、中性点经消弧线圈接地系统

在上述的中性点不接地系统中，当接地电流 I_C 超过规定的数值时，电弧将不能自行熄灭。在变压器的中性点与大地之间接入消弧线圈，是消除电网因雷击或其他原因而发生瞬时单相接地故障的有效措施之一。

消弧线圈是一个具有铁芯的电感线圈，其电抗很大，电阻很小可忽略不计。消弧线圈有许多分接头，用以调整线圈的匝数，改变电抗的大小，从而调节消弧线圈的电感电流。

图1－8所示是中性点经消弧线圈接地的三相系统发生单相接地时的电路图和相量图。当中性点经消弧线圈接地系统发生 C 相接地时，作用在消弧线圈两端的电压正是地对中性点电压 $\dot{U}_C$，并有电感电流 $\dot{I}_L$ 通过消弧线圈和接地点，$\dot{I}_L$ 滞后于 $\dot{U}_C$90°。接地点电流是接地电容电流 $\dot{I}_C$ 与电感电流 $\dot{I}_L$ 的相量和，由于 $\dot{I}_C$ 和 $\dot{I}_L$ 两者相差 180°，所以 $\dot{I}_L$ 对 $\dot{I}_C$ 起补偿作用。如果适当选择消弧线圈电感（匝数），可使接地点的电流变得很小或等于零，在接地点就不会产生电弧以及由电弧引起的危害。

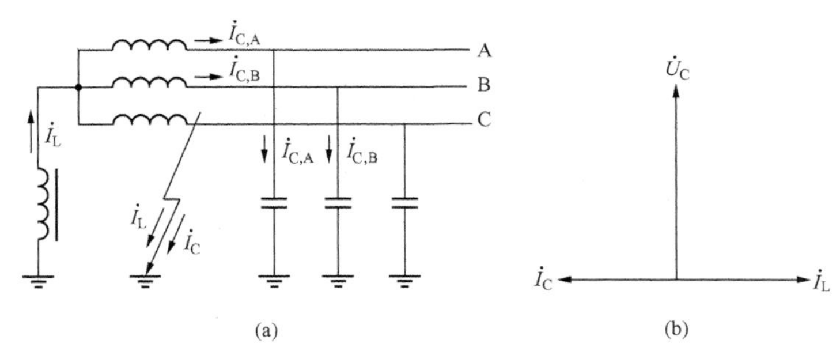

图 1－8　中性点经消弧线圈接地的三相系统发生单相接地

（a）电路图；（b）相量图

消弧线圈对接地电容电流的补偿程度有三种方式：①全补偿 $I_L=I_C$；②欠补偿 $I_L<I_C$；③过补偿 $I_L>I_C$。全补偿方式将引起串联谐振过电压，欠补偿方式由于部分线路切除造成全补偿，也会出现串联谐振过电压。因此，在实际应用时都采取过补偿方式。

中性点经消弧线圈接地的系统和中性点不接地的系统一样，当发生单相接地时，故障相对地电压变为零，非故障相对地电压升高$\sqrt{3}$倍。因此，这种系统各相对地的绝缘水平也按线电压考虑，在单相接地时可继续运行不超过 2h，也要通知运行人员采取措施，查出故障点，在最短时间内消除故障，保证系统安全运行。

三、中性点直接接地系统

这种系统发生单相接地时，故障相便经过地而形成单相短路。由于短路电流很大，继电保护装置立即动作，断路器断开，将接地的线路切除。因此，中性点直接接地系统在发生单相接地时，不会产生间歇电弧。图 1－9 所示是发生单相接地时的中性点直接接地系统的电路图。

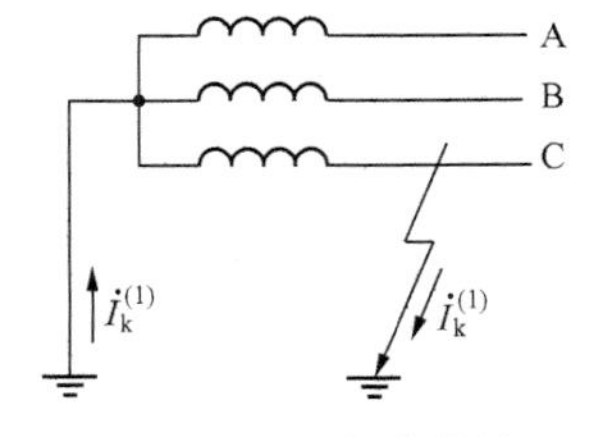

图 1－9　中性点直接接地的三相系统发生单相接地时的电路图

中性点直接接地系统在发生单相接地时，故障相对地电压变为零，非故障相对地电压不升高，仍为相电压，因而各相对地的绝缘水平取决于相电压，大大降低了电网的造价。电网电压等级愈高，其经济效益愈显著。

我国 110kV 及以上系统，都采用中性点直接接地方式。

习　　题

1－1　什么是电力系统？为什么要建立大型电力系统？

1-2　工业企业供电对工业生产有何重要作用？对其有哪些基本要求？

1-3　试说明工业企业供电系统的组成规律。

1-4　简述拥有高压配电站的中型企业供电系统的主要组成环节及其电能的输送过程。

1-5　电能的质量指标包括哪些内容？

1-6　什么是高压深入负荷中心的直降配电方式？其优势有哪些？

1-7　发电机额定电压为什么规定要高于同级线路额定电压5%？

1-8　变压器额定电压如何选择？

1-9　工业企业配电电压如何选择？

1-10　为什么在6～10kV的高压配电电压中最好采用10kV？

1-11　电力系统中性点的运行方式有几种？发生单相接地后各有什么特点？

1-12　在中性点经消弧线圈接地的系统中，发生单相接地时故障点的电流是如何被减少的？

1-13　为什么变压器的二次额定电压有的高于相应的电网额定电压5%，有的高于电网额定电压的10%？试确定图1-10所示供电系统中变压器T1及线路WL1、WL2的额定电压。

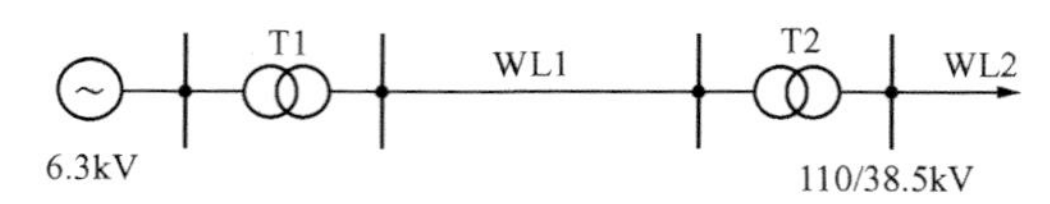

图1-10　习题1-13的供电系统

1-14　试确定图1-11所示供电系统中发电机G和变压器T1、T2、T3的额定电压。

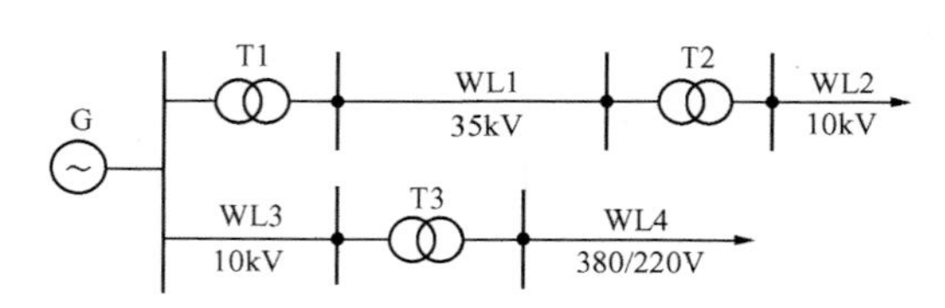

图1-11　习题1-14的供电系统图

1-15　某10kV电网，架空线路总长度为70km，电缆线路总长度10km。试求此中性点不接地的电力系统发生单相接地时的接地电容电流，并判断此系统的中性点是否需要改为经消弧线圈接地。

第二章　工业企业电力负荷及其计算

本章首先介绍工业企业电力负荷的分级及其有关概念，介绍负荷曲线的基本概念、类别及其有关物理量，讲述用电设备的设备容量计算方法，讨论企业功率损耗和电能损耗；重点讲述电力负荷的实用计算方法，即需要系数法和二项式系数法，详细论述企业负荷计算的步骤。本章内容是分析企业供电系统和进行供电设计计算的基础。

第一节　工业企业电力负荷和负荷曲线

一、工业企业电力负荷的分级

在电力系统中，所谓"电力负荷"（简称负荷）是指用电设备所消耗的功率或线路中流过的电流。为使供电满足安全、可靠、经济、合理的要求，必须了解电力负荷的性质及其计算。工业企业的电力负荷，按其供电可靠性及中断供电所造成的损失或影响的程度分为三级。

1. 一级负荷

一级负荷是指突然中断供电，将造成人身伤亡或重大损失的电能用户负荷，如发生重大设备损坏、重大产品报废、给国民经济带来重大损失或引起公共场所秩序严重混乱等。

一级负荷属于重要负荷，要求供电系统无论是在正常运行还是发生事故时，都应保证其连续供电。因此，一级负荷应由两个独立的电源供电。所谓独立电源，就是当一个电源发生故障而停止供电时，另一电源应不受影响，能继续供电。凡同时具备下列两个条件的发电厂、变电站的不同母线均属于独立电源。

（1）每段母线的电源来自不同的发电机；

（2）母线段之间无联系，或虽有联系但当其中一段母线发生故障时，能自动断开联系，不影响其余母线段继续供电。

特殊重要的一级负荷通常又称为保安负荷。保安负荷除要求有上述两个独立电源外，还必须增设应急电源，以便当工作电源突然中断时，保证企业安全停产。为保证对特别重要负荷的供电，严禁将其他负荷接入应急供电系统。

常用的应急电源可根据一级负荷中特别重要负荷的容量及要求的电流类别分别使用下列电源：独立于正常电源的发电机组、干电池、蓄电池，供电系统中有效地独立于正常电源的专门供电线路。

2. 二级负荷

二级负荷是指突然中断供电，将造成较大损失的电能用户负荷，如引起主要设备损坏、大量产品报废、企业大量减产等。

二级负荷也属重要负荷，但与一级负荷相比，中断供电所造成的后果没有那么严重。由于它在工业企业内占的比例最大，二级负荷应由两回线路供电，供电变压器也应有两台（这两台变压器不一定在同一变电站）。在其中一回线路或一台变压器发生常见故障时，二级负荷应做到不中断供电或中断后能迅速恢复供电。对重要的二级负荷，其两回线路应引自不同的变压器或母线段。只有当负荷较小或当地供电条件困难时，才允许由一回路 6kV 及以上的专用架空线路供电。

3. 三级负荷

所有不属于一级和二级负荷的电能用户负荷均属于三级负荷。

三级负荷对供电电源无特殊要求，允许较长时间停电，一般由单回线路供电。

在工业企业中，一、二级负荷占的比重较大（约占 60%～80%），即使短时停电造成的经济损失一般都很可观。掌握了工业企业的负荷分级及其对供电的要求后，在设计新建企业的供电系统时，可以按照实际情况进行方案的拟定和分析比较，使确定的供电方案在技术经济上最合理。

二、工业企业用电设备的工作制

按照用电设备对供电可靠性的要求，工业企业的电力负荷划分为三个等级。在每级负荷中，用电设备的类型繁多且容量相差悬殊，其运行特性又是各种各样，用电设备的这些不同特征关系到供电技术措施的确定。为此，必须了解工业企业用电设备的主要特征，以便确定供电措施类别。

工业企业中用电设备按电流类别可分为直流与交流，而大多数设备为交流；按电压可分为低压与高压，1000V 以下属低压，1000V 及以上属高压；按频率可分为低频（50Hz 以下）、工频（50Hz）、中频（50～10000Hz）和高频（10000Hz 以上），绝大多数设备为工频。

在工业企业中，电能广泛应用于各种机械、电解、电热、电焊等，其运行工作制不同。为了取得较准确的电力负荷数据，以利于正确地选择供电系统的线路及供电元件，必须将用电设备按工作制进行分类。

1. 连续运行工作制

这类工作制的设备是指在规定的环境温度下长期连续运行的用电设备，其特点是负荷比较稳定，连续工作发热使其温度达到稳定温度，任何部分的温度和产生的温升均应不超过最高允许值。

工业企业用电设备大多属于这类设备，如通风机、水泵、空气压缩机、电动机、电炉、运输设备、电解设备、照明设备等。机床电动机的负荷，一般变动较大，但多数也是长期连续运行的，不论其功率大小及电压高低，一律为三相交流电动机驱动。这些设备在正常运行时，其负荷基本稳定且三相对称，仅在起动或偶尔出现异常情况（如破碎机发生卡大块）时才引起供电系统的负荷波动。

工业企业的照明设备有固定式和移动式之分，但均为单相而恒定的负荷。照明设备应均衡地接入三相系统，并尽量使三相系统的负荷平衡。照明负荷的功率因数较高，通常为 0.95～1.0。照明设备虽然属于稳定负荷，但整个地区或企业的照明设备同时集中用电（例如冬季的傍晚或阴雨天）也会造成系统出现尖峰负荷，故应重视节约照明用电。

2. 短时工作制

这类工作制的设备是指工作时间较短，而停歇时间相当长的用电设备。其特点为工作时温度达不到稳定温度，停歇时温度可降到环境温度。

此类设备所占比例很小，如机床上的某些辅助电动机（如进给电动机）、水闸电动机等。

3. 反复短时工作制

这类工作制的设备是指时而工作，时而停歇，反复运行的用电设备，工作周期一般不超过 10min。其特点为工作时其温度达不到稳定温度，停歇时其温度也降不到环境温度。

如提升机、高炉卷扬机、各型轧钢机以及工业企业大量使用的各类型吊车、电焊机和起重机等的拖动电动机，其工作运转时间与停转或空转时间交相更替，属于反复短时工作制的设备。这类设备的负荷时刻在变化，是供电系统的不稳定负荷。这类设备基本上均要求调速，其电源可采用直流或交流。供电设备除了短时承受冲击负荷外，经常是处于低负载状态，所以功率因数也偏低，一般在 0.5～0.6 以下。这类用电设备属于系统的不良用户负荷。

反复短时工作制的设备，可用“负荷持续率”（又称暂载率）来表征其工作性质。

负荷持续率（Duty Cycle）为一个工作周期内工作时间与工作周期的百分比值，用 ε 表示，即

$$\varepsilon=\frac{t}{t+t_0}\times 100\%=\frac{t}{T}\times 100\% \tag{2-1}$$

式中　T——工作周期；

t——工作周期内的工作时间；

t_0——工作周期内的停歇时间。

根据国家技术标准规定，反复短时工作制的用电设备的额定工作周期为 10min。吊车电动机的标准负荷持续率有 15%、25%、40%、60%四种；电焊设备的标准负荷持续率有 50%、65%、75%、100%四种，其中 100%为自动电焊机的负荷持续率。

反复短时工作制设备的设备容量，一般是对应于某一标准负荷持续率的。

必须注意，同一设备，在不同的负荷持续率下工作时，其出力（即输出功率）是不同的。因此计算负荷时，就必须考虑到设备容量所对应的负荷持续率，而且要按规定的负荷持续率进行设备容量的统一换算，其目的是保证供电变压器有足够的容量，以适应这类用电设备反复短时出现最大冲击负荷的需要。这将在后面设备容量的计算部分讲述。

三、工业企业的负荷曲线与计算负荷

在讨论电力负荷的计算方法之前，首先介绍有关电力负荷的基本概念。

1. 负荷曲线

负荷曲线（Load Curve）是指某一时间段内负荷随时间而变化的规律，反映了用户的用电特点和功率大小。负荷曲线可以绘制在直角坐标系中，横坐标表示负荷变动的时间，纵坐标表示负荷的大小。

按负荷的功率性质，负荷曲线可分为有功负荷曲线和无功负荷曲线；按时间段长短分，可分为年的、月的、日的或工作班的负荷曲线；按计量地点分，可分为电力系统、发电厂、变电站、电力线路、工业企业、车间或某类设备的负荷曲线。将上述三种特征相组合，就确定了某一种特定的负荷曲线，例如，工业企业的日有功负荷曲线。图 2-1 所示是某企业的日有功负荷曲线。

日有功负荷曲线绘制的方法：利用接在供电线路上的有功功率表，每隔一定的时间（一般为 30min）将仪表读数的值记录下来，再将这些点依次描绘在直角坐标系中，并且用阶梯形将各点连接起来。时间间隔取得越短，负荷曲线越能准确反映负荷的实际变化情况。日有功负荷曲线与横坐标所包围的面积代表全日所消耗的电能量。

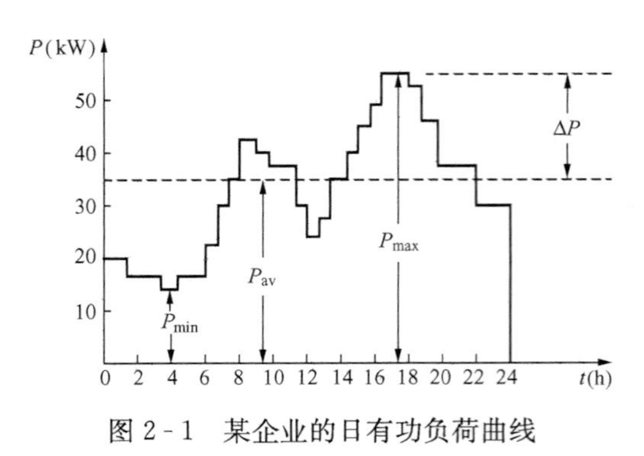

图 2-1 某企业的日有功负荷曲线

从图 2-1 给出的负荷曲线可以看出，用电设备组的实际负荷并不固定等于其额定功率的总和 $P_{N\Sigma}$，而是随时都在变动的。晚上 22 点到次日凌晨 7 点负荷较低，把它叫做负荷低谷；而 8～12 点、15～21 点，用电较多，把它叫做尖峰负荷；最高处称为最大负荷 P_{max}，最低处称为最小负荷 P_{min}。而把最小负荷以下的部分称为基本负荷，显然基本负荷是不随时间而变化的。我们把负荷曲线的各个 30min 负荷中的最大值称为“半小时最大负荷”，记作 P_{30}（最大有功负荷）、Q_{30}（最大无功负荷）或 I_{30}（最大负荷电流）；把负荷曲线的平均值称为“平均负荷”，记作 P_{av}（平均有功负荷）、Q_{av}（平均无功负荷）及 I_{av}（平均负荷电流）。

不同类型的用户其负荷曲线是很不相同的。一般来说，负荷曲线的变化规律取决于负荷的性质、工业企业的生产情况、班次、地理位置、气候等许多因素。例如，钢铁工业为三班制连续生产，因而负荷曲线很平坦，最小负荷达最大负荷的 85%。食品工业多为一班制生产，因而负荷曲线变化较大，最小负荷仅为最大负荷的 13%～14%。农副加工业负荷每天往往只是持续一段时间，但仅在夏季出现的农业排灌负荷，却有相当平坦的负荷曲线，而市政生活用电的最大特点是具有明显的照明用电高峰。

年负荷曲线是把企业在一年（8760h）内的用电负荷按数值大小排队，最大负荷排在左侧，根据负荷的大小依次向右排列，并按照各负荷持续时间绘出梯形年负荷曲线。图 2-2 所示是某企业的年有功负荷曲线。这种年负荷曲线反映了企业全年负荷变动与负荷持续时间的关系，但不能看出相应负荷出现在什么时间。

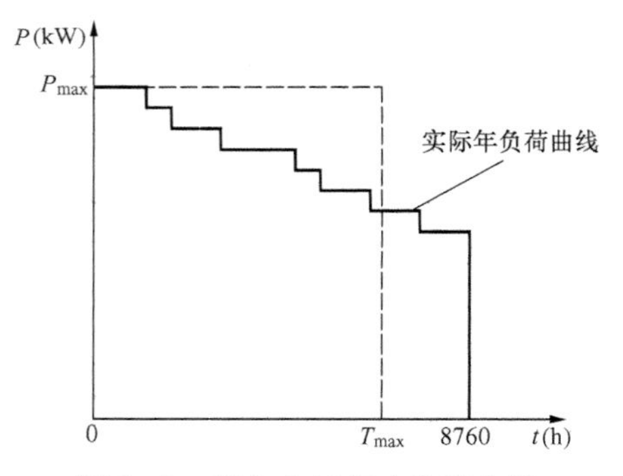

图 2-2 某企业年有功负荷曲线

从各种负荷曲线可以直观地了解负荷变动的情况。通过对负荷曲线的分析，可以更深入地掌握负荷变动的规律，并可以从中获得对设计和运行有用的资料。因此，负荷曲线对于从事工业企业供电设计和运行的人员来说，是很重要的。

2. 与负荷曲线有关的物理量

（1）年最大负荷。年最大负荷（Annual Maximum Load）是指全年中负荷最大的工作日内消耗电能最大的半小时平均功率，用 P_{max}表示。因此，年最大负荷就是半小时最大负荷 P_{30}。为了防止偶然性，这一工作日的最大负荷在全年至少出现 2～3 次。

（2）年最大负荷利用小时。年最大负荷利用小时是指负荷按年最大负荷 P_{max}持续运行一段时间后，消耗的电能恰好等于该电力负荷全年实际消耗的电能，这段时间就是年最大负荷利用小时，用 T_{max}表示。如图 2-2 所示，实际年负荷曲线与横坐标所包围的面积即为全年实际消耗的电能，用 W_a 表示，则有

$$T_{max}=\frac{W_a}{P_{max}}=\frac{W_a}{P_{30}} \tag{2-2}$$

年最大负荷利用小时是反映工业企业负荷是否均匀的一个重要参数。该值越大，则负荷越平稳。它与企业的生产班制有较大的关系。例如一班制企业 $T_{max}=1800\sim2500h$，两班制企业 $T_{max}=3500\sim4500h$，三班制企业 $T_{max}=5000\sim7000h$。附录 B 列出部分企业的年最大负荷利用小时，可供参考。

(3) 平均负荷。平均负荷（Average Load）是指电力负荷在一定时间内消耗功率的平均值，用 P_{av}表示。例如，在 t 时间内消耗的电能为 W_t，则 t 时间内的平均负荷为

$$P_{av}=\frac{W_t}{t} \tag{2-3}$$

如图 2-3 所示，年平均负荷是指电力负荷在一年内消耗功率的平均值，即

$$P_{av}=\frac{W_a}{8760} \tag{2-4}$$

(4) 负荷系数。负荷系数（Load Factor）是指平均负荷与最大负荷的比值，用 K_L 表示，即

$$K_L=\frac{P_{av}}{P_{max}} \tag{2-5}$$

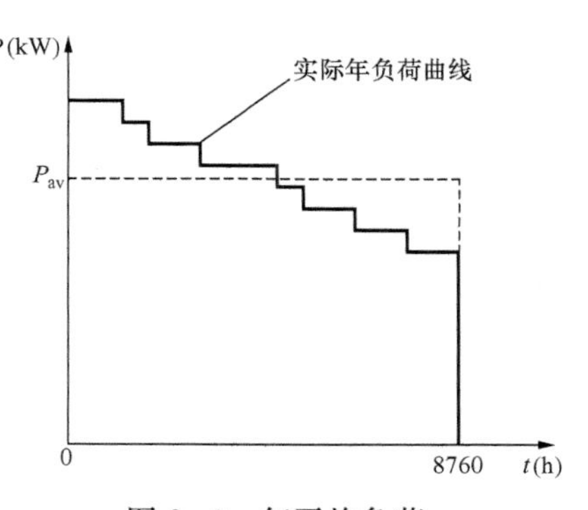

图 2-3　年平均负荷

负荷系数又称负荷率，用来表征负荷曲线不平坦的程度，也就是负荷变动的程度。负荷系数越接近 1，负荷曲线越平坦。对于工业企业来说，应尽量提高负荷系数，以充分发挥供电设备的供电能力，提高供电效率。

对用电设备来说，负荷系数就是指设备的输出功率 P 与设备额定容量 P_N 的比值，即

$$K_L=\frac{P}{P_N} \tag{2-6}$$

3. 计算负荷

通过负荷的统计计算求出的，用来按发热条件选择供电系统中各元件的负荷值，称为计算负荷（Calculated Load）。其物理意义是由这个计算负荷所产生的恒定温升等于实际变化负荷所产生的最大温升。

由于一般截面积在 $16mm^2$ 以上的导体发热时间常数 T 都在 10min 以上，因此时间很短的尖峰负荷不是造成导线达到最高温度的主要原因。因为导线还来不及达到相应的温度，这个尖峰负荷就已经消失了。实验研究表明，导体通过电流达到稳定温升的时间约为 $3T$，所以只有持续半小时以上的负荷值，才有可能使导体达到最大温升，所以计算负荷一般取负荷曲线上的半小时最大负荷。用半小时最大负荷 P_{30}来表示有功计算负荷，其余计算负荷则分别表示为 Q_{30}、S_{30}、I_{30}。

计算负荷是供电设计计算的基本依据。计算负荷确定得是否合理，直接关系到电气设备和导线的选择是否合理。计算负荷确定得过大，将使电气设备容量和导线截面选得过大而造成投资和有色金属的浪费；计算负荷确定得过小，又将使电气设备和导线长期处于过负荷状态下运行，增加电能损耗，产生过热，导致绝缘过早老化甚至烧毁设备。

第二节　用电设备的设备容量

一、设备容量

用电设备的铭牌上都标有“额定功率”，但是由于各种用电设备的工作制不同，例如有的用电设备是连续运行工作制，有的用电设备是反复短时工作制，在确定用电设备组的额定容量时，不能将各种用电设备上的额定容量简单地相加，而必须换算成同一工作制下的额定功率，然后进行计算。经过换算至统一规定的工作制下的“额定功率”称为设备容量，用 P_e 表示。

二、设备容量的确定

1. 连续运行工作制和短时工作制用电设备的设备容量

这两种运行工作制用电设备的设备容量一般等于铭牌上规定的额定功率，即

$$P_e = P_N \tag{2-7}$$

如果铭牌给定的是用电设备的额定容量 S_N 和功率因数 $\cos\varphi_N$，则设备容量为

$$P_e = S_N\cos\varphi_N \tag{2-8}$$

对于照明设备：

（1）不用镇流器的照明设备（如白炽灯、碘钨灯等）的设备容量就等于灯头的额定功率，即

$$P_e = P_N \tag{2-9}$$

（2）用镇流器的照明设备（如荧光灯、高压水银灯、金属卤化物灯等）的设备容量要包括镇流器的功率损失，即

荧光灯　$$P_e = 1.2P_N \tag{2-10}$$

高压水银灯、金属卤化物灯　$$P_e = 1.1P_N \tag{2-11}$$

（3）照明设备的设备容量还可按比功率法进行估算，即

$$P_e = p_0A \tag{2-12}$$

式中　p_0——比功率，即建筑物单位面积照明光源的安装功率；

A——建筑物的面积。

2. 反复短时工作制用电设备的设备容量

反复短时工作制用电设备的设备容量是指某负荷持续率的铭牌额定功率换算到统一的负荷持续率下的功率，这种换算是按同一周期内相同发热条件来进行。由于电流 I 通过电阻为 R 的用电设备，在时间 t 内产生的热量为 I^2Rt，因此在设备电阻 R 不变而产生的热量又相同的条件下，$I\propto 1/\sqrt{t}$。而在相同电压下，设备容量 $P\propto I$；又由负荷持续率定义可知，同一周期的负荷持续率 $\varepsilon\propto t$。因此 $P\propto 1/\sqrt{\varepsilon}$，即设备容量与负荷持续率的方均根成反比。假如用电设备铭牌上的负荷持续率为 ε_N，铭牌的额定功率为 P_N，则换算到统一的负荷持续率 ε 下的设备容量 P_e 为

$$P_e = P_N\sqrt{\frac{\varepsilon_N}{\varepsilon}} \tag{2-13}$$

（1）电焊机和电焊装置组。

要求统一换算到 $\varepsilon_{100}=100\%$时的功率，因此设备容量为

$$P_e = P_N\sqrt{\frac{\varepsilon_N}{\varepsilon_{100}}} = P_N\sqrt{\varepsilon_N} = S_N\cos\varphi_N\sqrt{\varepsilon_N} \tag{2-14}$$

式中　S_N——电焊机的铭牌容量；

ε_N——铭牌规定的负荷持续率；

$\cos\varphi_N$——铭牌规定的功率因数。

(2) 起重机（吊车电动机）。

要求统一换算到 $\varepsilon_{25}=25\%$时的功率，因此设备容量为

$$P_e = P_N\sqrt{\frac{\varepsilon_N}{\varepsilon_{25}}} = 2P_N\sqrt{\varepsilon_N} \tag{2-15}$$

式中　P_N——吊车电动机的铭牌功率；

ε_N——铭牌规定的负荷持续率。

3. 不对称单相负荷的设备容量

在工业企业中，除了广泛使用三相用电设备外，还有一些单相设备，如电焊机、电炉、照明等设备。当有多台单相用电设备时，应将它们尽可能均匀地分接到三相上，以使三相负荷保持平衡。只要三相负荷不平衡，就应以最大负荷相有功负荷的 3 倍作为等效三相有功负荷进行计算。

具体计算单相用电设备的负荷可按如下方法处理：

(1) 当单相设备的总容量不超过三相设备总容量的 15%时，则不论单相设备如何分配，单相设备可与三相设备综合按三相负荷平衡计算。

(2) 当单相设备的总容量大于三相设备总容量的 15%，应把单相设备容量换算为等效三相设备容量，再与三相设备容量相加。单相设备组等效三相设备容量换算方法如下：

1) 单相设备接于相电压时，等效三相设备容量 P_e 为最大负荷所在相的单相设备容量 $P_{e,mph}$的三倍，即

$$P_e = 3P_{e,\ mph} \tag{2-16}$$

2) 单相设备接于线电压时，等效三相设备容量 P_e 为接于线电压的单相设备容量 $P_{e,ph}$ 的$\sqrt{3}$倍，即

$$P_e = \sqrt{3}P_{e,\ ph} \tag{2-17}$$

3) 单相设备分别接于线电压和相电压时，首先应将接于线电压的单相设备容量换算为接于相电压的设备容量，然后分相计算各相的设备容量和计算负荷。总的等效三相有功计算负荷，就是最大有功负荷相的有功计算负荷的 3 倍；总的等效三相无功计算负荷，就是最大有功负荷相的无功计算负荷的 3 倍。

关于将接于线电压的单相设备容量换算为接于相电压的设备容量问题，可参考文献 [1]。

第三节　电力负荷的实用计算方法

进行企业电力负荷计算的目的，就是为正确选择企业各级变电站的变压器容量、各种电气设备的型号、规格以及供电网络所用导线型号等提供科学的依据。根据计算负荷选择的电气设备和导线、电缆，如以计算负荷连续运行时，其发热温度不会超过允许值为约束条件进行选择。

负荷计算常用的方法有需要系数法和二项式系数法。

一、需要系数法

在进行电力负荷计算时，一般将车间内多台用电设备按其工作特点分组，即把负荷曲线图形特征相近的归成一个设备组，对每组设备选用合适的需要系数，计算出每组用电设备的计算负荷，然后由各组计算负荷求出总的计算负荷。这种方法称为需要系数法。

1. 用电设备组的计算负荷

用电设备组的计算负荷，是指用电设备组从供电系统中取用的半小时最大负荷 P_{30}。用电设备组的设备容量 P_e，是指用电设备组中所有设备（不包括备用设备在内）的设备容量之和。而各设备的设备容量，是指设备在额定条件下的最大输出功率。由于用电设备组的所有设备不一定同时运行，引入一个同时系数 K_Σ；运行的设备不一定满负荷运行，引入负荷系数 K_L；用电设备本身以及配电线路有功率损耗，引入设备组的平均效率 η_e 和线路的平均效率 η_{WL}。因此，用电设备组的有功计算负荷为

$$P_{30}=\frac{K_\Sigma K_L}{\eta_e \eta_{WL}}P_e \tag{2-18}$$

式中 K_Σ——设备组的同时系数，即最大负荷时运行设备的容量与设备组总额定容量之比；

K_L——设备组的负荷系数，即设备组在最大负荷时的输出功率与运行的设备容量之比；

η_e——设备组平均效率，即设备组在最大负荷时输出功率与取用功率之比；

η_{WL}——配电线路的平均效率，即配电线路在最大负荷时的末端功率与首端功率之比，此值一般为 0.95～0.98。

令

$$K_d=\frac{K_\Sigma K_L}{\eta_e \eta_{WL}} \tag{2-19}$$

这里的 K_d 称为需要系数（Demand Coefficient）。需要系数与设备组的生产性质、工艺特点、加工条件以及技术管理、生产组织、工人的熟练程度等诸多因素有关，因此需要系数一般通过实测分析确定，使之更接近实际。附录 A 中列出各种用电设备组的需要系数值，可供计算时参考。

按需要系数法确定三相用电设备组计算负荷的基本公式为

有功功率计算负荷
$$P_{30}=K_d P_e \tag{2-20}$$

无功功率计算负荷
$$Q_{30}=P_{30}\tan\varphi \tag{2-21}$$

视在功率计算负荷
$$S_{30}=\sqrt{P_{30}^2+Q_{30}^2} \tag{2-22}$$

计算电流
$$I_{30}=\frac{S_{30}}{\sqrt{3}U_N} \tag{2-23}$$

式中 $\tan\varphi$——用电设备组的功率因数角的正切值，具体数值参见附录 A；

U_N——用电设备组的额定电压。

负荷计算中常用的单位：有功功率为 kW，无功功率为 kvar，视在功率为 kVA，电流为 A，电压为 kV。

2. 单台用电设备的计算负荷

附录 A 中需要系数值是按车间范围内设备台数较多的情况来确定的，所以需要系数 K_d

的值一般都比较低。因此，需要系数法较适用于确定车间及更大范围的计算负荷。当计算干线或支线上用电设备只有1～2台设备时，考虑到此台设备总会有满载的时候，令负荷系数$K_L=1$；由于只是一台设备，故同时系数$K_\Sigma=1$；另外，往用电设备引接的支线线路均很短，所以线路的平均效率$\eta_{WL}\approx 1$。因此，其计算负荷为

$$P_{30}=\frac{K_\Sigma K_L}{\eta_e\eta_{WL}}P_e=\frac{P_e}{\eta_e} \tag{2-24}$$

式中　P_e——单台用电设备的设备容量；

η_e——用电设备在额定负载下的效率。

在求出有功计算负荷P_{30}后，可按式（2-21）～式（2-23）分别计算Q_{30}、S_{30}、I_{30}。

【例2-1】　某车间有10t桥式吊车一台，在负荷持续率$\varepsilon_N=40\%$的条件下，其额定功率为39.6kW，$\eta_e=0.8$，$\cos\varphi=0.5$。试计算向该电动机供电的支线的计算负荷。

解　吊车电动机要求统一换算到$\varepsilon_{25}=25\%$时的功率，因此设备容量为

$$P_e=2P_N\sqrt{\varepsilon_N}=2\times39.6\times\sqrt{0.4}=50(\text{kW})$$

故向它供电的支线的计算负荷为

$$P_{30}=\frac{P_e}{\eta_e}=\frac{50}{0.8}=62.5(\text{kW})$$

$$Q_{30}=P_{30}\tan\varphi=62.5\times1.732=108.3(\text{kvar})$$

$$S_{30}=\sqrt{P_{30}{}^2+Q_{30}{}^2}=\sqrt{62.5^2+108.3^2}=125.0(\text{kVA})$$

3. 多组用电设备的计算负荷

考虑到各组用电设备的最大负荷不一定同时出现，可结合具体情况对其有功负荷和无功负荷分别计入一个同时系数$K_{\Sigma p}$和$K_{\Sigma q}$。

对于车间干线，可取$K_{\Sigma p}=0.85\sim0.95$，$K_{\Sigma q}=0.9\sim0.97$。

对于低压母线，由用电设备组计算负荷直接相加来计算时，可取$K_{\Sigma p}=0.8\sim0.9$，$K_{\Sigma q}=0.85\sim0.95$；由车间干线计算负荷直接相加来计算时，可取$K_{\Sigma p}=0.9\sim0.95$，$K_{\Sigma q}=0.93\sim0.97$。

具体计算时，同时系数还要根据组数多少来确定，组数越多，取值越小。

总的有功功率计算负荷为

$$P_{30}=K_{\Sigma p}\sum P_{30,i} \tag{2-25}$$

总的无功功率计算负荷为

$$Q_{30}=K_{\Sigma q}\sum Q_{30,i} \tag{2-26}$$

这里$\sum P_{30,i}$和$\sum Q_{30,i}$分别表示所有各组用电设备的有功功率和无功功率计算负荷之和。

总的视在功率计算负荷S_{30}和总的计算电流I_{30}仍按式（2-22）和式（2-23）计算。

由于各组设备的功率因数可能不同，因此总的视在功率计算负荷和计算电流一般不能用各组的视在功率计算负荷或计算电流之和来计算。

注意：在计算多组设备总的计算负荷时，为了简化和统一，各组的设备台数不论多少，各组的计算负荷可均按附录A所列的计算系数来计算，而不必考虑因设备台数少而适当增大K_d和$\cos\varphi$值的问题。

利用需要系数法进行企业电力负荷计算，其突出的优点是：

(1) 公式简单，计算方便。对单台设备、用电设备组、一个车间甚至一个企业的计算负

荷均可进行计算。这对于初步设计时估算全车间或全厂的计算负荷显得尤为方便。

（2）对于不同性质的用电设备、不同的车间或企业的需要系数值，经过几十年的统计和积累，数值比较完整和准确，为供电设计创造了良好的条件，使设计计算易于顺利进行。

这种方法存在的缺点是：没有考虑大容量电动机的运行特性（如起动和过载等）对整个计算负荷的影响，尤其是当总用电设备台数少时其影响较大，可能使计算负荷的准确度稍差。当然，如果企业的总用电设备台数很多时，其影响是微弱的。

总之，对绝大部分工业企业进行电力负荷计算时，需要系数法目前仍称得上是一种准确而简便的办法，因而在我国设计部门被普遍采用。

二、二项式系数法

用二项式系数法进行负荷计算时，既考虑了用电设备组的设备总容量，又考虑了一定数量大容量用电设备对计算负荷的影响。

1. 用电设备组的计算负荷

用电设备组的计算负荷定义为两项的和，即

$$P_{30}=bP_{e}+cP_{x} \tag{2-27}$$

计算负荷 P_{30} 由 $bP_{e}+cP_{x}$ 两项组成，b 和 c 为二项式系数，故将这种方法称为二项式系数法。bP_{e} 表示用电设备组的平均负荷，其中 P_{e} 为用电设备组的设备总容量，其计算方法如前面所述；cP_{x} 表示用电设备组中 x 台容量最大的设备投入运行时增加的附加负荷，其中 P_{x} 是 x 台最大容量的设备总容量。

其余的计算负荷 Q_{30}、S_{30}、I_{30} 的计算与前述需要系数法相同。

附录 A 中列出部分用电设备组的 b、c 和 x 值，可供计算时参考。

注意： 按二项式系数法确定计算负荷时，如果设备总台数 n 小于附录 A 中规定的最大容量设备台数 x 的 2 倍时，则其最大容量设备台数也应减小，建议取为 $x=n/2$，且按“四舍五入”规则取整数。例如某机床电动机组的电动机数只有 7 台时，则其最大容量设备台数应取 $x=7/2\approx4$（若按附录 A，则取 $x=5$）。

2. 单台用电设备的计算负荷

用电设备组只有 1～2 台设备时，采用需要系数法中单台用电设备计算负荷的公式。

3. 多组用电设备的计算负荷

采用二项式系数法确定多组用电设备的计算负荷时，必须考虑各组用电设备的最大负荷不同时出现的因素。但不是计入一个同时系数，而是在各组用电设备中取其中一组最大的附加负荷 cP_{x}，再加上所有各组的平均负荷 bP_{e}，由此求得其总的有功功率和无功功率计算负荷，即总的有功功率计算负荷为

$$P_{30}=\sum(bP_{e})_{i}+(cP_{x})_{\max} \tag{2-28}$$

总的无功功率计算负荷为

$$Q_{30}=\sum(bP_{e}\tan\varphi)_{i}+(cP_{x})_{\max}\tan\varphi_{\max} \tag{2-29}$$

式中 $\sum(bP_{e})_{i}$——各组有功功率的平均负荷之和；

$\sum(bP_{e}\tan\varphi)_{i}$——各组无功功率的平均负荷之和；

$(cP_{x})_{\max}$——各组中的一组最大的有功功率附加负荷；

$\tan\varphi_{\max}$——$(cP_{x})_{\max}$ 所在设备组的平均功率因数角的正切值。

对于总的 S_{30}、I_{30}仍分别按式（2－22）和式（2－23）计算。

为了简化和统一，按二项式系数法来计算多组用电设备总的计算负荷时，也不论各组设备台数多少，各组的计算系数 b、c、x 和 $\cos\varphi$ 等，可均按附录 A 所列数值取用。

由于二项式系数法不仅考虑了用电设备组的平均最大负荷，而且考虑了容量最大的少数设备运行时对总计算负荷的额外影响，所以此法比较适用于确定设备台数较少而容量相差较大的低压干线和分支线的计算负荷。用二项式系数法进行负荷计算时，一般来说，适用于机械加工车间、机修装配车间以及热处理车间等。这类车间的电动机数量多且电动机容量大小相差很大，考虑大电动机对计算负荷值的影响可能是合理的，弥补了需要系数法在这方面的不足。

利用二项式系数法进行企业电力负荷计算，其优点是考虑了电动机台数和大容量电动机对计算负荷的影响。其缺点是：①x 值的选取仍缺乏足够的理论依据，没有考虑 x 值随电动机总台数的变化而变化，b、c、x 多是经验统计数据；②除机械加工工业外，其他行业 b、c、x 的数据目前较少，因而其应用受到一定的限制。

【例 2－2】 某机修车间 380V 线路上，接有金属切削机床电动机 20 台，共 50kW（其中较大容量电动机有 7.5kW 1 台，4kW 3 台，2.2kW 7 台）；通风机 2 台共 3kW；电阻炉 1 台 2kW。试分别用需要系数法和二项式系数法确定此线路上的计算负荷。

解 1. 用需要系数法求解

（1）金属切削机床组。

查附录 A，可取 $K_d=0.2$，$\cos\varphi=0.5$，$\tan\varphi=1.73$，故

$$P_{30(1)}=0.2\times50=10(\text{kW})$$

$$Q_{30(1)}=10\times1.73=17.3(\text{kvar})$$

（2）通风机组。

查附录 A，可取 $K_d=0.8$，$\cos\varphi=0.8$，$\tan\varphi=0.75$，故

$$P_{30(2)}=0.8\times3=2.4(\text{kW})$$

$$Q_{30(2)}=2.4\times0.75=1.8(\text{kvar})$$

（3）电阻炉。

查附录 A，可取 $K_d=0.7$，$\cos\varphi=1$，$\tan\varphi=0$，故

$$P_{30(3)}=0.7\times2=1.4(\text{kW})$$

$$Q_{30(3)}=0$$

因此，总计算负荷为（取 $K_{\Sigma p}=0.95$，$K_{\Sigma q}=0.97$）

$$P_{30}=0.95\times(10+2.4+1.4)=13.1(\text{kW})$$

$$Q_{30}=0.97\times(17.3+1.8+0)=18.5(\text{kvar})$$

$$S_{30}=\sqrt{13.1^2+18.5^2}=22.7(\text{kVA})$$

$$I_{30}=22.7/(\sqrt{3}\times0.38)=34.5(\text{A})$$

2. 用二项式系数法求解

（1）金属切削机床组。

查附录 A，可取 $b=0.14$，$c=0.4$，$x=5$，$\cos\varphi=0.5$，$\tan\varphi=1.73$，故

$$bP_{e(1)}=0.14\times50=7.00(\text{kW})$$

$$cP_{x(1)}=0.4\times(7.5\times1+4\times3+2.2\times1)=8.68(\text{kW})$$

（2）通风机组。

查附录 A，可取 $b=0.65$，$c=0.25$，$\cos\varphi=0.8$，$\tan\varphi=0.75$，故

$$bP_{e(2)}=0.65\times3=1.95(\text{kW})$$

$$cP_{x(2)}=0.25\times3=0.75(\text{kW})$$

（3）电阻炉。

查附录 A，可取 $b=0.7$，$c=0$，$\cos\varphi=1$，$\tan\varphi=0$，故

$$bP_{e(3)}=0.7\times2=1.4(\text{kW})$$

$$cP_{x(3)}=0$$

因此，总计算负荷［附加负荷中以 $cP_{x(1)}$ 为最大］为

$$P_{30}=(7.00+1.95+1.4)+8.68=19.03(\text{kW})$$

$$Q_{30}=(7.00\times1.73+1.95\times0.75+1.4\times0)+8.68\times1.73=28.59(\text{kvar})$$

$$S_{30}=\sqrt{19.03^2+28.59^2}=34.34(\text{kVA})$$

$$I_{30}=34.34/(\sqrt{3}\times0.38)=52.24(\text{A})$$

比较以上两种计算结果，可以看出，按二项式系数法计算的结果比按需要系数法计算的结果大。

第四节　供电系统的功率损耗和电能损耗

当电流通过导线和变压器时，就要引起有功功率和无功功率的损耗，这部分功率损耗也需要由供电系统供给。因此，确定车间或企业的计算负荷时，应计入这部分功率损耗。

一、供电系统的功率损耗

1. 线路的功率损耗

因线路具有电阻和电抗，所以其功率损耗包括有功功率损耗和无功功率损耗两部分。

（1）有功功率损耗。

有功功率损耗是电流通过线路电阻所产生的，即

$$\Delta P_{\text{WL}}=3I_{30}^2R \tag{2-30}$$

式中　I_{30}——线路的计算电流；

R——线路每相的电阻，若 R_0 为线路单位长度的电阻值，l 为线路长度，则线路每相的电阻 $R=R_0l$。

一般进行负荷计算时都是先计算 P_{30}、Q_{30} 及 S_{30}，因此式（2-30）中的 I_{30} 如用 P_{30}、Q_{30} 及 S_{30} 来表示时，则有功功率损耗为

$$\Delta P_{\text{WL}}=\frac{{S_{30}}^2}{U_{\text{N}}^2}R=\frac{P_{30}^2+Q_{30}^2}{U_{\text{N}}^2}R \tag{2-31}$$

（2）无功功率损耗。

无功功率损耗是电流通过线路电抗所产生的，即

$$\Delta Q_{\text{WL}}=3I_{30}^2X \tag{2-32}$$

式中　I_{30}——线路的计算电流；

X——线路每相的电抗，若 X_0 为线路单位长度的电抗值，l 为线路长度，则线路每

相的电抗 $X=X_0 l$。

附录C和附录D列出LJ型及LGJ型绞线的主要技术数据，可查得各种截面时的 R_0 和 X_0 的值。查 X_0 的值，不仅要根据导线型号和截面，而且要根据导线的线间几何均距。所谓导线的线间几何均距，是指三相线路中各相导线之间距离的几何平均值。如果 D_{ab}、D_{bc}、D_{ca}分别表示AB相之间、BC相之间、CA相之间的距离，则三相导线的几何均距为 $D_{av}=\sqrt[3]{D_{ab}D_{bc}D_{ca}}$。

式（2-32）中的 I_{30} 如用 P_{30}、Q_{30} 及 S_{30} 来表示时，则无功功率损耗为

$$\Delta Q_{WL}=\frac{{S_{30}}^2}{U_N^2}X=\frac{P_{30}^2+Q_{30}^2}{U_N^2}X \tag{2-33}$$

在计算有功功率损耗和无功功率损耗时要注意单位。常用的单位是：有功功率为kW，无功功率为kvar，视在功率为kVA，电压为kV。用式（2-31）和式（2-33）计算出的功率损耗单位分别为W和var，应换算为kW和kvar。

【例2-3】 试计算从供电系统的某地区变电站到一个企业总降压变电站的35kV送电线路上的有功功率损耗和无功功率损耗。已知该线路长度为12km，采用钢芯铝绞线LGJ-70型，导线几何均距为2.5m，输送计算负荷 $S_{30}=4917kVA$。

解 查附录D可得LGJ-70型导线的 $R_0=0.46\Omega/km$；当几何均距为2.5m时，$X_0=0.397\Omega/km$。

根据式（2-31），知该线路的有功功率损耗为

$$\Delta P_{WL}=\frac{{S_{30}}^2}{U_N^2}R=\frac{4917^2}{35^2}\times 0.46\times 12=108\ 944(W)\approx 109(kW)$$

根据式（2-33），知该线路的无功功率损耗为

$$\Delta Q_{WL}=\frac{{S_{30}}^2}{U_N^2}X=\frac{4917^2}{35^2}\times 0.397\times 12=94\ 023(var)\approx 94(kvar)$$

2. 变压器的功率损耗

电力变压器的功率损耗也包括有功功率损耗和无功功率损耗两部分。

（1）有功功率损耗。

变压器的有功功率损耗由铁损和铜损两部分组成。

1）铁损 ΔP_{Fe}。铁损是变压器主磁通在铁芯中产生的有功功率损耗。铁损可由变压器的空载实验测定，由于变压器的空载电流 I_0 很小，在一次绕组中产生的有功功率损耗可略去不计，因此变压器的空载损耗 ΔP_0 可认为就是铁损。只要外加的电压及频率不变，铁损就是固定不变的，与负荷无关。

2）铜损 ΔP_{Cu}。铜损是变压器负荷电流在一、二次绕组电阻中产生的有功功率损耗。铜损可由变压器的短路试验测定。由于变压器短路时一次短路电压 U_k 很小，在铁芯中产生的有功损耗可略去不计，因此变压器的短路损耗 ΔP_k 可认为就是铜损。铜损与负荷电流（或功率）的平方成正比。

因此，变压器的有功功率损耗为

$$\Delta P_T=\Delta P_{Fe}+\Delta P_{Cu}\approx\Delta P_0+\Delta P_k\left(\frac{S_{30}}{S_N}\right)^2 \tag{2-34}$$

或

$$\Delta P_T\approx\Delta P_0+\Delta P_k\beta^2 \tag{2-35}$$

式中 S_N——变压器的额定容量；

S_{30}——变压器的计算负荷；

β——变压器的负荷率，$\beta=S_{30}/S_N$。

（2）无功功率损耗。

变压器的无功功率损耗由空载无功功率损耗和负载无功功率损耗两部分组成。

1）空载无功功率损耗 ΔQ_0。空载无功功率损耗是变压器空载时，由产生主磁通的励磁电流造成的。它只与绕组电压有关，而与负荷无关，其值与励磁电流（或近似地认为空载电流 I_0）成正比，即

$$\Delta Q_0 \approx \frac{I_0\%}{100}S_N \tag{2-36}$$

式中 $I_0\%$——变压器空载电流占额定电流的百分值。

2）负载无功功率损耗 ΔQ_L。负载无功功率损耗是负荷电流在变压器一、二次绕组电抗上所产生的无功功率损耗。ΔQ_L 可由变压器的短路试验测定。由于变压器绕组的电抗远大于电阻，故可认为在额定电流时的无功功率损耗与短路电压（即阻抗电压）成正比，即

$$\Delta Q_N \approx \frac{U_k\%}{100}S_N \tag{2-37}$$

式中 $U_k\%$——变压器短路电压占额定电压的百分值。

负载无功功率损耗与负荷电流（或功率）的平方成正比。因此，变压器的无功功率损耗为

$$\Delta Q_T = \Delta Q_0 + \Delta Q_L \approx S_N\left[\frac{I_0\%}{100} + \frac{U_k\%}{100}\left(\frac{S_{30}}{S_N}\right)^2\right] \tag{2-38}$$

或

$$\Delta Q_T = S_N\left(\frac{I_0\%}{100} + \frac{U_k\%}{100}\beta^2\right) \tag{2-39}$$

式（2-35）～式（2-39）中的 ΔP_0、ΔP_k、$I_0\%$和 $U_k\%$等都可从产品样本中查得。

在负荷计算时，变压器的有功功率损耗和无功功率损耗可按下列经验公式近似计算：

对 SJL1 等型电力变压器

$$\Delta P_T \approx 0.02S_{30} \tag{2-40}$$

$$\Delta Q_T \approx 0.08S_{30} \tag{2-41}$$

对 SL7 等型低损耗变压器

$$\Delta P_T \approx 0.015S_{30} \tag{2-42}$$

$$\Delta Q_T \approx 0.06S_{30} \tag{2-43}$$

【例 2-4】 已知某车间选用变压器的型号为 SJL1－1000/10，10/0.4kV，其技术数据为：空载损耗 $\Delta P_0=2.0$kW，短路损耗 $\Delta P_k=13.7$kW，短路电压百分值 $U_k\%=4.5$，空载电流百分值 $I_0\%=1.7$。已知该变压器的计算负荷 $P_{30}=596$kW、$Q_{30}=530$kvar、$S_{30}\approx 800$kVA。试计算该车间变压器的有功功率损耗和无功功率损耗。

解 变压器的负荷率 $\beta=\dfrac{S_{30}}{S_N}=\dfrac{800}{1000}=0.8$

变压器的有功功率损耗为

$$\Delta P_T \approx \Delta P_0 + \Delta P_k\beta^2 = 2.0 + 13.7\times(0.8)^2 = 10.8(\text{kW})$$

变压器的无功功率损耗为

$$\Delta Q_{\mathrm{T}} \approx S_{\mathrm{N}}\left(\frac{I_0\%}{100}+\frac{U_{\mathrm{k}}\%}{100}\beta^2\right)=1000\left(\frac{1.7}{100}+\frac{4.5}{100}\times 0.8^2\right)=45.8(\mathrm{kvar})$$

二、供电系统的电能损耗

在供电系统设计中，不但要进行功率损耗的计算，而且还要进行电能损耗的计算。企业每年所消耗的电能，主要用于动力和照明用电，但是供电系统（主要是线路和变压器）产生的电能损耗也相当可观，应引起重视。

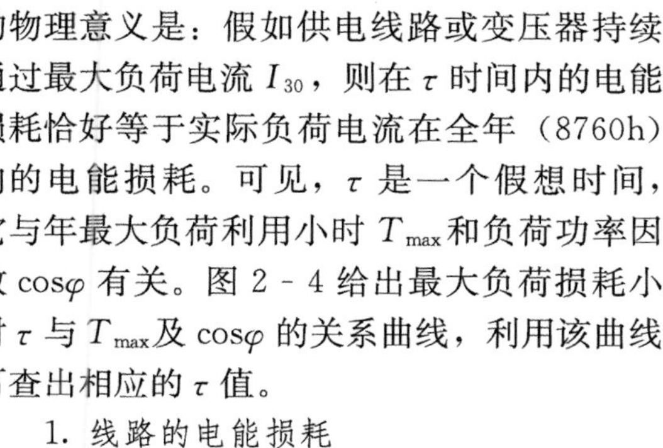

工程上经常利用“最大负荷损耗小时 τ”来近似计算线路和变压器的有功电能损耗。τ 的物理意义是：假如供电线路或变压器持续通过最大负荷电流 I_{30}，则在 τ 时间内的电能损耗恰好等于实际负荷电流在全年（8760h）内的电能损耗。可见，τ 是一个假想时间，它与年最大负荷利用小时 $T_{\max}$ 和负荷功率因数 $\cos\varphi$ 有关。图 2 - 4 给出最大负荷损耗小时 τ 与 $T_{\max}$ 及 $\cos\varphi$ 的关系曲线，利用该曲线可查出相应的 τ 值。

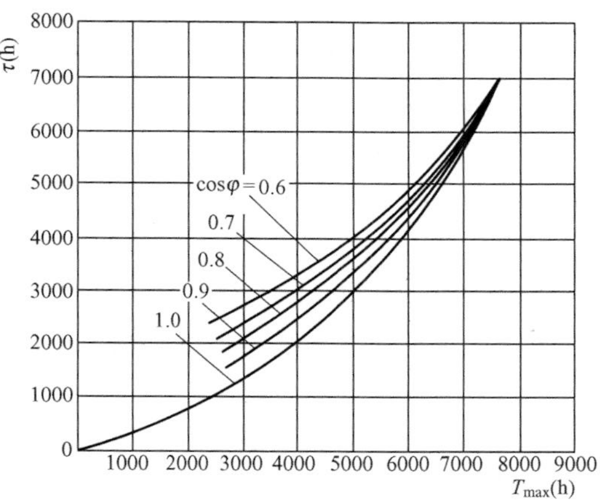

图 2 - 4　$\tau=f$（$T_{\max}$，$\cos\varphi$）的曲线

1. 线路的电能损耗

线路的电能损耗为

$$\Delta W_{\mathrm{WL}}=3I_{30}^2 R_{\mathrm{WL}}\tau \tag{2-44}$$

2. 变压器的电能损耗

（1）由于铁损引起的电能损耗。只要外加电压和频率不变，铁损引起的电能损耗的值是固定不变的，即

$$\Delta W_{\mathrm{Fe}}=\Delta P_{\mathrm{Fe}}\times 8760 \approx \Delta P_0\times 8760 \tag{2-45}$$

（2）由于铜损引起的电能损耗。它与负荷电流的平方成正比，即与变压器的负荷率 β 的平方成正比

$$\Delta W_{\mathrm{Cu}}=\Delta P_{\mathrm{Cu}}\tau \approx \Delta P_{\mathrm{k}}\beta^2\tau \tag{2-46}$$

因此，变压器全年的电能损耗为

$$\Delta W_{\mathrm{T}}=\Delta W_{\mathrm{Fe}}+\Delta W_{\mathrm{Cu}} \approx \Delta P_0\times 8760+\Delta P_{\mathrm{k}}\beta^2\tau \tag{2-47}$$

第五节　工业企业负荷计算

为了向当地供电企业申请用电和选择企业变配电站电气设备和导线，都必须确定工业企业总的计算负荷。

工业企业负荷计算常用的方法有逐级计算法、需要系数法和估算法几种。

一、按逐级计算法确定企业计算负荷

根据企业的供电系统图，从用电设备端开始，朝电源方向逐级计算，最后求出企业总的计算负荷，这种方法称为逐级计算法，如图 2 - 5 所示。计算步骤如下：

（1）计算每台用电设备的计算负荷 $P_{30(1)}$，区别不同工作制，用来选支线。

（2）按工作制相似的用电设备分组，用需要系数法或二项式系数法求出 $P_{30(2)}$，用来选

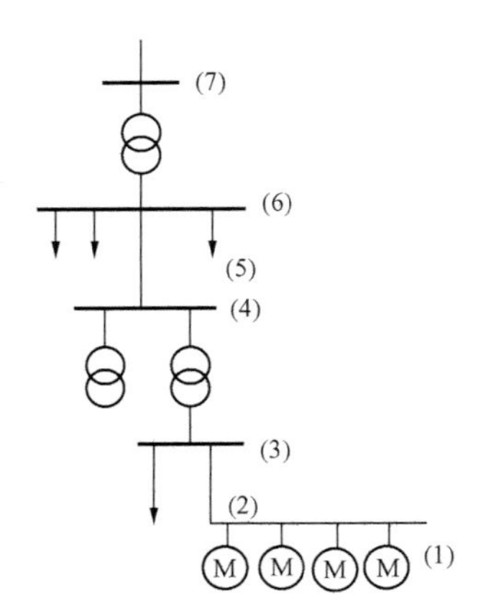

图 2-5 某企业供电系统示意图

干线。低压线路的功率损耗很小，可忽略不计。

（3）低压母线上所有低压配电线路计算负荷之和，再乘上一个同时系数，求出车间变电站低压侧的计算负荷 $P_{30(3)}$。

（4）车间变电站低压侧计算负荷 $P_{30(3)}$，加上车间变压器的功率损耗，求出车间变电站高压侧计算负荷 $P_{30(4)}$，以此选高压配电线及电气设备。

（5）$P_{30(4)}$ 加上高压供电线路损耗，可求出总降压变电站各出线的计算负荷 $P_{30(5)}$。

（6）汇总总降压变电站各出线的计算负荷，乘以同时系数，得到变电站低压母线上计算负荷 $P_{30(6)}$，以此选低压母线和总降压变电站变压器的容量。

（7）总降压变电站低压母线上的计算负荷，加上总降压变电站变压器损耗即得企业总计算负荷 $P_{30(7)}$，以此选总降压变电站进线。

二、按需要系数法确定企业计算负荷

将企业用电设备容量 P_e（不包含备用设备容量）乘上一个需要系数 K_d，就得到企业的有功计算负荷 P_{30}，计算公式同式（2-20）。然后根据企业的功率因数，按式（2-21）～式（2-23）求出企业的无功功率计算负荷 Q_{30}、视在功率计算负荷 S_{30} 和计算电流 I_{30}。

附录 B 列出了部分企业的需要系数和功率因数值，可供参考。

三、按估算法确定企业计算负荷

在进行初步设计或方案比较时，企业的计算负荷可用两种方法估算。

1. 单位产品耗电量法

将企业年产量 A 乘以单位产品耗电量 a，即可得到企业年电能需电量为

$$W_a = Aa \tag{2-48}$$

各类企业的单位产品耗电量 a 可根据实测统计确定，也可查有关设计手册。

由式（2-2）可得企业的有功功率计算负荷为

$$P_{30} = P_{max} = \frac{W_a}{T_{max}} \tag{2-49}$$

按式（2-21）～式（2-23）计算 Q_{30}、S_{30} 和 I_{30}。

2. 单位产值耗电量法

将企业年产值 B 乘以单位产值耗电量 b，即可得到企业年电能需电量为

$$W_a = Bb \tag{2-50}$$

各类企业的单位产值耗电量 b 也可由实测或查有关设计手册得到。

按式（2-49）可求得 P_{30}，按式（2-21）～式（2-23）计算 Q_{30}、S_{30} 和 I_{30}。

第六节 尖峰电流的计算

一、尖峰电流

用电设备持续 1～2s 的短时最大负荷电流称为尖峰电流（Peak Current），用 I_{pk} 表示。

确定尖峰电流的目的是为了计算线路的电压波动，选择熔断器、低压断路器和保护装置电流整定值以及检验电动机能否自起动。

二、尖峰电流的计算

1. 单台用电设备的尖峰电流

单台用电设备的尖峰电流就是其起动电流，即

$$I_{pk}=K_{st}I_{N} \tag{2-51}$$

式中　I_N——用电设备的额定电流；

K_{st}——用电设备的起动电流倍数，一般笼型电动机为5～7，绕线转子电动机为2～3，直流电动机为1.5～2，电焊变压器为3～4。

2. 多台用电设备的尖峰电流

一般只考虑起动电流最大的一台电动机的起动电流，因此多台用电设备的尖峰电流为

$$I_{pk}=K_{\Sigma}\sum_{i=1}^{n-1}I_{N,i}+I_{st,max} \tag{2-52}$$

或

$$I_{pk}=I_{30}+(I_{st}-I_{N})_{max} \tag{2-53}$$

式中　$I_{st,max}$——起动电流最大的那台设备的起动电流；

$(I_{st}-I_N)_{max}$——起动电流最大的那台设备的起动电流与额定电流之差；

$\sum_{i=1}^{n-1}I_{N,i}$——起动电流与额定电流之差最大的那台设备除外，其他$n-1$台设备的额定电流之和；

K_{Σ}——同时系数，一般取0.7～1。

习　题

2-1　电力负荷按其重要性分哪几级？各级负荷对供电电源有何要求？

2-2　工业企业用电设备按工作制分哪几类？各有什么工作特点？

2-3　什么叫负荷持续率？它表征哪类设备的工作特性？

2-4　什么叫年最大负荷和年最大负荷利用小时？

2-5　什么叫计算负荷？正确确定计算负荷有什么意义？

2-6　确定计算负荷的需要系数法和二项式系数法各有什么特点？各适用于哪些场合？

2-7　在确定多组用电设备总的视在功率计算负荷和计算电流时，是否可以将各组的视在功率计算负荷和计算电流直接相加？为什么？

2-8　已知机修车间的金属切削机床组，拥有电压为380V的三相电动机7.5kW 3台，4kW 8台，3kW 17台，1.5kW 10台。试求其计算负荷。

2-9　试计算某电焊变压器的P_e及向其供电的导线的计算负荷。已知该电焊变压器$S_N=42$kVA，$\varepsilon_N=60\%$，$\cos\varphi=0.62$，$\eta=0.97$。

2-10　某动力车间有0.5t电炉一台，其变压器型号为HSJ-500/10，铭牌数据如下：$S_N=500$kVA，$\cos\varphi=0.92$，$\eta=0.98$。试求电炉变压器的P_e及向其供电导线的计算负荷。

2-11　有一大批生产机械的加工车间，拥有金属切削机床电动机容量共800kW，通风机容量共56kW，线路电压为380V。试确定各组和车间的计算负荷P_{30}、Q_{30}、S_{30}和I_{30}。

2-12　有一机修车间拥有冷加工机床52台，共200kW；行车1台，5.1kW（$\varepsilon=15\%$）；通风机4台，共5kW；电焊机3台，共10.5kW（$\varepsilon=65\%$）。车间采用380/220V三相四线制供电。试确定车间的计算负荷P_{30}、Q_{30}、S_{30}和I_{30}。

2-13　有一条380V三相线路，供电给35台小批量生产的冷加工机床电动机，总容量为85kW。其中较大容量的电动机有7.5kW 1台，4kW 3台，3kW 12台。试分别用需要系数法和二项式系数法确定其计算负荷P_{30}、Q_{30}、S_{30}和I_{30}。

2-14　某机修车间有一段电力线路接有下列用电设备组：

（1）单独传动的轻负荷机床用电动机有2.8kW 5台，1.7kW 4台，1.5kW 3台。

（2）长期持续工作制的通风机和水泵用电动机有10kW 2台，14kW 2台。

（3）不带联锁的连续运输机用电动机有2.8kW 3台，1.7kW 3台。

试用需要系数法和二项式系数法计算电力线路的计算负荷。

2-15　某电器开关厂共有用电设备5840kW，试估算该企业的视在功率计算负荷。

2-16　某一机械厂冷加工机床电动机共76台，其中7kW电动机6台，4.5kW电动机16台，2.8kW电动机34台，1.7kW电动机20台，线路电压为380V，为小批量和单独生产，线路及变压器的功率损耗不计。试求该车间的计算负荷及车间变压器的容量。

2-17　已知各用电设备组的技术数据如下：

No.1组为一般轻负荷机床用电动机，即机修动力设备中的单独传动、小批量生产的金属冷加工机床，共有7.5kW电动机1台，5kW电动机2台，3.5kW电动机7台；

No.2组为机修车间和动力设备中的水泵和通风机（长期连续运行工作制），共有7.5kW电动机2台，5kW电动机7台；

No.3组为不带联锁的连续运输机，共有5kW电动机2台，3.5kW电动机4台。

试用需要系数法求各用电设备组和低压干线的计算负荷。

第三章 工业企业电力线路

本章首先概述工业企业电力线路的接线方式，然后介绍电力线路的结构、敷设和车间动力电气平面布置，最后重点讲述导线和电缆截面的选择计算方法。

第一节 工业企业电力线路及其接线方式

电力线路是电力系统的重要组成部分，担负着输送和分配电能的重要任务。

一、工业企业电力线路的组成、分类及基本要求

1. 工业企业电力线路的组成

工业企业电力线路是工业企业供电系统的重要组成部分，包括以下三个部分：

(1) 企业外部送电线路。企业外部送电线路是企业与电力系统相联络的高压进线，其作用就是从电力系统受电，向企业的总降压变电站（或配电站）供电。其电压在6～110kV之间，视企业所在地区的电力系统的电压而定，一般多为35～110kV。

(2) 企业内部高压配电线路。企业内部高压配电线路的作用是从总降压变电站（或配电站）以6～10kV电压向各车间变电站或高压用电设备供电。

(3) 低压配电线路。低压配电线路的作用是从车间变电站以380/220V的电压向车间各用电设备供电。

工业企业电力线路与电力系统相比，其特点是供电范围小、配电距离短、输送容量小。就其特点来说，它与电力系统的地方电网相似，故两者的计算方法也相似。例如在计算线路的电压损失时，线路对地的并联导纳可以略去不计，而且线路的电压损失可以近似等于电压降的纵分量；不同之处是在绝大多数情况下，工业企业电力线路全线的材料、截面和结构均相同，而地方电网却并不都是如此。

2. 工业企业电力线路的分类

(1) 按电压分类：一般将1kV以下的线路叫做低压线路，1kV及以上的线路叫做高压线路。

还有一种更细的分类方法：1kV以下的线路叫做低压线路，1～10kV的线路叫做中压线路，35～220kV的线路叫做高压线路。另外，330～750kV的线路叫做超高压线路，1000kV的交流或±800kV的直流线路叫做特高压线路，但一般工业企业电力线路达不到这个级别，主要应用在电网主干线路。

从安全的角度则认为250V以上为高压，250V以下者为低压。

(2) 按结构分类：有架空线路、电缆线路和室内（车间）线路。

(3) 按供电方式分类：有单端供电线路、两端供电线路和环形供电线路等。

(4) 按布置形式分类：有开式电网和闭式电网，一般以开式电网应用较多。

3. 对工业企业电力线路的基本要求

电力线路的设计指标主要由可靠性和经济性所决定。

(1) 供电可靠性。这个指标是说明一个供电系统不间断供电的可靠程度。供电可靠性应

根据企业各不同部分对不间断供电的要求程度来决定，以满足生产需要为准则，必须按一级负荷、二级负荷、三级负荷的不同要求区别对待供电方案。盲目地强调供电可靠性必将给国家造成不应有的浪费。在设计线路的接线方式时，除保安负荷之外，不应考虑两个电源回路同时检修或发生事故的情况。

（2）运行安全灵活。供电线路的接线应保证正常运行和事故时便于工作人员倒闸操作、检修和修理，以及运行维护安全、可靠。为此，应尽量简化接线，减少供电层次。对于同一电压等级的高压网络，供电层次一般不超过两级。

（3）运行经济性。在保证技术指标的条件下，供电系统必须选择最经济的方案，尽量使电力线路运行经济，其有效措施之一就是高压线路应尽可能深入负荷中心。当技术经济合理时，应尽量采用35kV及以上的高压线路直接向车间供电的方式。

（4）其他。供电系统的接线应考虑扩展的需要，同时应能适应各车间的投产顺序和分期建设的需要。此外，配电系统既要考虑正常生产时的负荷分配，也要考虑检修和事故时的负荷分配。当企业内部的环境条件许可时，高压配电线路应尽可能采用架空线路，以节约基建投资，且便于维护。

二、工业企业电力线路的接线方式

工业企业高压线路和低压线路的接线方式通常有放射式、树干式和环形三种基本接线方式。还应指出，工业企业电力线路的接线方式并不是固定的，可根据具体情况在上述三种基本接线方式的基础上进行改革演变，以期达到技术经济上最合理的目的。

1. 高压线路的接线方式

（1）放射式线路。高压放射式线路一般可分为单回路放射式线路、双回路放射式线路和有公共备用干线的放射式线路三种。

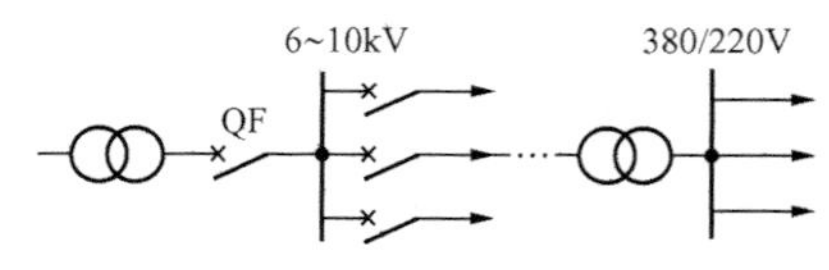

图3-1 单回路放射式线路

1）单回路放射式线路。它是由企业总降压变电站（或配电站）6～10kV母线上引出的每一条线路直接向一个车间变电站（或用电中心）配电，沿线不接其他负荷，各车间变电站之间也无联系，如图3-1所示。

这种接线方式的优点是线路敷设简单，维护方便，保护装置简化，且便于实现自动化。其缺点是高压开关设备数量多，投资较大。另外，如采用架空出线，也将造成变电站出线困难。这种接线方式最大缺点是，当线路或开关设备发生故障时，这条线路上的全部负荷都要停电，因而供电可靠性较差。这种接线方式仅适用于三级负荷和一部分次要的二级负荷。

2）双回路放射式线路。对重要的生产车间，为提高供电可靠性，可采用双回路放射式线路配电，如图3-2所示。当任一条线路发生故障或检修时，另一条线路可继续供电。这种接线适用于容量较大的一、二级负荷。

3）有公共备用干线的放射式线路。图3-3所示为有公共备用干线的放射式线路。正常时备用干线不投入运行，当任一条线路发生故障时，可将其切换到备用干线上恢复供电。因此，这类线路供电可靠性较高，可对各类负荷供电。但要注意，在投入公共备用干线过程中仍需短时停电。

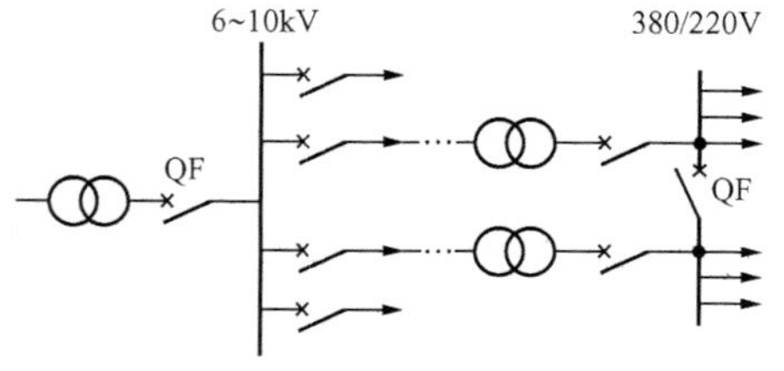

图3-2 双回路放射式线路

（2）树干式线路。高压树干式线路分为直接树干式线路和链串型树干式线路两种。

1）直接树干式线路。它由总降压变电站（或配电站）引出的每路高压配电干线沿各车间厂房敷设，从干线上直接接出分支线引入车间变电站，如图 3-4 所示。

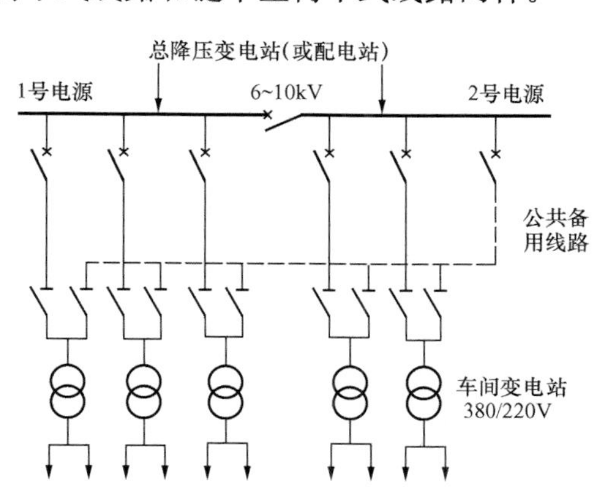

图 3-3　具有公共备用干线的放射式线路

这种接线方式的优点是高压配电装置数量少，投资相应减少，出线简单，且干线的数目少，可大量节约有色金属。但其突出缺点是供电可靠性差，只要断路器 QF 或高压配电干线上任何地方发生故障或检修时，接到这条干线上的所有车间变电站均要停电，影响生产的面很大，且在实现自动化方面，适应性也较差。因此对于这种树干式接线，分支的数目不宜过多，一般限制在 5 个以内，每台变压器的容量不宜超过 315kVA。这种接线方式只适用于供电给三级负荷。

2）链串型树干式线路。为了提高供电可靠性，可采用链串型树干式线路，以减少停电范围，提高供电可靠性，如图 3-5 所示。这种接线方式可适用于供电给二级负荷甚至某些一级负荷。

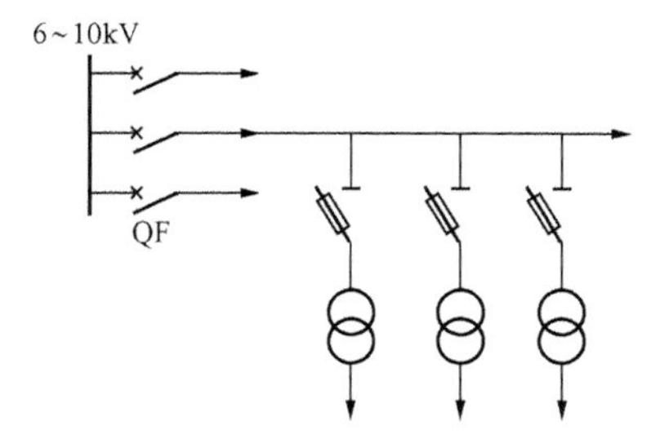

图 3-4　直接树干式线路

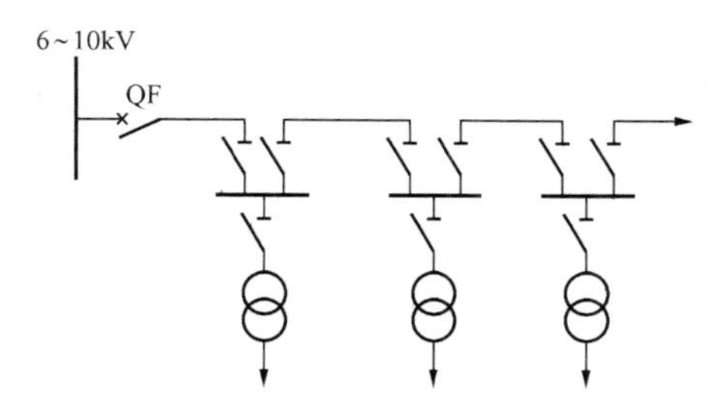

图 3-5　链串型树干式线路

（3）环形线路。图 3-6 所示是高压环形线路。其实质是两端供电的树干式接线。这种线路的突出优点是运行灵活、供电可靠性高。当干线上的任何地方发生故障时，只要找出故障段，拉开其两侧隔离开关，把故障段切除后，全部车间变电站均可迅速恢复供电，停电时间仅为寻找故障段和进行倒闸操作所需的时间。环形线路的缺点是消耗有色金属较多一些。

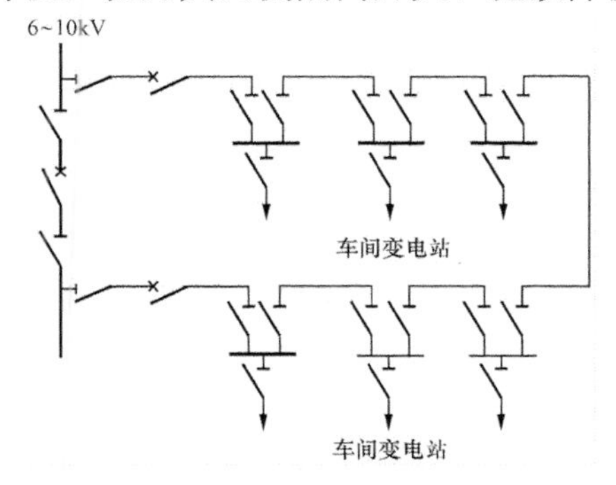

图 3-6　高压环形线路

为了避免环形线路上发生故障时影响整个企业电网，也为了便于实现线路保护的选择性，大多数环形线路采用“开口”运行方式，即环形线路中有一处开关是断开的。开环点选在什么地方最合理，需通过分析计算来决定。一般在正常运行时，应使开环点两侧回路干线所负担的容量尽可能相近，选用的导线截面也相同。

实际上，企业的高压配电系统往往采用几种接线方式的组合，依具体情况而定。一般地说，高压配电系统宜首先考虑采用放射式，因为放射式配电的供电可靠性较高，且便于运行管理；但放射式配电投资较大，因此对于供电可靠性要求不高的辅助生产区和住宅区，可考虑采用树干式或环形配电，比较经济。

2. 低压线路的接线方式

（1）放射式线路。图 3-7 所示是低压放射式线路，由变配电站低压配电屏供电给配电箱或低压用电设备。这种接线多用于用电设备容量大、负荷性质重要、车间内负荷排列不整齐或处于潮湿及腐蚀性环境的车间供电。

（2）树干式线路。它采用的开关设备少，但由于干线发生故障时停电范围较大，供电可靠性差，所以分支线一般不超过 5 个。它适合于向容量较小且分布较均匀的用电设备供电，如机械加工车间、机修车间和工具车间等，多采用成套的封闭母线。

低压树干式线路有低压母线配电的树干式、变压器—干线组的树干式和链式三种基本形式。

1）低压母线配电的树干式。由变压器低压母线上引出分支线给用电设备供电，如图 3-8（a）所示。

2）变压器—干线组的树干式。如图 3-8（b）所示，变压器的二次侧引出线经过低压断路器（或隔离开关）直接引至车间内的干线，可省去变电站低压侧整套低压配电装置，使变电站结构大为简化，降低投资。

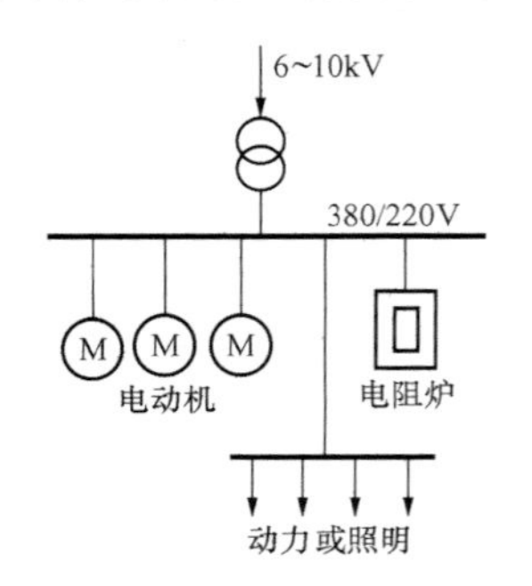

图 3-7　低压放射式线路

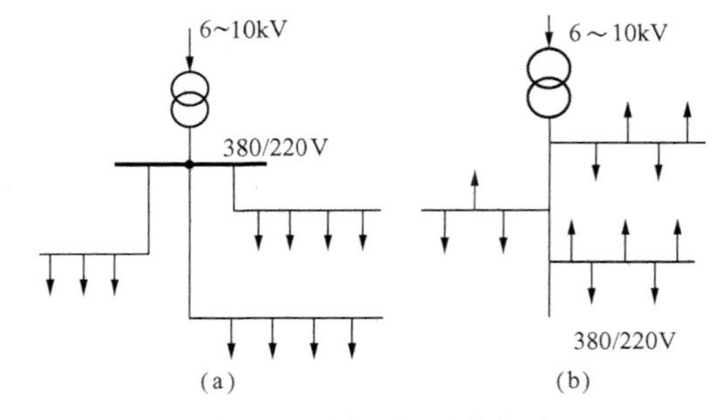

图 3-8　低压树干式线路

（a）低压母线配电的树干式；（b）变压器—干线组树干式

3）低压链式。图 3-9 所示为低压链式线路。它适用于向距供电点较远而彼此相距较近、容量很小的次要用电设备供电。但链式线路连接的用电设备，一般不宜超过 5 台或总容量不超过 10kW。

（3）环形线路。企业车间变电站的低压侧可通过低压联络线相互接成环形，如图 3-10 所示。

这种接线方式供电可靠性较高，电能损耗和电压损耗较小，但保护装置及其整定配合比较复杂，如配合不当，容易发生误动作，反而扩大故障停电范围。实际上，低压环形线路也多采用“开口”方式运行。

GB 50052—2009《供配电系统实际规范》中规定：“供配电系统应简单可靠，同一电压的配电级数不宜多于两级。”否则，会造成浪费和增大故障率。

此外，高压配电线路应尽可能地深入负荷中心，以减少电能损耗和有色金属消耗量。同时，在可能的条件下，尽量采用架空线路，以节约投资。

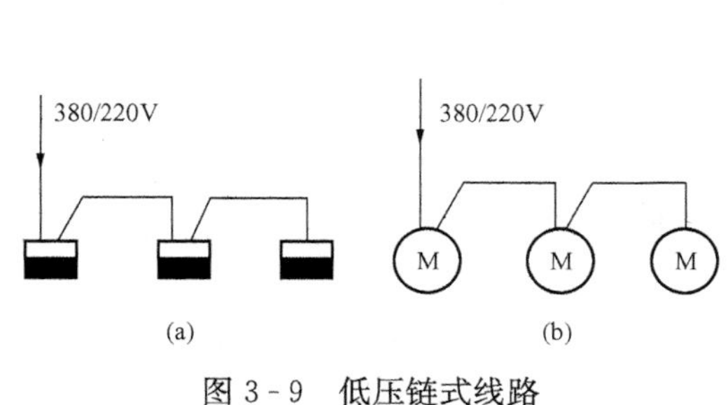

图 3-9　低压链式线路

(a) 连接配电箱；(b) 连接电动机

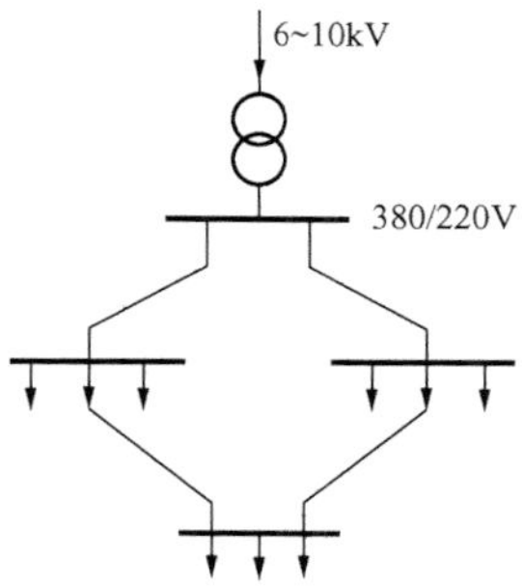

图 3-10　低压环形线路

3. 照明装置的接线方式

工业企业照明装置，可分为工作照明和事故照明两类。工作照明是指生产和工作时必需的照明，一般属二、三级负荷。事故照明是指工作照明熄灭时，为保证工作人员暂时继续工作或保证其自厂房疏散所必需的照明，属一级负荷。在重要的变配电站及其他重要的工作场所内，应考虑装设事故照明。照明装置采用如下接线方式：

(1) 负荷小且不重要的车间，照明不设独立线路，电力照明与动力线路合用一条线路，如图 3-11 所示。

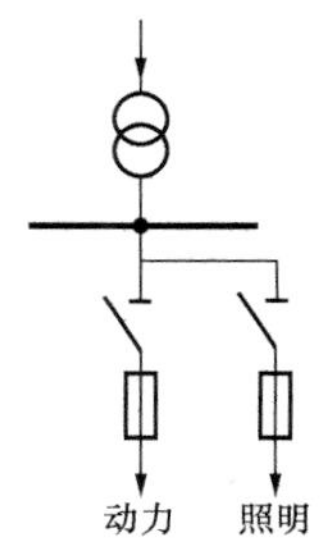

图 3-11　照明线路与动力线路合一

(2) 负荷大且可靠性要求较高的车间，照明线路与动力线路是分开的，但由同一变压器供电，如图 3-12 所示。如果照明和动力合用一条线路，则往往由于动力设备的起动，使线路电压波动很大，严重影响照明装置的正常工作。事故照明必须与工作照明分开线路供电。

(3) 负荷大且可靠性要求很高的车间，照明线路与动力线路是分开的，工作照明与事故照明分别由两台变压器供电或其他电源供电，如图 3-13 所示。

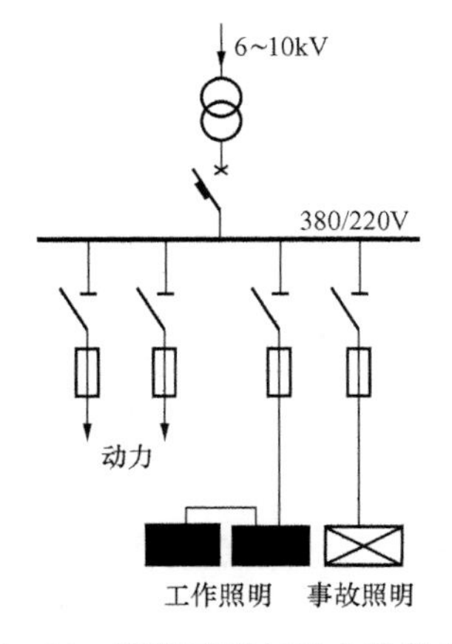

图 3-12　照明线路与动力线路分开

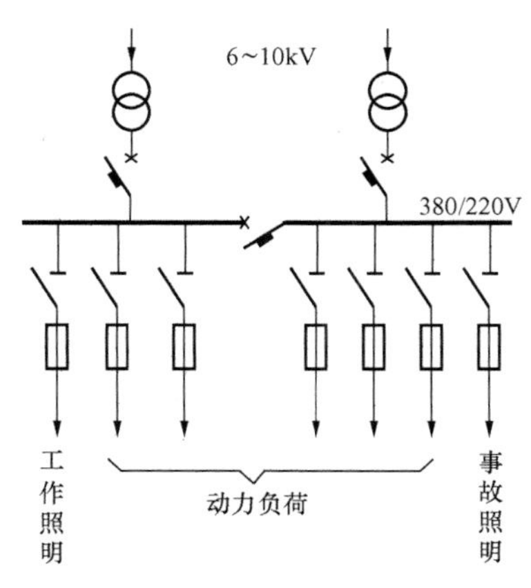

图 3-13　照明线路与动力线路分开且分别由不同电源供电

第二节 电力线路的结构及敷设

工业企业电力线路常见的有架空线路和电缆线路。架空线路结构简单、成本低、易于检修及维护，因此被广泛采用。但采用架空线路时线路纵横交错，占地较大，影响厂区美化。电缆线路虽然具有成本高、投资大、维修不便等缺点，但是它有运行可靠、可避免雷电危害和机械损伤、不占地面、不影响厂区美化等优点，在现代化企业中越来越被广泛应用。

一、架空线路的结构和敷设

架空线路是由导线、避雷线（架空地线）、杆塔、绝缘子、金具、接地装置和基础等构成。

1. 导线和避雷线

导线的作用是传导电流和输送电能，而避雷线的作用是把雷电流引入大地，以保护电力线路免遭雷击而引起过电压的破坏。架空线路的导线和避雷线都在露天工作，要承受自重、风力、覆冰等机械力的作用，不仅要求有良好的导电性，而且要具有一定的机械强度与抗化学腐蚀能力。

导线材料主要是铝、铜和钢，目前主要采用铝线。钢线由于电阻率较高，仅个别小容量线路中采用。钢线的机械强度高且价格低廉，故常用作避雷线。铜导电性能好、抗腐蚀能力强、容易焊接，但铜价格高、用途广，因此在架空线路上除了用于腐蚀性特别严重的地区外，一般都不采用铜作导线。

架空线路一般采用裸导线，多用多股绞线，有铜绞线（代号 TJ）、铝绞线（代号 LJ）、钢芯铝绞线（代号 LGJ）。工业企业的架空线路多用铝绞线，在机械强度要求高和 35kV 以上架空线路上则采用钢芯铝绞线。

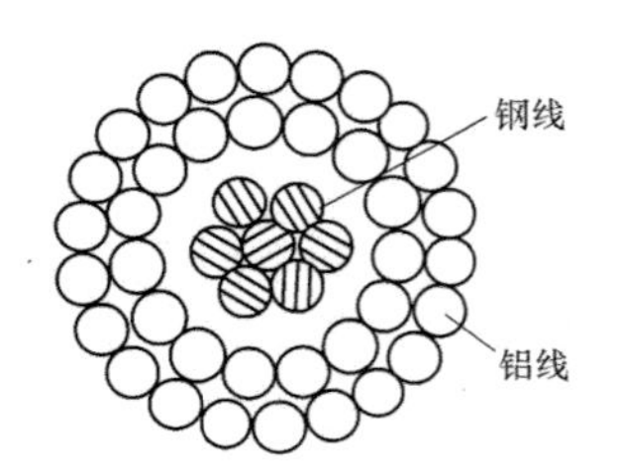

图 3 - 14 钢芯铝绞线的截面

钢芯铝绞线是将铝线绕在钢线的外层，由于集肤效应，电流主要从铝线部分通过，而导线的机械负荷主要由钢线部分负担。钢芯铝绞线分为普通型、轻型和加强型三种。轻型结构（代号 LGJQ）的铝钢截面比为 7.6～8.3，普通型结构（代号 LGJ）的铝钢截面比为 5.2～6.1，加强型结构（代号 LGJJ）的铝钢截面比为 4.0～4.5。图 3 - 14 所示为钢芯铝绞线的截面。

架空线路导线的型号是用导线材料和结构以及载流截面积（mm^2）这三部分来表示的。如 LGJ - 120 表示截面积为 120mm^2 的普通钢芯铝绞线。

2. 杆塔

杆塔是支持和固定导线及其他附件用的，以使导线对地及其三相之间均有一定的距离。要求杆塔具有足够的机械强度，并经久耐用、价廉、便于搬运和安装。

杆塔按其材料不同可分为木杆、钢筋混凝土杆、铁塔三种。目前，木杆已基本不采用。钢筋混凝土杆具有节约木材和钢材、机械强度较高等特点，是使用最广的杆塔型式。铁塔主要用在超高压、大跨越的线路以及某些受力较大的耐张、转角杆塔上。

杆塔按用途和地位可以分为直线杆塔、耐张杆塔、转角杆塔、终端杆塔、特种杆塔五种型式，特种杆塔主要有跨越杆塔与换位杆塔两种。

3. 绝缘子和金具

绝缘子俗称瓷瓶，它可使导线与杆塔可靠绝缘，并将导线牢固地连接在杆塔上。因此要求绝缘子既有一定的电气绝缘强度，又要具有一定的机械强度。

绝缘子按电压可分为高压绝缘子和低压绝缘子两大类。

绝缘子按结构可分为针式、悬式、蝴蝶式、瓷横担和拉线绝缘子等几种。常见的高压线路的绝缘子形状如图3-15所示。常用的有针式和悬式两种，针式绝缘子主要用于电压不超过35kV的线路上，悬式绝缘子广泛用于电压为35kV以上的线路。悬式绝缘子的标号为X，X后的数字表示可以承受的机械荷重的吨数。悬式绝缘子通常都组装成绝缘子串使用，每串绝缘子的数目与额定电压有关，见表3-1。

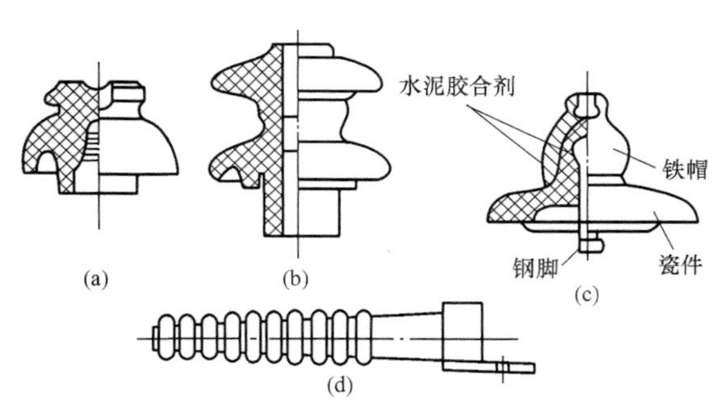

图3-15　高压线路的绝缘子

(a) 针式；(b) 蝴蝶式；(c) 悬式；(d) 瓷横担

表3-1　电力线路需要悬式绝缘子串的最少个数

额定电压（kV）	35	60	110	154	220	330	500
每串绝缘子的最少个数	3	5	7	10	13	19	28

线路金具是用来连接导线、安装横担和绝缘子等的金属部件。线路金具可分为悬垂线夹、耐张线夹、接续金具、连接金具、保护金具等几大类。

4. 接地装置和杆塔基础

接地装置是使架空地线与土壤相连的装置，以便把电流引入大地。杆塔基础的作用是将杆塔稳定地固定在大地上。

5. 架空线路的敷设

(1) 选择架空线路的路径。敷设架空线路要严格遵守有关技术规程的规定；要求路径要短，转角要少；交通运输方便，便于施工架设和维护；尽量避开江河、道路和建筑物；地质条件好，运行可靠；还要考虑今后的发展。

(2) 确定档距、垂高和其他距离。

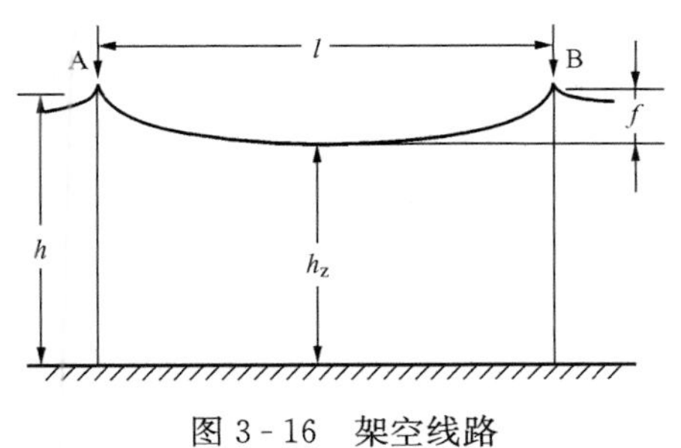

图3-16　架空线路

如图3-16所示。档距（又称跨距）是指同一线路上两相邻杆塔之间的水平距离，以l表示。一般380V线路档距为50～60m，6～10kV线路档距为80～120m。

同杆导线的线距与线路电压等级及档距有关，一般380V线路线距为0.3～0.5m，10kV线路线距为0.6～1m。

弧垂（又称驰垂）是指架空线路最低点到悬点水平线的垂直距离，以f表示。该值由档距、导线型号、导线截面、导线所受应力及大气条件等因素决定。弧垂过大，在导线摆动时易造成相间短路；弧垂过小，导线应力大，可能会出现断线或倒杆现象。必须通过导线机械计算确定合理的弧垂。

垂高是指架空线最低点到地面的垂直距离，以 h_z 表示。

架空线路的线距、档距、垂高、架空线路与各种设施接近和交叉的最小距离等，在有关技术规程中有明确规定，设计和安装时必须严格遵守。

（3）导线排列。导线的排列方式有水平排列、三角排列和垂直排列。

三相四线制低压线路常采用水平排列［见图 3-17（a）］，三相三线制线路可采用水平排列或三角排列［见图 3-17（b）、（c）］，多回路导线同杆架设时常采用三角与水平混合排列［见图 3-17（d）］，而电网中超高压线路一般为水平或垂直排列，单回路采用水平排列，双回路采用垂直排列［见图 3-17（e）、（f）］。

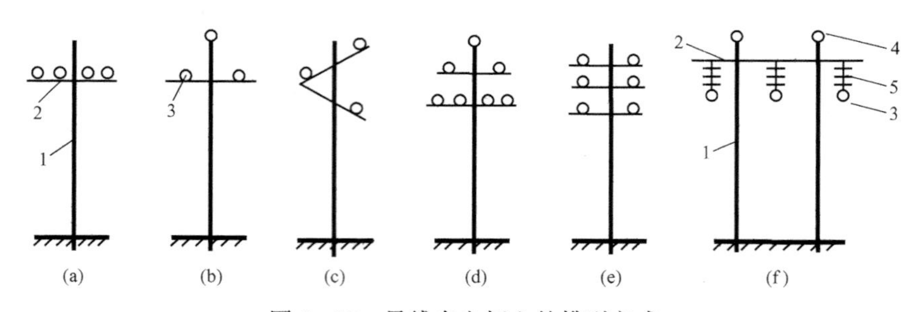

图 3-17 导线在电杆上的排列方式

1—杆塔；2—横担；3—导线；4—避雷线；5—绝缘子

二、电缆线路的结构和敷设

电缆线路由电力电缆和电缆头组成。

1. 电力电缆

电力电缆由导线、绝缘层和保护层三部分组成。

电缆的导线用铝或铜的单股或多股线，通常采用多股线。根据电缆的导体数目可分为单芯、双芯、三芯和四芯等。三芯或四芯电缆的导线截面除了圆形外，常采用扇形，以减小电缆外径，如图 3-18 所示。

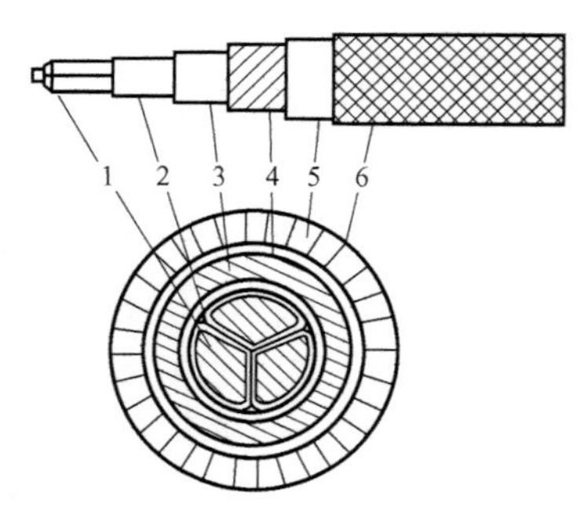

图 3-18 扇形三芯电缆

1—导体；2—绝缘层；3—铅包皮；4—黄麻层；5—钢带装甲；6—黄麻保护层

电缆的绝缘层用来使导体与导体之间，以及导体与保护层之间绝缘。绝缘层使用的材料有橡胶、沥青、聚乙烯、聚丁烯、棉、麻、丝、纸、油浸纸及矿物油、植物油等液体绝缘材料。

电缆的保护层分为内护层和外护层两部分。内护层由铝或铅制成，用以保护绝缘不受损伤，防止油浸剂的外溢和水分的侵入。外护层用以防止外界的机械损伤和化学腐蚀。外护层由内衬层、铠装层和外被层组成。内衬层一般由麻绳或麻布带经沥青浸渍后制成，用作铠装的衬垫，以避免钢带或钢丝损伤内护层。铠装层一般由钢带或钢丝绕包而成，是外护层的主要部分。外被层的制作与内衬层相同，作用是防止钢带或钢丝的锈蚀。

2. 电缆头

电缆头包括电缆中间接头和电缆终端头，常用的有铁皮漏斗型、塑料干封型和环氧树脂型。环氧树脂浇注的电缆头具有绝缘性能好、体积小、重量轻、密封性好、成本低等优点，在 10kV 及以下系统广泛应用。

电缆头是电缆线路中的薄弱环节，电缆线路的大部分故障发生在电缆接头处。因此，电缆头的制作具有严格的要求，必须保证电缆密封完好，具有足够的机械强度，且其耐压强度不低于电缆本身。

3. 电缆的敷设

电缆的敷设要严格遵守有关规程和设计要求。

（1）电缆线路常用的敷设方式。电缆敷设常用的方式有直接埋地敷设、电缆沟敷设、沿墙敷设、电缆排管敷设、电缆隧道敷设和电缆桥架敷设等几种。

电缆排管敷设和电缆隧道敷设等方式较少采用；直接埋地敷设适用于电缆数量少、敷设途径较长的场合；电缆沟敷设具有检修方便、占地面积少等优点，在企业供电系统中应用广泛；电缆桥架敷设克服了电缆沟敷设电缆时存在的积水、积灰、易损坏电缆等缺点，具有占用空间少、投资省、便于采用全塑电缆等优点，近年来我国也正在推广使用。

（2）电缆敷设的一般要求。敷设电缆要严格遵守有关技术规程的规定和设计要求。

1）电缆类型要符合所选择敷设方式的要求。

2）在敷设条件许可时，电缆长度应有 1.5%～2%的裕度，作为检修时的备用。

3）电缆敷设的路径要短，尽量少转弯，以免弯曲扭伤。

4）垂直敷设和沿陡墙敷设的电缆，最高和最低点之间的高度差不应超过允许值。

5）电缆从建筑物引入、引出，电缆穿过楼板及主要墙壁处，从电缆沟引出至电杆或沿墙敷设的电缆距地面 2m 或埋入地下小于 0.25m 的一段，电缆与道路、铁路交叉的一段的电缆应穿钢管保护。注意钢管内径不得小于电缆外径的两倍。

6）直埋电缆的深度不得小于 0.7m，并列埋地电缆相互间距应符合规程规定，其壕沟离建筑物基础应大于 0.6m，距杆塔基础应大于 1m。

7）电缆与不同管道一起敷设时，应注意以下要求：不允许在煤气管、天然气管及液体燃料管的沟道中敷设电缆；允许在水管或通风管的明沟或隧道中敷设少数电缆，或电缆与之交叉；一般不要在热力管道的明沟或隧道中敷设电缆，在个别情况下，如不使电缆过热，可允许少数电缆敷设在热力管道的沟道中，但应分隔在不同侧，或将电缆安放在热力管道的下面。

8）电缆沟的结构应考虑到防火和防水的要求。电缆沟从厂区进入厂房处应设防火隔板，电缆沟的排水坡度不得小于 0.5%。

9）电缆的金属外皮、金属电缆头及保护钢管、金属支架等均应可靠接地。

三、车间动力电气平面布线图

电气平面布线图就是在建筑的平面图上，应用国家规定的电气平面图图形符号和有关文字符号（参看 GB/T 4728.11—2008《电气简图用图形符号　第 11 部分：建筑安装平面布置图》），按照电气设备的安装位置及电气线路的敷设方式、部位和路径绘出的电气平面图。

电气平面布线图按布线地区来分，有厂区电气平面布线图、车间电气平面布线图和生活区电气平面布线图；按线路性质分，有动力电气平面布线图、照明电气平面布线图和弱电系统（包括广播、电话和有线电视等）电气平面布线图。

这里只介绍车间的动力电气平面布线图。图 3-19 为某机械加工车间的动力电气平面布线图（只画出一角）。它是表示供配电系统对车间动力设备配电的电气平面布线图。图中需对所有用电设备、配电设备、配电干线和支线进行编号和标注。表3-2为部分常用工程图标注文字代号，表3-3为常用导线敷设方式的文字代号。

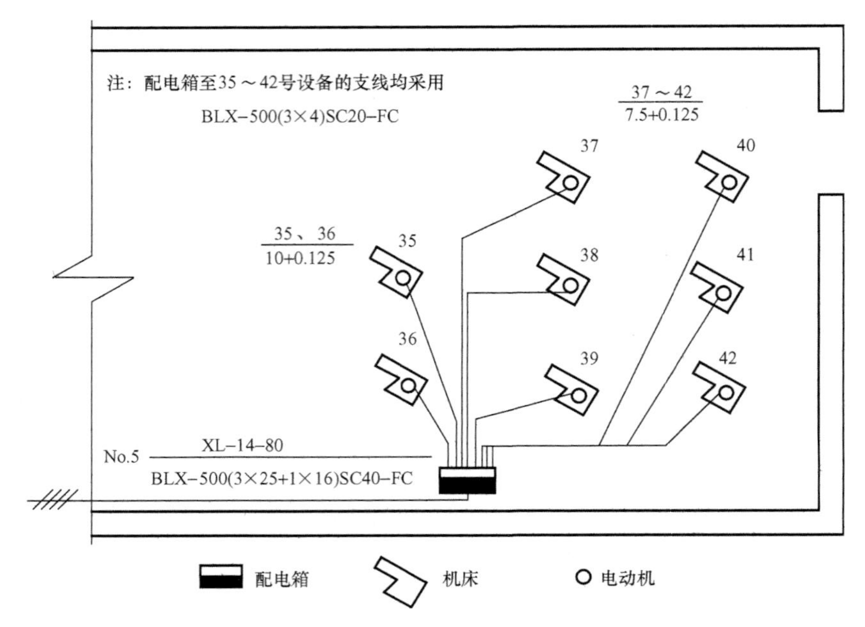

图3-19 某机械加工车间的动力电气平面布线图（一角）

由图3-19可以看出，在平面布线图上，需表示出所有用电设备的位置，并对其进行标注，标注采用$\frac{a}{b}$的格式。配电支线的标注采用$d(e\times f)gh$的格式。支线采用BLX－500（3×4）SC20－FC，表示采用电压500V三根4mm²的铝芯橡皮线穿内径为20mm的焊接钢管沿地板暗敷。在平面布线图上，还需表示出所有配电设备的位置，同样要对其进行标注，标注采用$a\frac{b-c}{d(e\times f)-g}$的格式，配电干线采用BLX－500（3×25＋1×16）SC40－FC，表示采用电压500V三根25mm²和一根16mm²的铝芯橡皮线穿内径为40mm的焊接钢管沿地板暗敷。

表3-2　部分常用工程图标注文字代号

名　称	文字代号	说　明
用电设备	$\frac{a}{b}$或$\frac{a}{b}+\frac{c}{d}$	a—设备编号 b—设备容量，kW c—线路首端熔断片或断路器的脱扣器的电流，A d—标高，m
配电设备	$a\frac{b}{c}$ 或$a-b-c$ 或$a\frac{b-c}{d\ (e\times f)\ -g}$	（1）一般标注方法 （2）当需要标注引入线的规格时 a—设备编号　e—导线根数 b—设备型号　f—导线截面积，mm² c—设备功率，kW　g—导线敷设方式 d—导线型号

续表

名　称	文字代号	说　明	
配电干线和支线	$d\ (e\times f)\ gh$ $\dfrac{a-b/c-I}{n\ [d\ (e\times f)\ gh]}$	(1) 配电支线 (2) 配电干线 a—线路编号 b—总安装容量，kW c—额定电流，A d—导线型号 e—导线根数	 f—导线截面积，mm^2 g—导线敷设方式 h—管径，mm I—保护干线的熔体电流，A n—并列根数
开关及熔断器	$a\dfrac{b}{c/i}$或$a-b-c/i$ 或$a\dfrac{b-c/i}{d\ (e\times f)\ -g}$	(1) 一般标注方法 (2) 当需要标注引入线的规格时 a—设备编号 b—设备型号 c—额定电流，A i—整定电流，A	 d—导线型号 e—导线根数 f—导线截面积，mm^2 g—导线敷设方式

表 3-3　导线敷设方式的文字代号

敷设方式	旧	新	敷设方式	旧	新	敷设方式	旧	新
用绝缘子或瓷柱敷设	CP	K	用瓷夹或瓷卡敷设	CJ	PL	沿天棚面或顶板敷设	PM	CE
用塑料线槽敷设	XC	PR	用塑料夹敷设	VJ	PCL	能进人的吊顶内敷设	DD	SCE
用钢线槽敷设	—	SR	用金属软管敷设	SPG	CP	在梁内暗敷	LA	BC
穿水煤气管敷设	—	RC	沿钢索敷设	S	M	在柱内暗敷	ZA	CLC
穿焊接钢管敷设	G	SC	沿屋架敷设	LM	AB	在墙内暗敷	QA	WC
穿电线管敷设	DG	MT	沿柱或跨柱敷设	ZM	AC	在地面内暗敷	DA	FC
用电缆桥架敷设	QJ	CT	沿墙面敷设	QM	WS	在顶板内敷设	PA	CC
混凝土排管敷设	PG	CE	直接埋设	—	DB	在电缆沟敷设	LG	TC

第三节　导线和电缆截面选择的原则

导线和电缆选择是工业企业供电网络设计中的一个重要组成部分。在选择导线和电缆的型号及截面积（通常简称为截面）时，既要保证供电系统的安全可靠，又要充分利用导线和电缆的负载能力，以节约有色金属消耗量，减少投资。

导线和电缆的选择内容包括两方面：一是确定其结构、型号、使用环境和敷设方式等；二是选择导线和电缆的截面。本节着重讨论后一方面的内容。

选择导线和电缆截面时必须满足以下原则。

1. 发热条件

导线和电缆（包括母线）在通过正常最大负荷电流（即计算电流 I_{30}）时产生的发热温度，不应超过正常运行时的最高允许温度。当通过的电流超过其允许电流时，将使绝缘线和电缆的绝缘加速老化，严重时将烧毁导线或电缆，或引起其他事故，不能保证安全供电。另一方面为了避免浪费有色金属，应该充分利用导线和电缆的负荷能力。

2. 电压损失条件

导线和电缆在通过电流时产生电压损失，当电压损失超过一定范围后，将使用电设备端子上的电压过低，严重地影响用电设备的正常运行。要保证电气设备的正常运行，必须根据线路的允许电压损失来选择导线和电缆的截面，或根据已知的截面校验线路的电压损失是否超过允许范围。对于企业内较短的高压线路，可不进行电压损失校验。

3. 架空线路的机械强度

架空线路经受风、雪、覆冰和温度变化的影响，因此必须有足够的机械强度，以保证其安全运行。不同等级的电力线路，按机械强度要求的最小允许截面 A_{min} 必须满足表 3-4 及表 3-5 的要求。

表 3-4　　架空导线按机械强度要求的最小允许截面

架空线路电压等级	钢芯铝绞线（mm^2）	铝及铝合金线（mm^2）	铜线（mm^2）
35kV	25	35	
6～10kV	25	35（居民区） 25（非居民区）	16
1kV 以下	16	16	ϕ3.2mm

表 3-5　　绝缘导线按机械强度要求的最小允许截面（芯线）

导线种类及使用场所			导线芯线最小允许截面（mm^2）		
			铜芯软线	铜线	铝线
照明用灯头线	民用建筑户内		0.4	0.5	2.5
	工业建筑户内		0.5	0.8	2.5
	户外		—	1.0	2.5
移动式用电设备	生活用		0.2	—	—
	生产用		1.0	—	—
敷设在绝缘支持件上的绝缘导线的支持间距 L	室内	$L\leqslant$2m	—	1.0	2.5
	室外	$L\leqslant$2m	—	1.5	2.5
		2m$<L\leqslant$6m	—	2.5	4
		6m$<L\leqslant$15m	—	4	6
		15m$<L\leqslant$25m	—	6	10
穿管敷设				1.0	2.5
PE 线和 PEN 线	有机械保护			1.5	2.5
	无机械保护			2.5	4

4. 经济条件

导线和电缆截面的大小，直接影响供电网络的初投资及其电能损耗的大小。截面选得小些，可节约有色金属和减少电网投资，但网络中的电能损耗增大。反之，截面选得大些，网络中的电能损耗虽然减少，但有色金属耗用量和电网投资都随之增大。因此这里有一个综合经济效益问题，即所谓按经济电流密度选择导线和电缆的截面。此时网络中的年运行费用

（包括年电能损耗及投资折旧两方面的费用）最小。

从原则上讲，上述四个条件都应满足，以其中最大的截面作为应该选择的导线截面。但对于6～10kV线路来说，因为电力线路不长，如按经济电流密度来选择导线的截面，则往往偏大，所以一般只把它作为参考数据。只有大型工业企业的外部电源线路，当负荷较大、线路较长时，特别是35kV及以上的输电线路，主要应按经济电流密度来选择导线截面，然后按其他条件校验。

对于一般工业企业，若其外部电源线路较长，可按允许电压损失的条件选择，然后校验发热条件和机械强度。对于企业内部6～10kV线路，若线路不长，其电压损失不大，一般按发热条件选择，按电压损失和机械强度来校验。

对于380V低压线路，虽然线路不长，但因电流较大，在按发热条件选择时，还应按允许电压损失的条件进行校验。

对于电力电缆不必校验机械强度，但需校验短路时的热稳定，看其是否能经受住短路电流的热作用而不至于烧毁。至于架空线路，根据运行经验，很少因短路电流的作用而引起损坏，所以一般不进行短路热稳定的校验。

第四节　按允许载流量选择导线和电缆的截面

一、热平衡概念及其允许载流量

当电流通过导线（含电缆，下同）时，在导线中产生功率损耗，此功率损耗变成热能，其中一部分热量被导体本身吸收，导体温度升高；而另一部分热量则由于导体与周围介质存在温度差而散入空气中。随着导线温升的提高，散失的热量就越来越多，导线本身吸收的热量越来越少，经过一定的时间必然形成热平衡状态，即电流在导线中产生的热量等于散失到周围介质的热量，此时导线的温度不再上升，达到稳定温升。

在一定散热条件下，当导线和周围介质的温差一定时，一定截面的导线，只允许通过某一定值的持续电流。也就是说，在一定的散热条件下，已知允许温升（温差）可求出导线截面的允许电流值，这就是确定导线截面允许电流的基本原理。

在允许稳定温升时，其热平衡方程式为

$$I_{al}^2 R = K A_S(\theta_{al} - \theta_0) \tag{3-1}$$

式中　I_{al}——允许持续电流，即允许载流量（Allowable Current-carrying-capacity），A；

K——散热系数，W/（cm² · ℃）；

A_S——导体的散热面积，cm²；

θ_{al}——导线允许温度，℃；

θ_0——导线周围介质温度，℃。

而

$$A_S = \pi d l$$

$$R = \rho \frac{l}{A} = \frac{l}{\gamma A} = \frac{l}{\gamma \frac{\pi d^2}{4}} = \frac{4l}{\gamma \pi d^2}$$

式中　d——导线的直径，mm；

l——长度，km；

A——导线截面，mm^2；

γ——导线的电导系数。

将 A_S、R 代入式（3-1）中，简化后得

$$I_{al}=\sqrt{\frac{K\pi^2}{4}\gamma d^3(\theta_{al}-\theta_0)} \tag{3-2}$$

各种导线都有一定的允许温度，超过它导线就会损坏。一般其值裸线为70℃、绝缘线为55℃、3kV电缆线为80℃、6kV电缆线为65℃、10kV电缆线为60℃、35kV电缆线为50℃。

在实际设计中，为了使用方便，允许载流量多根据试验测试的结果预先制成表格，参见附录I、附录J。一般确定导线的允许载流量时，周围环境温度取为25℃作为标准。当导线敷设地点的周围环境温度不是25℃时，其载流量应乘以温度校正系数 K_θ，即

$$K_\theta=\sqrt{\frac{\theta_{al}-\theta_0}{\theta_{al}-25}} \tag{3-3}$$

式中 θ_0——导线敷设地点实际的环境温度，℃。

为了计算方便，电线、电缆允许载流量的温度校正系数 K_θ 都预先制成表格，供计算时查用（见附录I）。

上面介绍的导线允许载流量是指连续运行工作制时的允许电流。由于反复短时工作制负荷及短时工作制负荷，对于相同截面的导线允许电流可以提高，工程计算上有如下规定：

（1）反复短时工作制负荷。

1）对于截面在 $6mm^2$ 及以下的铜线和截面在 $10mm^2$ 及以下的铝线，因其发热时间常数较小，温升较快，故其允许电流按连续运行工作制计算。

2）对于截面大于 $6mm^2$ 的铜线和截面大于 $10mm^2$ 的铝线，则导线的允许电流等于连续运行工作制的允许电流乘以系数 $\frac{0.875}{\sqrt{\varepsilon\%}}$，其中 $\varepsilon\%$ 为用电设备的负荷持续率。

（2）短时工作制负荷。若工作时间 $t\leqslant 4min$，并且在停歇时间内导线能冷却到周围环境温度时，导线的允许电流按反复短时工作制确定。若其工作时间超过4min或停歇时间不足以使导线冷却到周围环境温度时，则允许电流按连续运行工作制确定。

二、导线载流量的计算口诀

各种导线的载流量通常可以从手册中查到，但利用口诀再配合一些心算，便可直接算出，不必查表。

1. 口诀

铝芯绝缘线载流量与截面的倍数关系：

10下五，100上二，

25、35，四、三界，

70，95，两倍半。

穿管、温度，八、九折。

裸线加一半。

铜线升级算。

2. 说明

口诀对各种截面的载流量（A）不是直接指出的，而是用截面乘上一定的倍数来表示。为此，将我国常用的导线标称截面（mm^2）排列如下：

1、1.5、2.5、4、6、10、25、35、50、70、95、120、150、185……

第一句口诀指出铝芯绝缘线载流量（A）可按截面的倍数来计算。口诀中的阿拉伯数字表示导线截面（mm^2），汉字数字表示倍数。把口诀的截面与倍数关系排列起来如下：

$\underbrace{1\sim10}_{\text{五倍}}$、$\underbrace{16、25}_{\text{四倍}}$、$\underbrace{35、50}_{\text{三倍}}$、$\underbrace{70、95}_{\text{两倍半}}$、$\underbrace{120\text{以上}}_{\text{两倍}}$

口诀“10下五”是指截面在10mm^2以下，载流量都是截面数值的五倍；“100上二”是指截面在100mm^2以上的载流量是截面数值的两倍；“25、35，四、三界”是指25mm^2和35mm^2是四倍和三倍的分界处；而截面为70、95mm^2的则为两倍半。从上面的排列可以看出，倍数随截面的增加而减小，在倍数转变的交界处，误差稍大些，不过这对使用的影响并不大。

后面三句口诀便是对条件改变的处理。

“穿管、温度，八、九折”是指，若是穿管敷设，计算后，再打八折；若环境温度超过25℃，计算后再打九折；若既穿管敷设、温度又超过25℃，则打八折后再打九折，或简单按一次打七折计算。关于环境温度，只对某些高温车间或较热地区温度超过25℃较多时，才考虑打折扣。

对于裸铝线的载流量，口诀指出：“裸线加一半”，即计算后再加一半。这是指同样截面的铝裸线与铝芯绝缘线比较，载流量可加大一半。

对于铜导线的载流量，口诀指出：“铜线升级算”，即将铜导线的截面按截面排列顺序提升一级，再按相应的铝线条件计算。

对于电缆，口诀中没有介绍。一般直埋敷设的高压电缆，大体上可直接采用第一句口诀中的有关倍数计算。

如截面为10mm^2的铝芯绝缘线载流量为$10\times5=50$（A）；当穿管敷设时，则载流量为$10\times5\times0.8=40$（A）；若在高温下，则载流量为$10\times5\times0.9=45$（A）；若既是穿管又是高温，则载流量为$10\times5\times0.7=35$（A）。

如截面为16mm^2的裸铝线载流量为$16\times4\times1.5=96$（A）；若在高温下，则载流量为$16\times4\times1.5\times0.9=86.4$（A）。

如截面为35mm^2的裸铜线，环境温度为25°C，可按升级为50mm^2裸铝线计算，则载流量为$50\times3\times1.5=225$（A）。

如截面为35mm^2高压铠装铝芯电缆，直埋敷设，载流量为$35\times3=105$（A）；截面为95mm^2高压铠装铝芯电缆，直埋敷设，载流量为$95\times2.5=238$（A）。

三、按发热条件选择导线和电缆的截面

1. 三相系统相线截面的选择

按发热条件选择导线和电缆的相线截面必须满足下列两个条件：

（1）导线和电缆在正常运行时，必须保证它不会因温度过高而烧毁，应使其允许载流量I_{al}不小于通过该线路上的最大负荷电流I_{30}，即

$$I_{al}\geqslant I_{30} \tag{3-4}$$

（2）导线或电缆的截面与保护装置之间应配合。按发热条件选择低压配电线路的导线或电缆的截面时，导线或电缆的允许载流量与熔断器熔体的额定电流或断路器脱扣装置的动作电流之间必须配合得当。也就是说，导线或电缆的截面与保护装置之间存在一个配合问题，以防止出现过负荷和短路时，由于保护装置不动作引起导线或电缆过热受损甚至失火。

导线或电缆的允许载流量与熔断器熔体的额定电流或断路器脱扣装置动作电流之间的配合关系见表 3 - 6 及表 3 - 7。

表 3 - 6　　保护装置动作电流与导线、电缆允许载流量的倍数关系

回路名称	导线、电缆种类及敷设方式	电流倍数		符号说明
		熔断器	断路器	
动力支线	裸线、穿管线及电缆	$\frac{I_{N.FE}}{I_{al}}<2.5$	$\frac{I_{OP(l)}}{I_{al}}<1.0$ $\frac{I_{OP(0)}}{I_{al}}<4.5$	$I_{N,FE}$—熔断器熔体的额定电流 I_{al}—导线、电缆的允许载流量 $I_{OP(l)}$—长延时脱扣器整定电流 $I_{OP(0)}$—瞬时脱扣器整定电流
动力干线		$\frac{I_{N.FE}}{I_{al}}<1.5$		
动力支线	明设单芯绝缘线	$\frac{I_{N.FE}}{I_{al}}<1.5$		
照明线路		$\frac{I_{N.FE}}{I_{al}}<1.0$		

表 3 - 7　　在有爆炸危险厂房中选择导线、电缆截面的条件

回路名称	导线、电缆种类	选择导线电缆截面的条件	符号说明
笼型电动机支线	橡胶或纸绝缘的导线及电缆	$\frac{I_{al}}{I_{N,M}}>1.25$	$I_{N,FE}$—熔断器熔体的额定电流 I_{al}—导线、电缆的允许载流量 $I_{N,M}$—电动机的额定电流 $I_{OP(l)}$—断路器长延时脱扣器整定电流
其他电力和照明线路	橡皮绝缘导线或与其绝缘的耐热性能类似的导线	$\frac{I_{al}}{I_{N,FE}}>1.25$ $\frac{I_{al}}{I_{OP(l)}}>1.0$	
	纸绝缘电缆	$\frac{I_{al}}{I_{N,FE}}>1.25$ $\frac{I_{al}}{I_{OP(l)}}>1.0$	

2. 中性线和保护线截面的选择

（1）中性线（N 线）截面的选择。

三相四线制系统中的中性线，要考虑不平衡电流、零序电流和谐波电流的影响。

1）一般三相四线制线路中的中性线截面 A_N，应不小于相线截面 A_{ph} 的 50%，即

$$A_N \geqslant 0.5A_{ph} \tag{3-5}$$

2）由三相四线制线路分出的两相线路和单相线路，由于中性线电流和相线电流相等，故中性线截面与相线截面相同，即

$$A_N = A_{ph} \tag{3-6}$$

3）对于三次谐波电流相当突出的三相四线制线路，该谐波电流会流过中性线，此时中性线截面应不小于相线截面，即

$$A_N \geqslant A_{ph} \tag{3-7}$$

（2）保护线（PE线）截面的选择。

保护线截面 A_{PE} 应满足短路热稳定的要求，符合 GB 50054—2011《低压配电设计规范》。

1）当 $A_{ph} \leqslant 16mm^2$ 时

$$A_{PE} \geqslant A_{ph} \tag{3-8}$$

2）当 $16mm^2 < A_{ph} \leqslant 35mm^2$ 时

$$A_{PE} \geqslant 16mm^2 \tag{3-9}$$

3）当 $A_{ph} > 35mm^2$ 时

$$A_{PE} \geqslant 0.5A_{ph} \tag{3-10}$$

（3）保护中性线（PEN线）截面的选择。

保护中性线具有保护线和中性线的双重功能，所以其截面选择应同时满足上述保护线和中性线的要求，取其中的最大值。

【例 3-1】　一条 380/220V 的三相四线制线路，采用 BLX 型铝芯绝缘线穿钢管埋地敷设，当地最热月平均最高气温为 15℃。该线路给一台 40kW 电动机供电，其功率因数为 0.8，效率为 85%，试按发热条件选择导线截面。

解　（1）线路的计算电流。

有功功率计算负荷为

$$P_{30} = \frac{P_e}{\eta_e} = \frac{P_N}{\eta_e} = \frac{40}{0.85} = 47(\text{kW})$$

计算电流为

$$I_{30} = \frac{P_{30}}{\sqrt{3}U_N\cos\varphi} = \frac{47}{\sqrt{3} \times 0.38 \times 0.8} = 89(\text{A})$$

（2）相线截面的选择。

该线路为 4 根单芯线穿钢管敷设，查附录 J，每相芯线截面为 $35mm^2$ 的 BLX 型导线，在环境温度为 25℃时允许载流量为 83A，其正常最高允许温度为 65℃，则温度校正系数为

$$K_\theta = \sqrt{\frac{\theta_{al} - \theta_0}{\theta_{al} - 25}} = \sqrt{\frac{65-15}{65-25}} = 1.12$$

导线的实际允许载流量为

$$I_{al} = K_\theta \times 83 = 1.12 \times 83 = 92.96(\text{A}) > I_{30} = 89\text{A}$$

则选相线截面为 $A_{ph} = 35mm^2$。

（3）中性线截面的选择。

按 $A_N \geqslant 0.5A_{ph}$ 选中性线截面为 $A_N = 25mm^2$。

第五节　按经济电流密度选择导线和电缆的截面

导线或电缆截面的大小，直接影响到线路投资和年运行费用。选择截面越大，电能损耗就越小，但是线路投资、维修管理费用和有色金属消耗量相应地要增加；选择截面小，线路

投资、有色金属消耗量及维修管理费用虽然低，但是电能损耗大。所以从经济方面考虑，导线和电缆应选择一个比较合理的截面，既能使电能损耗足够小，又不致过分增加线路投资、线路维修费用和有色金属消耗量。

从全面的经济效益来考虑，使线路的年运行费用趋于最小而又符合节约有色金属条件的导线截面，称为经济截面，用符号 A_{ec}表示。对应于经济截面的电流密度称为经济电流密度（Economic Current Density），用 J_{ec}表示，我国规定的经济电流密度见表 3-8。

表 3-8　　我国规定的导线和电缆经济电流密度 J_{ec}　　单位：A/mm²

线路类别	导线材料	年最大负荷利用小时数		
		3000h 以下	3000～5000h	5000h 以上
架空线路	铜	3.00	2.25	1.75
	铝	1.65	1.15	0.90
电缆线路	铜	2.50	2.25	2.00
	铝	1.92	1.73	1.54

经济截面与经济电流密度的关系式为

$$A_{ec}=I_{30}/J_{ec} \tag{3-11}$$

按式（3-11）计算出 A_{ec}后，应选最接近的标准截面（可取稍小的标准截面）。

【例 3-2】　某地区变电站以 35kV 的架空线路向一企业供电，其有功功率计算负荷为 3800kW，无功功率计算负荷为 2100kvar，年最大负荷利用小时为 5600h，架空线路采用 LGJ 型钢芯铝绞线。试选择其经济截面，并校验其发热条件和机械强度。

解　（1）选择经济截面。

计算电流为

$$I_{30}=\frac{S_{30}}{\sqrt{3}U_N}=\frac{\sqrt{3800^2+2100^2}}{\sqrt{3}\times 35}=71.6(A)$$

由表 3-8 得 $J_{ec}=0.9A/mm^2$，因此经济截面为

$$A_{ec}=I_{30}/J_{ec}=71.6/0.9=79.6(mm^2)$$

选择标准截面 70mm²，即型号选为 LGJ—70 的钢芯铝绞线。

（2）校验发热条件。

查附录 I，LGJ-70 型导线在室外温度为 25℃时允许载流量为 $I_{al}=275A>I_{30}=71.6A$，因此满足发热条件。

（3）校验机械强度。

查表 3-4，35kV 架空钢芯铝绞线的最小截面 $A_{min}=25mm^2<A=70mm^2$，因此，所选导线满足机械强度的要求。

第六节　按允许电压损失选择导线和电缆的截面

一、电压降落、电压损失和电压偏移

1. 电压降落

电压降落（Voltage Drop）是指线路两端电压的相量差（见图 3-20），以 $\Delta\dot{U}$ 表示，则

$$\Delta\dot{U}=\dot{U}_1-\dot{U}_2=\vec{ab} \tag{3-12}$$

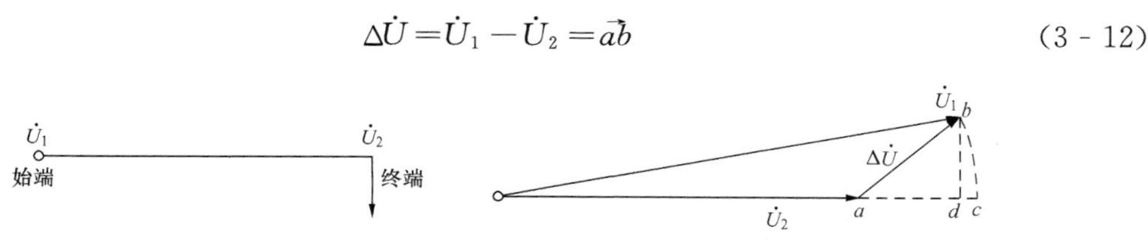

图 3-20　说明电压降落与电压损失的示意图

2. 电压损失

电压损失（Voltage Loss）是指线路两端电压的代数差，以 ΔU 表示，则 $\Delta U=U_1-U_2=\overline{ac}\approx\overline{ad}$ 。如以百分数表示，则

$$\Delta U\%=\frac{U_1-U_2}{U_N}\times 100 \tag{3-13}$$

3. 电压偏移

电压偏移（Voltage Deviation）是指网路中任一点（一般指终端）的实际电压与电网额定电压的代数差，以 ΔU_{ihc}表示。若以百分数表示，则电压偏移的百分数为

$$\Delta U_{ihc}\%=\frac{U_2-U_N}{U_N}\times 100 \tag{3-14}$$

电压质量是电能质量的重要指标之一，为了确保用电设备端的电压质量，要求线路的电压损失控制在一定的范围之内。按照规范要求，高压线路的电压损失，一般不超过线路额定电压的 5%；从变压器低压侧母线到用电设备端低压配电线路的电压损失，一般不超过用电设备额定电压的 5%（以满足用电设备要求为准）；对视觉要求高的照明线路电压损失，一般为 2%～3%。

如果线路电压损失超过了允许值，应适当加大导线截面，使之小于允许电压损失。

二、线路电压损失的计算

1. 终端接一个集中负荷时线路电压损失的计算

线路终端只接一个集中负荷，实质是放射式线路。设其所接负荷 $S=P+jQ$，功率因数为 $\cos\varphi_2$，线路电阻为 R，电抗为 X。设线路始端和终端的相电压分别为 $\dot{U}_{ph1}$ 和 $\dot{U}_{ph2}$，每相电流为 $\dot{I}$ 。以终端相电压 $\dot{U}_{ph2}$ 为参考相量，作出一相的电压相量图，如图 3-21 所示。

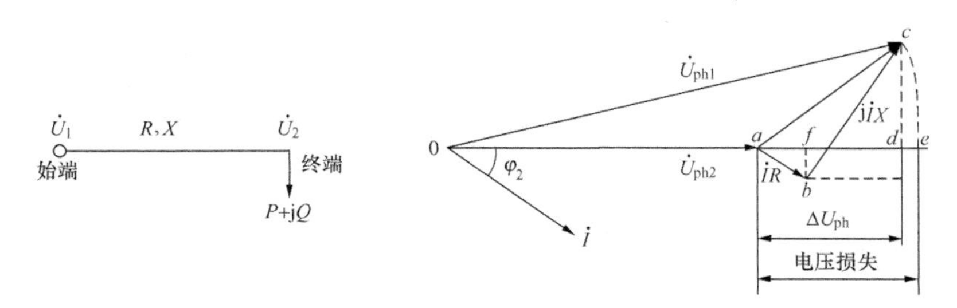

图 3-21　终端只接有一个集中负荷时电压相量图

每相的电压损失为

$$\Delta U_{ph}=U_{ph1}-U_{ph2}=ae\approx ad=af+fd=IR\cos\varphi_2+IX\sin\varphi_2$$

换算成线电压损失为

$$\Delta U=\sqrt{3}\Delta U_{\text{ph}}=\sqrt{3}(IR\cos\varphi_2+IX\sin\varphi_2) \tag{3-15}$$

因为 $I=\dfrac{P}{\sqrt{3}U_2\cos\varphi_2}=\dfrac{Q}{\sqrt{3}U_2\sin\varphi_2}$，则

$$\Delta U=\frac{PR+QX}{U_2}\approx\frac{PR+QX}{U_{\text{N}}} \tag{3-16}$$

线电压损失的百分值为

$$\Delta U\%=\frac{\Delta U}{U_{\text{N}}\times1000}\times100=\frac{PR+QX}{10U_{\text{N}}^2} \tag{3-17}$$

这里 P、Q 的单位分别为 kW、kvar，U_{N} 的单位为 kV，ΔU 的单位为 V。

2. 分布式负荷的树干式线路电压损失的计算

树干式线路的电压损失计算图如图 3-22 所示。如果已知线路各段的负荷和阻抗，则可根据式（3-16）求出各段线路的电压损失，总的电压损失为各段电压损失之和。

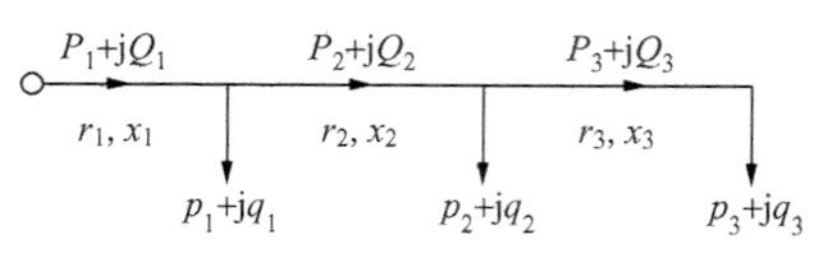

图 3-22 树干式线路的电压损失计算图

设 P_1、Q_1、P_2、Q_2、P_3、Q_3 为通过各段干线的有功和无功功率；p_1、q_1、p_2、q_2、p_3、q_3 为各支线的有功和无功功率；r_1、x_1、r_2、x_2、r_3、x_3 为各段干线的电阻和电抗。假设线路上的功率损耗略去不计（在计算地方电网的电压损失时，这种假设所引起的误差不大，技术上是允许的），因此

通过第一段干线的负荷为

$$P_1=p_1+p_2+p_3,\ Q_1=q_1+q_2+q_3$$

通过第二段干线的负荷为

$$P_2=p_2+p_3,\ Q_2=q_2+q_3$$

通过第三段干线的负荷为

$$P_3=p_3,\ Q_3=q_3$$

线路上各段干线的电压损失为

$$\Delta U_1=\frac{P_1}{U_{\text{N}}}r_1+\frac{Q_1}{U_{\text{N}}}x_1$$

$$\Delta U_2=\frac{P_2}{U_{\text{N}}}r_2+\frac{Q_2}{U_{\text{N}}}x_2$$

$$\Delta U_3=\frac{P_3}{U_{\text{N}}}r_3+\frac{Q_3}{U_{\text{N}}}x_3$$

因此，如果线路上有 n 个集中负荷，则其总的电压损失为

$$\Delta U=\sum_{i=1}^{n}\Delta U_i=\sum_{i=1}^{n}\frac{P_i}{U_{\text{N}}}r_i+\sum_{i=1}^{n}\frac{Q_i}{U_{\text{N}}}x_i \tag{3-18}$$

电压损失百分数为

$$\Delta U\%=\frac{1}{10U_{\text{N}}^2}\left(\sum_{i=1}^{n}P_ir_i+\sum_{i=1}^{n}Q_ix_i\right) \tag{3-19}$$

若将各段干线的负荷以支线的负荷表示，整理后总的电压损失为

$$\Delta U=\sum_{i=1}^{n}\frac{p_i}{U_{\text{N}}}R_i+\sum_{i=1}^{n}\frac{q_i}{U_{\text{N}}}X_i \tag{3-20}$$

对应的电压损失百分数为

$$\Delta U\% = \frac{1}{10U_N^2}\left(\sum_{i=1}^{n} p_i R_i + \sum_{i=1}^{n} q_i X_i\right) \tag{3-21}$$

式中　R_i、X_i——电源到各支线负荷间干线的电阻和电抗，如图 3-23 所示。

如果各段干线的导线截面和结构相同，式（3-19）和式（3-21）可简化为

$$\Delta U\% = \frac{R_0}{10U_N^2}\sum_{i=1}^{n} P_i l_i + \frac{X_0}{10U_N^2}\sum_{i=1}^{n} Q_i l_i \tag{3-22}$$

或

$$\Delta U\% = \frac{R_0}{10U_N^2}\sum_{i=1}^{n} p_i L_i + \frac{X_0}{10U_N^2}\sum_{i=1}^{n} q_i L_i \tag{3-23}$$

式中　R_0、X_0——每千米线路的电阻和电抗。

3. 均匀分布负荷线路电压损失的计算

如图 3-24 所示，设线路带有一段均匀分布负荷，单位长度线路上的负荷电流为 i_0，则微小线段 $\mathrm{d}l$ 的负荷电流为 $i_0\mathrm{d}l$，该电流流过长度为 l 线路产生的电压损失为

$$\mathrm{d}(\Delta U) = \sqrt{3}\, i_0 \mathrm{d}l R_0 l$$

$$\Delta U = \int_{L_1}^{L_1+L_2} \mathrm{d}(\Delta U) = \int_{L_1}^{L_1+L_2} \sqrt{3}\, i_0 R_0 l\,\mathrm{d}l = \sqrt{3}\, i_0 R_0 \int_{L_1}^{L_1+L_2} l\,\mathrm{d}l$$

$$= \sqrt{3}\, i_0 R_0\, \frac{L_2(2L_1 + L_2)}{2} = \sqrt{3}\, i_0 L_2 R_0 \left(L_1 + \frac{L_2}{2}\right)$$

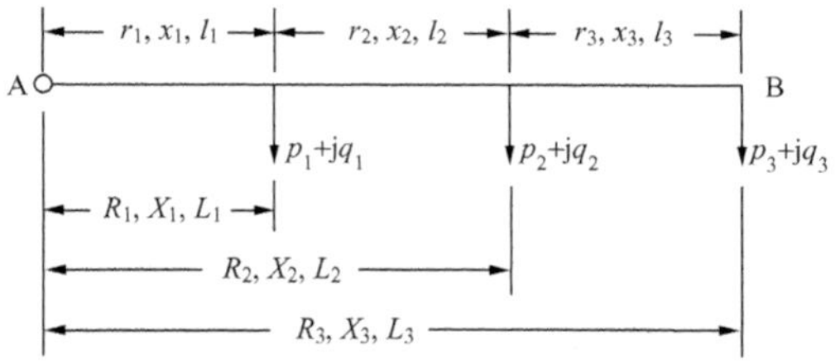

图 3-23　计算电压损失用的负荷矩图

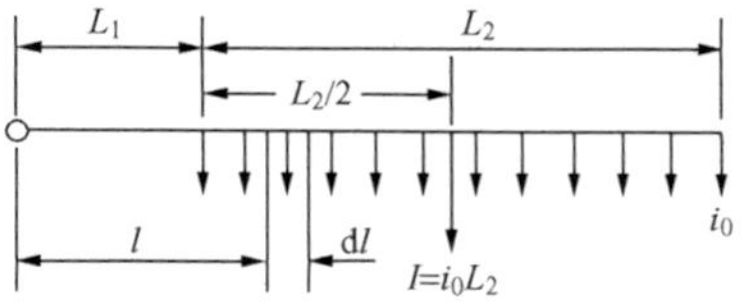

图 3-24　负荷均匀分布的线路

令 $i_0 L_2 = I$ 为均匀分布负荷的等效集中负荷，故

$$\Delta U = \sqrt{3}\, I R_0 \left(L_1 + \frac{L_2}{2}\right) \tag{3-24}$$

式（3-24）说明，在计算均匀分布负荷线路的电压损失时，可将分布负荷集中于分布线段的中点，按集中负荷来计算。

【例 3-3】　图 3-25（a）所示某 380/220V 线路，拟采用 BLX 型导线明敷，环境温度为 35℃，允许电压损失为 3%。试选择导线截面。

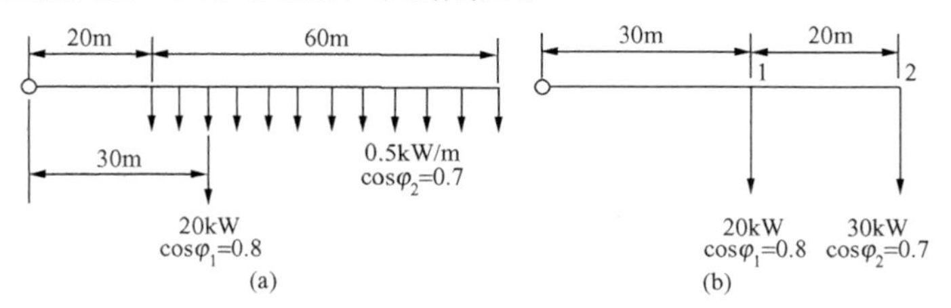

图 3-25　［例 3-3］的线路

（a）线路实际负荷分布；（b）用集中负荷代替分布负荷

解 （1）按发热条件选择导线截面。

将分布负荷用集中负荷来代替，如图 3 - 25（b）所示，则

$$p_1=20\text{kW},\ q_1=p_1\tan\varphi_1=20\times0.75=15(\text{kvar})$$

$$p_2=30\text{kW},\ q_2=p_2\tan\varphi_2=30\times1=30(\text{kvar})$$

线路的总负荷为

$$P=p_1+p_2=20+30=50(\text{kW})$$

$$Q=q_1+q_2=15+30=45(\text{kvar})$$

$$S=\sqrt{P^2+Q^2}=\sqrt{50^2+45^2}=67.3(\text{kVA})$$

$$I=S/\sqrt{3}U_N=67.3/(\sqrt{3}\times0.38)=102(\text{A})$$

查附录 J 可得 BLX 型导线截面 $A=35\text{mm}^2$，在 35℃时的 $I_{al}=119\text{A}>I=102A$。因此按发热条件可选三根 BLX - 500 - 1×35 型导线作相线，另选一根 BLX - 500 - 1×25 型导线作中性线，明敷。

（2）校验电压损失。

按 $A=35\text{mm}^2$ 查附录 K，得明敷铝芯线的 $R_0=1.06\Omega/\text{km}$，$X_0=0.241\Omega/\text{km}$（线距 100mm 时），因此线路的电压损失为

$$\Delta U=\frac{(p_1L_1+p_2L_2)R_0+(q_1L_1+q_2L_2)X_0}{U_N}$$

$$=[(20\times0.03+30\times0.05)\times1.06+(15\times0.03+30\times0.05)\times0.241]\times10^3/380$$

$$=7.09(\text{V})$$

$$\Delta U\%=\frac{\Delta U}{U_N}\times100=\frac{7.09}{380}\times100=1.87<\Delta U_{al}\%=3$$

因此所选导线也满足电压损失要求。

4. 两端供电线路电压损失的计算

如图 3 - 26 所示，$\dot{U}_A$ 和 $\dot{U}_B$ 分别为两端电源的电压，$\dot{I}_{11}$、$\dot{I}_{22}$、$\dot{I}_{33}$分别为各支线的负荷电流，$\dot{I}_A$、$\dot{I}_2$、$\dot{I}_3$、$\dot{I}_B$ 分别为各段干线的电流，z_1、z_2、z_3、z_4 分别为各段干线的阻抗，Z_Σ、L_Σ为 AB 整条干线的总阻抗和总长度，其他符号如图 3 - 26 所示。

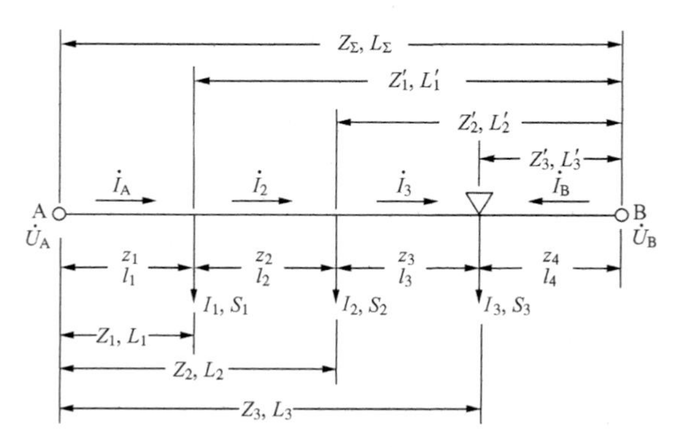

图 3 - 26 两端供电电网

根据基尔霍夫电压定律

$$\dot{U}_A-\dot{U}_B=\sqrt{3}(\dot{I}_Az_1+\dot{I}_2z_2+\dot{I}_3z_3-\dot{I}_Bz_4) \tag{3 - 25}$$

由基尔霍夫电流定律

$$\dot{I}_2=\dot{I}_A-\dot{I}_{11}$$

$$\dot{I}_3=\dot{I}_2-\dot{I}_{22}=\dot{I}_A-\dot{I}_{11}-\dot{I}_{22}$$

$$\dot{I}_B=\dot{I}_{33}-\dot{I}_3=\dot{I}_{11}+\dot{I}_{22}+\dot{I}_{33}-\dot{I}_A$$

若令　$Z'_1=z_2+z_3+z_4$，$Z'_2=z_3+z_4$，$Z'_3=z_4$，$Z_1=z_1$，$Z_2=z_1+z_2$，$Z_3=z_1+z_2+z_3$，$Z_\Sigma=z_1+z_2+z_3+z_4$

将这些关系式代入式（3-25）可得从电源A和B流出的电流分别为

$$\dot{I}_A=\frac{\dot{U}_A-\dot{U}_B}{\sqrt{3}Z_\Sigma}+\frac{\dot{I}_{11}Z'_1+\dot{I}_{22}Z'_2+\dot{I}_{33}Z'_3}{Z_\Sigma} \tag{3-26}$$

$$\dot{I}_B=-\frac{\dot{U}_A-\dot{U}_B}{\sqrt{3}Z_\Sigma}+\frac{\dot{I}_{11}Z_1+\dot{I}_{22}Z_2+\dot{I}_{33}Z_3}{Z_\Sigma} \tag{3-27}$$

若有 n 个分支负荷时，电源提供电流的通用公式为

$$\dot{I}_A=\frac{\dot{U}_A-\dot{U}_B}{\sqrt{3}Z_\Sigma}+\frac{\sum_{i=1}^{n}\dot{I}_{ii}Z'_i}{Z_\Sigma} \tag{3-28}$$

$$\dot{I}_B=-\frac{\dot{U}_A-\dot{U}_B}{\sqrt{3}Z_\Sigma}+\frac{\sum_{i=1}^{n}\dot{I}_{ii}Z_i}{Z_\Sigma} \tag{3-29}$$

将式（3-28）和式（3-29）分别乘以$\sqrt{3}\dot{U}_N$，电源提供的视在功率通用公式为

$$S_A=\frac{\dot{U}_N(\dot{U}_A-\dot{U}_B)}{Z_\Sigma}+\frac{\sum_{i=1}^{n}S_iZ'_i}{Z_\Sigma} \tag{3-30}$$

$$S_B=-\frac{\dot{U}_N(\dot{U}_A-\dot{U}_B)}{Z_\Sigma}+\frac{\sum_{i=1}^{n}S_iZ_i}{Z_\Sigma} \tag{3-31}$$

下面讨论两种特殊情况。

（1）两端电源电压的大小及相位相同，即$\dot{U}_A=\dot{U}_B$，则

$$S_A=\frac{\sum_{i=1}^{n}S_iZ'_i}{Z_\Sigma} \tag{3-32}$$

$$S_B=\frac{\sum_{i=1}^{n}S_iZ_i}{Z_\Sigma} \tag{3-33}$$

（2）$\dot{U}_A=\dot{U}_B$ 且各段线路的导线截面相同，则

$$S_A=\frac{\sum_{i=1}^{n}S_iL'_i}{L_\Sigma} \tag{3-34}$$

$$S_B=\frac{\sum_{i=1}^{n}S_iL_i}{L_\Sigma} \tag{3-35}$$

求出从两端电源输出的有功和无功功率后，便可进一步求出各段导线的功率分布，从而确定出有功功率和无功功率的分界点（指电网上同时由两侧供电的点）。应当指出，这两个分界点有时不是电网的同一个点，有功功率分界点用符号“▼”表示，无功功率的分界点用符号“▽”表示。一般来说，无功功率分界点的电压最低。在无功功率的分界点将电网拆开，分成两个单端供电线路，以进行电压损失的计算。

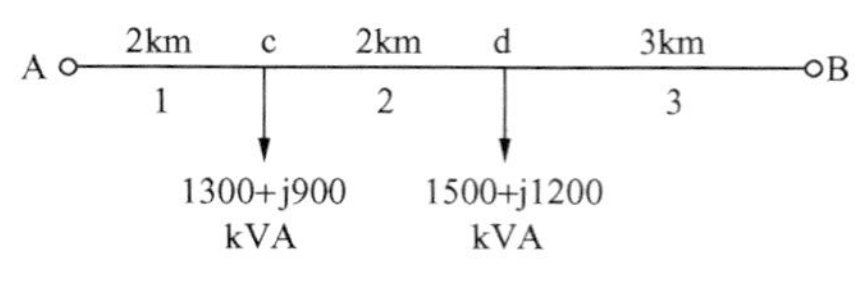

图 3-27 某两端供电线路

【例 3-4】 某两端供电线路如图 3-27 所示，已知 A、B 两个电源的电压 $\dot{U}_A=\dot{U}_B$。干线 AB 为 LJ-50 型铝绞线敷设的架空线路，其导线的几何均距为 1m。线路的额定电压 $U_N=10kV$。各段干线间的距离及各支点的负荷如图所示。试求电网中的功率分布以及其中的最大电压损失。

解 因为 $\dot{U}_A=\dot{U}_B$ 且各段线路的导线截面相同，可按式（3-34）和式（3-35）求各电源输出的视在功率

$$S_A=\frac{\sum_{i=1}^{n}S_iL'_i}{L_\Sigma}=\frac{(1300+j900)\times5+(1500+j1200)\times3}{7}$$
$$=1570+j1160(kVA)$$

$$S_B=\frac{\sum_{i=1}^{n}S_iL_i}{L_\Sigma}=\frac{(1300+j900)\times2+(1500+j1200)\times4}{7}$$
$$=1230+j940(kVA)$$

上面求得的结果可用方程 $S_A+S_B=S_c+S_d$ 验证计算结果是否正确。

cd 段干线的功率为

$$S_2=S_A-S_c=(1570+j1160)-(1300+j900)=270+j260\ (kVA)$$

这样各段干线上的功率都已求出，其有功功率和无功功率的分界点都在 d 点，如图 3-28（a）所示。因此 d 点的电位最低。在 d 点将电网拆开，分成两个单端供电线路，如图 3-28（b）所示，进行电压损失的计算。

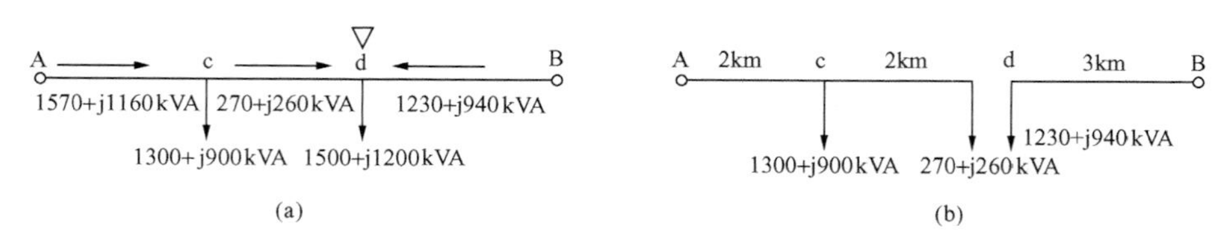

图 3-28 ［例 3-4］的两端供电线路

（a）干线功率分界点；（b）在功率分界点处拆开的单端线路

查附录 C 知 LJ-50 型铝绞线的 $R_0=0.66\Omega/km$，$X_0=0.355\Omega/km$。于是 Ad 段干线的总电压损失为

$$\Delta U\%=\frac{R_0}{10U_N^2}\sum_{i=1}^{n}p_iL_i+\frac{X_0}{10U_N^2}\sum_{i=1}^{n}q_iL_i$$
$$=\frac{0.66}{10\times10^2}\times(1300\times2+270\times4)+\frac{0.355}{10\times10^2}\times(900\times2+260\times4)$$
$$=2.43+1.01=3.44<5$$

或 Bd 段干线的电压损失为

$$\Delta U\%=\frac{1230\times0.66\times3+940\times0.355\times3}{10\times10^2}=3.44<5$$

故所选截面的电压损失不超过允许值，满足要求。

三、按允许电压损失选择单电源导线的截面

由式（3-21）得

$$\Delta U\%=\frac{1}{10U_N^2}\sum_{i=1}^{n}p_iR_i+\frac{1}{10U_N^2}\sum_{i=1}^{n}q_iX_i=\Delta U_r\%+\Delta U_x\%\leqslant\Delta U_{al}\% \tag{3-36}$$

$$\Delta U_r\%=\frac{1}{10U_N^2}\sum_{i=1}^{n}p_iR_i=\frac{R_0}{10U_N^2}\sum_{i=1}^{n}p_iL_i=\frac{1}{10\gamma AU_N^2}\sum_{i=1}^{n}p_iL_i \tag{3-37}$$

$$\Delta U_x\%=\frac{1}{10U_N^2}\sum_{i=1}^{n}q_iX_i=\frac{X_0}{10U_N^2}\sum_{i=1}^{n}q_iL_i \tag{3-38}$$

式中　$\Delta U_{al}\%$——线路允许的电压损失；

γ——电导系数，对于铜线 $\gamma=0.053\text{km}/(\Omega\cdot\text{mm}^2)$，对于铝线 $\gamma=0.032\text{km}/(\Omega\cdot\text{mm}^2)$；

A——所求的导线截面。

由于导线截面还未选好，在工程计算上可采用下列逐步试求法。

（1）对于 6～10kV 高压架空线路，一般取 $X_0=0.35\Omega/\text{km}$；对于电缆线路，可取 $X_0=0.08\Omega/\text{km}$。然后由式（3-38）求出 $\Delta U_x\%$的值。

（2）根据 $\Delta U_r\%=\Delta U_{al}\%-\Delta U_x\%$，求出 $\Delta U_r\%$的值。

（3）由 $A=\frac{1}{10\gamma U_N^2\Delta U_r\%}\sum_{i=1}^{n}p_iL_i$ 求出导线的截面 A，并据此选出标准截面。

（4）根据所选的截面 A 及几何均距，从有关资料查得与其对应的 X_0 值，如果它与原假设值相差不大，或根据此截面的 R_0、X_0 值求得的电压损失不超过允许值，则可认为满足要求；否则，重新按上述步骤计算，直到所选截面满足电压损失的要求为止。

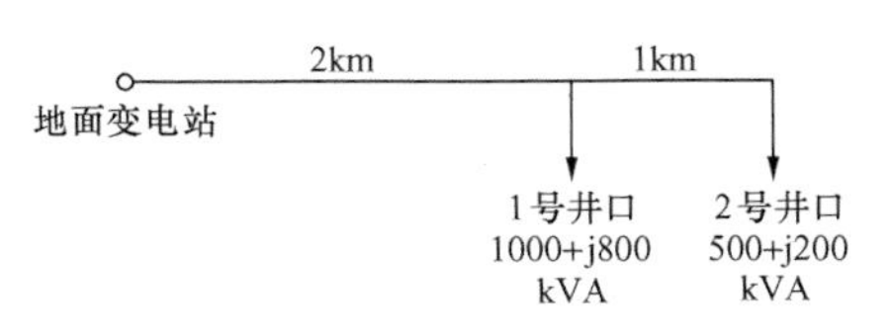

图 3-29　某地面线路的负荷图

【例 3-5】　从地面变电站架设一条 10kV 架空线路向两个井口供电，导线采用铝绞线，三相导线布置成三角形，线间距离为 1m，各井口的负荷及距离如图 3-29 所示。若允许电压损失为 5%，试选择其导线的截面。

解　初设 $X_0=0.35\Omega/\text{km}$，由式（3-38）得

$$\Delta U_x\%=\frac{X_0}{10U_N^2}\sum_{i=1}^{n}q_iL=\frac{0.35}{10\times10^2}\times(800\times2+200\times3)=0.77$$
$$\Delta U_r\%=\Delta U_{al}\%-\Delta U_x\%=5-0.77=4.23$$

$$A=\frac{1}{10\gamma U_{\mathrm{N}}^{2}\Delta U_{r}\%}\sum_{i=1}^{n}p_{i}L_{i}=\frac{1000\times 2+500\times 3}{10\times 0.032\times 10^{2}\times 4.23}=25.8(\mathrm{mm}^{2})$$

选 $A=35\mathrm{mm}^2$，从附录 C 中查得 $R_0=0.96\Omega/\mathrm{km}$，$X_0=0.366\Omega/\mathrm{km}$，此 X_0 值与原假设值相差不大，故可用，于是线路的电压损失百分数为

$$\begin{aligned}\Delta U\%&=\frac{R_0}{10U_{\mathrm{N}}^{2}}\sum_{i=1}^{n}p_{i}L_{i}+\frac{X_0}{10U_{\mathrm{N}}^{2}}\sum_{i=1}^{n}q_{i}L_{i}\\&=\frac{0.96}{10\times 10^{2}}\times(1000\times 2+500\times 3)+\frac{0.366}{10\times 10^{2}}\times(800\times 2+200\times 3)\\&=4.17<5\end{aligned}$$

故所选截面满足电压损失的要求。

习　题

3-1　试分析高压放射式线路和树干式线路接线的优缺点及其应用范围。

3-2　试比较架空线路和电缆线路的优缺点。

3-3　车间动力电气平面布线图上需对哪些装置进行编号？怎样编号？

3-4　导线和电缆截面选择的原则是什么？

3-5　如何理解热平衡的概念？

3-6　为何同一截面的允许电流，在露天和室内有不同的值？

3-7　什么叫经济电流密度和经济截面？

3-8　什么是电压降落、电压损失和电压偏移？

3-9　中性线的截面如何选择？

3-10　试按发热条件选择某 380/220V 线路的相线和中性线的截面及穿管直径。已知线路的计算电流为 150A，安装地点的环境温度为 25℃，拟采用 BLV 型铝芯塑料线穿焊接钢管埋地敷设。

3-11　一条 380V 的三相架空线路配电给两台 40kW（$\cos\varphi=0.8$，$\eta=0.85$）电动机。该线路长 70m，线间几何均距为 0.6m，允许电压损失为 5%。该地区最热月的每天最高气温平均值为 30℃。试选择该线路的 LJ 型铝绞线截面（要求按发热条件选后，再检验机械强度和电压损失）。

3-12　试选择一条给两台变压器供电的 10kV 供电线路铝绞线截面。全线截面一致，线路长度及变压器容量如图 3-30 所示。设全线允许电压损失为 5%，两台变压器的年最大负荷利用小时数均在 4500h 左右，$\cos\varphi=0.9$，当地最热月的平均最高气温为 35℃。线路的三相导线拟作水平等距排列，线距 1m。（注：可将两台变压器的容量就当作线路的视在计算负荷，不计变压器损耗。）

3-13　某 380/220V 的三相线路供电给 16 台 4kW、$\cos\varphi=0.85$、$\eta=0.82$ 的异步电动机，各台之间相距 2m，线路全长（首端至最末一台电动机）50m。试按发热条件选择明敷 BBLX-500 型导线截面（环境温度为 30℃），并校验其机械强度和电压损失（取同时系数 $K_{\Sigma}=0.7$）。

3-14　一条 LJ 型铝绞线架设的 10kV 架空线路，计算负荷为 1280kW，$\cos\varphi=0.9$，

$T_{\max}=4200\text{h}$。试求经济截面并校验其发热条件和机械强度。

3-15　一条 10kV 三相交流供电线路，其终端接一个集中负荷 1280kW，$\cos\varphi=0.9$，如图 3-31 所示。线路为等边三角形排列，线间距离为 1m。试求该线路电压损失。

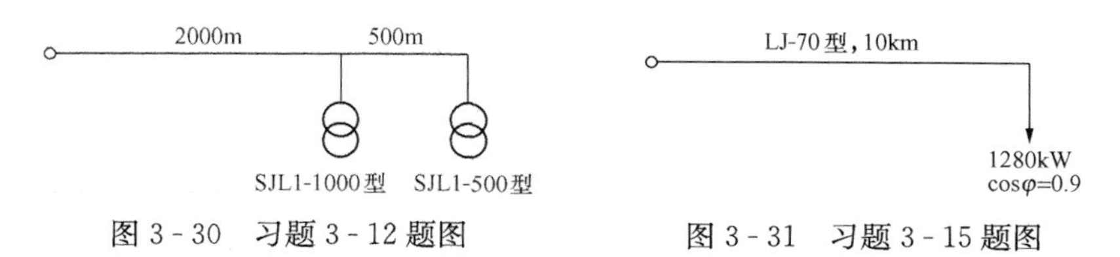

图 3-30　习题 3-12 题图　　　图 3-31　习题 3-15 题图

3-16　某车间 380/220V 线路，拟采用 BLV 型铝芯聚氯乙烯绝缘线明敷。已知该线路的计算电流为 150A，试按发热条件选择此聚氯乙烯绝缘线的芯线截面。

3-17　某企业总降压变电站用 10kV 架空线路向相邻两个车间供电，如图 3-32 所示。架空线路采用铝绞线，成水平等距排列，线间距离为 1.5m，各段干线截面相同，全线允许电压损失为 5%。试选择架空线路的导线截面。

3-18　某 10kV 线路（$R_0=0.46\Omega/\text{km}$，$X_0=0.38\Omega/\text{km}$）上接有两个用户，在距电源（O 点）800m 的 A 点处负荷有功功率为 1200kW（$\cos\varphi=0.85$），在距电源 1.8km 的 B 点处负荷功率为 1600kW、1250kvar。试求 OA 段、AB 段、OB 段线路上的电压损失。

3-19　某企业的几个车间由 10kV 架空线路供电，导线采用 LJ 型铝绞线，成三角形布置，线间距离为 1m，允许电压损失为 5%，各段干线的截面相同，各车间的负荷及线路长度如图 3-33 所示。试选择架空线路的导线截面。

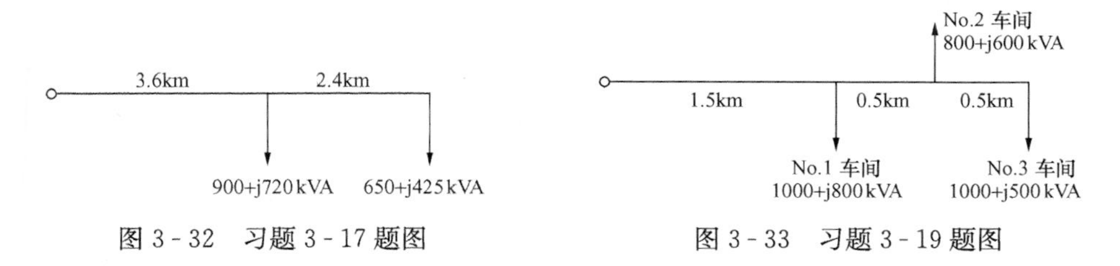

图 3-32　习题 3-17 题图　　　图 3-33　习题 3-19 题图

3-20　从地面变电站架设一条 10kV 架空线路向两个井口供电，导线采用 LJ 型铝绞线，成三角形布置，线间距离为 1m，线路长度及各井口负荷如图 3-34 所示，各段干线的截面为 35mm^2。试计算线路的电压损失。

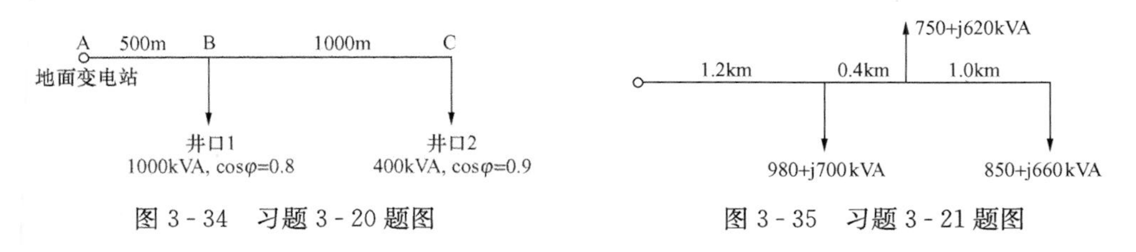

图 3-34　习题 3-20 题图　　　图 3-35　习题 3-21 题图

3-21　计算如图 3-35 所示 10kV 架空线路的电压损失。各段干线的型号和截面相同，均为 LJ-70 型，线间几何均距为 1.25m。

第四章　短路电流计算

计算短路电流的目的，是为了在工业企业供电系统设计和运行中，选择电气设备、设计继电保护装置和分析供电系统故障等。本章首先介绍短路的一般概念，接着介绍供电系统各元件的电抗值的计算方法，然后重点分析无限大容量电力系统和发电机供电回路内发生三相短路时的物理过程和物理量，接着应用对称分量法分析系统的各种不对称短路故障，最后讨论短路电流产生的效应及其校验条件。

第一节　短路的一般概念

在工业企业供电系统的设计和运行过程中，必须考虑到可能发生的故障和不正常运行情况，因为这将会破坏对用户的供电和电气设备的正常工作。而系统最常见的故障是由短路引起的。

一、短路的概念

短路（Short-circuit）是指相与相之间通过电弧或其他小阻抗的一种非正常连接。在中性点直接接地系统中或三相四线制系统中，短路还指单相或多相接地。三相系统中短路的基本类型有：三相短路［用符号 $k^{(3)}$ 表示］，两相短路［用符号 $k^{(2)}$ 表示］，单相接地短路［用符号 $k^{(1)}$ 表示］和两相接地短路［用符号 $k^{(1,1)}$ 表示］。各种短路类型如图 4-1 所示。

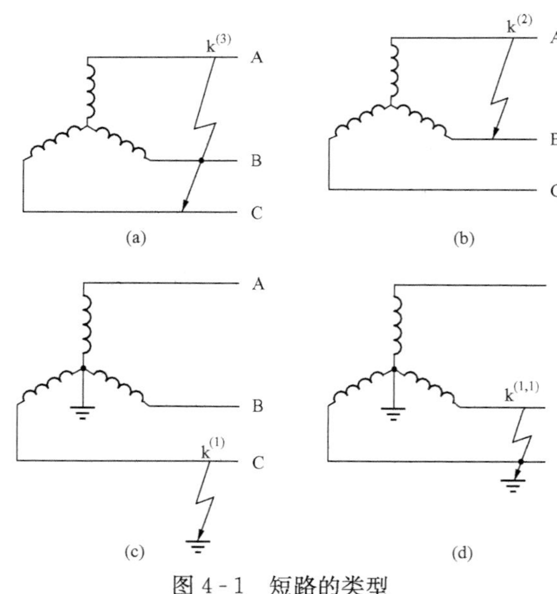

图 4-1　短路的类型

（a）三相短路；（b）两相短路；（c）单相接地短路；（d）两相接地短路

由于三相短路回路中阻抗相等，三相的电流与电压和正常情况一样，保持对称，故称为对称短路，只是电流增大、电压降低而已。其他三种短路为不对称短路，因为此时三相处于不同情况下，每相的电流与电压数值不相等，相角也不相同。

运行经验表明，系统中发生单相短路的可能性最大，约占短路故障的 65%～70%，但三相短路的短路电流最大，危害也最严重。为了使电气设备在最严重的短路情况下也能可靠工作，因此在短路计算中，以三相短路计算为主。

二、短路的原因

产生短路的原因是电气设备载流部分的绝缘损坏。绝缘损坏多由于未及时发现和消除设备的缺陷，以及设计、安装和运行维护不良所致，如过电压、设备遭雷击、绝缘材料陈旧、机械损伤等。电力系统的其他某些故障也可能导致短路，如输电线路的倒杆和断线、运行人员不遵守操作技术规程和安全技术规程造成误操作、飞禽或小动物跨接裸导体等。

三、短路的危害

(1) 短路电流很大。短路电流通过导体时，使导体大量发热，绝缘被损坏。同时，导体会受到很大的电动力作用，使导体发热变形，甚至损坏。

(2) 网络电压降低。特别是靠近短路点处电压降低得更多，可能导致用户供电的破坏，而且也会破坏电网中非故障部分用电设备的正常工作。

(3) 破坏系统的稳定性。短路造成系统电压严重下降，可能使整个系统被解列成为几个异步运行部分。短路电压下降得越大、持续时间越长，系统稳定运行遭到破坏的可能性就越大。

为减轻短路的影响，除应尽可能地消除短路产生的原因以外，还应尽快地切除故障部分，使系统电压在短时间内恢复到正常值。为此，可采用快速动作的继电保护和断路器，在发电厂装设自动电压调节器等；此外，还可以采用限制短路电流的措施，如装设电抗器等。

第二节 电力系统中各元件的电抗

计算短路电流时，必须知道电力系统中各元件的电抗值。在 1kV 及以上的高压电网的短路计算中，一般只考虑各主要元件，如同步电机、电力变压器、电抗器、架空线及电缆线的电抗值，而母线、长度较小的连接导线、断路器、电流互感器等的阻抗，由于对短路电流的影响较小，可不予考虑。各主要元件的总电阻只有超过总电抗的 1/3 时才予以计算。

在 1kV 以下低压电网的短路计算中，不仅要考虑各主要元件的电阻和电抗值，而且长度在 10～15m 以上的连接电缆和母线、多匝电流互感器的一次绕组和断路器的过电流线圈等的阻抗，以及刀开关和断路器触头的接触电阻等都必须考虑，因为这些阻抗都会影响到低压短路电流的数值。

计算短路电流时，可以用有名值法，也可用标幺值法（Method of Per-unit System）。为了计算方便，通常在低压电网中用有名值法，在高压电网中用标幺值法。

一、标幺值的概念

一个有名值 A 与另一个作为基准值的有名值 B 的比值，称为 A 相对于 B 的标幺值。基准值 B 应与 A 的单位相同，故标幺值是一个无单位的比数。如，以 200V 电压为基准值，则 50V 电压的标幺值为 0.25。

元件的工作状态，可以用电气量 S、U、I 和 X 的有名值来表示。每一元件电气量的标幺值，其基准值可以任意选择。例如任选基准功率 S_b 和基准电压 U_b，由四个量的关系可得

$$I_b=\frac{S_b}{\sqrt{3}U_b},\ X_b=\frac{U_b^2}{S_b} \tag{4-1}$$

则各电气量对于所选基准值的标幺值分别为

$$S_b^*=\frac{S}{S_b},\ U_b^*=\frac{U}{U_b},\ I_b^*=\frac{\sqrt{3}U_b}{S_b}I,\ X_b^*=\frac{S_b}{U_b^2}X \tag{4-2}$$

式 (4-2) 中，上标“*”表示该量是标幺值；下标“b”表示该标幺值是以任意选取的数值为基准值。当计及元件的电阻时，阻抗 Z 和电阻 R 的标幺值计算，与电抗的标幺值计算相同。式中有名值的单位：电压为 kV，电流为 kA，功率为 MVA，电抗为 Ω。

基准值可以任意选择，因此同一个电气量的标幺值可以不同。但是，如果以元件的额定参数（S_N、U_N、I_N 及 X_N）为基准值，则得到元件的标幺额定值，且标幺额定值是唯一的。

由于对称三相电路中 S_N、U_N、I_N 及 X_N 之间的关系为

$$S_N=\sqrt{3}U_N I_N,\ U_N=\sqrt{3}I_N X_N,\ S_N=\frac{U_N^2}{X_N}(\text{忽略电阻})$$

故元件各物理量的标幺额定值的表示方法为

$$S_N^*=\frac{S}{S_N},\ U_N^*=\frac{U}{U_N},\ I_N^*=\frac{\sqrt{3}IU_N}{S_N},\quad X_N^*=\frac{XS_N}{U_N^2} \tag{4-3}$$

式中下标“N”表示该标幺值是以额定参数为基准值。一般情况下，发电机、变压器和电抗器等元件的电抗、电阻及阻抗等，在产品目录中均给出其标幺额定值。在某些情况下，这些参数也用百分值表示，百分值和标幺值的关系是 $X\%=100X^*$。

用标幺值表示电气量有以下特点：线电压的标幺值与相电压的标幺值相等 $[U_l^*=U_l/U_{lb}=\sqrt{3}U_{ph}/(\sqrt{3}U_{phb})=U_{ph}^*]$，三相功率的标幺值与单相功率的标幺值相等。此时三相电路的欧姆定律公式为 $U^*=I^*Z^*$、功率方程式为 $S^*=U^*I^*$，与单相电路相应的公式形式相同。当 $U^*=1$ 时，$S^*=I^*=1/Z^*$，即电流的标幺值等于功率的标幺值。因此，采用标幺值法计算短路电流，计算简单、方便，并可迅速地判断出计算结果是否正确。

二、电力系统中各元件的电抗

1. 同步电机

在三相短路电流的计算中，只需知道同步电机的容量、功率因数和同步电机在短路起始瞬间的电抗，即纵轴超瞬态电抗（也称次暂态电抗）X''_d。各类同步电机超瞬态电抗的标幺额定值 X''^*_d 可由产品目录中查出；在未给出数据的情况下做近似计算时，可采用下列平均值：汽轮发电机 0.125，有阻尼绕组的水轮发电机 0.2，无阻尼绕组的水轮发电机 0.27，同步补偿机或同步电动机 0.2。

2. 电力变压器

对于双绕组变压器，在产品目录中可以查到其短路电压百分数 $U_k\%$，变压器电抗的标幺额定值为 $X_{TN}^*=\frac{U_k\%}{100}$。三绕组变压器接线图和等值电路如图 4-2 所示，各绕组间短路电压的百分数表示为 $U_{kⅠ-Ⅱ}\%$、$U_{kⅡ-Ⅲ}\%$、$U_{kⅠ-Ⅲ}\%$。要注意，这些百分数都是对变压器额定容量的百分数。在等值电路中，电抗 $X_{ⅠN}^*$、$X_{ⅡN}^*$、$X_{ⅢN}^*$（标幺额定值）为

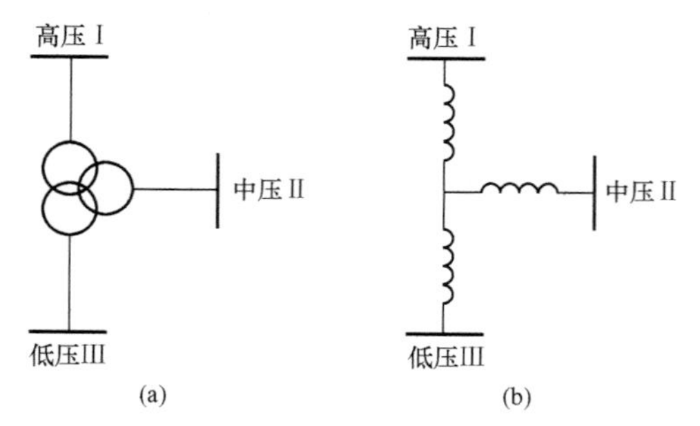

图 4-2 三绕组变压器接线图和等值电路
(a) 接线图；(b) 等值电路

$$\left.\begin{aligned}X_{ⅠN}^*&=\frac{1}{200}(U_{kⅠ-Ⅱ}\%+U_{kⅠ-Ⅲ}\%-U_{kⅡ-Ⅲ}\%)\\X_{ⅡN}^*&=\frac{1}{200}(U_{kⅠ-Ⅱ}\%+U_{kⅡ-Ⅲ}\%-U_{kⅠ-Ⅲ}\%)\\X_{ⅢN}^*&=\frac{1}{200}(U_{kⅠ-Ⅲ}\%+U_{kⅡ-Ⅲ}\%-U_{kⅠ-Ⅱ}\%)\end{aligned}\right\} \tag{4-4}$$

3. 电抗器

电抗器是用来限制短路电流的电感线圈，其电抗的百分数为

$$X_L\% = \frac{\sqrt{3}I_{LN}}{U_{LN}}X_L \times 100 \tag{4-5}$$

4. 架空线路及电缆线路

在实用短路计算中，架空线路及电缆线路每公里的电抗值 X_0（Ω/km）通常可采用以下平均值：6～220kV 架空线路（每一回路）0.4，1kV 以下架空线路（每一回路）0.3，35kV 电缆线路 0.12，3～10kV 电缆线路 0.07～0.08，1kV 以下电缆线路 0.06～0.07。

三、短路回路总电抗的确定

在计算短路电流时，首先应根据供电系统作出计算电路图，再根据它对各短路点做等值电路图，然后将网络逐步化简，求出短路回路总电抗。根据回路总电抗就可以计算出短路电流。

1. 计算电路图

计算电路图是一种简化的单线图，如图 4-3（a）所示。图中仅画出同步电机、电力变压器、电抗器、架空线路及电缆线路五类元件以及它们之间的连接，并注明参数。为便于计算，各元件应统一编号。各元件的连接方式，由电气装置的运行方式和计算短路电流的目的所决定。在计算电路图中，同一电压等级的回路中各点电压可能不同，为方便起见，该回路的电压取用短路计算电压 U_c（也称平均额定电压）。

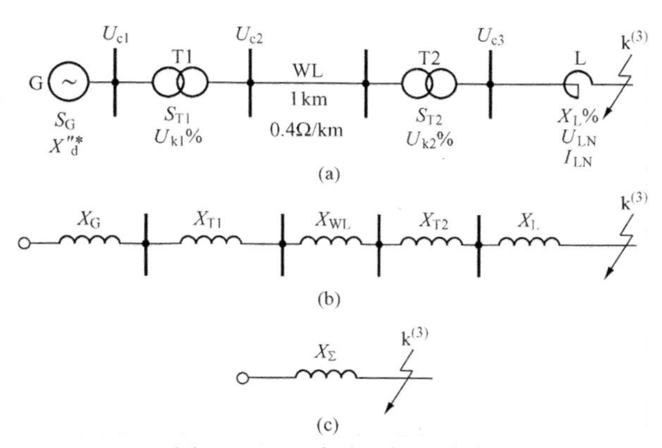

图 4-3 回路总电抗的确定

（a）计算电路；（b）等值电路；（c）化简的等值电路

短路计算电压概念的说明电路如图 4-4 所示。由于线损，变压器 T1 的二次额定电压 U_{1N} 比变压器 T2 的一次额定电压 U_{2N} 要高，例如 $U_{1N}=121$kV，$U_{2N}=110$kV，则线路的短路计算电压为

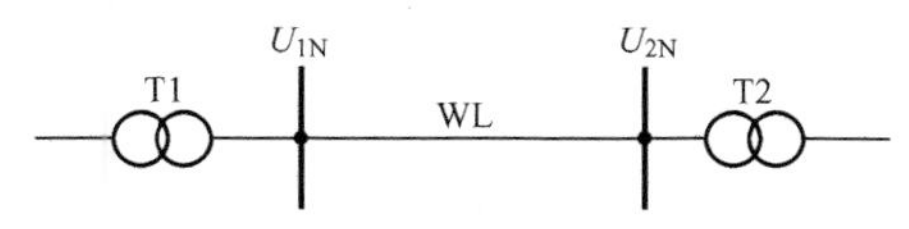

图 4-4 短路计算电压概念的说明电路

$$U_c = \frac{1}{2}(U_{1N} + U_{2N}) = 115(\text{kV})$$

各级短路计算电压分别为 346、230、115、63、37、15.7、13.8、10.5、6.3、3.15、0.4kV 和 0.23kV。应用短路计算电压计算时，可以认为同一电压级的所有元件，其额定电压等于其短路计算电压。因为电抗器的电抗值较大，为减小计算误差，应使用其实际额定电压来计算。另外，电抗器有时会用在较低电压级的回路中，例如额定电压为 10kV 的电抗器用于 6kV 的电网中，计算其电抗值时要用 10kV。

2. 等值电路图

根据计算电路图，可以做某一短路点的等值电路图。在此等值电路图中，仅需要表示出该点短路时，短路电流通过元件的电抗，而其他未通过短路电流的元件的电抗则不必画出。如图 4-3（b）所示，$k^{(3)}$ 发生三相短路时，短路电流通过五个元件，这些元件的电抗均需按

它们的实际连接画出。

3. 回路总电抗的确定

利用串、并联和Y—△等效变换等方法，将等值电路图逐步化简，即可应用有名值法或标幺值法计算出短路回路总电抗。

图4-3（a）所示电路，母线的电压为短路计算电压，每个元件的参数标在旁边，先求各元件的电抗有名值和标幺值，最后便可求得回路总电抗 X_{Σ}。

（1）用有名值法计算。

用有名值法计算电抗时，必须将不同电压等级各元件的电抗有名值，根据需要折算到同一电压级，然后再做等值电路图。

图4-3（a）中，将元件的电抗折算到 U_{c3} 电压级时，回路的等值电路图如图4-3（b）所示。各元件电抗的有名值计算如下

$$X_G = X''^*_d \frac{U_{c1}^2}{S_G}\frac{U_{c2}^2}{U_{c1}^2}\frac{U_{c3}^2}{U_{c2}^2} = X''^*_d \frac{U_{c3}^2}{S_G} \tag{4-6}$$

$$X_{T1} = \frac{U_{k1}\%}{100}\frac{U_{c2}^2}{S_{T1}}\frac{U_{c3}^2}{U_{c2}^2} = \frac{U_{k1}\%}{100}\frac{U_{c3}^2}{S_{T1}} \tag{4-7}$$

$$X_{WL} = X_0 l \frac{U_{c3}^2}{U_{c2}^2} \tag{4-8}$$

$$X_{T2} = \frac{U_{k2}\%}{100}\frac{U_{c3}^2}{S_{T2}}$$

$$X_L = \frac{X_L\%}{100}\frac{U_{LN}}{\sqrt{3}I_{LN}} \tag{4-9}$$

式中　X_0——架空线路（电缆线路）每公里电抗值，Ω/km。

由于各元件是串联的，所以回路总电抗为

$$X_{\Sigma} = X_G + X_{T1} + X_{WL} + X_{T2} + X_L$$

化简后的等值电路图如图4-3（c）所示。

（2）用标幺值法计算。

用标幺值法计算时，首先要选择基准功率 S_b 和基准电压 U_b。一般选 $S_b=100$MVA或系统总容量，而 U_b 就选折算级的短路计算电压。在图4-3中选 $U_b=U_{c3}$，则基准电抗 $X_b=U_{c3}^2/S_b$。各元件的电抗标幺值为

$$X_G^* = X_d^* \frac{U_{c3}^2}{S_G}\Big/\frac{U_{c3}^2}{S_b} = X_d^* \frac{S_b}{S_G} \tag{4-10}$$

$$X_{T1}^* = \frac{U_{k1}\%}{100}\frac{U_{c3}^2}{S_{T1}}\Big/\frac{U_{c3}^2}{S_b} = \frac{U_{k1}\%}{100}\frac{S_b}{S_{T1}} \tag{4-11}$$

$$X_{WL}^* = X_0 l \frac{U_{c3}^2}{U_{c2}^2}\Big/\frac{U_{c3}^2}{S_b} = X_0 l \frac{S_b}{U_{c2}^2} \tag{4-12}$$

$$X_{T2}^* = \frac{U_{k2}\%}{100}\frac{U_{c3}^2}{S_{T2}}\Big/\frac{U_{c3}^2}{S_b} = \frac{U_{k2}\%}{100}\frac{S_b}{S_{T2}}$$

$$X_L^* = \frac{X_L\%}{100}\frac{U_{LN}}{\sqrt{3}I_{LN}}\frac{S_b}{U_{c3}^2} \tag{4-13}$$

式（4-10）～式（4-13）是计算元件电抗标幺值的公式。假如将各元件的电抗有名值

都折算到 U_{c2}，选 $U_b=U_{c2}$，则基准电抗 $X_b=U_{c2}^2/S_b$。各元件的电抗标幺值的计算公式不变。由此可见，当选基准电压为折算级短路计算电压时，电抗标幺值的数值与基准电压无关。因此，在以后短路计算中，如果选 $U_b=U_c$，则可以直接用式（4-10）～式（4-13）计算电抗标幺值。计算出来的每一个元件的电抗标幺值可以直接串、并联，因为它们都是经过折算的。由于无论折算到哪一级计算结果都一样，所以可以认为折算到任一级。

回路总电抗的标幺值 X_{Σ}^*，仍为各元件标幺值之和。

【例 4-1】　计算图 4-5（a）所示计算电路图中，$k^{(3)}$ 点发生三相短路时的回路总电抗。

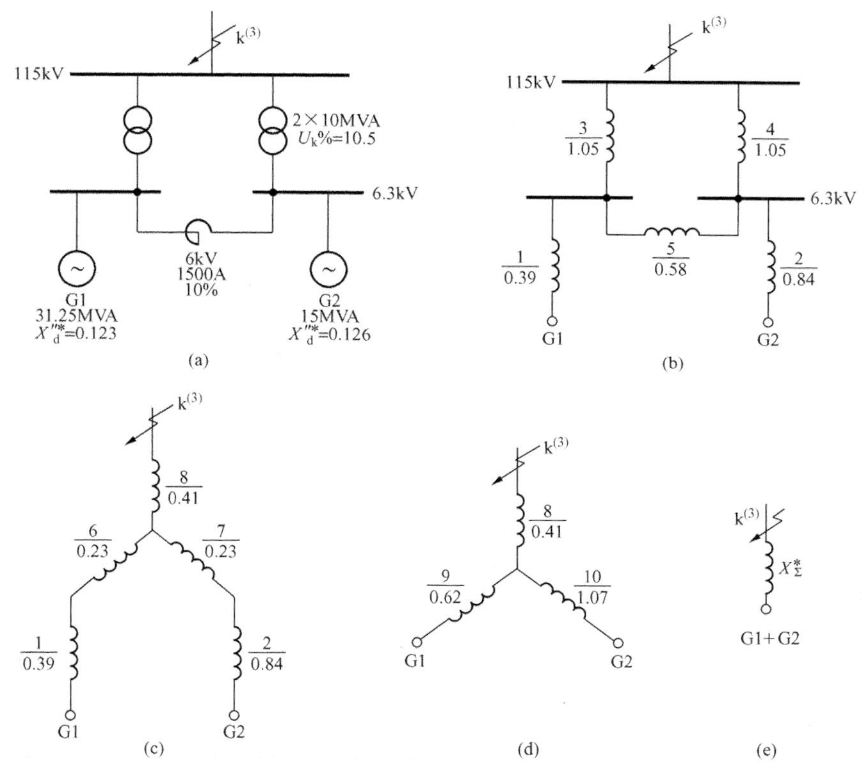

图 4-5　［例 4-1］题电路图

(a) 计算电路；(b) 等值电路；(c)、(d) 等值电路化简；(e) 短路回路总电抗

解　用标幺值法，选 $S_b=100\text{MVA}$，$U_b=U_c=115\text{kV}$。作等值电路图如图 4-5（b）所示，给各元件编号，并求其电抗标幺值为

$$X_1^*=0.123\times\frac{100}{31.25}=0.39$$

$$X_2^*=0.126\times\frac{100}{15}=0.84$$

$$X_3^*=X_4^*=\frac{10.5}{100}\times\frac{100}{10}=1.05$$

$$X_5^*=\frac{10}{100}\times\frac{6}{\sqrt{3}\times1.5}\times\frac{100}{6.3^2}=0.58$$

将△联结部分变成等值 Y 联结，应用 Y—△等效变换公式，得

$$X_6^* = X_7^* = \frac{X_3^* X_5^*}{X_3^* + X_4^* + X_5^*} = \frac{1.05 \times 0.58}{1.05 + 1.05 + 0.58} = 0.23$$

$$X_8^* = \frac{X_3^* X_4^*}{X_3^* + X_4^* + X_5^*} = \frac{1.05 \times 1.05}{1.05 + 1.05 + 0.58} = 0.41$$

如图 4-5（c）所示，再将串联电抗合并得

$$X_9^* = 0.39 + 0.23 = 0.62$$

$$X_{10}^* = 0.84 + 0.23 = 1.07$$

如图 4-5（d）所示。

由于两台发电机的出口电压相等，因此可以将两台发电机合并成一个等值电源，合并后其电压大小不变，容量为两台发电机容量之和，故回路总电抗为

$$X_\Sigma^* = \frac{0.62 \times 1.07}{0.62 + 1.07} + 0.41 = 0.80$$

第三节　无限大容量电力系统供电的电路内发生三相短路

工业企业供电的电源多来自电力系统，企业电网距离发电厂的发电机较远；但大型企业建立自备电厂，企业电网离发电机较近。这两种企业的供电系统中发生短路时，其短路的变化规律并不一样。因为前者短路点远离发电厂，短路回路阻抗大，短路电流较小，尚不足以影响发电机的电压，可以认为系统容量非常大，母线电压无变化。后者离发电机较近，短路回路阻抗较小，短路电流很大对发电机则有很大的去磁作用，因而其电压显著下降。通常称前者短路回路的电源为无限大容量电力系统，后者的电源为有限大容量电力系统。本节介绍无限大容量电力系统供电的电路内发生三相短路的特点。

一、短路电流变化过程

在实用计算中为了简化起见，忽略无限大容量电力系统母线电压的变化，认为系统的母线电压维持不变，系统容量为无穷大（$S_S=\infty$），系统阻抗为零（$Z_S=0$）。通常，若系统阻抗不超过短路回路阻抗的 5%～10%，便可忽略不计。基于这种假设求得的短路电流较实际值偏大，但不会引起明显的误差。按无限大容量电力系统求得的短路电流，是最大短路电流。因此，在估算或缺乏系统数据时，都可以把短路回路所接的电源看成是无限大容量电力系统。

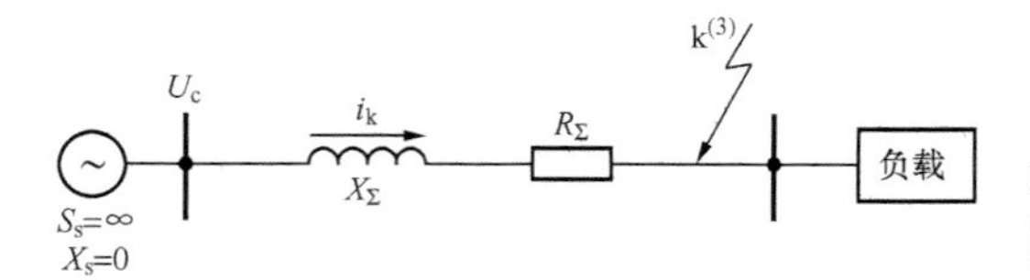

图 4-6　由无限大容量电力系统供电的电路三相短路等值电路图

图 4-6 所示为由无限大容量电力系统供电的电路发生三相短路时的等值电路图。正常运行情况下，负载电流决定于母线电压与线路阻抗和负载阻抗。假设短路前没接负载阻抗，负荷电流等于零，即在空载下发生三相短路。短路后，整个电路的总阻抗减少，系统母线电压不变，电路中电流急剧增大。但在具有电感的电路内电流不能突变，因此电路中的电流必然出现瞬变过程。此瞬变过程在“电工基础”课程中已有详细介绍，下面直接引用其结果，不再推导。

设某相电压的相位角等于 ψ 时刻发生短路，则该相的短路电流为

$$i_k=\frac{\sqrt{2}U_c}{\sqrt{3}\sqrt{R_\Sigma^2+X_\Sigma^2}}\sin(\omega t+\psi-\varphi)-\frac{\sqrt{2}U_c}{\sqrt{3}\sqrt{R_\Sigma^2+X_\Sigma^2}}\sin(\psi-\varphi)e^{-\frac{R_\Sigma}{L_\Sigma}t} \tag{4-14}$$

式中　φ——R_Σ和X_Σ的阻抗角。

1. 周期分量

式（4-14）中的第一项是振幅不变的正弦周期分量，其有效值为（忽略电阻时）

$$I_p^{(3)}=\frac{U_c}{\sqrt{3}X_\Sigma} \tag{4-15}$$

式（4-15）两边同时除以基准电流 $I_b=\frac{S_b}{\sqrt{3}U_c}$，得三相短路电流周期分量（Periodic Component of Short-circuit Current）有效值的标幺值为

$$I_p^{(3)*}=\frac{I_p^{(3)}}{I_b}=\frac{U_c^2}{X_\Sigma S_b}=\frac{1}{X_\Sigma^*} \tag{4-16}$$

2. 非周期分量

式（4-14）中的第二项是按指数规律衰减的非周期分量。因短路前处于空载，电流等于零。由于电感电路的电流不能突变，所以短路后 $t=0$ 时刻电流周期分量瞬时值等于电流非周期分量的瞬时值，但方向相反。非周期分量电流逐渐衰减到零，其衰减时间常数为

$$\tau=\frac{L_\Sigma}{R_\Sigma}=\frac{X_\Sigma}{314R_\Sigma} \tag{4-17}$$

τ 的平均值约等于 0.05s。短路电流非周期分量（Non-periodic Component of Short-circuit Current）一般在经过 4τ，即 0.2s 后已基本衰减为零。此时，短路的瞬变过程结束，进入稳定状态。此时的短路电流称为稳态短路电流（Steady Short-circuit Current），其有效值用 $I_\infty^{(3)}$ 表示，显然 $I_\infty^{(3)}=I_p^{(3)}$。

如果短路发生时刻恰好 $\psi=0$，则根据式（4-14）作出短路曲线如图 4-7 所示（忽略电阻时）。从图中可以看出，该相电压（曲线 4）恰好过零时短路。短路后 $t=0$ 时刻，周期分量电流瞬时值（曲线 1）等于负的最大，而非周期分量电流瞬时值（曲线 2）等于正的最大。在短路后半个周期即 0.01s 瞬间，总短路电流（曲线 3）达到最大值，略小于周期分量振幅的两倍。这个最大短路电流称为最大冲击短路电流（Shock Short-circuit Current），用 $i_{sh}^{(3)}$ 表示，即

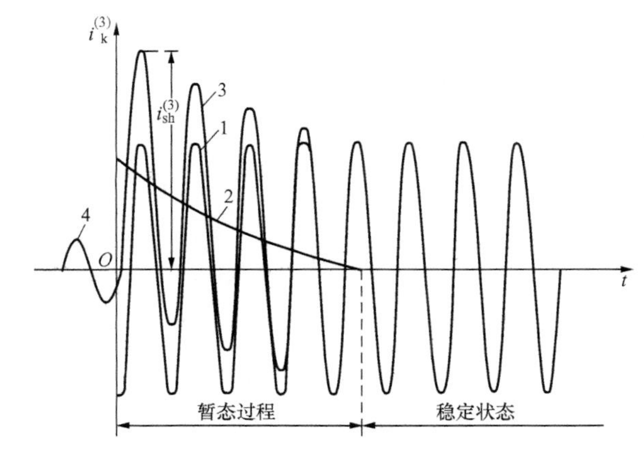

图 4-7　无限大容量电力系统供电电路三相短路电流曲线
1—i_k 的周期分量；2—i_k 的非周期分量；
3—总短路电流 i_k；4—相电压

$$i_{sh}^{(3)}=\sqrt{2}I_p^{(3)}+\sqrt{2}I_p^{(3)}e^{-\frac{0.01}{\tau}}=\sqrt{2}K_{sh}I_p^{(3)} \tag{4-18}$$

式中　K_{sh}——冲击系数，一般取 1.8。

将 $K_{sh}=1.8$ 代入式（4-18），得

$$i_{sh}^{(3)}=2.55I_{p}^{(3)} \tag{4-19}$$

最大冲击短路电流是在短路前空载及某相电压过零点瞬间（$\psi=0$）发生三相短路时，在该相出现，其他两相不出现。此时是最严重的短路，所以常以此作为短路电流的计算条件。

二、母线残余电压

在继电保护整定计算中，通常要计算短路点前某一母线的残余电压。短路点处电压降为零，网络中距短路点电抗为 X 的任意点仍有残余电压，在数值上等于三相短路电流通过该电抗时的压降。达到稳态时的残余电压有名值法和标幺值法分别为

$$U^{(3)}=\sqrt{3}I_{\infty}^{(3)}X \tag{4-20}$$

$$U^{(3)*}=I_{\infty}^{(3)*}X^{*} \tag{4-21}$$

式中，电流和电抗的标幺值必须是对应于同一基准值。

计算出残余电压的标幺值后，换成有名值时，求线电压则乘以母线所在电压级的短路计算电压（即平均额定电压）U_c，求相电压则乘以 $U_c/\sqrt{3}$。

三、短路功率

根据断路器的断路能力选择断路器时，要计算短路功率。三相短路功率为

$$S_{k}^{(3)}=\sqrt{3}U_{c}I_{p}^{(3)} \tag{4-22}$$

式中 $I_{p}^{(3)}$——流过断路器的短路电流周期分量；

U_c——断路器所在电压级的短路计算电压。

用标幺值计算时，公式为

$$\left.\begin{aligned}S_{k}^{(3)}&=\sqrt{3}U_{c}I_{p}^{(3)}=\sqrt{3}U_{c}\frac{1}{X_{\Sigma}^{*}}\frac{S_{b}}{\sqrt{3}U_{c}}=\frac{S_{b}}{X_{\Sigma}^{*}}\\S_{k}^{(3)*}&=\frac{S_{k}^{(3)}}{S_{b}}=\frac{1}{X_{\Sigma}^{*}}=I_{p}^{(3)*}\end{aligned}\right\} \tag{4-23}$$

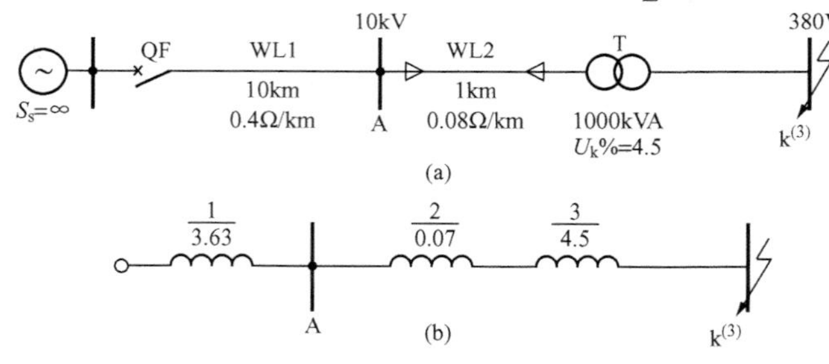

图 4-8 ［例 4-2］供电系统

（a）电路图；（b）等值电路

【例 4-2】 某无限大容量电力系统供电系统如图 4-8（a）所示。系统的阻抗为零，其他元件的参数已在图中注明。试求供电系统中 $k^{(3)}$ 点发生三相短路时，流过短路点、电缆线路的稳态短路电流和最大冲击短路电流。10kV 母线 A 上的残余电压及通过断路器的短路功率。

解 取 $S_b=100$MVA，$U_b=U_c$。各元件电抗的标幺值计算为

架空线路的电抗 $X_1^{*}=0.4l\times\frac{S_b}{U_c^2}=0.4\times10\times\frac{100}{10.5^2}=3.63$

电力电缆的电抗 $X_2^{*}=0.08l\times\frac{S_b}{U_c^2}=0.08\times1\times\frac{100}{10.5^2}=0.07$

变压器的电抗 $X_3^{*}=\frac{U_k\%}{100}\times\frac{S_b}{S_N}=\frac{4.5}{100}\times\frac{100}{1}=4.50$

作 $k^{(3)}$ 点短路的等值电路图，如图 4 - 8（b）所示。

回路总电抗为

$$X_{\Sigma}^{*}=X_{1}^{*}+X_{2}^{*}+X_{3}^{*}=3.63+0.07+4.50=8.20$$

稳态短路电流的标幺值按式（4 - 16）计算为

$$I_{\infty}^{(3)*}=\frac{1}{X_{\Sigma}^{*}}=\frac{1}{8.20}=0.12$$

流过短路点的稳态短路电流和最大冲击短路电流为

$$I_{\infty}^{(3)}=I_{\infty}^{(3)*}\frac{S_{b}}{\sqrt{3}U_{c}}=0.12\times\frac{100}{\sqrt{3}\times 0.4}=17.32(\text{kA})$$

$$i_{sh}^{(3)}=2.55\times 17.32=44.17(\text{kA})$$

流过电缆线路的稳态短路电流和最大冲击短路电流为

$$I_{\infty}^{(3)}=I_{\infty}^{(3)*}\frac{S_{b}}{\sqrt{3}U_{c}}=0.12\times\frac{100}{\sqrt{3}\times 10.5}=0.66(\text{kA})$$

$$i_{sh}^{(3)}=2.55\times 0.66=1.68(\text{kA})$$

母线 A 与 $k^{(3)}$ 之间的电抗值为

$$X_{4}^{*}=X_{2}^{*}+X_{3}^{*}=0.07+4.50=4.57$$

10kV 母线 A 上的残余电压按式（4 - 21）计算为

$$U^{(3)}=U^{(3)*}U_{c}=4.57\times 0.12\times 10.5=5.76(\text{kV})$$

通过断路器的短路功率按式（4 - 23）计算为

$$S_{k}^{(3)}=\sqrt{3}\times 10.5\times 0.66=12.00(\text{MVA})$$

第四节　发电机供电的电路内发生三相短路

一般情况下，电力系统中发生短路时，供电系统的母线电压是下降的，因此，在计算短路电流时，应将短路回路的电源看作等值发电机，发电机的容量是系统总容量，阻抗为系统总阻抗。

一、短路电流曲线

在发电机供电的电路内，假设短路前回路空载，某相电压过零时发生三相短路，下面分析该相的短路电流。短路电流包括周期分量和非周期分量。短路后，发电机的端电压在整个短路暂态过程中，是一个变化值，因此，短路电流周期分量的幅值（或有效值）也随着变化。这是与无限大容量电力系统供电电路内发生短路的主要区别。

短路电流周期分量的幅值（或有效值）变化情况与发电机是否装有自动电压调整器有关。无自动电压调整器的发电机供电电路内三相短路电流变化曲线，如图 4 - 9 所示。某相电压（曲线 4）过零时发生短路，产生振幅（或有效值）衰减的周期分量电流 i_{p}（曲线 1）和衰减的非周期分量电流 i_{np}（曲线 2），二者叠加得到总的短路电流 i_{k}（曲线 3）。短路后 $t=0$ 时刻，周期分量电流瞬时值等于负的最大，非周期分量电流瞬时值等于正的最大，两者之和为零。

短路电流周期分量的幅值由 $t=0$ 时的最大值 $I_{m}''^{(3)}$ 逐渐衰减到稳态值 $I_{m\infty}^{(3)}$。振幅值的减小，是由于在短路瞬变过程中，发电机电枢反应磁路的磁阻逐渐减小，使其电抗由 X_{d}'' 逐渐

增至 X_d 的结果。$t=0$ 时的有效值为 $I''^{(3)}=I_m^{(3)''}/\sqrt{2}$，称为超瞬态短路电流。稳定后的有效值为 $I_\infty^{(3)}=I_{m\infty}^{(3)}/\sqrt{2}$，称为稳态短路电流。

目前，发电机一般都装有自动电压调整器，在发电机电压变化时，能自动调整励磁电流，维持发电机的电压在规定范围内。由有自动电压调整器的发电机供电电路发生短路时，短路电流的变化曲线如图 4-10 所示。在短路后的短时间内，短路电流周期分量的振幅值是衰减的，以后，随着自动电压调整器的作用逐渐增大，周期分量的振幅值有所回升，最后过渡到稳态值。

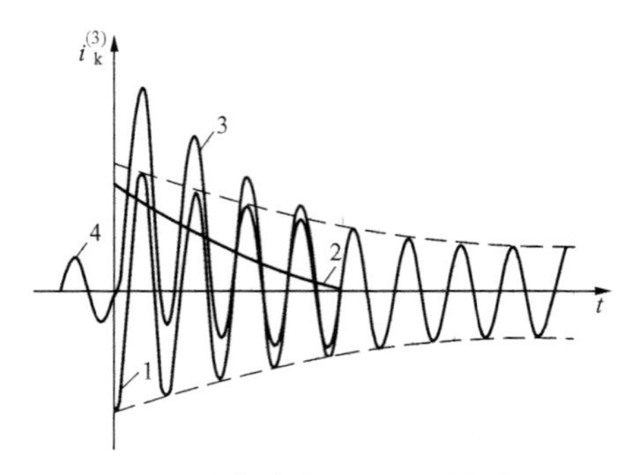

图 4-9 无自动电压调整器的发电机供电电路内三相短路电流曲线

1—周期分量；2—非周期分量；3—总短路电流 i_k；4—相电压

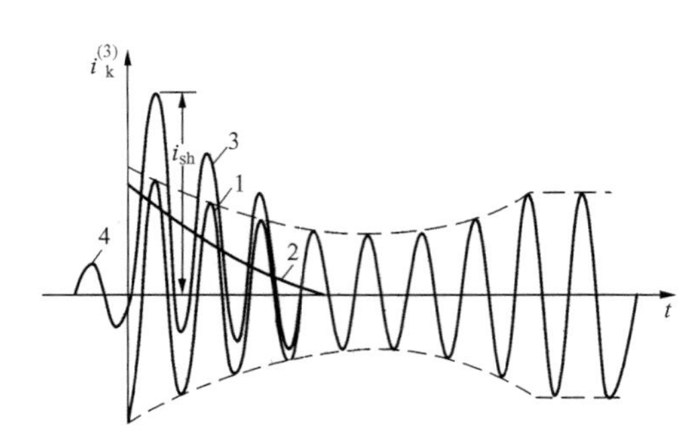

图 4-10 有自动电压调整器的发电机供电电路内三相短路电流曲线

1—周期分量；2—非周期分量；3—总短路电流 i_k；4—相电压

有或无自动电压调整器的发电机供电电路内三相短路电流，其非周期分量变化曲线，与无限大容量电力系统内的三相短路时是一样的。

二、计算电抗对周期分量有效值的影响

短路电流周期分量有效值的变化，还和短路点与发电机之间的电的距离有关。电的距离越大，发电机端电压下降越小，周期分量有效值的变化越小；反之越大。

电的距离可以用计算电抗 X_c^* 来表示。它是取发电机总容量 $S_{G\Sigma}$ 为基准容量时短路回路总电抗的标幺值。例如，发电机的总容量为 $S_{G\Sigma}$，总电抗对基准容量 S_b 的标幺值是 $X_{\Sigma b}^*$，则计算电抗为

$$X_c^*=X_{\Sigma b}^*\frac{S_{G\Sigma}}{S_b} \tag{4-24}$$

当 $X_c^*\geqslant 3$ 时的短路点称为远距离短路点，可认为短路点与发电机之间的电的距离足够远，发电机端电压的变动甚微，可以认为不变。此时，无论发电机是否装有自动电压调整器，短路电流周期分量的有效值都是不变的，即 $I^{(3)}=I_{pt}^{(3)}=I_\infty^{(3)}$，等同于由无限大容量电力系统供电时的三相短路电流变化曲线，计算方法也与无限大容量电力系统三相短路电流的计算方法相同。

三、短路电流的计算

1. 超瞬态短路电流 $I''^{(3)}$

无论发电机是否装有自动电压调整器，在三相短路瞬间及以后的几个周期内，短路电流的变化相同，应用欧姆定律，可得超瞬态短路电流（Subtransient Short-circuit Current）计

算公式为

$$I''^{(3)}=\frac{E''}{\sqrt{3}X_{\Sigma}}=\frac{KU_{c}}{\sqrt{3}X_{\Sigma}} \tag{4-25}$$

式中　E''——发电机超瞬态电动势；

X_{Σ}——回路总电抗；

K——比例系数。

在实用计算中，对于汽轮发电机，取 $K=1$；对于水轮发电机，当短路回路的计算电抗 $X_{c}^{*}>1$ 时取 $K=1$，当 $X_{c}^{*}\leqslant1$ 时 K 的数值可按表 4-1 选取。

用标幺值法计算超瞬态短路电流为

$$I''^{(3)*}=\frac{K}{X_{\Sigma}^{*}} \tag{4-26}$$

表 4-1　　水轮发电机系数 *K* 值

计算电抗 X_{c}^{*}	0.2	0.27	0.30	0.40	0.50	0.75	1.0
没有阻尼绕组时	—	1.16	1.14	1.10	1.07	1.05	1.03
有阻尼绕组时	1.11	1.07	1.07	1.05	1.03	1.02	1.0

2. 超瞬态短路功率 $S''^{(3)}_{k}$

$$S''^{(3)}_{k}=\sqrt{3}U_{c}I''^{(3)}=K\frac{U_{c}^{2}}{X_{\Sigma}} \tag{4-27}$$

用标幺值法计算为

$$S''^{(3)*}_{k}=\frac{K}{X_{\Sigma}^{*}} \tag{4-28}$$

3. 冲击短路电流和冲击短路电流的有效值

三相最大冲击短路电流为

$$i_{sh}^{(3)}=\sqrt{2}K_{sh}I''^{(3)}$$

冲击短路电流的有效值是指短路后 $t=0.01$s 时刻总的短路电流有效值，计算公式为

$$I_{sh}^{(3)}=\sqrt{I''^{(3)2}+(\sqrt{2}I''^{(3)}e^{-\frac{0.01}{\tau}})^{2}} \tag{4-29}$$

在高压电路内发生三相短路时，一般可以取 $K_{sh}=1.8$，因此

$$i_{sh}^{(3)}=2.55I''^{(3)} \tag{4-30}$$

$$I_{sh}^{(3)}=1.51I''^{(3)} \tag{4-31}$$

在 1000kVA 及以下的电力变压器二次侧及低压电路中发生三相短路时，一般可取 $K_{sh}=1.3$，因此

$$i_{sh}^{(3)}=1.84I''^{(3)} \tag{4-32}$$

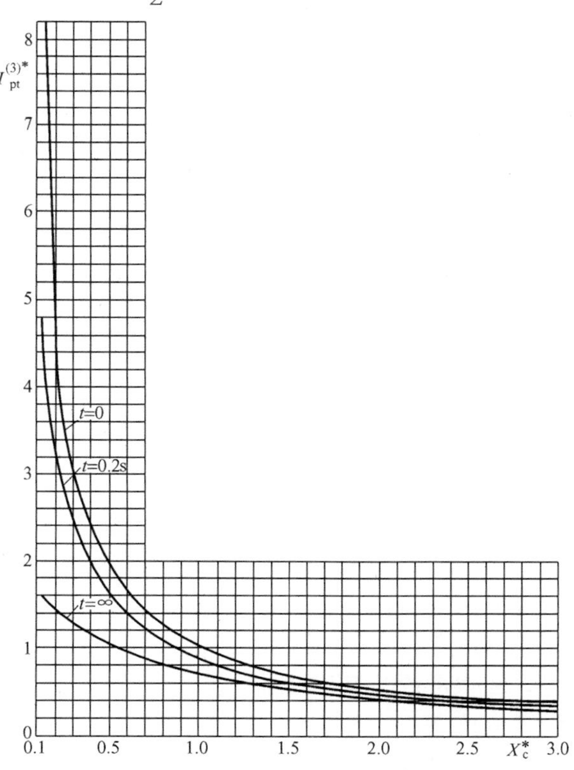

图 4-11　无自动电压调整器的标准汽轮发电机的运算曲线

$$I_{sh}^{(3)}=1.09I''^{(3)} \quad (4-33)$$

四、运算曲线法

前面提到，在由无限大容量电力系统供电的系统中，短路电流周期分量有效值各个时刻均相等；而在由发电机供电的系统中，t 时刻短路电流周期分量有效值的计算公式为

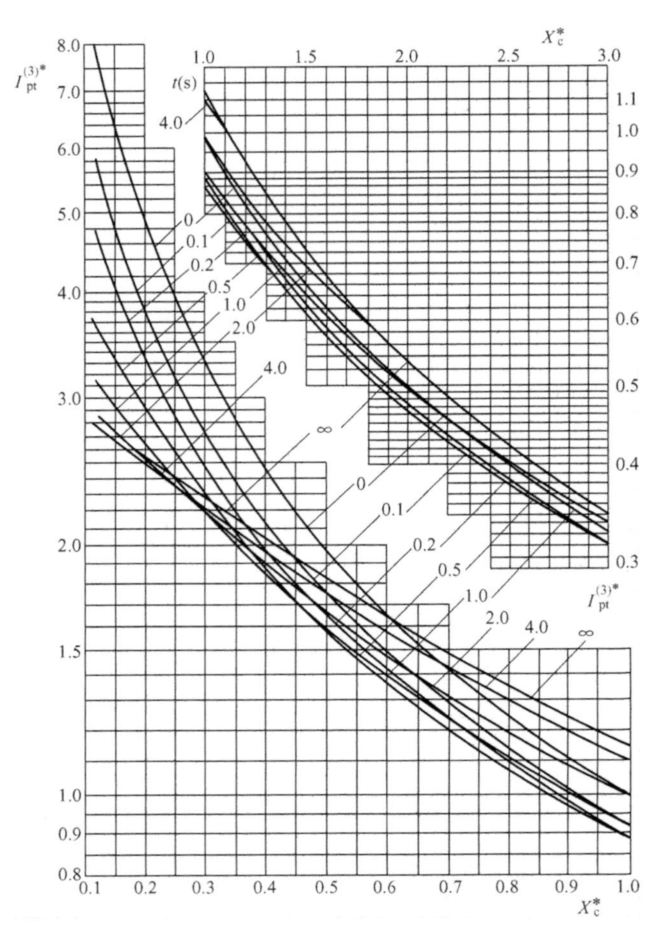

图 4-12　有自动电压调整器的标准汽轮发电机的运算曲线

$$I_{pt}^{(3)}=\frac{E_t}{\sqrt{3}X_{\Sigma}} \quad (4-34)$$

因为 E_t 随时间变化，所以 $I_{pt}^{(3)}$ 计算非常复杂，通常利用运算曲线法计算。运算曲线表明了三相短路过程中，$I_{pt}^{(3)*}$ 与短路回路计算电抗 X_c^* 之间的相对关系，即 $I_{pt}^{(3)*}=f(t, X_c^*)$。不同类型的发电机有不同的运算曲线，如图 4-11～图 4-13所示。用运算曲线法求 $I_{pt}^{(3)*}$，方法简单，结果准确，应用比较广泛。运算曲线只画到 $X_c^*=3$，因为当 $X_c^*>3$ 时，短路点与发电机之间的电距离足够远，可以按由无限大容量电力系统供电的系统内三相短路时的计算方法来计算。此外，图 4-13为无阻尼绕组水轮发电机的运算曲线，利用这些曲线计算有阻尼绕组水轮发电机的短路电流时，必须将所求的短路回路计算电抗 X_c^* 加上 0.07，然后根据 $X_c^*+0.07$ 去查曲线。另外在计算 $t\leqslant 0.1$s 的短路电流时，应用图中虚线，$t\geqslant 0.1$s 时用实线。

1. 计算步骤

在工业企业供电系统中，为了提高供电的可靠性，有时至少有两个电源供电，每个电源都对短路点提供短路电流，用运算曲线法求短路电流时，计算步骤概括如下：

（1）网络化简，得到各电源和短路点之间的电抗，这个电抗称为该电源对短路点之间的转移电抗。

（2）求各电源的计算电抗（因为等值电路中所有阻抗是按照统一的基准功率 S_b 归算的，必须将各电源与短路点间的转移电抗分别归算到各电源的额定容量 S_N，得到各电源的计算电抗 X_c^*，然后才能查运算曲线）。

（3）查运算曲线，得到各个支路不同时刻的短路电流周期分量标幺值 $I_{pt}^{(3)*}$（此标幺值以该支路中发电机额定容量 S_N 为基准值）。如果曲线中没有所求时刻，可用补插法。例如，

计算超瞬态电流 $I''^{(3)*}$，查 $t=0$ 曲线；计算稳态电流 $I_{\infty}^{(3)*}$，查 $t=\infty$ 曲线等。当 $X_c^*>3$ 时，$I_{pt}^{(3)*}=1/X_c^*$。

(4) 计算各个支路不同时刻的短路电流周期分量有名值 $I_{pt}^{(3)}$，公式为

$$I_{pt}^{(3)}=I_{pt}^{(3)*}\frac{S_N}{\sqrt{3}U_c} \quad (4-35)$$

式中 S_N——该支路中发电机额定容量，MVA；

U_c——需要计算短路电流所在电压级的短路计算电压，kV。

(5) 将各个支路的短路电流周期分量有名值相加，即得到流到短路点总的短路电流。

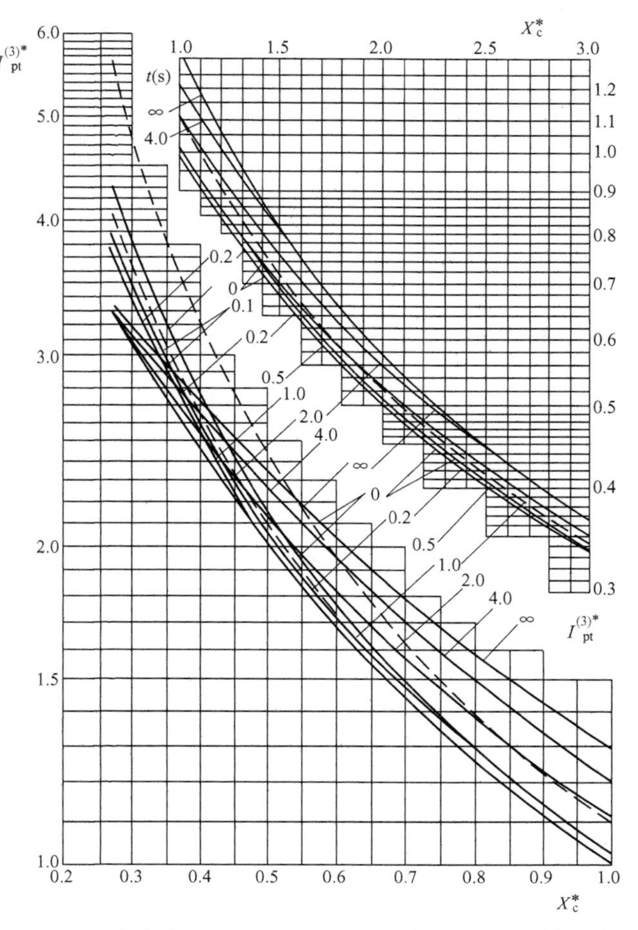

图 4-13　有自动电压调整器的标准水轮发电机的运算曲线

【例 4-3】 计算图 4-14 (a) 所示系统中，在 $k^{(3)}$ 点发生三相短路后，流到短路点的超瞬态短路电流 $I''^{(3)}$ 和稳态短路电流 $I_{\infty}^{(3)}$。图中所有发电机均为有自动电压调整器的汽轮发电机，各元件参数均在图中标出。

解 取 $S_b=100\text{MVA}$，$U_b=U_c$。

(1) 作等值电路图，并给元件编号，如图 4-14 (b) 所示，计算各元件电抗

$$X_1^*=X_2^*=0.13\times\frac{100}{30}=0.43$$

$$X_3^*=0.5\times\frac{100}{300}=0.17$$

$$X_4^*=X_5^*=\frac{10.5}{100}\times\frac{100}{20}=0.525$$

$$X_6^*=\frac{1}{2}\times\left(0.4\times130\times\frac{100}{115^2}\right)=0.2$$

(2) 网络化简可得

$$X_7^*=X_1^*+X_4^*=0.955$$

$$X_8^*=X_3^*+X_6^*=0.37$$

此时等值电路如图 4-14 (c) 所示。应用 Y-△等效变换化简，求各支路转移电抗

$$X_9^*=0.955+0.525+\frac{0.955\times0.525}{0.37}=2.835$$

$$X_{10}^{*}=0.37+0.525+\frac{0.37\times0.525}{0.955}=1.1$$

此时，电路化简为图 4 - 14（d）。

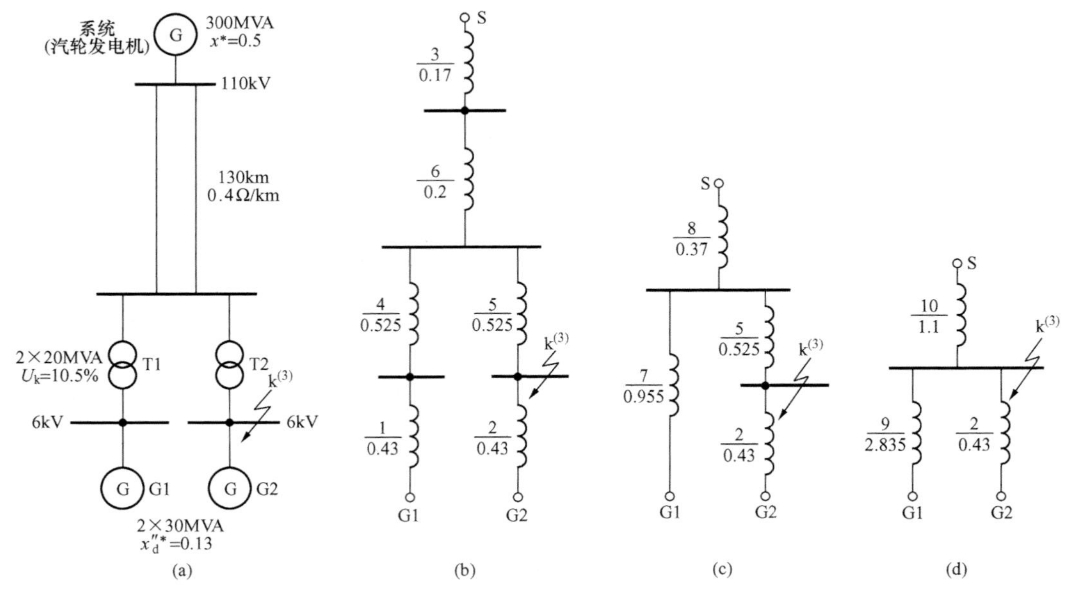

图 4 - 14 ［例 4 - 3］系统图和网络化简

（a）计算电路；（b）等值电路；（c）、（d）网络化简

（3）求各电源的计算电抗，为

$$X_{sc}^{*}=1.1\times\frac{300}{100}=3.3$$

$$X_{1c}^{*}=2.835\times\frac{30}{100}=0.85$$

$$X_{2c}^{*}=0.43\times\frac{30}{100}=0.13$$

（4）由计算电抗查图 4 - 12 的运算曲线，得各电源提供的短路电流标幺值为

$$I''^{(3)*}_{1}=1.16,\quad I^{(3)*}_{1\infty}=1.3$$

$$I''^{(3)*}_{2}=7.5,\quad I^{(3)*}_{2\infty}=2.75$$

电力系统到短路点的计算电抗 $X_{sc}^{*}>3$，按远距离短路点求短路电流

$$I''^{(3)*}_{s}=I^{(3)*}_{s\infty}=\frac{1}{3.3}=0.3$$

（5）短路点总的超瞬态短路电流为

$$I''^{(3)}=1.16\times\frac{30}{\sqrt{3}\times6.3}+7.5\times\frac{30}{\sqrt{3}\times6.3}+0.3\times\frac{300}{\sqrt{3}\times6.3}=32.06(\text{kA})$$

短路点总的稳态短路电流为

$$I^{(3)}_{\infty}=1.3\times\frac{30}{\sqrt{3}\times6.3}+2.75\times\frac{30}{\sqrt{3}\times6.3}+0.3\times\frac{300}{\sqrt{3}\times6.3}=19.38(\text{kA})$$

2. 计算的简化

实际供电系统中有时发电机的台数较多，如果把每一台发电机都作为一个电源计算，则计算工作量太大，而且也没有必要。这时，可以把短路电流变化规律大致相同的发电机合并成等值发电机（其容量等于各台发电机容量之和），以减少工作量。影响短路电流变化规律的因素有两个：一个是发电机的特性（指类型、参数），另一个是发电机对短路点的电的距离。在距离短路点较近时，发电机本身特性的不同对短路电流的变化规律具有决定性的影响，因此，不能将不同类型的发电机合并。如果发电机到短路点之间的阻抗较大，不同类型发电机特性引起的短路电流变化规律的差异受到极大的削弱，此时，可以将不同类型的发电机合并起来。根据以上原则，一般接在同一母线（非短路点）上的发电机总可以合并成一台等值发电机。如果有无限大容量电力系统时，因为它提供的短路电流周期分量不变，所以将它作为一个独立电源计算。

【例 4-4】 对［例 4-3］进行简化计算。

解 由图 4-14（a）看出电力系统和 G1 距离短路点较远，可将它们合并成一个电源计算，网络化简后等值电路图如图 4-15 所示，合并后等值电源到短路点的支路电抗为

$$X_{11}^{*}=\frac{0.37\times0.955}{0.37+0.955}+0.525=0.792$$

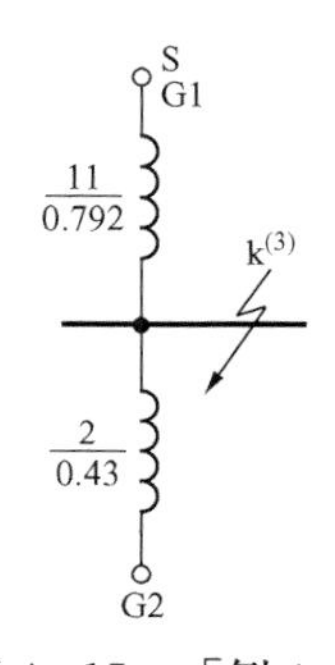

图 4-15　［例 4-4］等值电路图

求合并后等值电源的计算电抗

$$X_{sc}^{*}=0.792\times\frac{330}{100}=2.61$$

G2 的计算电抗仍为

$$X_{2c}^{*}=0.13$$

查运算曲线，得合并后等值电源提供的短路电流标幺值

$$I''^{(3)*}_{1}=0.385,\quad I^{(3)*}_{1\infty}=0.41$$

电源 G2 提供的短路电流标幺值仍为

$$I''^{(3)*}_{2}=7.5,\quad I^{(3)*}_{2\infty}=2.75$$

短路点总的超瞬态短路电流为

$$I''^{(3)}=0.385\times\frac{330}{\sqrt{3}\times6.3}+7.5\times\frac{30}{\sqrt{3}\times6.3}=32.26(\text{kA})$$

短路点总的稳态短路电流为

$$I_{\infty}^{(3)}=0.41\times\frac{330}{\sqrt{3}\times6.3}+2.75\times\frac{30}{\sqrt{3}\times6.3}=19.96(\text{kA})$$

与［例 4-3］相比，两种方法的计算结果差别不大，而［例 4-4］的计算过程得到了简化。

第五节　不对称短路电流的计算方法

在不对称短路时，三相电路中各相电流的大小不相等，它们之间的相角也不相同，各相压降也不对称。求解不对称短路的电流和电压，广泛地应用对称分量法计算。

一、对称分量法的基本概念

对称分量法是将一组不对称三相系统的相量（电流、电压或磁通等）$\dot{F}_A$、$\dot{F}_B$ 和 $\dot{F}_C$，如图 4-16（a）所示，分解成相序各不相同的三组对称三相系统的相量：正序系统 $\dot{F}_{A1}$、$\dot{F}_{B1}$、$\dot{F}_{C1}$，如图 4-16（b）所示；负序系统 $\dot{F}_{A2}$、$\dot{F}_{B2}$、$\dot{F}_{C2}$，如图 4-16（c）所示；零序系统 $\dot{F}_{A0}$、$\dot{F}_{B0}$、$\dot{F}_{C0}$，如图 4-16（d）所示。正序系统的相序为 A、B、C，负序系统的相序为 A、C、B，它们都是由大小相等、相位相差 120°的三个相量组成。零序系统是由三个大小相等、相位相同的相量组成。因此，原有的一组不对称三相系统的相量就可以表示成三组对称三相系统的相量之和，如图 4-16（e）所示。

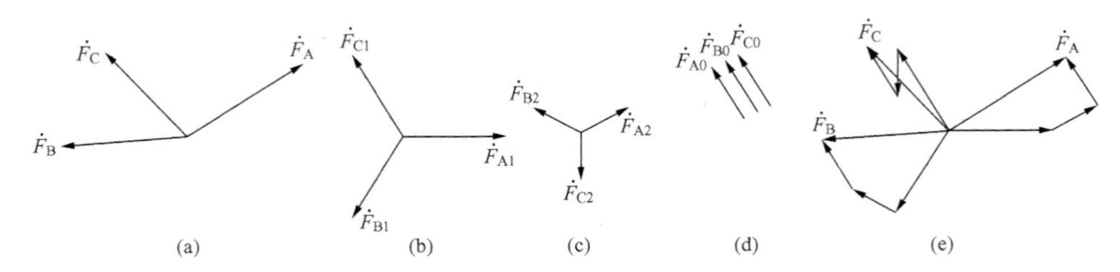

图 4-16 不对称系统的三个相量及其对称分量

（a）不对称三相系统；（b）正序系统分量；（c）负序系统分量；（d）零序系统分量；（e）分解后的三个分量与不对称系统相量的关系

在对称分量法研究中，为了简化计算，引用一个专用的运算符号 a，它是一个复数，其模为 1，幅角是 120°，即

$$a = e^{j120^\circ} = \cos 120^\circ + j\sin 120^\circ = -\frac{1}{2} + j\frac{\sqrt{3}}{2} \tag{4-36}$$

将任意相量乘以 a 时，就相当于将该相量沿逆时针方向旋转 120°；乘以 a^2 时，就相当于将该相量沿顺时针方向旋转 120°。

如果 $\dot{F}_A$、$\dot{F}_B$ 和 $\dot{F}_C$ 为三相不对称的相量，以下标 1、2、0 分别表示各相相量的正、负和零序的对称分量，应用叠加原理可得

$$\begin{bmatrix} \dot{F}_A \\ \dot{F}_B \\ \dot{F}_C \end{bmatrix} = \begin{bmatrix} \dot{F}_{A1} & \dot{F}_{A2} & \dot{F}_{A0} \\ \dot{F}_{B1} & \dot{F}_{B2} & \dot{F}_{B0} \\ \dot{F}_{C1} & \dot{F}_{C2} & \dot{F}_{C0} \end{bmatrix} \times \begin{bmatrix} 1 \\ 1 \\ 1 \end{bmatrix} = \begin{bmatrix} 1 & 1 & 1 \\ a^2 & a & 1 \\ a & a^2 & 1 \end{bmatrix} \times \begin{bmatrix} \dot{F}_{A1} \\ \dot{F}_{A2} \\ \dot{F}_{A0} \end{bmatrix} \tag{4-37}$$

解式（4-37）可以得到 A 相正序、负序、零序的对称分量相量，表达式为

$$\begin{bmatrix} \dot{F}_{A1} \\ \dot{F}_{A2} \\ \dot{F}_{A0} \end{bmatrix} = \frac{1}{3} \begin{bmatrix} 1 & a & a^2 \\ 1 & a^2 & a \\ 1 & 1 & 1 \end{bmatrix} \times \begin{bmatrix} \dot{F}_A \\ \dot{F}_B \\ \dot{F}_C \end{bmatrix} \tag{4-38}$$

三相不对称系统的电流（或电压、磁通等）相量，与它们的正、负、零序对称分量电流（或电压、磁通等）之间，都具有式（4-37）、式（4-38）所示的关系。

应用对称分量法需满足两个条件：

（1）对称分量法是以叠加原理为根据的，所以只有当系统的参数是线性时才可应用。

(2) 对称分量法适用于原来三相阻抗对称，而只有故障点处发生三相不对称短路的电路，否则问题往往不能得到简化。

最后还要指出：对称分量不仅是经过公式推导而得到的一种纯数学的抽象概念，而且是客观存在的，即可实测获得。同时，每个分量分别还都有单独的物理意义。因此，对称分量也常应用于继电保护装置，如负序电压保护和零序、负序电流保护等。

二、不对称短路的序网络图

当电力系统的某一点发生不对称故障时，三相系统的对称条件将被破坏，但这种对称条件的破坏是局部性的，即除了在故障点出现某种不对称之外，电力系统的其他部分仍是对称的。因而，可以应用对称分量法，将故障处的电压、电流分解为正序、负序和零序三组对称分量系统，由于电路的其余部分是三相对称的，所以，各序分量都具有独立性，从而可以形成独立的三个序网络，并且都满足欧姆定律和基尔霍夫定律。各序网络既然是对称的，就可以用一相来分析，用单线图来表示。图 4-17 所示为一个三相系统发生不对称短路时各序网络示意图。图中，$\dot{U}_1$、$\dot{U}_2$、$\dot{U}_0$ 分别为 k 点的相电压或相对地电压的正序、负序与零序分量；$X_{1\Sigma}$、$X_{2\Sigma}$、$X_{0\Sigma}$表示系统中各序总电抗的等效值；$\dot{I}_1$、$\dot{I}_2$、$\dot{I}_0$ 为流到短路点的正序、负序与零序电流。

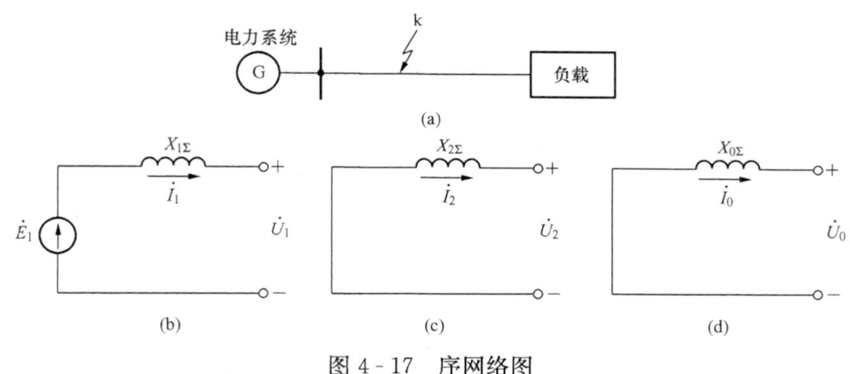

图 4-17　序网络图

(a) 系统接线图；(b) 正序网；(c) 负序网；(d) 零序网

1. 正序网络

正序网中全部元件的电抗为正序电抗。由于发电机的电动势是正序电动势，所以应包含于正序网络中，即正序网络是有源网络，如图 4-17 (b) 所示。系统发生三相短路时的网络即为正序网络。

2. 负序网络

负序电流和正序电流在网络中所流经的元件相同，即组成负序网络的元件与正序网络完全一样，不同点在于各元件的电抗应为负序电抗，发电机的负序电动势为零，所以负序网络是仅有负序电压的一个无源网络，如图 4-17 (c) 所示。

3. 零序网络

零序网络也是一个无源网络，电源发电机不存在零序电动势，各元件的电抗应为零序电抗，如图 4-17 (d) 所示。

三相零序电流大小相等、方向相同，是一个流经三相电路的单相电流，只能经过大地(或公共接地零线) 流动。如果是中性点不接地电力网 (或没有公共接地零线)，就不会出现零序电流。对于有零序电流通过，而又连在发电机或变压器中性点的消弧线圈等，由于它们所通过的零序电流为三相零序电流之和，即为一相零序电流的 3 倍，为使零序网络中这些元件上的电压降与实际电压降相符，必须将这些元件的阻抗乘以 3。

因为三个序网络都独立地满足欧姆定律和基尔霍夫定律，根据图 4 - 17，可得到下列方程组

$$\left.\begin{aligned}\dot{E}_1-\dot{U}_1&=\mathrm{j}\dot{I}_1X_{1\Sigma}\\\dot{U}_2&=-\mathrm{j}\dot{I}_2X_{2\Sigma}\\\dot{U}_0&=-\mathrm{j}\dot{I}_0X_{0\Sigma}\end{aligned}\right\}\tag{4-39}$$

三、各元件的各序电抗

1. 正序电抗

正序电抗即为各个元件在计算三相对称短路时所采用的电抗值。

2. 负序电抗

电力系统中凡是具有静止磁耦合的设备，如架空线路、电缆线路、变压器及电抗器等，它们相与相之间的互感以及本身的自感与电流相序的改变无关，故这些元件的负序电抗与正序电抗相等。

对于旋转的发电机和电动机元件，因其定子和转子有相对运动，定子中负序电流所产生的旋转磁场与转子旋转方向相反，所以，它们的负序电抗不同于正序电抗。同步电机的负序电抗 X_2 可以从产品目录或手册中查出。如果缺少这些数据，可采用下列数据：

对汽轮发电机和有阻尼绕组的水轮机，$X_2=1.22X''_d$；对无阻尼绕组的水轮机，$X_2=1.45X'_d$；至于作为负荷主要组成的异步电动机，其负序电抗可近似地认为等于它的短路电抗对其额定容量的标幺值，其值在 0.2～0.5 之间。因此，实际上综合电力负荷在额定情况下，负序电抗的标幺值取为 0.35。

3. 零序电抗

(1) 同步电机的零序电抗和电机的结构有关，一般取 $X_0=(0.15\sim0.6)X''_d$。同步补偿机与大型同步电动机可取 $X_0^*=0.08$（标幺额定值）。

(2) 架空线路的零序电抗 X_0（当 $X_1=X_2=0.4\Omega/\text{km}$ 时）可采用下列平均数值：

没有架空地线和架空地线为钢导线的线路：

单回路　　$X_0=1.4\Omega/\text{km}$

双回路　　$X_0=2.2\Omega/\text{km}$

架空地线为良导体导线的线路：

单回路　　$X_0=0.8\Omega/\text{km}$

双回路　　$X_0=1.2\Omega/\text{km}$

(3) 三芯电力电缆的零序电抗值，在短路电流的近似计算中可取 $X_0=(3.5\sim4.6)X_1$。

(4) 电抗器的零序电抗主要取决于各相绕组的自感，可近似地认为 $X_0=X_1$。

(5) 变压器的零序电抗取决于它的型式、结构和绕组的联结组标号。首先应该指出，零序电流不能通过中性点不接地或没有中性线的接线为星形的变压器绕组。因为在这种接线的变压器绕组中，三相电流之和必须等于零，而三相零序电流之和为 $3I_0$，不等于零，所以此

时零序电流不能通过。图 4 - 18 所示是将一般常用的双绕组和三绕组变压器的零序等值电路根据其联结组标号的类型综合列出，供实际使用时参考。

在具体应用图 4 - 18 来计算变压器的零序电抗时，应当按下列原则来处理：

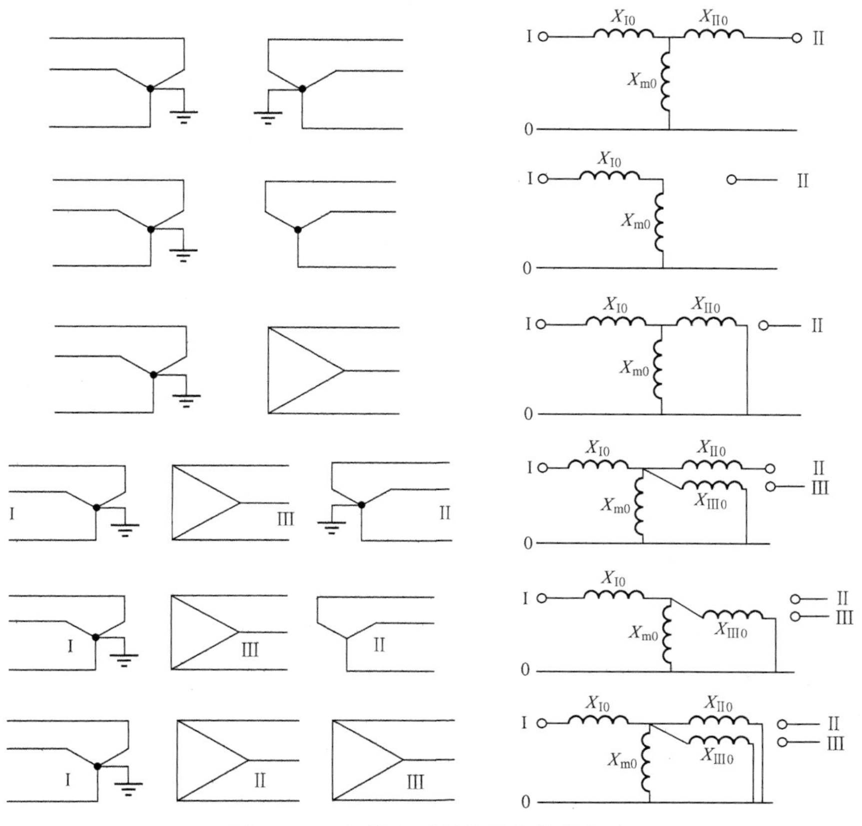

图 4 - 18　各类变压器的零序等值电路

1）当铁芯结构为三相五柱式、三个单相的组式或壳式时，$X_{\rm m0}^{*}$的值很大，可将励磁支路近似作为开路处理。同时，其$X_{\rm I0}^{*}$、$X_{\rm II0}^{*}$（若为三绕组变压器还有$X_{\rm III0}^{*}$）则与正序时基本相同。

2）当采用三相三柱式铁芯时，其$X_{\rm I0}^{*}$、$X_{\rm II0}^{*}$的值可近似等于正序电抗，但这时励磁支路不能作为开路处理。

3）对 Yy、Dd、Yd 联结的变压器，由于对外电路而言，零序电流均不可能流通，故其零序等值电路应作为开路处理，即$X_0^{*}=\infty$。

4）对 YNd 联结的变压器，若取$X_{\rm m0}^{*}=\infty$，则由高压侧看有$X_0^{*}=X_{\rm I0}^{*}+X_{\rm II0}^{*}=X_1^{*}$（正序电抗）。

5）对于某些连接方式而言，当不可能如 YNd 联结那样，将零序等值电路简单地归并为一个零序电抗值来表示时，就应将变压器的零序等值电路纳入到整个零序等值网络中去进行归并计算。

6）对于异步电动机，定子绕组接成 Y 或 D，因此作为综合负荷的零序电抗在绘制系统的等效电路图时可不予考虑。

【例 4-5】 图 4-19（a）所示系统，当 k 点发生不对称短路时，画出各序网络图。

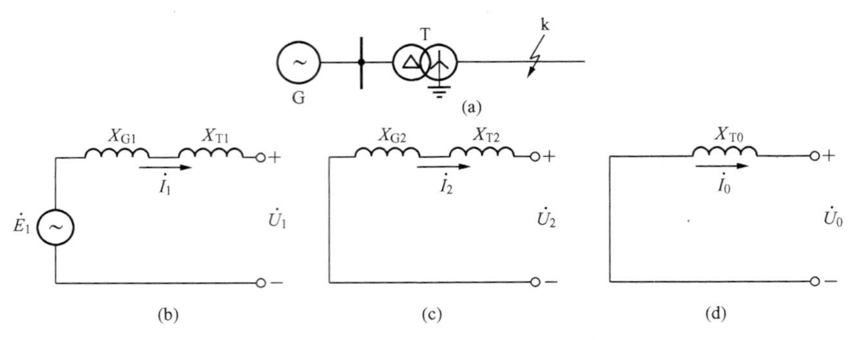

图 4-19 ［例 4-5］的系统图和各序网图

（a）系统图；（b）正序网；（c）负序网；（d）零序网

解 按序网络图的作图原则可得：图 4-19（b）为正序网络图；图 4-19（c）为负序网络图；图 4-19（d）为零序网络图。图中 X_{G1} 和 X_{G2} 为发电机的正序和负序电抗，X_{T1}、X_{T2} 和 X_{T0} 为变压器的正序、负序（同正序相等）和零序电抗。各序网络的总电抗，可用与计算三相短路电流时相同的方法求得。在本例中，各序网络总电抗为

$$X_{1\Sigma}=X_{G1}+X_{T1},\ X_{2\Sigma}=X_{G2}+X_{T2},\ X_{0\Sigma}=X_{T0}$$

四、不对称短路的计算方法

用对称分量法求解不对称短路的基本步骤，可归纳如下：

（1）计算电力系统各元件的各序阻抗。

（2）根据故障的特征，做出针对故障点的各序网图。

（3）根据短路类型做出相应的复合序网。

（4）根据复合序网图或联立方程组，解出故障点的电流和电压的各序分量，并将相应的各序分量相加，以求出故障点的各相电流和各相电压。

（5）计算各相序电流和各相序电压在网络中的分布，进一步求出各指定支路的各相电流和指定节点的各相电压。

下面分别介绍各种不对称故障的计算方法。

1. 单相接地短路

图 4-20 所示为大接地短路电流系统在 k 点发生 A 相接地故障接线图。A 相称为故障相、特殊相；B、C 两相是非故障相。此时，根据故障条件列出关系式

$$\left.\begin{aligned}&\dot{U}_{kA}=0\\&\dot{I}_B=\dot{I}_C=0\end{aligned}\right\}\tag{4-40}$$

式中 $\dot{I}_B$、$\dot{I}_C$——B 相、C 相流到短路点的电流；

$\dot{U}_{kA}$——故障点处 A 相对地电压。

根据式（4-37）和式（4-38），将式（4-40）转换成对称分量关系，得到单相接地短路的边界条件为

$$\left.\begin{aligned}&\dot{U}_{kA0}+\dot{U}_{kA1}+\dot{U}_{kA2}=0\\&\dot{I}_{A0}=\dot{I}_{A1}=\dot{I}_{A2}=\frac{1}{3}\dot{I}_A\end{aligned}\right\}\tag{4-41}$$

根据式（4-39）和式（4-41），可以将正序、负序和零序网络串联起来，如图4-21所示。此图称为单相接地时特殊相的复合序网图。这个复合序网也就是式（4-39）和式（4-41）对应的等值电路。

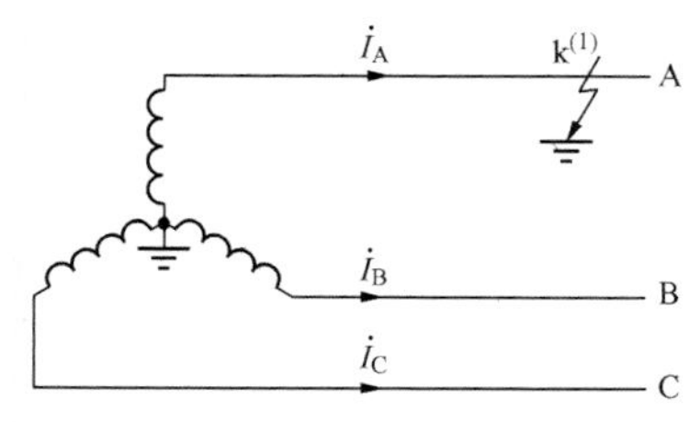

图4-20　单相接地短路

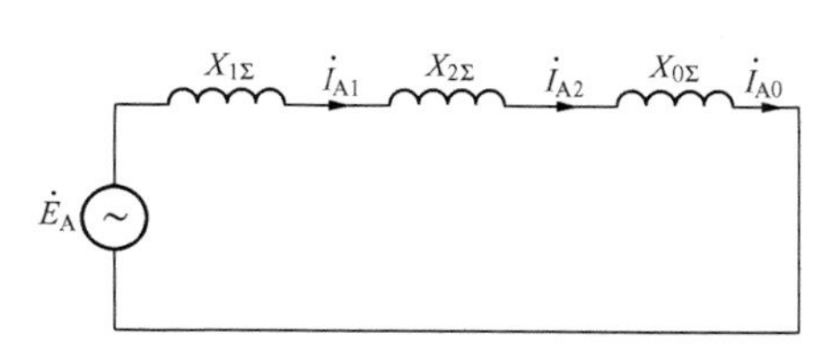

图4-21　单相接地短路时特殊相的复合序网

从复合序网中，可以很容易得出对称分量电流

$$\dot{I}_{A1}=\dot{I}_{A2}=\dot{I}_{A0}=\frac{\dot{E}_A}{j(X_{1\Sigma}+X_{2\Sigma}+X_{0\Sigma})} \tag{4-42}$$

因此A相流到故障点电流为

$$\dot{I}_A=\dot{I}_{A1}+\dot{I}_{A2}+\dot{I}_{A0}=3\dot{I}_{A1} \tag{4-43}$$

也即

$$\dot{I}_A=\frac{3\dot{E}_A}{j(X_{1\Sigma}+X_{2\Sigma}+X_{0\Sigma})} \tag{4-44}$$

将式（4-42）代入式（4-39）就可以求出故障点的对称分量电压 $\dot{U}_{kA0}$、$\dot{U}_{kA1}$、$\dot{U}_{kA2}$。再按照式（4-37）的关系，可得出故障点的各相电压 $\dot{U}_{kA}$、$\dot{U}_{kB}$、$\dot{U}_{kC}$。

由以上结果，可以画出短路点电压和电流相量图，如图4-22所示。

2. 两相短路

图4-23所示为电力系统B、C两相在k点发生金属性短路，B、C两相为故障相，A相为非故障相，也称为特殊相。

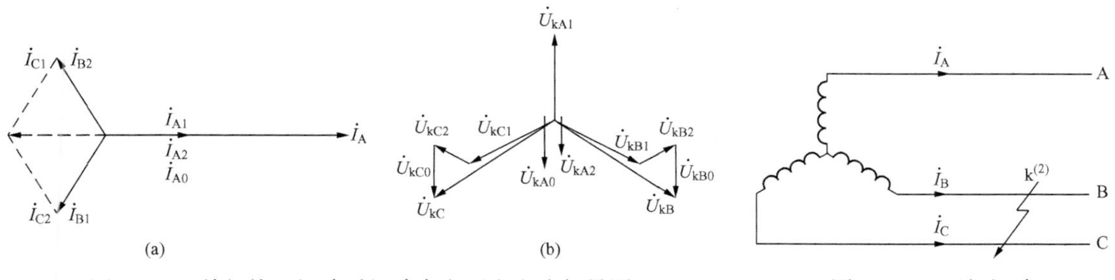

图4-22　单相接地短路时短路点电压和电流相量图

（a）电流相量图；（b）电压相量图

图4-23　两相短路

此时，根据故障类型可列出下列方程

$$\left.\begin{aligned}\dot{I}_A&=0\\ \dot{I}_B&=-\dot{I}_C\\ \dot{U}_{kB}&=\dot{U}_{kC}\end{aligned}\right\} \tag{4-45}$$

式中 $\dot{I}_{A}$、$\dot{I}_{B}$、$\dot{I}_{C}$——各相流到短路点的电流；

$\dot{U}_{kB}$、$\dot{U}_{kC}$——短路点对系统中性点的电压（相电压）。

根据式（4－37）和式（4－38），将式（4－45）转换为对称分量关系，得

$$\dot{I}_{A0}=\frac{1}{3}(\dot{I}_{A}+\dot{I}_{B}+\dot{I}_{C})=0$$

由式（4－39）可得 $\dot{U}_{kA0}=-j\dot{I}_{A0}X_{0\Sigma}=0$，所以两相短路没有零序分量。又因为

$$\dot{I}_{A}=\dot{I}_{A1}+\dot{I}_{A2}+\dot{I}_{A0}=0$$

所以

$$\dot{I}_{A1}=-\dot{I}_{A2}$$

由式（4－37）得

$$\dot{U}_{kB}=\dot{U}_{kA0}+a^{2}\dot{U}_{kA1}+a\dot{U}_{kA2}$$

$$\dot{U}_{kC}=\dot{U}_{kA0}+a\dot{U}_{kA1}+a^{2}\dot{U}_{kA2}$$

考虑到 $\dot{U}_{kB}=\dot{U}_{kC}$，得

$$\dot{U}_{kA1}=\dot{U}_{kA2}$$

因此两相短路的三个边界条件为

$$\left.\begin{aligned}\dot{I}_{A0}&=0\\ \dot{I}_{A1}&=-\dot{I}_{A2}\\ \dot{U}_{kA1}&=\dot{U}_{kA2}\end{aligned}\right\}\tag{4-46}$$

根据式（4－46），可以得出两相短路时特殊相（A 相）的复合序网，它是正序网和负序网的并联，如图 4－24 所示。

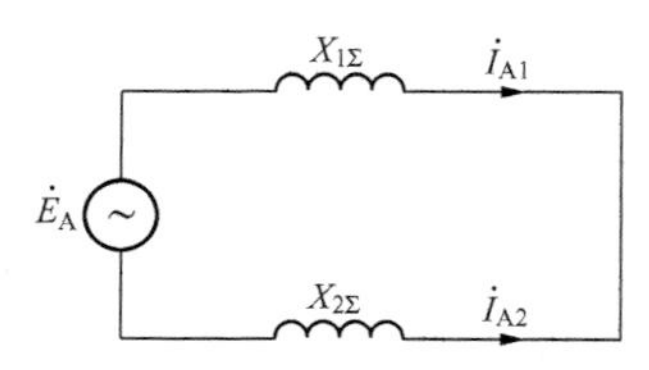

图 4－24 两相短路时特殊相的复合序网

从复合序网中可得

$$\dot{I}_{A1}=-\dot{I}_{A2}=\frac{\dot{E}_{A}}{j(X_{1\Sigma}+X_{2\Sigma})}\tag{4-47}$$

因此，故障相 B 和 C 的短路电流由式（4－37）得

$$\begin{aligned}\dot{I}_{B}&=\dot{I}_{A0}+a^{2}\dot{I}_{A1}+a\dot{I}_{A2}=(a^{2}-a)\dot{I}_{A1}\\&=-j\sqrt{3}\dot{I}_{A1}=\frac{-\sqrt{3}\dot{E}_{A}}{X_{1\Sigma}+X_{2\Sigma}}=-\dot{I}_{C}\end{aligned}\tag{4-48}$$

短路点电压的对称分量可由式（4－39）确定

$$\dot{U}_{kA1}=\dot{E}_{A}-j\dot{I}_{A1}X_{1\Sigma}=j\dot{I}_{A1}X_{2\Sigma}$$

$$\dot{U}_{kA2}=-j\dot{I}_{A2}X_{2\Sigma}=j\dot{I}_{A1}X_{2\Sigma}=\dot{U}_{kA1}$$

按照式（4－37）的关系，短路点的各相电压 $\dot{U}_{kA}$、$\dot{U}_{kB}$、$\dot{U}_{kC}$ 为

$$\dot{U}_{kA}=\dot{U}_{kA1}+\dot{U}_{kA2}=2j\dot{I}_{A1}X_{2\Sigma}$$

$$\dot{U}_{kB}=\dot{U}_{kC}=(a^{2}+a)\dot{U}_{kA1}=-\dot{U}_{kA1}=-\frac{1}{2}\dot{U}_{kA}$$

根据以上结果，可以做出短路点电流和电压相量图如图 4－25 所示。

3. 两相接地短路

如图 4－26 所示，电力系统 B、C 两相在 k 点发生直接接地短路，B、C 相称故障相；A 相是非故障相，称特殊相。

根据故障条件得出关系式

$$\left.\begin{aligned}\dot{I}_{A}&=0\\ \dot{U}_{kB}&=\dot{U}_{kC}=0\end{aligned}\right\}\tag{4-49}$$

式中　$\dot{I}_{A}$——A 相流到短路点的电流；

$\dot{U}_{kB}$、$\dot{U}_{kC}$——短路点处 B、C 相对地电压。

转换为对称分量关系，得出两相接地短路的边界条件为

$$\left.\begin{aligned}\dot{U}_{kA0}=\dot{U}_{kA1}=\dot{U}_{kA2}&=\frac{1}{3}\dot{U}_{kA}\\ \dot{I}_{A0}+\dot{I}_{A1}+\dot{I}_{A2}&=0\end{aligned}\right\}\tag{4-50}$$

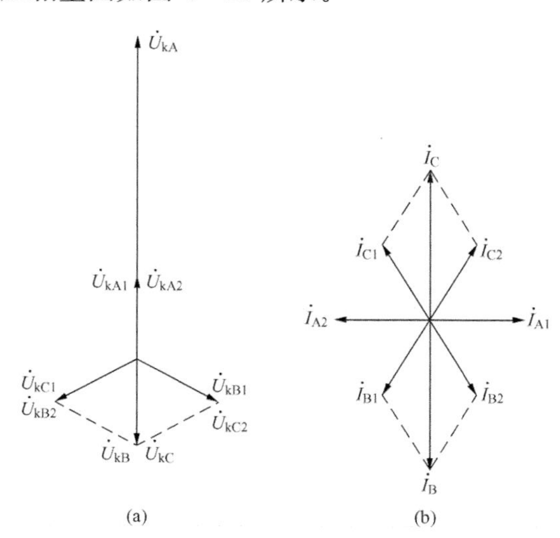

图 4－25　两相短路时短路点电压和电流相量图

(a) 电压相量图；(b) 电流相量图

根据式 (4－50)，可将三个序网并联得出两相接地短路特殊相的复合序网，如图 4－27 所示。

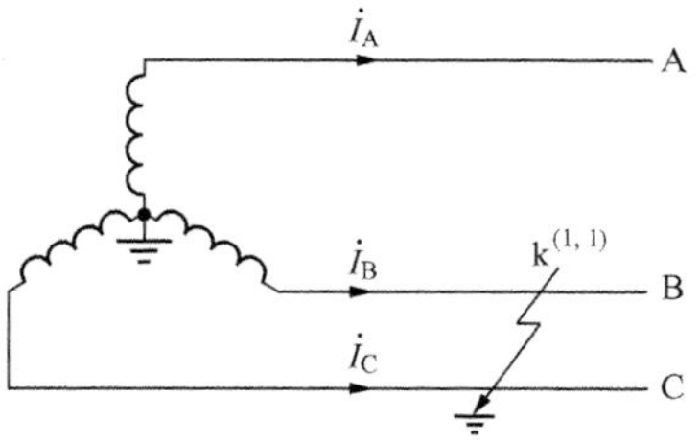

图 4－26　两相接地短路

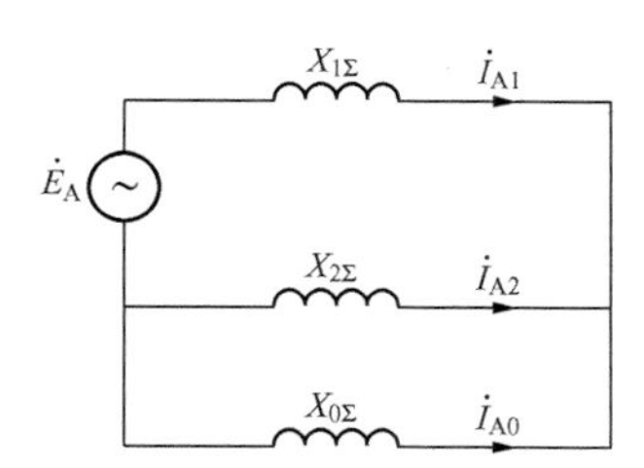

图 4－27　两相接地短路时特殊相的复合序网

从复合序网中很容易得出

$$\dot{I}_{A1}=\frac{\dot{E}_{A}}{jX_{1\Sigma}+j\dfrac{X_{2\Sigma}X_{0\Sigma}}{X_{2\Sigma}+X_{0\Sigma}}}\tag{4-51}$$

$$\dot{I}_{A2}=-\dot{I}_{A1}\frac{X_{0\Sigma}}{X_{2\Sigma}+X_{0\Sigma}}\tag{4-52}$$

$$\dot{I}_{A0}=-\dot{I}_{A1}\frac{X_{2\Sigma}}{X_{2\Sigma}+X_{0\Sigma}}\tag{4-53}$$

将式 (4－52) 和式 (4－53) 代入到式 (4－37)，整理得故障相电流为

$$I_{B}=I_{C}=\sqrt{3}\sqrt{1-\frac{X_{2\Sigma}X_{0\Sigma}}{(X_{2\Sigma}+X_{0\Sigma})^{2}}}\,I_{A1}\tag{4-54}$$

短路点流入地中电流为零序电流的 3 倍。

将式 (4－50) 和式 (4－53) 代入式 (4－39)，得出短路点电压对称分量为

$$\dot{U}_{kA0}=\dot{U}_{kA1}=\dot{U}_{kA2}=j\dot{I}_{A1}\frac{X_{2\Sigma}X_{0\Sigma}}{X_{2\Sigma}+X_{0\Sigma}} \quad (4-55)$$

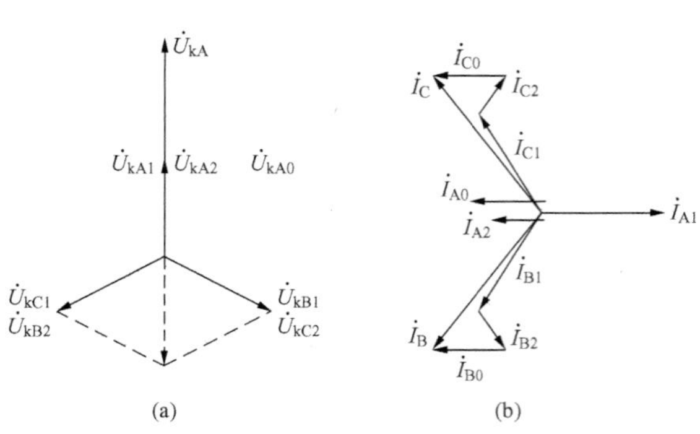

图 4-28　两相接地短路时短路点电压和电流相量图

(a) 电压相量图；(b) 电流相量图

根据以上结果，可作出两相接地短路时短路点的电压、电流相量图，如图 4-28 所示。

【例 4-6】　计算图 4-19 所示系统中 k 点发生两相接地短路时，经过变压器中性点接地线的超瞬态短路电流。已知有自动电压调整器的汽轮机 $S_N=235\text{MVA}$，$X''^{*}_{d}=0.18$；变压器容量 $S_N=240\text{MVA}$，$U_k\%=10.5$；短路点所在电压级的短路计算电压为 115kV。

解　选 $S_b=235\text{MVA}$，$U_b=U_c$，计算各序电抗。

正序电抗为

$$X^{*}_{G1}=0.18，X^{*}_{T1}=\frac{10.5}{100}\times\frac{235}{240}=0.1$$

负序电抗为

$$X^{*}_{G2}=X^{*}_{G1}=0.18，\quad X^{*}_{T2}=X^{*}_{T1}=0.1$$

零序电抗为

$$X^{*}_{T0}=X^{*}_{T1}=0.1$$

两相接地短路复合序网中的 $X^{*}_{1\Sigma}=0.18+0.1=0.28$，$X^{*}_{2\Sigma}=0.28$，$X^{*}_{0\Sigma}=0.1$，所以

$$X^{*(1,1)}_{\Sigma}=X^{*}_{1\Sigma}+\frac{X^{*}_{2\Sigma}X^{*}_{0\Sigma}}{X^{*}_{2\Sigma}+X^{*}_{0\Sigma}}=0.28+\frac{0.28\times0.1}{0.28+0.1}=0.354$$

流到短路点的超瞬态正序电流为

$$I''_1=\frac{1}{0.354}\times\frac{235}{\sqrt{3}\times115}=3.33(\text{kA})$$

流到短路点的超瞬态零序电流为

$$I''_0=3.33\times\frac{0.28}{0.28+0.1}=2.45(\text{kA})$$

中性点接地线中的超瞬态短路电流为

$$I''=3\times2.45=7.35(\text{kA})$$

五、正序等效定则

综合上面讨论的三种不对称短路电流的分析结果，可以看出，短路电流正序分量 $I_1^{(n)}$ 的计算公式可以统一写成

$$I_1^{(n)}=\frac{E_1}{X_1+X_{\Delta}^{(n)}} \quad (4-56)$$

式中　E_1——电源的正序电动势；

n——短路的类型；

$X_{\Delta}^{(n)}$——不同类型短路时的附加电抗。

式（4-56）表明，不对称短路时，短路点正序电流值与在实际的短路点串联一附加电抗 $X_{\Delta}^{(n)}$ 后发生三相短路时的电流值相等，此关系称为正序等效定则。因此，本章第四节计算三相短路电流的运算曲线，也可以用于计算系统中发生不对称短路时的正序电流。

同时，根据上面分析结果可知，各种不对称短路时短路点故障相电流值 $I_{k}^{(n)}$ 与正序电流值 $I_{1}^{(n)}$ 成正比，可写成

$$I_{k}^{(n)}=m^{(n)}I_{1}^{(n)} \tag{4-57}$$

式中　$m^{(n)}$——比例系数，其值由短路类型 n 所决定。

各种不对称短路时的 $X_{\Delta}^{(n)}$ 与 $m^{(n)}$ 值列于表 4-2。

表 4-2　各种不对称短路时的 $X_{\Delta}^{(n)}$ 与 $m^{(n)}$ 值

短路类型	代表符号	$X_{\Delta}^{(n)}$	$m^{(n)}$
三相短路	$k^{(3)}$	0	1
两相短路	$k^{(2)}$	$X_{2\Sigma}$	$\sqrt{3}$
单相接地短路	$k^{(1)}$	$X_{2\Sigma}+X_{0\Sigma}$	3
两相接地短路	$k^{(1,1)}$	$\dfrac{X_{2\Sigma}X_{0\Sigma}}{X_{2\Sigma}+X_{0\Sigma}}$	$\sqrt{3}\sqrt{1-\dfrac{X_{2\Sigma}X_{0\Sigma}}{(X_{2\Sigma}+X_{0\Sigma})^2}}$

六、各种短路时短路电流的比值

（1）电网中某一点发生两相短路时的超瞬态电流，与该点发生三相短路时的超瞬态电流之比，由式（4-56）、式（4-57）得

$$\frac{I''^{(2)}}{I''^{(3)}}=\frac{m^{(2)}X_{1\Sigma}}{m^{(3)}(X_{1\Sigma}+X_{2\Sigma})}=\frac{\sqrt{3}X_{1\Sigma}}{X_{1\Sigma}+X_{2\Sigma}}$$

实用计算中，一般取 $X_{1\Sigma}=X_{2\Sigma}$，故

$$I''^{(2)}=\frac{\sqrt{3}}{2}I''^{(3)} \tag{4-58}$$

$$i_{sh}^{(2)}=\frac{\sqrt{3}}{2}i_{sh}^{(3)} \tag{4-59}$$

（2）单相接地短路和三相短路时短路电流的比值，由式（4-56）、式（4-57）得

$$\frac{I''^{(1)}}{I''^{(3)}}=\frac{m^{(1)}X_{1\Sigma}}{m^{(3)}(X_{1\Sigma}+X_{2\Sigma}+X_{0\Sigma})}=\frac{3X_{1\Sigma}}{X_{1\Sigma}+X_{2\Sigma}+X_{0\Sigma}}\leqslant 1.5$$

（3）两相接地短路电流，也可能超过三相短路电流，但最大不超过$\sqrt{3}$倍。

第六节　短路电流的电动力效应和热效应

短路电流所产生的效应可分为电动力效应和热效应。计算短路电流的电动力效应和热效应是选择和校验电气设备及载流导体的依据。

一、短路电流的电动力效应

1. 短路电流的电动力计算

电流所引起的电动力效应使电气设备的载流部分受到机械应力。在正常情况下，由电动力所引起的机械应力不大。但在短路故障时，因为短路电流较大，故机械应力很大，尤其是

短路冲击电流 i_{sh}所引起的电动力最大，可能使电气设备和载流部分遭受严重的破坏。所以必须计算短路电流产生的电动力大小，以便校验和选择电气设备。

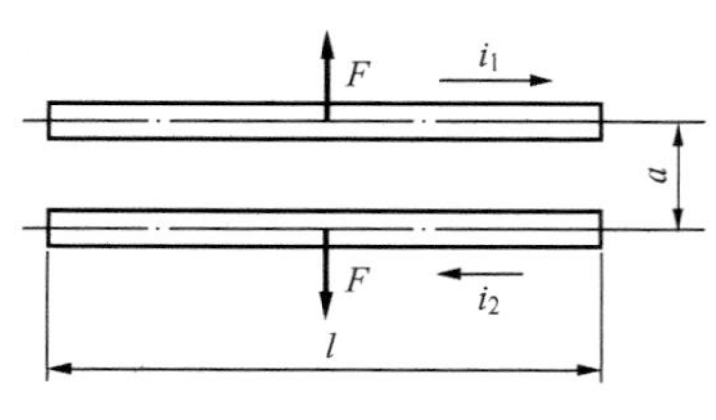

图 4-29　两根平行导体的相互作用力

如图 4-29 所示，两个平行敷设的导体中有电流 i_1 和 i_2（单位：A）流过时，它们之间的电动力（单位：N）可表示为

$$F=2.04 i_1 i_2 \frac{l}{a}\times 10^{-7} \tag{4-60}$$

式中　l——导体的两支持点距离（档距），m；

a——导体轴线间距离，m。

作用力的方向是电流同向时相吸引，反向时相排斥。作用力沿长度 l 均匀分布。图中所示 F 是作用于长度中点的合力。

式（4-60）适用于圆形和管型导体，也适用于当 $l \geqslant a$ 时的其他截面导体。

从式（4-60）可见，短路电流越大则作用力越大。如果三相电路中发生两相短路，则两相冲击短路电流 $i_{sh}^{(2)}$ 产生的电动力（排斥力）为

$$F^{(2)}=2.04 i_{sh}^{(2)2} \frac{l}{a}\times 10^{-7} \tag{4-61}$$

三相短路时，假定三相导体平行布置在同一平面上，由于短路冲击电流只在一相中发生，中间 B 相将受到最大作用力，其值为

$$F^{(3)}=1.76 i_{sh}^{(3)2} \frac{l}{a}\times 10^{-7} \tag{4-62}$$

2. 短路动稳定度的校验原则

所谓电气设备的动稳定度足够，是指在最大短路电动力作用下，电气设备的机械强度仍有裕度。比较式（4-61）和式（4-62），因为流到短路点的 $i_{sh}^{(2)}=\frac{\sqrt{3}}{2} i_{sh}^{(3)}$，可见三相短路时的短路电动力最大，因此校验电气设备动稳定度时用三相短路电流。

（1）对一般电气设备，通常制造厂提供了其极限通过电流（动稳定电流）i_{max}，要求流过该电气设备的最大三相短路冲击电流 $i_{sh}^{(3)}$ 不大于此值，即

$$i_{sh}^{(3)} \leqslant i_{max} \tag{4-63}$$

（2）对绝缘子，动稳定度校验条件是

$$F_{al} \geqslant F_c^{(3)} \tag{4-64}$$

式中　F_{al}——绝缘子的最大允许载荷（可由产品样本查出），如果产品样本中给出的是绝缘子的抗弯破坏载荷，则应将抗弯破坏载荷乘以 0.6 作为 F_{al}；

$F_c^{(3)}$——短路时作用于绝缘子上的计算力。如母线在绝缘子上平放，$F_c^{(3)}$ 按式（4-62）计算，即 $F_c^{(3)}=F^{(3)}$；如果竖放，则 $F_c^{(3)}=1.4F^{(3)}$。母线在绝缘子上的放置方式如图 4-30 所示。

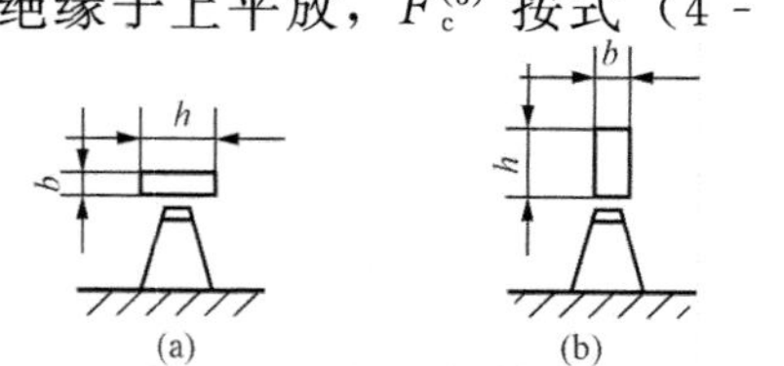

图 4-30　母线在支持绝缘子上的放置方式

（a）水平放置；（b）垂直放置

（3）对母线等硬导体，短路时所受到的最大应力 σ_c，应不大于母线材料的最大允许应力 σ_{al}（硬铜母线 $\sigma_{al}=$ 140MPa，硬铝母线 $\sigma_{al}=$70MPa），即

$$\sigma_c \leqslant \sigma_{al} \tag{4-65}$$

最大应力 σ_c 按式（4－66）计算

$$\sigma_c=\frac{M}{W} \tag{4-66}$$

式中　M——母线通过 $i_{sh}^{(3)}$ 时所受的弯曲力矩，$M=\frac{F^{(3)}l}{10}$，N·m；

W——母线的抗弯截面系数，m^3。

当母线水平放置时［见图 4－30（a）］，$W=\frac{h^2b}{6}$；当母线垂直放置时［见图 4－30（b）］，$W=\frac{b^2h}{6}$。式中 h、b 分别为母线截面的长和宽。

二、短路电流的热效应

1. 导体的温度变化

短路电流流过电气设备和导体时，由于继电保护动作将故障切除，因此短路状态时间较短，但因短路电流过高，温度仍上升很多。电气设备和导体在短路时间内所产生的最高温度，不应超过其短时发热的最高允许温度。满足此条件，则电气设备和导体的热稳定性合格。

图 4－31 为电气设备流过负荷电流和短路电流时的温度变化曲线。设周围媒质温度为 θ_0，在 0 到 t_1 时刻内设备未工作，其温度等于 θ_0。在 t_1 到 t_2 时刻设备投入工作，流过正常的负荷电流 I_L。由于负荷电流发热，设备的温度逐渐升高，这些热量一部分被导体吸收以升高温度，一部分发散到周围媒质中。当发热等于散热时，导体温度达到稳定值 θ_L。t_2 时刻发生短路，短路电流使导体温度迅速上升。t_3 时刻短路被切除，因此短路时间等于 t_3-t_2。由于短路时间极短，导体发热来不及向周围扩散，全部用于升高自身温度，在 t_3 时刻温度达到 θ_k。短路被切除后，设备退出运行，导体的温度逐渐下降到 θ_0。

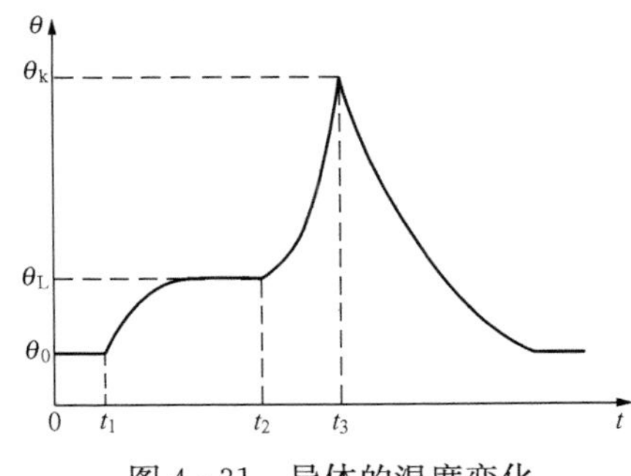

图 4－31　导体的温度变化

2. 短路电流发热的计算

电路发生短路后，短路电流 I_{kt} 产生的热量 Q_k 可以认为全部被设备吸收，并使自身的温度由 θ_L 升高到 θ_k。设短路的持续时间为 t_k，则短路电流向单位体积材料提供的热量 Q_k/A^2，等于短路时导体加热系数 K_k 减去负荷时导体加热系数 K_L（单位：A^2S/mm^4），即

$$\frac{1}{A^2}Q_k=K_k-K_L \tag{4-67}$$

式中　A——设备的截面积，mm^2。

式（4－67）中，K_k 和 K_L 仅与材料和温度有关。为了简化计算，按导体材料（铜、

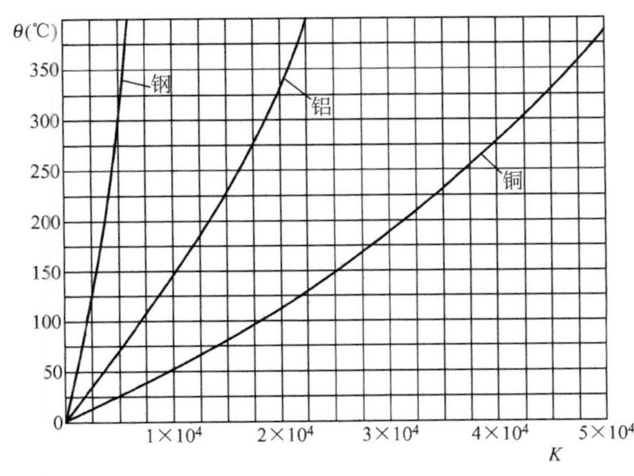

图 4－32　用来决定载流部分在短路时的加热温度

铝、钢）的平均参数，做成 $K_\theta = f(\theta)$ 曲线，如图 4 - 32 所示。

求设备短路最高发热温度 θ_k 的步骤是：由设备正常负荷时的温度 θ_L 查图 4 - 32 得到 K_L，由式（4 - 67）计算出 $K_k = Q_k/A^2 + K_L$，再从图 4 - 32 中由 K_k 查到 θ_k。

短路电流 I_{kt} 产生的热量为 $Q_k = \int_0^{t_k} I_{kt}^2 dt$，由于短路电流变化复杂，因此可取

$$Q_k = \int_0^{t_k} I_{kt}^2 dt = I_\infty^2 t_{ima} \tag{4 - 68}$$

式中　t_{ima}——短路发热假想时间，s。

式（4 - 68）的物理意义为，在假想时间 t_{ima} 内，稳态短路电流 I_∞ 所产生的热量，恰好等于实际短路电流 I_{kt} 在短路时间 t_k 内所产生的热量。

假想时间 t_{ima} 等于周期分量假想时间 t_1 和非周期分量假想时间 t_2 之和，即

$$t_{ima} = t_1 + t_2 \tag{4 - 69}$$

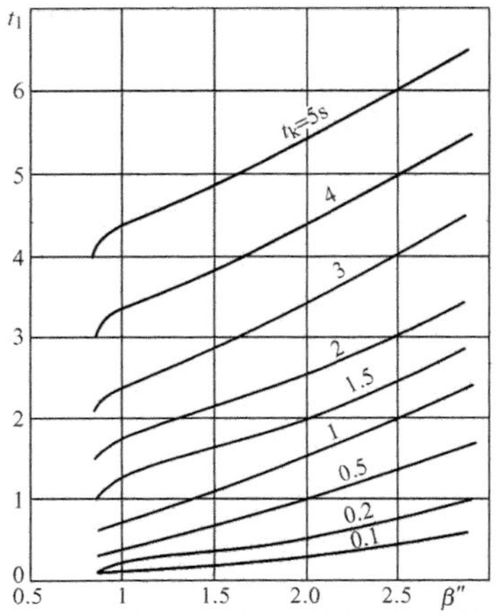

图 4 - 33　短路电流周期分量假想时间的确定

（1）周期分量假想时间 t_1 的确定。周期分量假想时间由图 4 - 33 中的曲线决定。这些曲线表示 t_1 与实际短路时间 t_k 的关系，以及随超瞬态短路电流与稳态短路电流的比值 $\beta'' = I''/I_\infty$ 而变化的情况，即 $t_1 = f(\beta'', t_k)$。

（2）非周期分量假想时间 t_2 的确定。当短路时间 $t_k \geq 1s$ 时，导体发热主要由短路电流的周期分量决定，可以认为 $t_2 = 0$；当短路时间 $t_k < 1s$ 时，必须考虑短路电流的非周期分量，此时

$$t_2 = 0.05\beta''^2 \tag{4 - 70}$$

3. 短路热稳定度的校验原则

所谓电气设备和导体的热稳定度足够，是指在最严重的短路情况下，短路电流的发热仍不会造成电气设备和导体的绝缘损坏。

（1）短路电流发热的最高温度 θ_k，必须小于电器和导体短路时最高允许温度 $\theta_{k,max}$，即

$$\theta_k \leq \theta_{k,max} \tag{4 - 71}$$

$\theta_{k,max}$ 的值见附录 H。

（2）在进行电缆和母线选择时，也可以根据短路发热的要求，确定最小允许截面积 A_{min}。首先依允许的负荷电流发热温度 θ_L 查图 4 - 32 得到 K_L，再由设备的短路时最高允许温度 $\theta_{k,max}$ 查出 K_k，则由式（4 - 67）、式（4 - 68）得

$$A_{min} = I_\infty^{(3)} \sqrt{\frac{t_{ima}}{K_k - K_L}} = \frac{I_\infty^{(3)}}{C}\sqrt{t_{ima}} \tag{4 - 72}$$

式中　C——热稳定系数，其数值可参见附录 H。

（3）对于一般电气设备，热稳定度的校验条件为

$$I_t^2 t \geq I_\infty^{(3)2} t_{ima} \tag{4 - 73}$$

式中　I_t——t 时刻的热稳定电流。

【例 4 - 7】　SN10 - 10/600 型户内断路器的 4s 热稳定电流为 17.3kA，实际流过断路器

的最大短路电流 $I''^{(3)}=11.3\text{kA}$，$I_{\infty}^{(3)}=9.18\text{kA}$，继电保护动作时间为 2s，断路器断路时间为 0.2s，试检验短路时断路器的热稳定度。

解　短路时间 $t_k=2+0.2=2.2\text{s}$，因为 $t_k>1\text{s}$，所以忽略非周期假想时间。

$$\beta''^{(3)}=\frac{11.3}{9.18}=1.23$$

查曲线 4-33，得 $t_1=2\text{s}$，因为 $4\times17.3^2>2\times9.18^2$，所以断路器能满足热稳定的要求。

习　题

4-1　什么叫短路？短路故障产生的原因有哪些？短路对电力系统有哪些危害？

4-2　短路有哪些形式？哪种形式短路发生的可能性最大？哪种形式短路的危害性最大？

4-3　什么叫无限大容量电力系统？它有什么特点？在无限大容量电力系统中发生三相短路时，短路电流将如何变化？能否突然增大？为什么？

4-4　有限大容量电力系统发生三相短路时，短路电流由几部分组成？各部分是如何变化的？

4-5　产生最严重的三相短路电流（最大冲击短路电流）的条件是什么？

4-6　用运算曲线法计算无限大容量电力系统的短路电流是否可行？为什么？

4-7　对称分量法是怎样应用的？各分量之间有什么关系？

4-8　系统发生不对称短路时，短路回路各序电抗如何计算？

4-9　什么是标幺值？如何选取基准值？

4-10　电力系统发生两相接地短路时，试作出短路点处电流、电压相量图，并画出特殊相（非故障相）的复合序网。

4-11　试求图 4-34 所示系统 k 点发生三相短路时，流过断路器的超瞬态短路电流、最大冲击短路电流和三相短路功率。已知 1S 为有自动电压调整器的汽轮发电机，系统 2S 为无限大容量电力系统，线路单位长度电抗 $X_0=0.4\Omega/\text{km}$，其余参数见图。

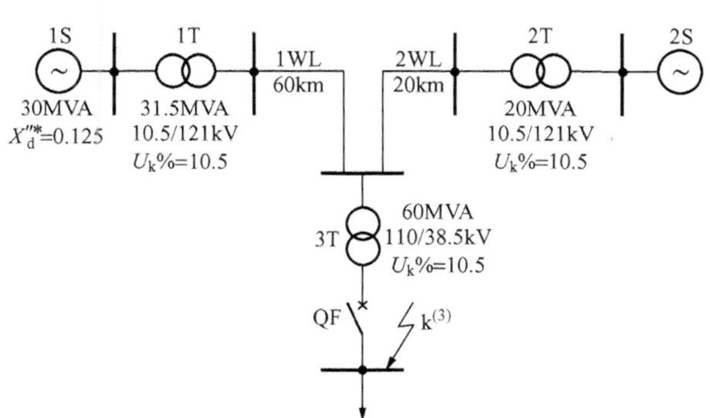

图 4-34　习题 4-11 供电系统图

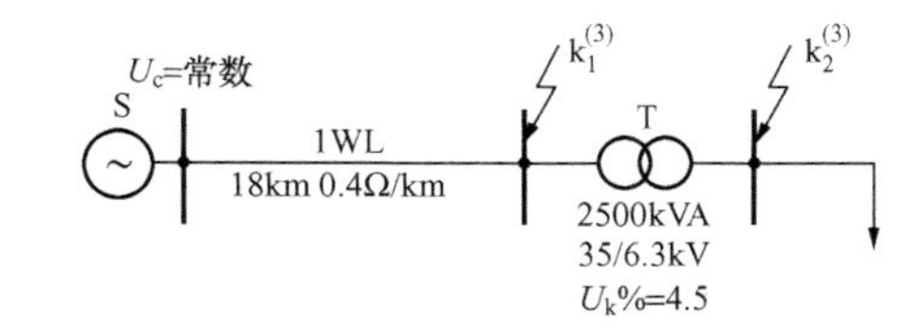

图 4-35　习题 4-12 供电系统图

4-12　试求图 4-35 所示无限大容量电力系统中，k_1 和 k_2 点分别发生三相短路时流过短路点的稳态短路电流、最大冲击短路电流和短路功率。

4-13　什么叫短路电流的电动力效应？如何计算？什么叫短路电流的热效应？如何计算？

4-14　用有名值法和标幺值法分别计算图 4-36 所示电路中 k_1 和 k_2 点分别发生三相短

路时，短路回路总电抗。已知线路单位长度电抗 $X_0=0.4\Omega/\text{km}$，其余参数见图。

4－15 计算图 4－37 所示无限大容量电力系统中 k 点发生三相短路时，流过电抗器、架空线路的稳态短路电流和最大冲击短路电流，6.3kV 母线到达稳态后的残余电压，通过断路器的短路功率。已知架空线路单位长度电抗 $X_0=0.4\Omega/\text{km}$，其余参数见图。

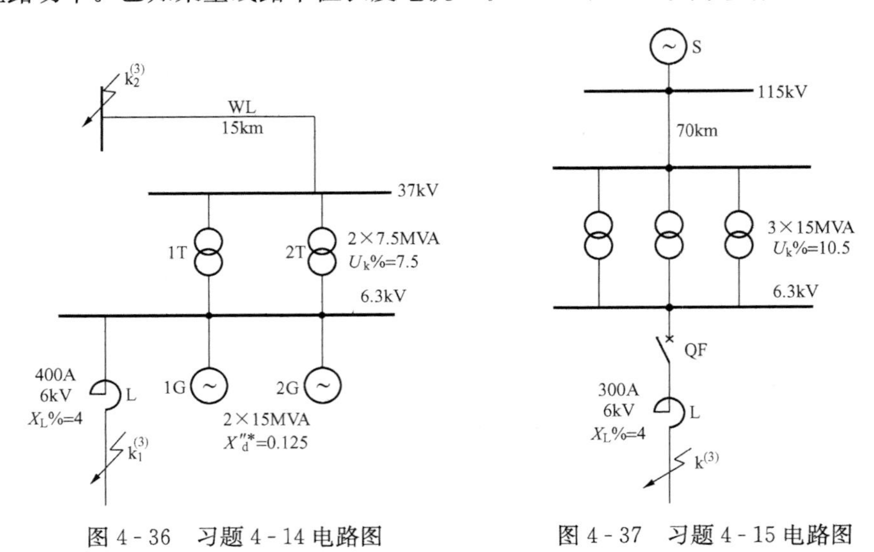

图 4－36 习题 4－14 电路图　　图 4－37 习题 4－15 电路图

4－16 某变电站 10kV 高压进线采用三相铝芯聚氯乙烯绝缘电缆，线芯为 50mm^2。已知该电缆首端装有高压少油断路器的继电保护动作时间为 1.2s，电缆首端的三相短路电流 $I_k^{(3)}=2.1\text{kA}$。试校验此电缆的短路热稳定度。

4－17 某变电站 10kV 配电装置母线长期最大负荷电流为 334A，流过母线的最大短路电流：$I^{(3)\prime\prime}=26\text{kA}$，$I_\infty^{(3)}=19.5\text{kA}$，继电保护动作时间为 1.5s，断路器断路时间为 0.2s。初选 $50\times5\text{mm}^2$ 的矩形铝母线（其额定电流为 665A），母线平放于绝缘子上，三相水平布置，相间距离 25cm，跨距 100cm，环境温度 25℃。试校验短路时母线的热稳定度和动稳定度是否合格。

第五章　电气设备及其选择条件

在工业企业供电系统中包含有总降压变电站、车间变电站以及厂区和车间供电系统。变电站的任务是变换电压、通断电路和分配电能。除变压器外，变电站还安装了许多高压电气设备。本章首先介绍开关电器的电弧和灭弧原理，接着介绍工业企业供电系统常用的电气设备，最后详细讨论变电站的主接线。

第一节　开关电器的电弧及灭弧原理

电弧是气体的导电现象。当开关电器断开有电流的线路或接通有通路的线路而电压、电流大于一定的数值时，开关电器的触头间就会产生电弧，同时伴有强光和高温。切断电路时，不仅要使动静触头分离，还要可靠地熄灭电弧，否则，将造成开关电器的损坏并将事故扩大。

一、电弧的产生

气体导电的条件是气体中存在大量的自由电子。自由电子在电场的作用下定向移动形成了电弧。自由电子的产生主要通过以下几种途径。

1. 强电场发射

动、静触头分离瞬间，在外施电压的作用下，触头间的电场强度较高，阴极表面的自由电子在电场力的作用下被强行拉出金属表面，称为强电场发射。

2. 碰撞游离

气体中的自由电子在电场的作用下以很高的速度向阳极运动，沿途撞击介质中的中性粒子，使之游离出正离子和自由电子。这些游离出来的自由电子继续参加碰撞游离，使触头间气隙中的带电粒子数目越来越多，形成电弧。

3. 热发射与热游离

电弧形成之后，温度很高，导致触头和间隙内温度迅速升高，此时触头依靠高温发射电子，称为热发射。高温下的中性粒子相互碰撞，可以游离出大量的自由电子，称为热游离。

二、电弧的熄灭

在游离的同时，气体还存在去游离过程。去游离会减少带电粒子的数目，从而有助于电弧的熄灭。去游离主要包括以下几种方式。

1. 复合

间隙中的自由电子和正离子相结合还原为中性粒子的过程称为复合。

2. 扩散

间隙中的带电粒子浓度较高，可以向浓度较低的周围介质扩散。

当游离过程与去游离过程达到动态平衡时，电弧进入稳定燃烧状态。

三、交流电弧的熄灭条件

工业企业供电系统主要是交流系统，因此，开关电器中的电弧也主要为交流电弧。交流电弧电流是正弦波，每一个周期要两次过零，即电弧两次自然熄灭。电弧熄灭后，开关电器的触头间出现两个过程：一方面，气体介质的绝缘强度迅速提高；另一方面，间隙的恢复电压迅速上升。电弧是否会重燃，取决于两方面比较的结果：如果介质绝缘强度恢复速度高于间隙恢复电压上升速度，电弧将熄灭；否则，电弧将重燃。大多数开关电器的灭弧方法，都是防止电流过零后电弧再重燃。

四、开关电器的灭弧原理和措施

由电弧的形成过程提出开关电器的灭弧原理，即削弱游离过程，加强去游离过程，主要措施有：

（1）提高触头的开断速度。提高触头的开断速度或增加断口的数目，可以减少间隙处于高电场强度下的时间，降低带电粒子的数目，使电弧不易形成。

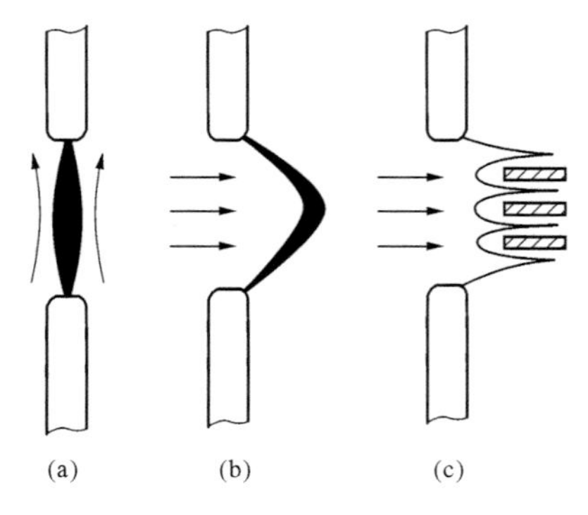

图 5-1 吹弧方向示意图
(a) 纵吹；(b) 横吹；
(c) 带绝缘灭弧栅的横吹

（2）冷却电弧。用冷却绝缘介质降低电弧的温度，削弱热发射和热游离作用以熄灭电弧。开关电器中常用的绝缘介质有绝缘油、六氟化硫和空气等。

（3）增加绝缘介质气体压力。增加绝缘介质气体压力可以使气体的密度增加，缩短粒子的自由行程，降低游离几率，促使电弧熄灭。

（4）吹弧。采用绝缘介质吹弧，使电弧拉长、增加冷却面、提高传热率，并迫使间隙中带电粒子向周围扩散以促使电弧熄灭。按吹弧的方向可分为纵吹、横吹和纵横吹，如图 5-1 所示。

（5）将触头置于真空中。由于真空中缺乏导电介质而使断路器分断时不能维持电弧燃烧，这种断路器称为真空断路器。

第二节 高压开关电器

发电厂和变电站的电气接线包括一次、二次接线两大部分。一次接线（也称主接线）是表示产生、变换和分配电能的电路，一次接线中的所有电气设备称为一次设备，包括发电机、变压器、断路器、隔离开关、负荷开关、熔断器、互感器、母线和电缆等。

为了保证一次接线安全、可靠、优质、经济地运行，对一次设备实行控制、信号、监测、保护的电路部分称为二次接线。二次接线中的所有电气设备称为二次设备，包括控制系统、信号系统、监测系统设备及继电保护及自动装置等。

本节主要介绍高压开关电器，包括高压断路器、高压隔离开关、高压负荷开关和高压熔断器。

一、高压断路器

1. 用途

高压断路器（Circuit-breaker，文字符号 QF）是高压配电装置中最主要的开关电器。正常时用以切断和接通负荷电流，短路故障时通过继电保护装置的作用自动切断短路电流。断路器应能在尽可能短的时间内熄灭电弧，因此应具有可靠的灭弧装置。

2. 分类

(1) 按安装地点，高压断路器分为户内式和户外式。

(2) 按灭弧原理，高压断路器分为油断路器、空气断路器、六氟化硫断路器、真空断路器和磁吹断路器等。

3. 额定参数

(1) 额定电压。额定电压指正常工作时的线电压，标于断路器铭牌上。我国额定电压标准有 3、6、10、20、35、60、110、220、330、500kV 等各级。考虑输电线路有电压损失，断路器可能在高于其额定电压下长期工作，因此规定断路器有最高工作电压。对于额定电压在 220kV 及以下的设备，其最高工作电压为额定电压的 1.15 倍；对于 330kV 及以上的设备，规定为 1.1 倍。

(2) 额定电流。断路器长期通过额定电流时，其各部分发热温度不超过长期最高允许温度。额定电流的大小，决定了断路器的触头结构及导电部分的截面。

(3) 额定开断电流（或额定断流容量），指在额定电压下，断路器能切除的最大电流（或容量），表明了断路器的断流能力。

(4) 动稳定电流，表明断路器在冲击短路电流作用下，高压断路器承受电动力的能力，其大小由导电及绝缘等部分的机械强度决定。

(5) 热稳定电流，指断路器在某规定时间内，高压断路器允许通过的最大电流，表明断路器承受短路电流热效应的能力。

(6) 合闸时间。对有操动机构（也称操作机构）的断路器，合闸时间是指自发出合闸信号起，到断路器接通时为止所经过的时间。

(7) 断路时间，是指从操动机构跳闸线圈电路接通时起，到三相断路器内电弧完全熄灭时为止所经过的全部时间，等于断路器的固有分闸时间加上燃弧时间。

4. 几种常用的高压断路器

(1) SN10-10 型少油断路器。

SN10-10 型少油断路器是户内高压断路器，适用于发电厂、变电站和其他工矿企业供电系统。这种断路器可配用 CS2 型手动操动机构、CD 型电磁操动机构或 CT 型弹簧储能操动机构。CD 型和 CT 型操动机构内部都有跳闸线圈和合闸线圈，通过断路器的传动机构使断路器动作。电磁操动机构需用直流电源操作，可以手动、远距离跳合闸。弹簧储能操动机构可交直流操作电源两用，可以手动，也可以远距离跳合闸。

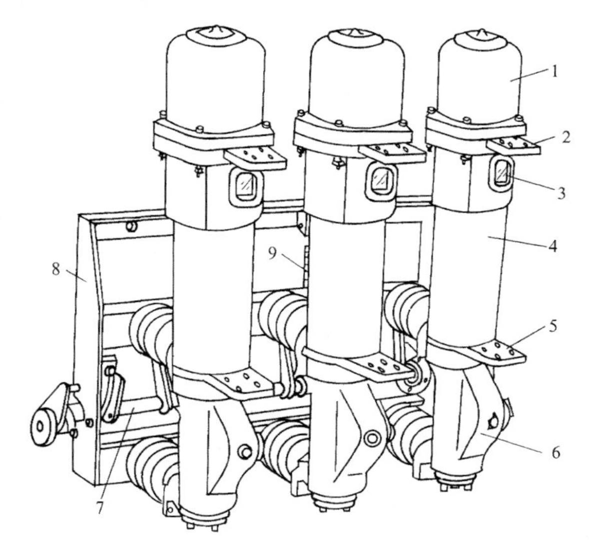

图 5-2　SN10-10 型少油断路器的结构
1—铝帽；2—上接线端子；3—油标；
4—绝缘筒；5—下接线端子；6—基座；
7—主轴；8—框架；9—断路弹簧

SN10-10 型少油断路器的结构如图 5-2所示。图 5-3 为这种断路器的内部结构图。

少油断路器主要由油箱、传动机构和

框架三部分组成。框架用角钢和钢板焊接而成。油箱是断路器的核心部分，其上部为铝帽，铝帽的上部为油气分离室，其作用是将灭弧过程中产生的油气混合物旋转分离，气体从顶部排气孔排出，而油则沿内壁流回灭弧室。铝帽的下部装有插座静触头，静触头周围有3～4片弧触片，断路器在合闸或分闸时，电弧总在弧触片和动触头（导电杆）端部的弧触头之间产生，从而保护了静触头。油箱的中部为灭弧室，外面套的是高强度的绝缘筒。油箱下部是由高强度铸铁铸成的基座，基座内有操作断路器导电杆的转轴和拐臂等传动机构，导电杆通过滚动触头与下接线柱相连。

当断路器断开时，导电杆向下移动，动、静触头分离，产生电弧。在电弧高温作用下，油被分解为气体，使绝缘筒内空间与灭弧室内的压力迅速增加。这时压力使单向阀上升堵住中心孔，电弧开始在封闭的空间内燃烧，使灭弧室内的压力不断增加。当导电杆向下移动时，依次打开第一、第二和第三道灭弧沟及下面的油囊，油流强烈吹动电弧。另外，导电杆向下移动时，在灭弧室内形成附加油流射向电弧。在上述两方面的联合吹动作用下，促使电弧在很短的时间内熄灭。

（2）六氟化硫（SF_6）断路器。

六氟化硫断路器，是利用 SF_6 气体作为绝缘介质和灭弧介质的高压断路器。SF_6 气体是无色、无味、无毒、不燃的惰性气体，体积质量是空气的 5.1 倍。SF_6 气体具有较高的绝缘能力和灭弧能力，与普通空气相比，它的绝缘能力约高 1～2 倍，灭弧能力约高 5～10 倍，而且，电弧在六氟化硫中燃烧时，电弧电压特别低，燃弧时间也短，每次开断后，触头烧损很小，能适应频繁操作。

六氟化硫灭弧结构可分为单压式和双压式两种。双压式具有两个气压系统，压力低的用来绝缘，压力高的用来灭弧。单压式具有一个气压系统，灭弧时，六氟化硫气流靠压气活塞产生。单压式结构简单，应用广泛，我国生产的 LN1 、LN2 型断路器均为单压式。

LW16-35 型六氟化硫断路器外形结构如图 5-4 所示。三相固定在一个公共底架上，各相的六氟化硫气体都与总气管连通，每相的底箱上有一伸出的转轴，在上面装有外拐臂并与连杆相连，L1 相转轴通过四连杆与过渡轴相连，过渡轴再通过另一个四连杆与操动机构的输出轴相连，分闸弹簧连在 L2、L3 两相转轴的外拐臂上。每相由底箱和上、下瓷套组成。在上瓷套内装有灭弧室，并承受断口电压，下瓷套承受对地电压，内绝缘介质为六氟化硫气体。

分闸时，操动机构脱扣后，在分闸弹簧作用下，三相的转轴按顺时针方向转动，通过内拐臂和绝缘拉杆使导电杆向下运动，断路器分闸。合闸时，在操动机构作用下，过渡轴顺时针方向运动，带动三相转轴沿逆时针方向转动，使导电杆向上运动，完成合闸动作。

LW16-35 型断路器采用膨胀式灭弧原理进行灭弧。分闸时，动触头向下运动，动、静触头之间产生电弧。当静触头上的弧根转移到弧环上之后，旋弧线圈被串联进电路，并产生旋转磁场，使电弧旋转，均匀加热六氟化硫气体，气体压力升高，与喷口下游形成压差，产生强烈喷口气吹，在电流过零时，自然熄弧。其灭弧能力随开断电流而自动调节。这种断路器具有良好的开断性能，而且由于电弧的不断旋转，使触头和灭弧室的烧损均匀且轻微。

与其他类型的断路器相比，六氟化硫断路器的优点是断口耐压高，允许断路次数多，检修周期长，断路性能好，占地面积小，缺点是要求加工精度高，密封性能好，对水分和气体的检测控制要求更严。

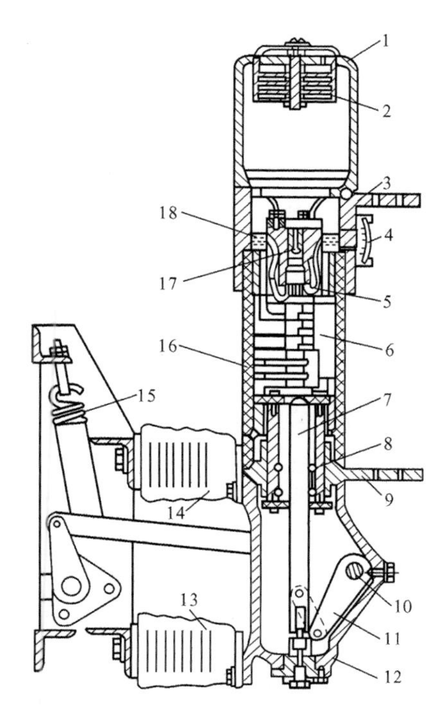

图 5-3　少油断路器的内部结构

1—铝帽；2—油气分离器；3—上接线端子；4—油标；5—插座式静触头；6—灭弧室；7—动触头；8—中间滚动触头；9—下接线端子；10—转轴；11—拐臂；12—基座；13—下支柱绝缘子；14—上支柱绝缘子；15—断路弹簧；16—绝缘筒；17—单向阀；18—绝缘油

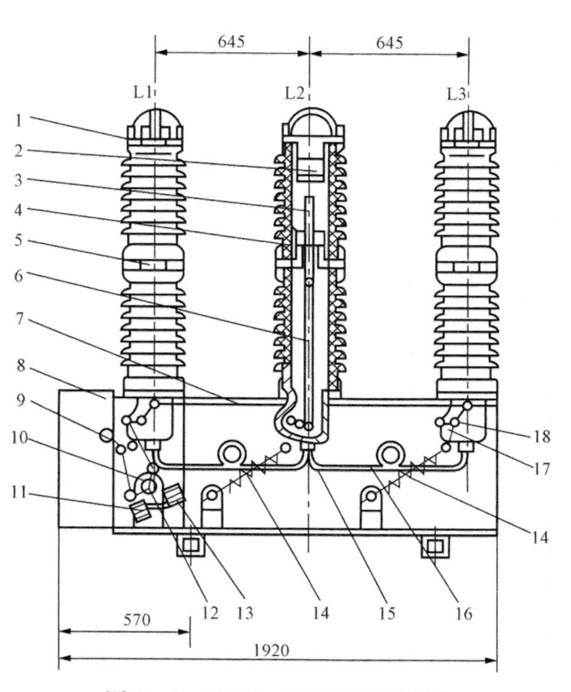

图 5-4　LW16-35 型断路器结构

1—上接线座；2—静触头；3—导电杆；4—中间触指；5—下接线座；6—绝缘拉杆；7—连杆；8—弹簧操动机构；9—操动机构输出轴；10—拐臂；11—分闸缓冲器；12—过渡轴；13—合闸缓冲器；14—分闸弹簧；15—内拐臂；16—气管；17—外拐臂；18—转轴

(3) 真空断路器。

真空断路器依靠“真空”作为绝缘及灭弧介质。由于真空中几乎没有什么气体分子可供游离导电，且弧隙中少量导电粒子很容易向周围真空扩散，故真空的绝缘及灭弧性能特别好。真空断路器的结构比较简单，由真空灭弧室、绝缘支撑、传动机构、操动机构、基座（框架）等部分构成，如图 5-5 所示。

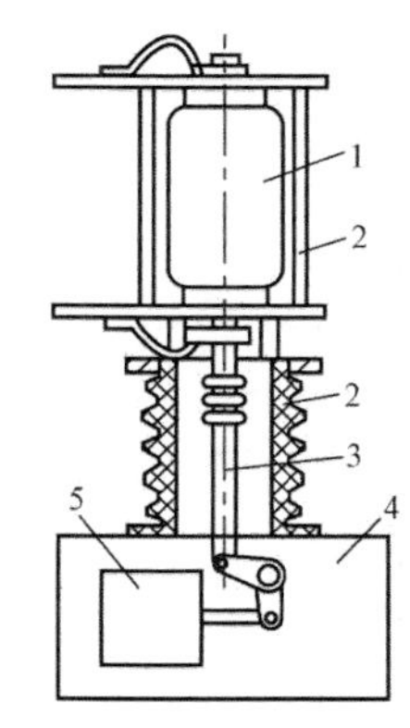

图 5-5　真空断路器的基本组成部分示意图

1—真空灭弧室；2—绝缘支撑；3—传动机构；4—基座；5—操动机构

真空断路器灭弧性能的关键首先是真空度，要求真空度在 1.33×10^{-4}Pa（10^{-6}mmHg）以下，为此，除对工艺提出了很高要求以外，还要求灭弧室内各部件材料要严格除气，尤其是触头结构及材料要经过认真选择。

真空断路器的优点是尺寸小、重量轻（约为少油断路器的一半），适于频繁操作（操作寿命约为油断路器的 10 倍），无火灾、爆炸危险等；因此有广泛的发展前景，但价格较高。

5. 型号

高压断路器的型号一般由文字符号和数字组合方式表示，

如下所示：

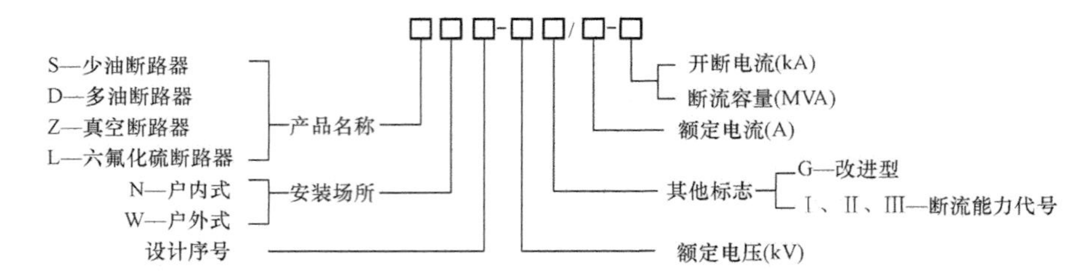

6. 高压断路器的选择

（1）断路器的额定电压应不小于安装地点的电网额定电压。

（2）断路器的额定电流应不小于流过断路器的长期最大负荷电流。

（3）户内式或户外式按使用环境确定。

（4）断路器的允许开断电流（或容量）应不小于流过断路器的最大三相短路超瞬态电流（或容量）。

（5）断路器的允许动稳定电流应不小于流过断路器的最大三相冲击短路电流。

（6）断路器允许的 t 秒钟热稳定电流的发热量 $I_t^2 t$，应不小于最大三相或两相短路电流流过断路器时间内的发热量 $I_\infty^2 t_{ima}$。

【例 5-1】 已知某 10kV 配电装置引出线的长期最大负荷电流是 510A。流过断路器的最大短路电流为 $I''^{(3)}=11.3$kA，$I_\infty^{(3)}=9.18$kA。继电保护动作时间为 2s，断路器断路时间为 0.2s。试选择出线断路器。

解 由于断路器所切断的最大三相短路超瞬态电流为 $I''^{(3)}=11.3$kA，则断路器需承受的最大冲击短路电流为

$$i_{sh}^{(3)}=2.55\times 11.3=28.8(\text{kA})$$

由于短路时间 $t_k=2+0.2=2.2$（s）>1s，因此非周期分量假想时间 $t_2=0$。$\beta''^{(3)}=\dfrac{11.3}{9.18}=1.23$，查图 4-33，得周期分量假想时间 $t_1=2$s，因此

$$I_\infty^{(3)2}t_1=9.18^2\times 2=168.54(\text{kA}^2\cdot\text{s})$$

查产品目录（见附录 L）选 LN2-10 型户内式断路器，其技术数据为：额定电压 10kV，额定电流 1250A，允许开断电流 25kA，动稳定电流峰值 63kA，4s 热稳定电流 25kA，发热数据 $25^2\times 4=2500$（$\text{kA}^2\cdot\text{s}$），均满足断路器选择的要求。

二、高压熔断器

1. 用途

熔断器（Fuse，文字符号 FU）是一种常用的简单保护电器，由熔体、支持金属熔体的触头和保护外壳三部分组成。熔断器串接在电路中，当电路发生故障并且短路电流显著超过熔体的额定电流时，熔体被迅速加热而熔断，从而切断电流，消除故障。在高压配电装置中，熔断器可用于保护线路、变压器及电压互感器等，与高压负荷开关配合使用，才可以切断和接通负荷电流。

熔断器结构简单，价格便宜。其主要缺点是有时前后级保护的配合较困难；熔体熔断后，调换工作比开关跳开后再合上要麻烦；一相熔体熔断后，可能引起电动机缺相

运行。

2. 分类

高压熔断器按安装地点分为户内式和户外式两大类。

3. 技术参数

(1) 熔断器的额定电流，指熔断器的载流部分和接触部分长期允许通过的最大电流，该电流不会损坏熔断器。

(2) 熔体的额定电流，指熔体本身长期允许通过的最大电流。该电流不得超过熔断器的额定电流。

(3) 熔体的熔断电流，指熔体能熔断的最小电流。

(4) 熔断器的断流电流，指熔断器所能切除的最大电流。当实际电流值超过该电流时，可能会损坏熔断器，也可能由于电弧不能熄灭而引起相间短路，使事故扩大。

4. 几种常用的高压熔断器

(1) 户内式高压熔断器。

RN1 型和 RN2 型户内式高压熔断器用于 35kV 及以下户内配电装置中，RN1 型用来保护电力线路或变压器，RN2 型用来保护电压互感器。

RN1 型户内式高压熔断器的结构如图 5-6 所示，它由熔管、插座、绝缘子及角钢支架等组成。其熔管的结构如图 5-7 所示，熔管由瓷管构成，两端有箍紧的黄铜管罩，管内放入熔体，并填满石英砂，最后两端焊上管盖，使熔管密封。熔体额定电流在 7.5A 及以下时，熔体是一根或几根并联的全长直径相同的镀银铜丝，中间焊有小锡球，绕在陶瓷芯上，如图 5-7 (a) 所示。熔体额定电流大于 7.5A 时，由两种不同直径的镀银铜丝制成螺旋形，在连接处焊有小锡球，如图 5-7 (b) 所示。在熔管内装有红色指示器，它由一条钢质指示熔体牵入管内，并把指示器的弹簧压缩，钢质指示熔体与熔体并联，当熔体熔断时，大电流全部通过细钢丝，钢质指示熔体也立即熔断，指示器被弹簧推出，发出红色信号指示。

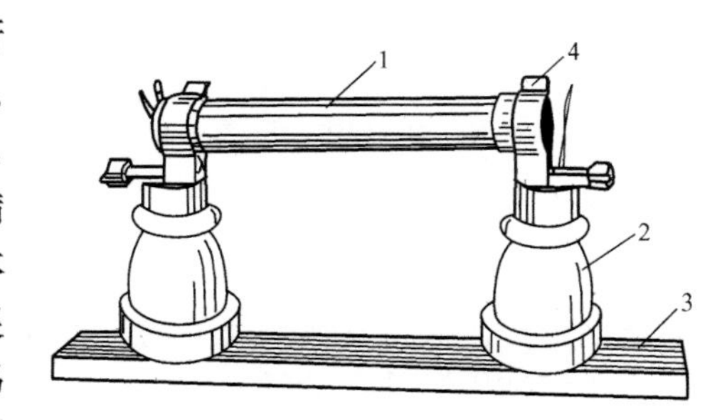

图 5-6 RN1 型户内式高压熔断器的结构
1—熔管；2—绝缘子；3—角钢支架；4—插座

RN2 型熔断器没有熔断指示器，熔体是否熔断，靠电压互感器二次侧所接的仪表有无读数或指示灯亮否来判断。

当短路电流或过负荷电流通过熔体时，熔体被加热，小锡球先熔断，熔断处所形成的电弧使熔体沿全长熔化。由于熔体是由几根并联的金属丝组成，因此熔体熔断时，电弧发生在几个平行的小直径沟中，由于各沟中产生的金属蒸气喷溅四周，渗入石英砂，同时电弧与周围石英砂紧密接触，加强了去游离，因此促使电弧迅速熄灭，具有限流作用。

(2) RW 型户外高压跌落式熔断器。

跌落式熔断器用于 35kV 及以下户外架空线路上，保护电力线路和变压器。

图 5-8 所示为 RW4-10 (G) 型跌落式熔断器的结构，它主要由固定的支持部分和活动的熔管及熔体组成。

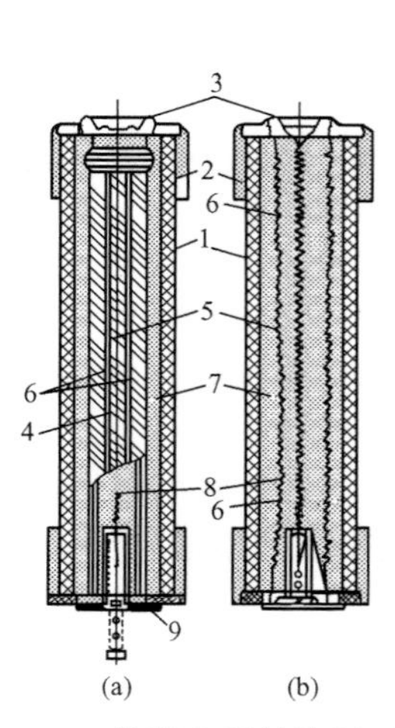

图 5-7　熔管内部结构剖面图

（a）熔体绕于陶瓷芯；（b）具有螺旋形熔体

1—熔管；2—管罩；3—管盖；4—瓷芯；

5—熔体；6—锡球或铅球；7—石英砂；

8—钢质指示熔体；9—指示器

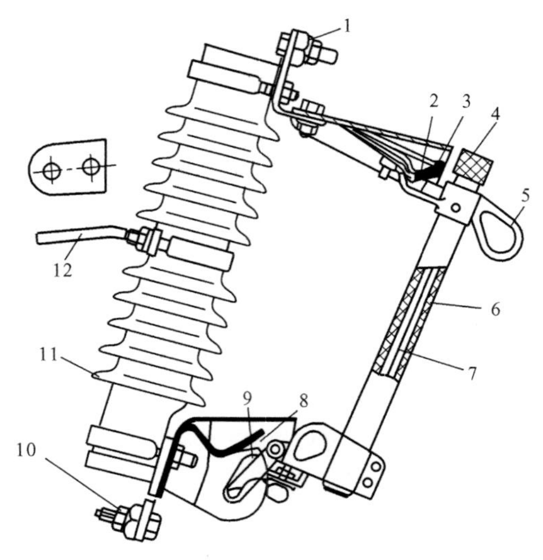

图 5-8　RW4-10（G）型跌落式熔断器结构

1、10—上、下接线端子；2、9—上、下静触头；

3、8—上、下动触头；4—管帽（带薄膜）；

5—操作环；6—熔管；7—铜熔体；11—绝缘

瓷瓶；12—固定安装板

熔管上端的动触头借助管内熔体张力拉紧后，利用绝缘棒，先将下动触头卡入下静触头，再将上动触头推入上静触头内锁紧，接通电路。当熔体熔断时，消弧管（内管）由于电弧燃烧而分解出大量气体，使管内压力剧增，并沿管道向下喷射吹弧，使电弧迅速熄灭。同时，由于熔体熔断使上动触头失去张力，锁紧机构释放熔管，在触头弹力和自身重力作用下跌落，形成断开间隙。

这种熔断器采用逐级排气结构，熔体上端封闭，可防雨水。当短路电流较小时，因压力不足，气体只能向下排气；当短路电流较大时，管内气体压力较大，将上端封闭薄膜冲开形成两端排气，同时还有助于防止分断大短路电流时熔管爆裂的可能性。

5. 型号

高压熔断器的型号一般由文字符号和数字组合方式表示，如下所示：

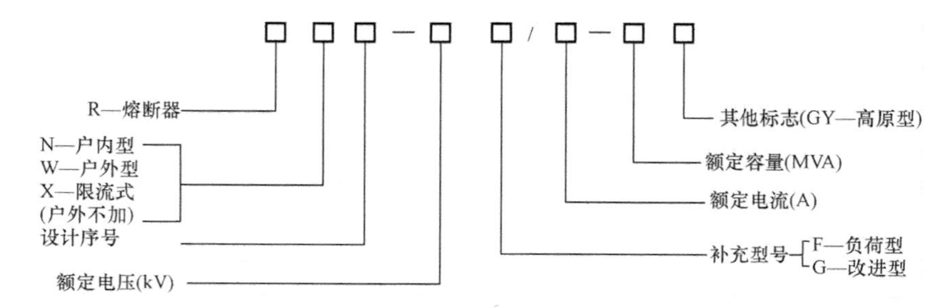

6. 高压熔断器的选择

（1）6～10kV RN1 型户内限流熔断器的选择。

1）额定电压应等于安装地点的电网额定电压。

2）额定电流应不小于长期最大负荷电流。对于多级熔断器，必须满足特性配合的要求。

3）校验断流能力，即熔断器允许的断流容量应不小于流过熔断器的最大三相短路功率。

（2）电压互感器用熔断器的选择。

电压为35kV及以下电网的电压互感器采用RN2型熔断器，其熔体按机械强度选择。为了在过负荷时电压互感器得到保护，互感器低压侧熔断器的熔件按负荷电流选择，一般选用2A。

同对RN1型熔断器的要求一样，RN2型熔断器必须满足额定电压和断流能力的要求。

三、高压隔离开关

1. 用途

隔离开关（Switch-disconnector，文字符号QS）旧称隔离刀闸，是高压开关的一种。因为它没有专门的灭弧装置，故不能用来断开和接通负荷电流和短路电流，使用时应与断路器配合，只有在断路器断开时才能进行操作。其主要用途是：将需要检修的电气设备与电源可靠隔离，以保证检修工作的安全进行；用于双母线电路进行倒闸操作；断开和接通小电流电路，例如，励磁电流不超过2A的空载变压器、电容电流不超过5A的空载线路以及电压互感器和避雷器回路等。

2. 基本要求

按照隔离开关所担负的工作任务，要求它有明显的可见断口，易于鉴别电气设备是否与电源可靠隔离；具有足够的短路动稳定度和热稳定度；结构简单动作可靠；带有接地刀闸的隔离开关，必须装设联锁机构，以保证先断开隔离开关、后闭合接地刀闸或先断开接地刀闸、后闭合隔离开关的操作顺序。

3. 分类

隔离开关按安装地点分为户内式和户外式两种。图5-9为GN8-10/600型户内式高压隔离开关的结构。

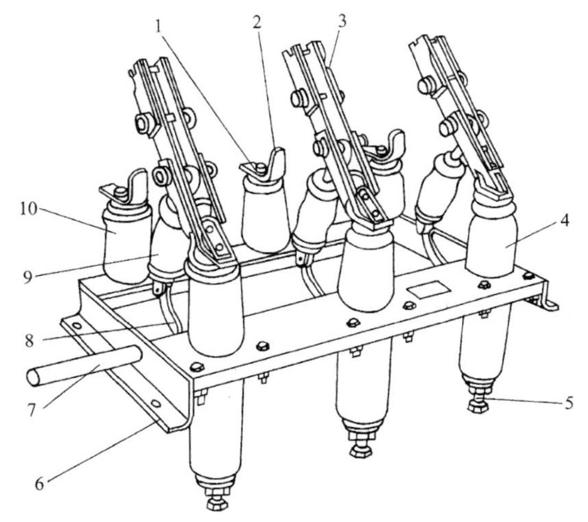

图5-9　GN8-10/600型户内式高压隔离开关的结构
1—上接线端子；2—静触头；3—闸刀；4—套管绝缘子；5—下接线端子；6—框架；7—转轴；8—拐臂；9—升降绝缘子；10—支柱绝缘子

4. 型号

高压隔离开关的型号一般由文字符号和数字组合方式表示，如下所示：

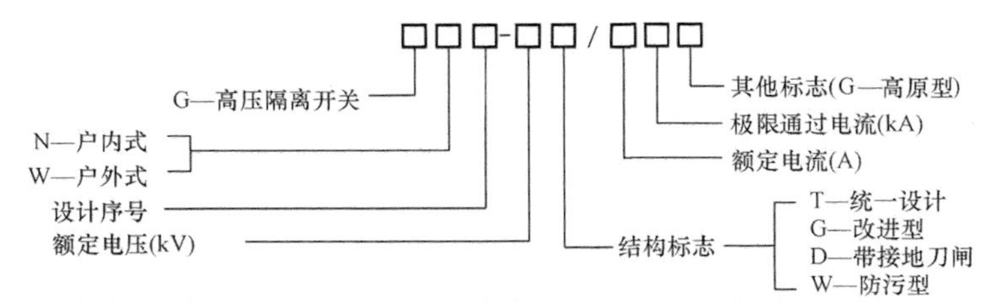

5. 高压隔离开关的选择

（1）隔离开关的额定电压应不小于安装地点的电网额定电压。

（2）隔离开关的额定电流应不小于流过隔离开关的长期最大负荷电流。

（3）户内式或户外式按使用环境确定。

（4）隔离开关允许的10s热稳定电流的发热量为 $I_{10}^2 \times 10$，应不小于最大三相或两相短路电流流过时的发热量 $I_{\infty}^2 t_{ima}$。

（5）隔离开关允许的动稳定电流应不小于流过隔离开关的最大三相短路冲击电流。

四、高压负荷开关

1. 用途

高压负荷开关（Load-switch，文字符号QL）具有简单的灭弧机构，但灭弧能力较小，主要用来断开或接通正常的负荷电流，不能断开短路电流。在多数情况下，高压负荷开关与高压熔断器配合使用，由熔断器作短路保护用。

2. 分类

高压负荷开关按安装地点可分为户内式和户外式两种。

3. FN3-10RT型高压负荷开关

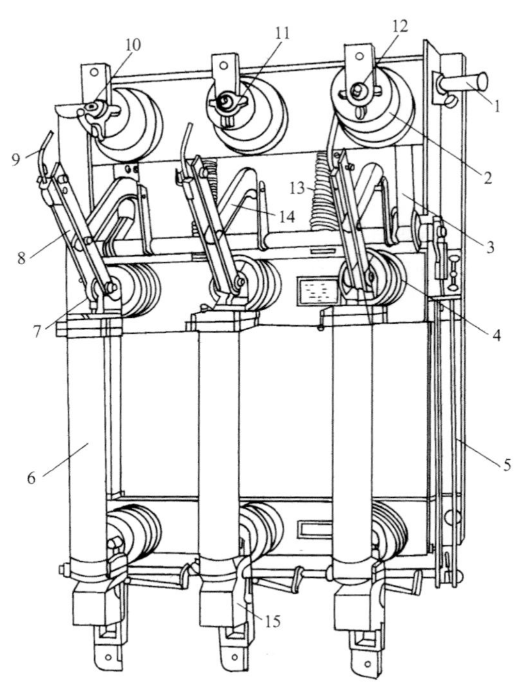

图5-10　FN3-10RT型户内高压负荷开关的结构
1—主轴；2—上绝缘子兼气缸；3—连杆；4—下绝缘子；5—框架；6—RN1型高压熔断器；7—下触座；8—闸刀；9—弧动触头；10—绝缘喷嘴（内有弧静触点）；11—主静触头；12—上触座；13—断路弹簧；14—绝缘拉杆；15—热脱扣器

图5-10所示为FN3-10RT型户内高压负荷开关的结构。框架内装有6只绝缘子，上部三个绝缘子作为支柱用，兼作气缸。其内装有由操动机构主轴传动的活塞。绝缘子的上部装有绝缘喷嘴和弧静触头。当负荷开关分闸时，在闸刀一端的弧动触头与绝缘子上的弧静触头之间产生电弧。由于分闸时主轴转动带动活塞，压缩气缸内的空气从喷嘴往外吹弧，同时，还有电弧迅速拉长及本身电流回路的电磁吹弧作用，使电弧迅速熄灭。

这种负荷开关一般配用CS2型手动操动机构。

4. 型号

高压负荷开关的型号一般由文字符号和数字组合方式表示，如下所示：

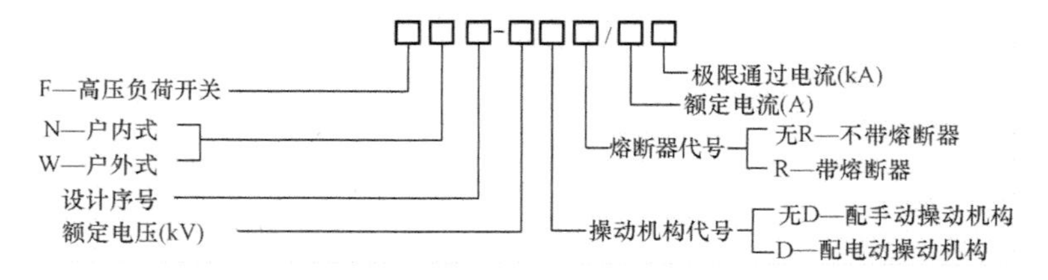

第三节　低压开关电器

低压开关电器是低压电器的一部分，通常用来接通或切断500V以下的交、直流电路，广泛用于工业企业的供电系统中。常用的低压开关电器有低压断路器、低压熔断器、刀开关、接触器等。低压开关电器的灭弧方法，一般是在空气中借助拉长电弧或利用灭弧栅将长电弧截为短电弧的原理灭弧。以下介绍几种常用的低压开关电器。

一、低压断路器（旧称自动空气开关）

1. 用途、结构和工作原理

低压断路器正常运行时可接通或断开负荷电流，并具有过负荷、低电压和短路保护作用，根据需要配备手动或远距离电动操动机构进行分、合闸。

低压断路器结构较复杂，主要由触头系统、灭弧装置、脱扣和操动机构等部分组成。其结构和工作原理如图 5-11 所示。低压断路器的三个触头接在电动机的主回路上。触头由锁键保持在合闸状态，锁键由搭钩支持着，搭钩可绕轴转动。如果搭钩被杠杆顶开，触头就被弹簧 6 拉开，电路断开。

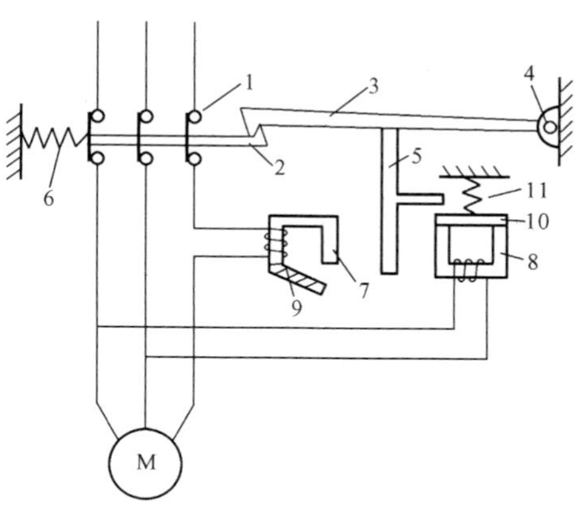

图 5-11　低压断路器的结构和工作原理

1—触头；2—锁键；3—搭钩；4—轴；5—杠杆；6、11—弹簧；7—过电流脱扣器；8—低电压脱扣器；9、10—衔铁

搭钩被杠杆顶开的动作由各种脱扣器（如过电流脱扣器和低电压脱扣器）来完成。过电流脱扣器在正常运行时其线圈所产生的吸力不能将衔铁 9 吸合；当负荷侧短路时，电流增加使吸力增加，将衔铁 9 吸合，这时就撞击杠杆，顶开搭钩，断开触头。低压脱扣器在正常运行时线圈产生的吸力将衔铁 10 吸合；如果电压下降，吸力减小，衔铁被弹簧 11 拉开，撞击杠杆，顶开搭钩，断开触头。

低压断路器除有短路和低电压保护外，还装有热脱扣器（用双金属片制成），作为过负荷保护。当过负荷时，由于双金属片弯曲，同样将搭钩顶开，使触头断开。

低压断路器的灭弧性能很强，能够断开比额定电流大几十倍甚至几百倍的短路电流。除了依靠动触头快速分开外，主要因为装有特殊的灭弧装置。例如，DW 型万能式断路器的灭弧装置是用石棉制成的灭弧罩，将各极的接触部分罩在里面，作为可靠的隔离，在断开电路时不会形成相间闪络。在灭弧罩里还有一排与电弧方向垂直的镀铜钢片，在辅助触头断开时所产生的电弧，受到其他带电部分中电流产生的磁场作用，进入灭弧罩中并被钢片分割成一串短电弧，加上钢片的迅速散热，使电弧迅速熄灭。DZ 型装置式断路器灭弧罩较短小，装在绝缘胶木的外壳里，防止电弧飞出隔离罩，所以在运行中必须将胶木盖盖好，以防相间短路。

2. 几种常用的低压断路器

（1）DZ10 型装置式低压断路器。此类型断路器的全部构件和导电部分都装在胶木绝缘外壳内，只有操作手柄露出供手动操作，体积小、重量轻，应用广泛。

此类型低压断路器的操作方式有手动和电动两种。手动操作利用其操作手柄。手柄在上方位置表示合闸状态（用“合”表示），在下方位置表示分闸状态（用“分”表示），在中间位置表示自动跳闸。自动跳闸后必须将手柄扳下到分闸位置，才能进行合闸操作。电动操作利用控制电动机进行操作，可远距离控制其分、合闸。

DZ10 型低压断路器的脱扣方式：50A 以下一般装有热脱扣器；100A 及以上装有电磁

过电流脱扣器；同时装有热脱扣器和电磁过电流脱扣器的，称为复式脱扣器。根据需要还可带有低电压脱扣器、分励脱扣器和辅助触头等附件。

（2）DW10 型万能式低压断路器。这种低压断路器为框架式结构，全部零部件均装在框架或基础上，它的原理与 DZ 型基本相同，但外形构造差别很大，断路容量也比 DZ 型大。它的操动机构，不仅可配备直接手柄操作，也可采用电磁铁操作和电动机操作。

DW10 型低压断路器的结构包括底座、触头系统、灭弧器、自动脱扣操作机构、脱扣器、电动机操动机构及其控制回路、辅助开关等。底座分为两种形式：额定电流 200～600A 的为塑料底板，额定电流 1000～4000A 的为金属底架。触头系统：额定电流 200A 的只有主触头，400～600A 的有主触头和灭弧触头，1000～4000A 的有主触头、副触头和灭弧触头，2500A 的每极触头由两组 1000A 触头元件并联，4000A 的每极触头由三组 1000A 触头并联。脱扣器有过电流、低电压、分励脱扣器及特殊低电压脱扣器等。

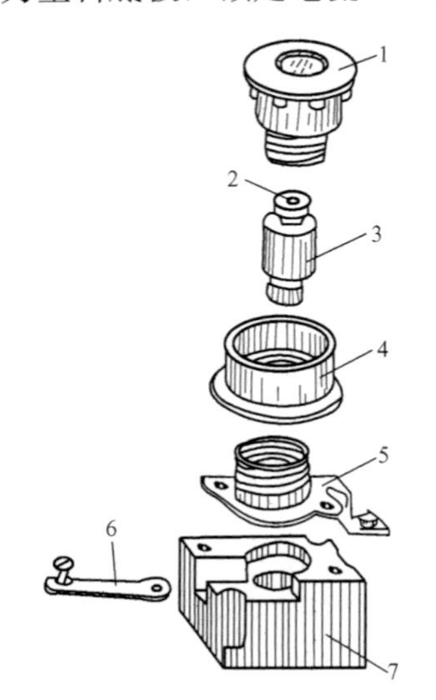

图 5-12　RL1 型熔断器的结构
1—瓷质螺帽；2—红点；3—熔件管；4—瓷套；5、6—上、下接线触头；7—底座

二、低压熔断器

低压熔断器可用于电力和照明线路的过电流保护。其种类很多，常见的主要有以下几种。

1. 螺旋式熔断器

常见的螺旋式熔断器有 RL1 型和 RLS 型，前者用于一般电路的过负荷或短路保护，后者用于半导体整流器件或其成套装置中，作短路保护或适当的过负荷保护用。RL1 型熔断器的结构如图5-12所示。它由瓷质螺帽、熔件管和底座等组成。底座装有接线触头，分别与底座触头和底座螺纹壳相连。熔件管由瓷质的外套管、熔体和密封在瓷管内的石英填料构成，并有表明熔体熔断的指示器，瓷质螺帽上有玻璃窗口。使用时，放入熔件管、旋入底座螺纹壳后，使熔断器串联在回路中。

这种熔断器的优点是，在带电时不用特殊工具即可更换熔断管而不接触带电部分，但装接时要注意将底座螺纹壳接到用电设备上，而将底座触头接到电源上。

RLS 型熔断器是快速熔断器，外形结构与 RL1 型相似，但熔断速度和极限开断电流都较大。

2. 无填料封闭式熔断器

RM10 型无填料封闭式熔断器的结构如图 5-13 所示。它由熔管、熔片、刀触头和刀触座等组成。熔管由纤维管构成，两端带有铜环，铜环上有螺纹。熔片装于熔管内，和熔片连接的金属零件一头带有刀触头，用内侧有螺纹的黄铜帽旋紧在黄铜圈上，并把刀触头紧固。熔片有的地方宽，有的地方窄，当短路电流通过时，窄部分同时熔断，形成数段短电弧，残留的宽部分熔体落下，使电弧拉长加速熄灭。纤维管壁在高温下受热产生气体（氢、二氧化碳等），这些气体有较好的灭弧性能，同时使管内的压力增加，促使电弧熄灭。每次熔断器的熔断都使纤维壁管有所损耗，多次断流后，需要更换纤维管。

3. 有填料封闭式熔断器

RT0 型有填料封闭式熔断器的结构如图 5-14 所示。该熔断器由熔管、熔体、石英砂和

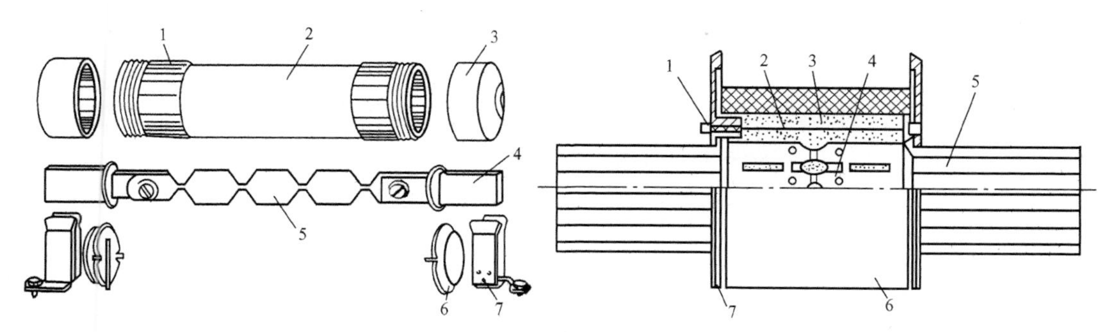

图 5-13　RM10 型无填料封闭式熔断器的结构
1—黄铜圈；2—纤维管；3—黄铜帽；4—刀触头；
5—熔片；6—特种垫圈；7—刀触座

图 5-14　RT0 型有填料封闭式熔断器的结构
1—熔断指示器；2—指示熔体；3—石英砂；
4—工作熔体；5—插刀；6—熔管；7—盖板

底座等组成。熔体如图 5-15 所示。它用精轧的紫铜片冲成筛孔网状，然后用锡焊成锡桥，紫铜片上还有特殊的变截面小孔。在较小的过负荷情况下，熔体的熔断靠锡桥的熔化来完成。由于有了锡桥，即使在发热最严重时，通过临界电流（即熔断器的最小熔断电流，是燃弧时间最长、最难开断的电流）时，熔断器的温度也不会过高，从而减轻熔断器在长期运行情况下的氧化。熔体的另一特点是增加点燃栅的结构，由于等电位作用，迫使每一根并联熔体几乎同时燃弧，这样使每一根并联熔体分担了一部分电弧能量，使电弧很快熄灭，断流容量提高，燃弧时间也较稳定。熔体和刀片触头用点焊焊接，使接触电阻较小，同时保证伏安特性的稳定。熔体的四周充满石英砂灭弧填料，当熔体熔断产生电弧后，石英砂受热熔化，吸收大量电弧能量使电弧熄灭，因此石英砂起灭弧作用。熔体在封闭管内熔断时，没有声音，弧光也不外露，使用安全。熔体熔断后，指示器立即动作，便于运行人员及时发现。

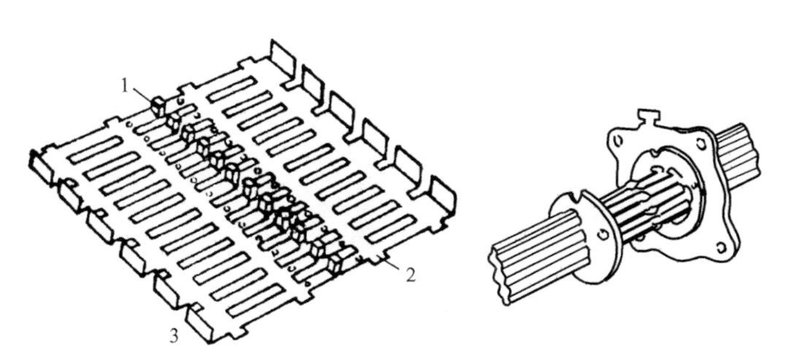

图 5-15　RT0 型熔断器熔体
1—锡桥；2—点燃栅；3—工作熔体

RT0 型熔断器断流能力较大，并有限流作用，保护性能稳定，但熔体熔断后，不能更换，需整个报废。

三、刀开关

刀开关用来接通和断开小电流回路或作为隔离电源的明显断开点，以确保检修人员的安全。

刀开关有多种型号，简要介绍如下：

（1）用手柄操作的单投（HD 型）和双投（HS 型）型刀开关，常用于低压配电盘和配电箱上，一般带有各种杠杆操动机构，如 HD11 型为中央手柄式，HD13 型为中央正面杠杆操动机构式，HD14 型为侧面操动机构式。装有灭火罩的刀开关可断开负荷电流，不装灭弧罩的刀开关不能断开大电流，只作为隔离开关使用。

（2）HH 型封闭式负荷开关的结构如图 5-16 所示，它由动触刀、静触座、操作手柄、速断弹簧、熔断器等组成。此开关在转轴与底座之间装有速断弹簧，分闸时速断弹簧可使触刀很快与静触座脱离，电弧就被迅速拉长而熄灭，不会因为燃弧时间过长而烧坏触刀刀刃。

为了保证安全，封闭式负荷开关装有机械联锁装置。当开关合上时，箱盖不能打开；箱盖打开时，开关不能合闸。这种开关的触刀与熔断器装在封闭的钢壳或生铁壳内，所以也叫铁壳开关。铁壳能防止电弧溅出，但不密封、不防水、不防爆，不能用在潮湿腐蚀场所、有爆炸危险场所或户外。

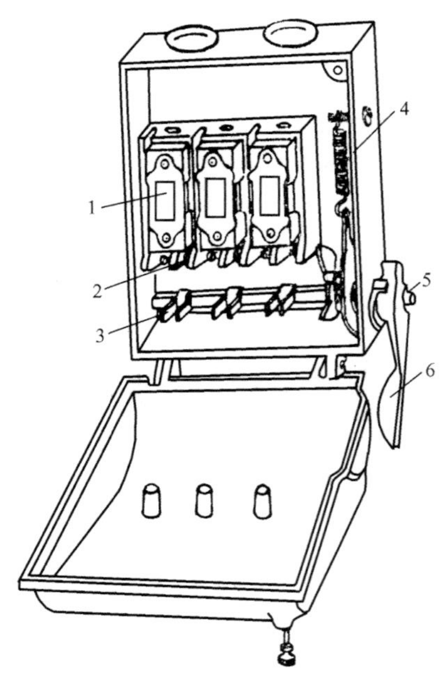

图 5-16　HH 型封闭式负荷开关的结构
1—熔断器；2—静触座；3—动触刀；
4—弹簧；5—转轴；6—手柄

（3）HR3 型熔断器式刀开关的结构如图 5-17 所示。它是一种刀开关和 RT0 型熔断器的组合电器，也称刀熔开关。该刀开关能断开额定电流，熔断器断开短路电流。交流额定电流大于 400A 的刀熔开关装有灭弧罩，可接通和断开负荷电流，一般装于低压成套配电盘中。

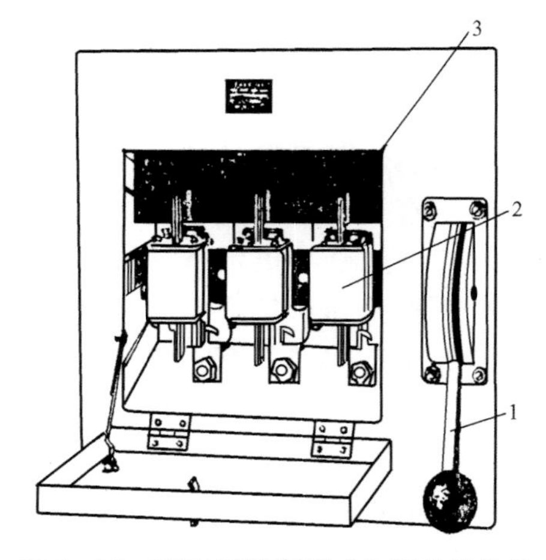

图 5-17　HR3 型熔断器式刀开关的结构
1—操作手柄；2—RT0 型熔断器；3—静触头

四、低压开关电器的选择

低压开关电器的选择与高压开关电器的选择相似，即按正常条件下选择后，需要进行短路校验；同时，设备应工作安全可靠，运行维护方便，投资经济合理。低压开关电器选择及校验项目见表 5-1。

表 5-1　低压开关电器选择及校验项目

开关电器名称	电压	电流	断流能力	短路电流校验	
				动稳定度	热稳定度
低压熔断器	√	√	√	—	—
低压刀开关	√	√	√	√	√
低压负荷开关	√	√	√	√	√
低压断路器	√	√	√	√	√

注　“√”表示必须选择或校验，“—”表示不需检验。

第四节　电 力 变 压 器

电力变压器是变电站中最重要的电气设备，它是利用电磁感应原理制成的一种静止的电器，可以把某一电压等级的电能转换成为频率相同的另一种或几种电压等级的交流电能。

一、电力变压器的分类

电力变压器可分为升压变压器和降压变压器。将电压升高的变压器叫做升压变压器，一般装在发电厂或电源处；将电压降低的变压器叫做降压变压器，一般装在电力网的用户端或末端。装到工厂配电地区，将电压降到可直接供低压电气设备用电的降压变压器叫配电变压器，一般容量较小，高压侧 10kV 及以下，低压侧 0.4/0.23kV。

按变压器的相数分，主要有单相和三相变压器。工业企业供电系统常见的电力变压器都是三相的。此外，电压互感器、电流互感器、电压调整器、电抗器、消弧线圈等，其基本原理和结构与变压器相似，统称为变压器类产品。

电力变压器一般为油浸式，由铁芯、绕组、油箱、引出线、绝缘套管、分接开关、冷却系统和保护装置等部分组成，如图5-18所示。

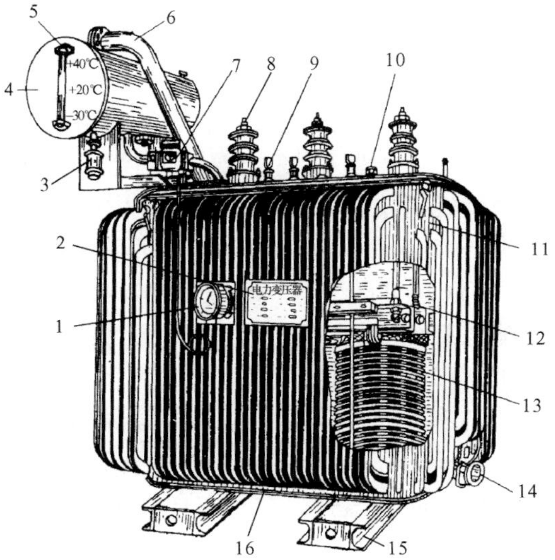

图 5-18　油浸式电力变压器的结构

1—温度计；2—铭牌；3—吸湿器；4—储油柜；5—油位计；6—安全气道；7—气体继电器；8、9—高、低压套管；10—分接开关；11—油箱；12—铁芯；13—绕组及绝缘；14—放油阀门；15—小车；16—地线端子

二、变压器的额定参数

变压器的额定参数均标注在其铭牌上，现说明如下。

(1) 额定容量，指在额定工况下，变压器输出能力的保证值。

(2) 额定频率。我国采用的额定频率是 50Hz，也称工频。

(3) 额定电压，指变压器空载时，在额定分接头下，一、二次电压的保证值。在三相变压器中均指线电压。为了适应电力网电压变化的需要，变压器的高压侧都有分接抽头，两相邻分接头之间的电压称为分接电压，一般两分接头之间的电压以额定电压的百分数来表示，叫做抽头百分比。

(4) 额定电流。一、二次额定电流与允许温升有关。在三相变压器中，铭牌上标注的一、二次额定电流均指其额定线电流。

(5) 阻抗电压，也称为短路电压或短路压降。它是当变压器的一侧绕组短路，在另一侧绕组中通过额定电流时所施加的电压，以额定电压的百分数来表示。阻抗电压是变压器的一个重要参数，对变压器并联运行具有重要意义，又是计算短路电流及继电保护整定值的重要依据。

(6) 短路损耗。变压器的绕组导线具有电阻，当变压器一侧短路，另一侧通过额定电流时，便产生损耗，此损耗叫短路损耗，也称额定铜损。其值与额定电流的平方成正比。

（7）空载电流。在额定电压下，变压器空载时流过一次绕组的电流，称空载电流，以一次侧的额定电流的百分数来表示。其大小与变压器的容量及铁芯硅钢片的质量有关，一般为4%～10%。

（8）空载损耗，指变压器在空载状态下所产生的损耗，包括铁芯的基本损耗，如磁滞涡流损耗，以及由于机械加工、铁芯接缝处磁密不匀和油箱壁、结构零件中由于漏磁等原因引起的附加铁损等。空载损耗与施加的电压的平方成正比，与负载电流的大小无关。虽然空载损耗的数值小于铜损，但变压器常年运行，如果能减小不变的铁损数值意义很大，是节能的一个重要方面。

（9）联结组标号。变压器的联结组标号决定了变压器高、低压侧线电压的相位关系。将360°作12等分，每份30°，以每30°为一组，以变压器高压侧线电压相量作为分针指向12，对应的低压侧线电压相量作为时针，其所指时钟点数，即为该组别的标号，如Yyn0（即Y/Y_0-12）为高低压Y接线且相位一致的一个联结组。

我国电力变压器国家标准规定采用下列三种联结组别：

1）Yyn0（即Y/Y_0-12）联结组，用于低压侧电压为380～400V的配电变压器，其低压侧中性线引出，形成三相四线制供电，可供给三相（380～400V）动力电源和单相照明电源（220～230V），也可为动力和照明混合负载供电。

2）Yd11（即Y/△-11）联结组，用于高压侧电压为35kV及以下，低压侧高于400V的输配电系统中的变压器。其低压侧采用三角形接法以改善电压波形，使三次谐波不至于传输到用户和供电线路中。

3）YNd11（即Y_0/△-11）联结组，用于高压侧需要中性点接地的输电系统中。

（10）温升。变压器内部绕组或上层油面的温度与变压器周围空气的温度之差，称为绕组或上层油面的温升。在每一台变压器的铭牌上都规定了该变压器温升的限值。国家标准规定，当变压器安装地点的海拔不超过1000m时，绕组的温升限值是65℃，上层油面温升的限值是55℃。因此，在周围环境温度不超过40℃时，变压器上层油面的最高温度不应超过95℃。为了使变压器油及绝缘不致迅速劣化，变压器上层油面温度一般不超过85℃。

三、变压器的并联运行

在供电系统中，负荷受季节和用电时间的影响常常出现用电高峰和低谷。为了提高变压器的利用率和效率，保证负荷的正常供电，往往需要将变压器并联运行。并联运行的变压器，必须满足下列条件：

（1）变比相同，即各变压器的一、二次额定电压相等，允许偏差不超过5%。

（2）联结组别相同，即各台变压器二次电压相量对一次电压相量的相位差相同。

（3）短路电压百分数相等，允许有不超过10%的偏差。

当满足（1）、（2）两个条件时，在并联变压器绕组中就不会产生环流。尤其是，如果电压相位不同，并联回路中合成电动势就不为零，于是在变压器绕组内部会引起很大的环流，严重时会烧毁变压器。当满足条件（3）时，总的负载电流就会按照各台变压器的容量成正比分配。

此外，并联运行的变压器容量应尽量接近，一般规定，容量之比不宜超过3∶1。并联运行的变压器容量相差太悬殊时，不仅运行不方便，而且当变压器特性略有差异时，变压器间的环流往往较显著，很容易造成容量小的变压器过负荷。

四、变压器的过负荷

1. 变压器的负荷能力与寿命

变压器的铭牌上给出了其额定容量。在规定的环境温度下，按额定容量连续运行时，变压器具有经济合理的效率和正常使用年限（20～30 年）。变压器的负荷能力则是指在较短的时间内变压器所能输出的较大功率。在一定条件下，变压器的负荷能力大于额定容量。

变压器的使用寿命主要取决于绝缘的老化。变压器油纸绝缘（A 级）在 75～98℃温度下连续运行的寿命为 20 年左右，在此温度范围内每升高 6℃，绝缘的老化速度增加一倍，寿命则缩减一半。因此，变压器的使用寿命与其运行温度密切相关。

2. 变压器的正常过负荷能力

户外变压器在实际使用中，大部分时间内负荷小于额定容量。因此，在确保变压器的使用期限接近于正常寿命条件下，允许短时过负荷。计算其过负荷的能力，可以采用下列方法：

（1）按过负荷曲线图表求允许过负荷。

变压器的负荷率为

$$K=\frac{I_{av}}{I_N} \tag{5 - 1}$$

式中 I_{av}——一昼夜平均负荷电流，A；

I_N——额定负荷电流，A。

变压器负荷率小于 1，则在高峰负荷期间，变压器的允许过负荷倍数和持续时间可由图 5 - 19 确定。该曲线适用于油浸自冷或油浸风冷式变压器。在不影响变压器正常使用年限的前提下，过负荷与欠负荷对绝缘老化可相互补偿。该曲线还为可能发生事故过负荷留有储备能力。

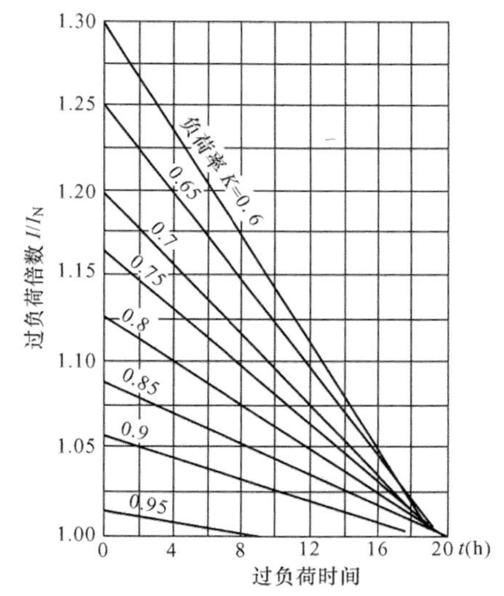

图 5 - 19 $K<1$ 时变压器允许过负荷曲线图

（2）按“百分之一规则”求允许过负荷。

为了使变压器负荷能力在全年得到充分利用，每个月的负荷可以适当调整，如夏季（一般指 6、7、8 三个月）变压器的典型曲线最高负荷低于变压器的额定容量时，每降低 1%，则在冬季（一般指 12、1、2、3 四个月）可允许变压器过负荷 1%。对油浸自冷、风冷及强迫油循环风冷的变压器，允许的过负荷以 15%为限；对强迫油循环水冷的变压器，允许过负荷以 10%为限。对年平均气温在 18℃及以上的南方地区，不宜采用此计算方法。必须注意：如果低负荷发生在冬季，而最严重的工作条件不是在一年中最冷季节，则上述 1%规则不能应用。

油浸自冷、油浸风冷的变压器过负荷总数不超过其额定容量的 30%（安装于户内时不超过 20%），强迫油循环风冷或水冷的变压器不超过其容量的 20%时，上述 1、2 两项过负荷的数值可以叠加使用。过负荷计算公式为

$$过负荷百分数=\frac{负荷电流-额定电流}{额定电流}\times 100\%$$

变压器在预定的过负荷运行前，应投入全部冷却系统，必要时投入备用冷却器。安装于户外的10000kVA及以上的较大容量变压器，一般都用吹风冷却。风扇停止工作时的允许负荷和持续运行时间，应遵守制造厂的规定。无规定时，对于在额定冷却空气温度下，风扇停止工作时，允许带70%以下的额定负荷连续运行；超过70%时，应根据停止吹风时变压器上层油温来确定允许的负荷和连续时间。上层油温不超过55℃时，且在额定负载以下运行时，允许风扇停下，以节约电能。

3. 变压器的事故过负荷

在事故情况下，首先应保证不间断供电，绝缘老化的加速则处于次要地位，又考虑到事故不是经常发生，所以一般变压器允许有较大的事故过负荷能力，具体规定见表5-2。

表5-2 油浸变压器允许的事故过负荷时间

过负荷倍数	过负荷允许时间		过负荷倍数	过负荷允许时间	
	户外变压器	户内变压器		户外变压器	户内变压器
1.3	2h	1h	1.75	15min	8min
1.6	30min	15min	2.0	7.5min	4min

五、主变压器的选择

1. 主变压器台数选择

为保证供电的可靠性，变电站一般装设两台主变压器。当只有一个电源或变电站可由低压侧电网取得备用电源给重要负荷供电时，可装设一台。此外，一般车间变电站宜采用一台变压器，但集中负荷较大时也可采用两台甚至更多台变压器。选择变压器台数时，还应该考虑负荷的发展情况。

2. 主变压器容量的选择

主变压器容量应根据5～10年的发展规划进行选择，并应考虑变压器正常运行和事故时的过负荷能力。

（1）装有一台主变压器的变电站，变压器的额定容量应满足全部用电负荷的需要，即

$$S_N \geqslant S_{30} \tag{5-2}$$

式中　S_{30}——变电站总的计算负荷，kVA。

（2）装有两台主变压器的变电站，每台变压器的额定容量一般按下式选择

$$S_N = (0.6 \sim 0.7)S_{30} \tag{5-3}$$

这样，当一台变压器停运时，可保证对60%～70%的负荷供电，考虑变压器40%的事故过负荷能力，则可保证对84%以上负荷的供电。由于一般变电站大约有25%的非重要负荷，因此，采用式（5-3）选择变压器容量对变电站保证重要负荷来说多数是可行的。对于一、二级负荷比重大的变电站，在一台变压器停运时，应能保证对一、二级负荷的供电。

第五节　互　感　器

一、互感器的作用

互感器属于特种变压器，包括电压互感器和电流互感器，是一次系统和二次系统间的

联络元件，分别向测量仪表、继电器的电压线圈和电流线圈供电，以便正确反映电气设备的正常运行和故障情况。测量仪表的准确性和继电保护动作的可靠性，在很大程度上与互感器的性能有关。因此应该熟悉互感器的一些主要特性，以便正确选择和使用互感器。

互感器的作用有以下几个方面：

(1) 将一次回路的高电压和大电流变为二次回路的标准值，通常额定二次电压为100V，额定二次电流为5A或1A。可使测量仪表和保护装置标准化，二次设备的绝缘水平可按低电压设计，从而结构轻巧，价格便宜。

(2) 所有二次设备可以用低电压、小电流的控制电缆连接，使屏内布线简单、安装方便；同时便于集中管理，可实现远方控制和测量。

(3) 二次回路不受一次回路的限制，可采用星形、三角形或V形接法，因而接线灵活方便。同时，对二次设备进行维护、调换以及调整试验时，不需要中断一次系统的运行，仅适当地改变二次接线即可实现。

(4) 使二次设备和工作人员与高电压部分隔离，且互感器二次侧一端必须接地，以防止一、二次绕组绝缘击穿时，一次侧高压窜入二次侧，保证设备和人身的安全。

二、电流互感器

1. 电流互感器的工作原理及工作特点

电流互感器（Current Transformer，文字符号TA）的一次绕组串联于一次回路中，二次绕组与测量仪表和继电器的电流线圈串联。由于电流互感器的一次绕组匝数 N_1 较少，而二次绕组匝数 N_2 较多，因此二次回路电流 I_2 小于一次回路电流 I_1。其额定变比为

$$K_i = \frac{I_{1N}}{I_{2N}} \approx \frac{N_2}{N_1} \tag{5-4}$$

式中　I_{1N}——一次回路额定电流，A；

I_{2N}——二次回路额定电流，一般规定为5A或1A。

电流互感器二次回路中串接的负载是测量仪表和继电器的电流线圈，阻抗很小，因此电流互感器正常运行时接近于短路状态。

2. 电流互感器的准确级

电流互感器的误差分为电流误差和角误差，可以用其准确度等级来表示，简称准确级。准确级是指在规定的二次负荷变化范围内，一次电流为额定值时的最大电流误差的百分比。电流互感器有八种准确级，即0.1、0.2、0.5、1、3、5、5P级和10P级。0.1、0.2级主要用于实验室精密测量，0.5、1级用于计费电表、变电站的盘式仪表和技术监测用的电能表，3、5级用于一般测量和某些继电保护，5P、10P级用于继电保护。

3. 电流互感器的接线

图5-20所示为最常用的电气测量仪表接入电流互感器的三种接线方式。图5-20(a)是一相式接线，通常用于负荷平衡的三相电路。例如低压线路中，供测量电流和接过负荷保护装置之用。图5-20(b)为三相完全星形接线，广泛用于三相负荷不平衡度较大的三相电路中，作三相电流、电能测量及电流保护用。图5-20(c)是两相不完全星形接线，通常用于小接地短路电流系统中，作三相电流、电能测量及电流保护之用。由于三相电流 $\dot{I}_a+\dot{I}_b+\dot{I}_c=0$，则

$\dot{I}_b=-(\dot{I}_c+\dot{I}_a)$，通过公共导线上的电流表中的电流，等于a和c两相电流的相量和，即为b相的电流。

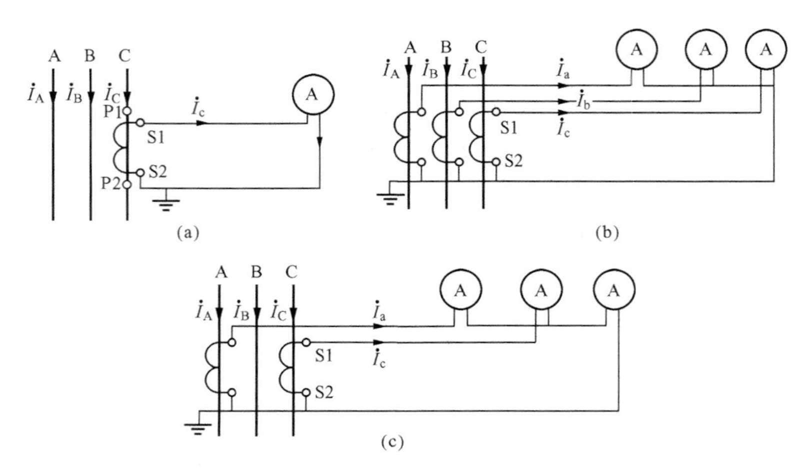

图 5-20 电流互感器的接线方式

(a) 一相式接线；(b) 三相完全星形接线；(c) 两相不完全星形接线

电流互感器的一、二次绕组的端子上必须标明极性，通常一次绕组用P1、P2表示，二次绕组用S1、S2表示，P1与S1、P2与S2在同一瞬间具有同一极性。当一次电流从P1流向P2时，二次电流从S1经过测量仪表流向S2，如图5-20（a）所示。

4. 电流互感器的类型

根据一次绕组的匝数，电流互感器可分为单匝式和多匝式；根据铁芯的数目可分为单铁芯式和多铁芯式；根据安装方式可分为穿墙式、支柱式和套管式；根据安装地点可分为户内式和户外式。

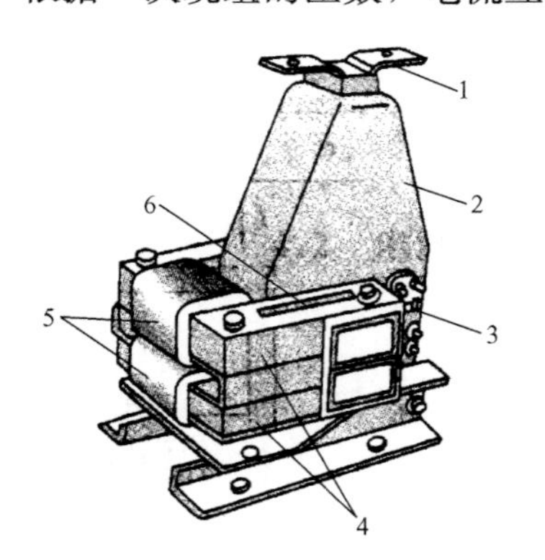

图 5-21 LQJ-10型电流互感器的结构

1—一次接线端；2—一次绕组；3—二次接线端；4—铁芯；5—二次绕组；6—警告牌

多铁芯式电流互感器每个铁芯都有自己单独的二次绕组，且二次绕组之间互不影响，但一次绕组为铁芯共用。不同铁芯的二次绕组可以有相同或不同的准确度等级（简称准确级），分别接到测量、保护等回路中。

穿墙式电流互感器用于屋内配电装置中，装设在穿过墙壁、天花板和地板的地方，并兼作套管绝缘子用，在20kV及以下屋内配电装置中应用较普遍。

在10kV及以下配电装置中，广泛采用环氧树脂或不饱和树脂浇注的电流互感器。这种绝缘的电流互感器电气性能很高，而且也很稳定，具有体积小、重量轻等优点。图5-21为国产LQJ-10型电流互感器的结构。它有两个铁芯和两个绕组，准确级为0.5级和3级，分别用于测量和保护回路中。

5. 电流互感器的型号

电流互感器的型号一般由文字符号和数字组合方式表示，如下所示：

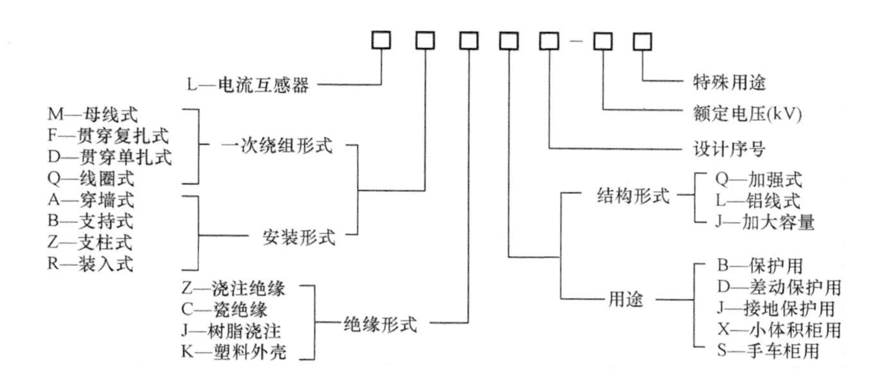

6. 电流互感器使用注意事项

(1) 电流互感器在工作时二次侧严禁开路。如果开路，二次侧可能会感应出很高的电动势，其峰值可达到数千伏甚至更高，危及人身和设备安全；同时，由于磁感应强度的剧增，将使铁芯损耗增大，严重发热。因此，电流互感器二次侧不允许开路，二次侧也不允许装接熔断器。

(2) 电流互感器二次侧有一端必须可靠接地。这是为了防止一、二次绕组间绝缘击穿时，一次侧高压窜入二次侧，危及人身和设备的安全。

(3) 电流互感器在接线时，要注意其端子的极性。

7. 电流互感器的选择

(1) 电流互感器的额定电压应不小于安装地点的电网额定电压。

(2) 电流互感器的额定电流应不小于流过电流互感器的长期最大负荷电流。

(3) 户内式或户外式按使用环境确定。

(4) 做出电流互感器所接负载的三相接线图，根据二次侧负载的要求，确定电流互感器的准确级，如有功功率的测量用 0.5 级，过电流保护用 3 级，差动保护用 P 级等。

(5) 根据接线图确定每相二次绕组所串联的总阻抗，要求其中总阻抗最大一相的阻抗值，应不大于选定准确级下的允许阻抗值 Z_{2N}，即 $Z_2 \leqslant Z_{2N}$。

二次绕组所串联的总阻抗 Z_2 计算方法为

$$Z_2 = \sqrt{(\sum R_i + R_{WL} + R_{XC})^2 + (\sum X_i)^2} \tag{5-5}$$

式中　$\sum R_i$、$\sum X_i$——二次绕组所接测量仪表、继电器电流线圈的电阻与电抗和，可从产品样本中查出，Ω；

R_{WL}——二次侧连接导线电阻，Ω；

R_{XC}——连接处的接触电阻，一般取 0.1Ω。

取 $Z_2 = Z_{2N}$，可以求出二次侧连接导线的最大允许电阻值 R_{WL}，根据导线计算长度 l 和电阻率 ρ，用公式 $R_{WL} = \rho \dfrac{l}{A}$ 可确定导线最小允许截面。一般限于机械强度的要求，截面不应小于 2.5mm²，并用铜线。在计算中，导线计算长度 l 和导线的实际长度 l_1 的关系，因电流互感器的接线方式不同而不同。当电流互感器为三相完全星形接线时，$l = l_1$；当电流互感器为两相不完全星形接线时，$l = \sqrt{3} l_1$；当电流互感器为一相式接线时，$l = 2l_1$。

（6）动稳定度校验。流过电流互感器三相最大冲击短路电流与其一次额定电流振幅的比值，应不大于动稳定倍数 K_{es}，即

$$\frac{i_{sh}^{(3)}}{\sqrt{2}I_{1N}} \leqslant K_{es} \tag{5-6}$$

（7）热稳定度校验。电流互感器产品目录给出 1s 热稳定倍数 K_t，要求最大三相或两相短路电流发热，应不大于允许的发热量，即

$$I_{\infty}^2 t_{ima} \leqslant (I_{1N}K_t)^2 \times 1 \tag{5-7}$$

三、电压互感器

1. 电压互感器的工作原理及工作特点

电压互感器（Voltage Transformer，文字符号 TV）的工作原理、构造和连接方法都与电力变压器相同。其主要区别在于电压互感器的容量很小，通常只有几十到几百伏安。我国规定：全绝缘单相电压互感器一次绕组端子标以 A、B，二次绕组端子标以 a、b，且 A 与 a 在同一瞬间具有同一极性；对于一次绕组中性点降低绝缘的单相电压互感器，一次绕组端子标以 A、N，二次绕组端子标以 a、n，且 A 与 a 在同一瞬间具有同一极性。三相电压互感器一次绕组端子分别标以 A、B、C 和 N，二次绕组端子分别标以 a、b、c 和 n，且 A 与 a，B 与 b，C 与 c 在同一瞬间具有同一极性。

电压互感器的工作状态与普通变压器相比，其特点是：电压互感器一次侧的电压即电网电压，不受互感器二次侧负荷的影响，并且在大多数情况下，其负荷是恒定的；接在电压互感器二次侧的负荷是仪表、继电器的电压线圈，它们的阻抗很大，通过的电流很小，电压互感器的工作状态接近于变压器的空载情况，二次电压接近于二次电动势值，并决定于一次电压值。因此电压互感器可用来辅助测量一次侧的电压。

但是如果无限制地增加电压互感器的二次负荷，二次电压就会降低，其结果是测量误差增大。所以为了使测量的准确度符合要求，应限制电压互感器的二次负荷在准确度所允许的范围内。

2. 电压互感器的准确级

电压互感器的误差分为电压误差和角误差，也可以用其准确级来表示。电压互感器有七种准确级，即 0.1、0.2、0.5、1、3、3P 级和 6P 级。0.1、0.2 级主要用于实验室精密测量，0.5、1 级用于计费电能表、变电站的盘式仪表和技术监测用的电能表，3 级用于一般的测量和某些继电保护，3P、6P 级用于继电保护。

3. 电压互感器的接线

图 5-22 所示为电压互感器最常用的几种接线方式。

（1）图 5-22（a）所示为一只单相电压互感器的单相式接线，用在只需测量任意两相间的电压时，可接入电压表、频率表、电压继电器等。

（2）图 5-22（b）所示为两只单相电压互感器的不完全三角形（V-v 形）接线，用来接入只需测量线电压的仪表和继电器，但不能测量相电压。这种接线广泛用于小接地短路电流系统中。

（3）图 5-22（c）（不含用虚线表示的绕组）所示为三只单相三绕组电压互感器接成 YNyn 接线，且一、二次绕组中性点接地。这种接法广泛用于 35kV 及以上电网中，可测量三相电网的线电压和相电压。在中性点不接地的系统中，这种接法用来监测电网对地绝缘的

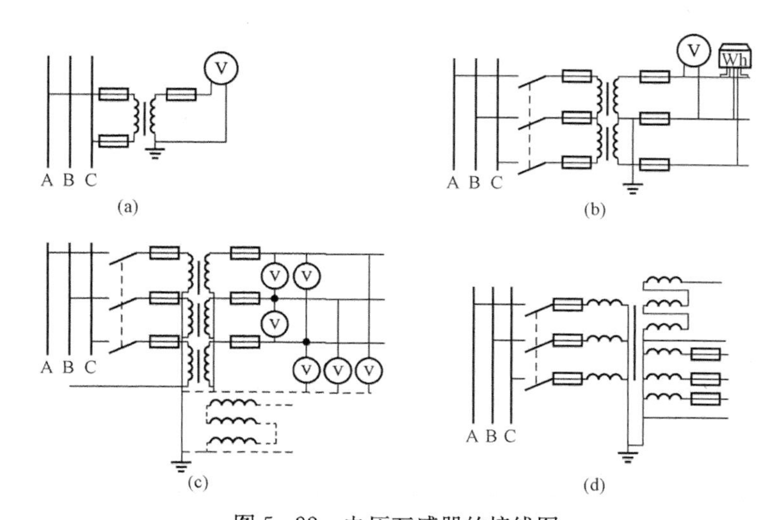

图 5-22　电压互感器的接线图

(a) 单相式接线；(b) V、v 接线；(c) 三台单相电压互感器的 YNynd 接线；
(d) 三相五柱式电压互感器的 YNynd 接线

状况和接入对电压互感器的准确级要求不高的测量仪器和继电器，如电压表、频率表、电压继电器等。

图 5-22（c）中辅助二次绕组（用虚线表示的绕组）接成开口三角形，在小接地短路电流系统中，用于交流绝缘监察，每相辅助二次绕组的额定电压为 100/3V；在大接地短路电流系统中，用于接地保护及测量零序电压，每相辅助二次绕组的额定电压按 100V 来设计。当开口三角形两端接入电压继电器时，正常状态下继电器线圈两端电压为零；当系统发生单相接地时，继电器线圈两端具有 100V 电压，继电器动作。

（4）图 5-22（d）所示为一只三相五柱式电压互感器接成 YNynd 接线。这种接线可用来测量线电压和相电压，还可以用作交流绝缘监察，广泛用于小接地短路电流系统中。当系统发生单相接地时，三相五柱式电压互感器内出现的零序磁通可以通过两侧的边柱铁芯构成回路，因而磁阻小，零序励磁电流也小，不会烧毁互感器。

4. 电压互感器的类型

电压互感器按安装地点可分为户内式和户外式；按相数可分为单相式和三相式；按每相绕组数可分为双绕组式和三绕组式，三绕组式电压互感器有两个二次绕组，即基本二次绕组和辅助二次绕组，辅助二次绕组供接地保护用；按绝缘介质分为干式、浇注式、油浸式和充气式。

干式电压互感器结构简单、无着火和爆炸危险，但绝缘强度较低，只适用于 6kV 以下的户内式装置，国产 JDG 型和 JDGJ 型都是单相双绕组干式电压互感器。浇注式电压互感器结构紧凑、维护方便，适用于 3～35kV 户内式配电装置。图 5-23 所示为 JDZ 型单相环氧树脂浇注户内双绕电压互感器的结构。油浸式电压互感器的铁芯和绕组浸在充有变压器油的油箱内，绕组通过固定在箱盖上的瓷套管引出，其绝缘性能较好，可用于 10kV 及以上的户外式配电装置。图 5-24 所示为 JSW-10 型三相五柱式电压互感器外形图。充气式电压互感器用于 SF_6 全封闭电器中。

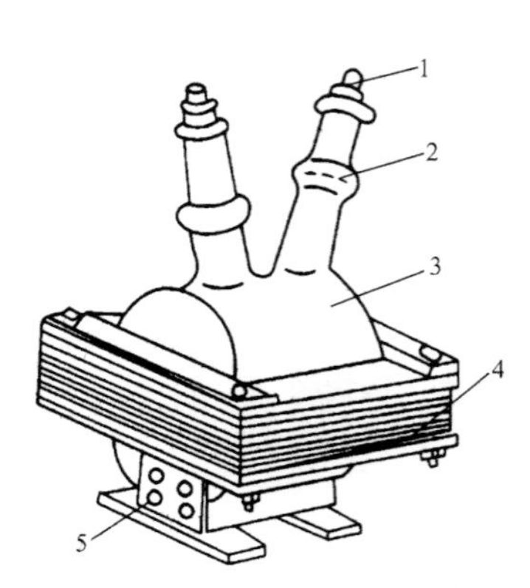

图 5-23 JDZ 型单相电压互感器的结构
1—一次接线端子；2—高压套管；3—内装一、二次绕组；
4—铁芯；5—二次接线端子

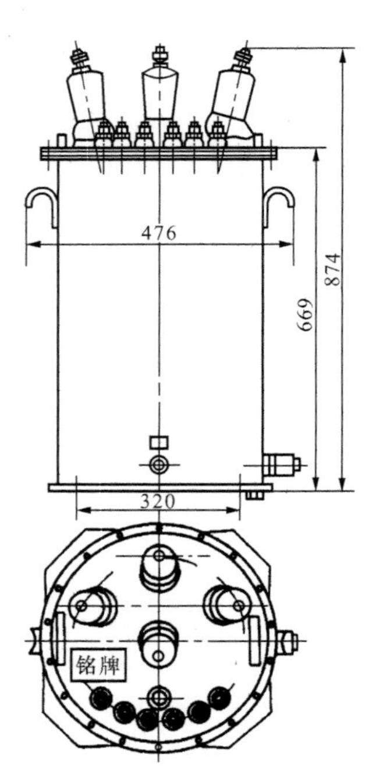

图 5-24 JSW-10 型三相五柱式电压互感器外形

5. 电压互感器的型号

电压互感器的型号一般由文字符号和数字组合方式表示，如下所示：

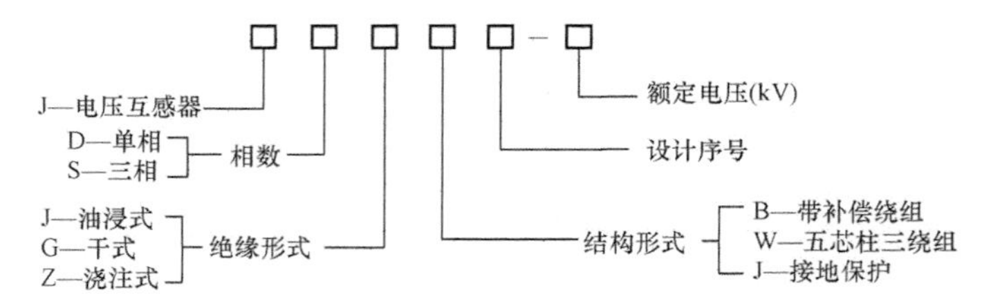

6. 电压互感器使用注意事项

(1) 电压互感器在工作时二次侧严禁短路。由于电压互感器一、二次侧都是在并联状态下工作的，如果发生短路，较高的短路电流会烧坏互感器，甚至影响一次电路的安全运行。因此，电压互感器的一、二次侧必须装设熔断器以进行短路保护。

(2) 电压互感器的二次侧有一端必须可靠接地。这是为了防止一、二次绕组间绝缘击穿时，一次侧高压窜入二次侧，危及人身和设备的安全。

(3) 电压互感器在接线时，要注意其端子的极性。

7. 电压互感器的选择

(1) 电压互感器的额定电压应不小于安装地点的电网额定电压。

(2) 户内式或户外式按使用环境确定。

(3) 做出电压互感器二次侧接负载的三相接线图，根据二次负载的要求，确定电压互感器的准确级，如有功功率的测量用 0.5 级。电压互感器的准确级也与其二次负荷的容量有关，要求 $S_2 \leqslant S_{2N}$。这里，S_2 为二次回路中所有仪表、继电器电压线圈所消耗的总的视在功率，即

$$S_2 = \sqrt{(\sum P_u)^2 + (\sum Q_u)^2} \tag{5-8}$$

式中　$\sum P_u$——二次侧所接仪表（或继电器）电压线圈消耗的总的有功功率，并且 $\sum P_u = \sum(S_u \cos\varphi_u)$；

$\sum Q_u$——二次侧所接仪表（或继电器）电压线圈消耗的总的无功功率，并且 $\sum Q_u = \sum(S_u \sin\varphi_u)$。

（4）由于有熔断器保护，不需要校验电压互感器的动、热稳定度。

第六节　GIS 组合电器

GIS（Gas Insulated Substation）是气体绝缘全封闭组合电器的英文简称。GIS 由断路器、隔离开关、接地开关、互感器、避雷器、母线、连接件和出线终端等组成。这些设备或部件全部封闭在金属接地的外壳中，在其内部充有一定压力的 SF_6 绝缘气体，故也称 SF_6 全封闭组合电器。GIS 自 20 世纪 60 年代实用化以来，已广泛运行于世界各地。GIS 不仅在高压、超高压领域被广泛应用，而且在特高压领域也被使用。与常规敞开式变电站相比，GIS 的优点在于结构紧凑、占地面积小、可靠性高、配置灵活、安装方便、安全性强、环境适应能力强，维护工作量很小，其主要部件的维修间隔不小于 20 年。

一、GIS 的结构

GIS 按结构可分为单相单筒式和三相共筒式。110kV 电压等级的 GIS 可以做成三相共筒式，220kV 及以上电压等级采用单相单筒式。

早期的 GIS 以单相单筒式结构居多，除变压器外，一次系统设备中各高压电器元件的每一相封闭在一个独立外壳内，带电部分采用同轴结构，电场较均匀，系统运行时不会出现三相短路故障，开断过程中三相无电弧干扰；不足之处是外壳数量及密封面多，漏气的可能性加大，电压等级越高，设备体积大，占地面积也会增加。目前，单相单筒式结构大多数应用于电压高、电流大的场合。

随着技术的不断进步，将三相封闭在一个公共外壳内的开关设备是 GIS 朝小型化方向发展的一个里程碑。三相共筒式 GIS 结构紧凑，外壳数量少，逐步被用户使用和推广。

图 5-25 所示为 110kV 双母线间隔的 GIS 的模块组成。为了便于支撑和检修，双母线布置在下部，母线采用三相共筒式结构。配电装置按照电气主接线的连接顺序，布置成Ⅱ形，使结构更紧凑，以节省占地面积和空间。

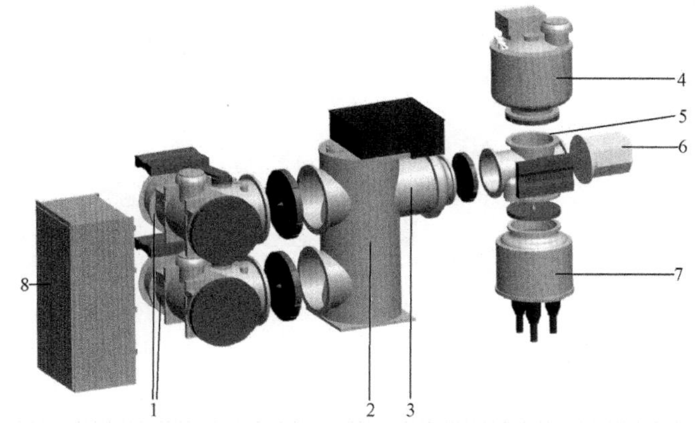

图 5-25　110kV 双母线间隔的 GIS 的模块组成

1—母线型隔离/接地开关；2—断路器；3—电流互感器；4—电压互感器；5—馈线型隔离/接地开关；6—快速接地开关；7—电缆终端筒；8—就地控制柜

图 5-26 所示为 110kV 双母线间隔的 GIS 内部结构。封闭组合电器各气室相互隔离，这样可以防止事故范围的扩大，也便于各元件的分别检修与更换。

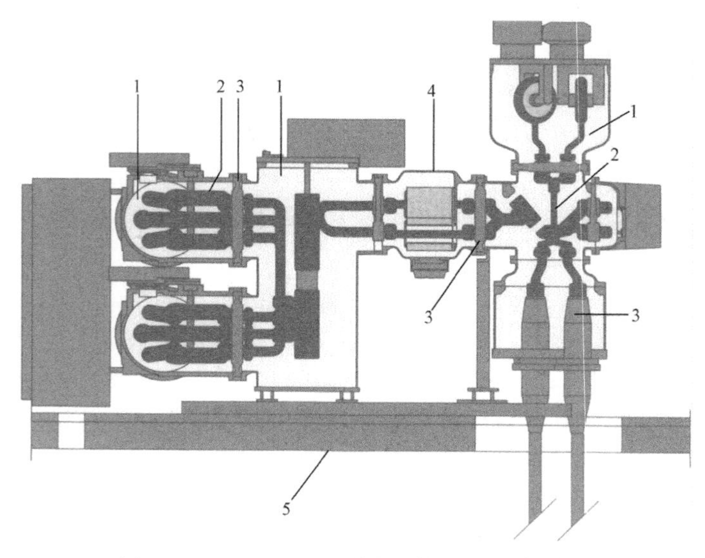

图 5-26 110kV 双母线间隔的 GIS 内部结构

1—SF_6 气体；2—高压导电回路；3—绝缘件；4—壳体；5—支架

二、GIS 的特点

图 5-27 所示为由 GIS 构成的 110kV 双母线接线配电装置的外形，与其他类型配电装置相比，GIS 具有以下特点。

图 5-27 由 GIS 构成的 110kV 双母线接线配电装置的外形

（1）运行可靠性高。

（2）检修周期长，维护工作量小。

（3）由于金属外壳接地的屏蔽作用，能消除对无线电的干扰，无静电感应和噪声等，同时消除了偶然触及带电体的危险，有利于工作人员的安全。

（4）所有用于控制、信号、联动等用途的辅助电气设备可以安装在间隔的就地控制柜内，实现对一次设备的就地控制。

（5）节省占地面积，土建和安装工作量小，建设速度快。

（6）抗震性能好。

（7）对材料性能、加工精度和装配工艺要求很高。

（8）金属耗量大，造价较高。

（9）需要专门的 SF_6 气体系统和压力监视装置，对 SF_6 气体的纯度要求严格。

三、GIS 的运行管理

由于 GIS 产品是封闭压力系统设备，运行环境条件没有雨水、污秽、潮湿、覆冰等的直接影响，工作环境明显优于空气绝缘的开关设备，加上 SF_6 气体具有优良的灭弧和绝缘特性，使 GIS 几乎可以免维护。但是为了延长 GIS 的使用寿命，需要对其进行必要的运行管理。GIS 的运行管理分为以下几种。

(1) 日常检查。对 GIS 进行外观检查，以确定设备的工作状况并及时发现运行中可能出现的异常情况。

(2) 定期检查。这是一种维护 GIS 设备使之处于正常工作状况的周期性行为。该检查应在制造厂工程技术人员的监督下进行，分为常规检查和详细检查两种。常规检查每 3 年一次，要求在断电情况下、用肉眼进行外观检查，其目的在于确认设备的性能。包括断路器、隔离开关、接地开关的机构需要的润滑情况，断路器、隔离开关、接地开关的操作及机械性能参数检查，仪器仪表的校准等。详细检查每 12 年一次，是在断电情况下对断路器、隔离开关、接地开关的操动机构的检查，如需要可对机构进行拆解或对易损件进行更换，同时还包括常规检查的所有项目。

(3) 特殊检查。这是一种临时性的检修，目的在于恢复 GIS 导电能力和运行性能。

四、GIS 的应用范围

GIS 主要用于 110～500kV 的工业区、市中心、险峻山区、地下以及需要扩建而缺乏土地的发电厂和变电站，也适用位于严重污秽、海滨、高海拔以及气象环境恶劣地区的变电站，还可用于重要的枢纽性变电站和军用变电设施。

第七节　电 气 主 接 线

一、概述

电气主接线（也称为一次接线）是由发电机、变压器、断路器、隔离开关、互感器、母线和电缆等电气设备按一定顺序连接的，用以表示产生、变换和分配电能的电路，一般以单线图表示。局部图面，例如，电流互感器三相接线不尽相同时，应以三线图表示。在电气主接线中，所有的电气设备均用规定的图形符号表示，按它们的正常状态画出。所谓“正常状态”，就是电气设备所处的电路在无电压及无外力时的状态。例如，断路器和隔离开关应在断开位置。一般在图上还标出主要设备的型号和技术参数。

电气主接线的拟定，与电气设备的选择、配电装置的布置、继电保护的选择与整定、运行的可靠性和经济性有密切关系。所以对电气主接线有以下要求：

(1) 根据系统和用户的需要，保证供电的可靠性和电能质量。

(2) 具有一定的灵活性，以适应电气装置的各种工作情况。

(3) 简单清晰，操作方便，防止由于误操作而造成事故。

(4) 经济合理性，使电气装置的基建投资和年运行费用最小。

(5) 具有发展的可能性。

二、单母线接线

在工业企业供电系统中，一般引出线数目比电源数目多，为了使每一回引出线都能从任意电源获得电能，保证供电的可靠性和灵活性，必须使用母线。母线起着汇集和分配电能的作用。母线的接线方式是电气主接线的核心，母线的故障会影响用户的正常供电和系统的运行方式，因此在运行、设计、安装中要特别重视其可靠性。

图5-28所示为单母线接线。它将每一电源和引出线都经断路器QF和母线隔离开关QS接到一条公用的母线上。母线保证电源1和电源2并列运行，任意引出线也可以从母线上获取电能。

单母线接线的优点是接线简单清晰；操作方便；使用电气设备少，经济性好；隔离开关仅在检修时作隔离电源使用，不作其他操作。

单母线接线的缺点是：

（1）检修母线或母线隔离开关时，各个回路全停电。

（2）母线或母线隔离开关故障时，所有电源回路的断路器在保护作用下自动跳开，使各个回路在检修时间内全停电。

（3）引出线的断路器检修时，该回路要停电。

由于单母线接线工作的可靠性和灵活性较差，因此仅适用于小容量（尤其是只有一个电源）的变电站中。但是采用成套配电装置时，由于成套配电装置的可靠性较高（如有备用电源时），也可以采用单母线接线。

三、单母线分段接线

图5-29所示为单母线分段接线，分段的数目一般为2～3段，引出线在各分段上分配时，应尽可能使各段的功率平衡。

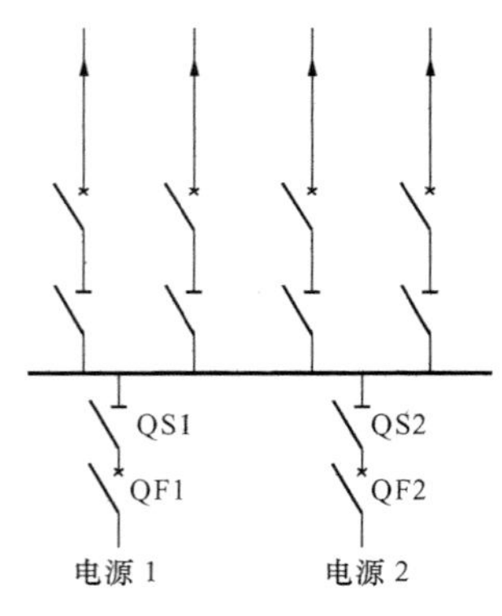

图5-28 单母线接线

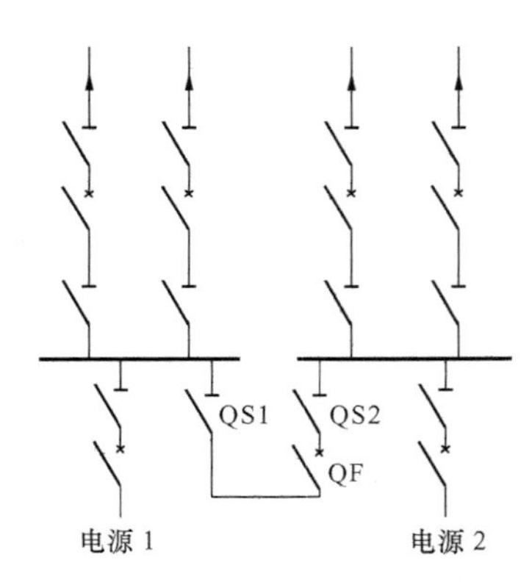

图5-29 单母线分段接线

在单母线分段接线中，分段断路器QF1装有继电保护装置。在正常工作时，如果分段断路器QF1是断开的，则它还应装有备用电源自动投入装置（APD）。当任一电源发生故障时，该电源回路的断路器自动跳开，在APD作用下分段断路器可以自动合闸，保证全部引出线继续工作。如果正常工作时分段断路器是接通的，当任一母线发生短路故障时，在继电保护的作用下，分段断路器和故障段的电源断路器自动跳闸，保证非故障段母线继续工作。

用单母线分段接线的特点是：

（1）母线故障时，仅故障段母线停止工作，非故障段母线仍可以继续工作。

（2）对重要用户，可从不同母线分段引出的双回线供电，以保证供电的可靠性。

（3）当一段母线故障或检修时，必须断开该段母线上的所有电源和出线，从而减少了系统的发电量，也影响了部分用户的供电。

（4）任意回路的断路器检修时，该回路必须停电。

四、双母线接线

图 5-30 所示为双母线接线，每一电源和引出线，通过一台断路器和两组隔离开关连接在两组母线上。

正常运行时，只有一组母线工作（如图中母线Ⅰ），所有连接在工作母线上的母线隔离开关都是接通的；另一组母线是备用母线（如图中母线Ⅱ），所有连接在备用母线上的隔离开关都是断开的。工作母线和备用母线利用母联断路器 QF 连接起来，平时母联断路器是断开的。

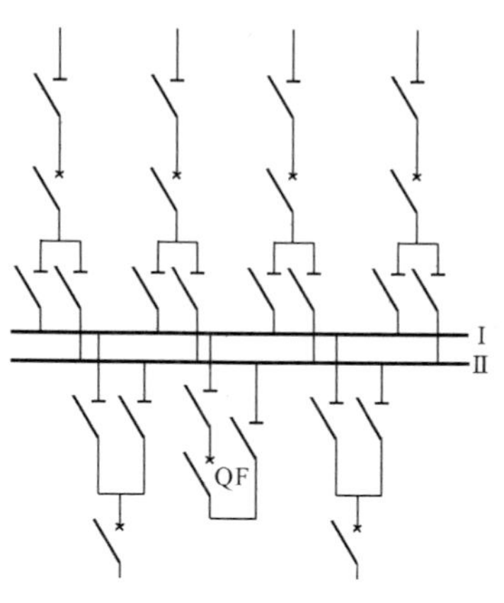

图 5-30　双母线接线

因为这种接线方式中有了备用母线，所以提高了供电的可靠性和灵活性，主要表现为：

（1）轮流检修母线时，不中断供电。

（2）检修任一回路的母线隔离开关时，只需断开该回路。

（3）工作母线故障时，通过倒母线操作，装置能迅速恢复供电。

（4）任意回路中运行的断路器如果拒动或因故不允许操作时，可以利用母联断路器来代替断开该回路。

双母线接线的缺点及改进措施如下：

（1）倒闸操作过程比较复杂，容易造成误操作。为防止误操作，要求运行人员必须熟悉操作规程，另外还可以在隔离开关和断路器之间装设特殊的闭锁装置，以保证正确的操作顺序。

（2）平时只有一组母线工作，因此当工作母线短路时，整个配电装置要短时停电。这对重要用户是不允许的。改进措施是，可以用双母线同时工作的运行方式，平时母联断路器是接通的，电源和引出线均衡地分配在两组母线之间，类似于单母线分段接线。当一组母线故障时，母联断路器和连接在该母线上的电源回路断路器断开，将所有接在故障母线的回路倒换至另一组母线后，因母线故障而停电的部分就可以恢复工作。

（3）检修任一回路的断路器时，此回路仍需停电。改进措施是，在原来双母线接线的基础上增设旁路母线。但此时主接线的经济性变差。

（4）经济性较差。

双母线接线广泛应用于对供电可靠性和灵活性要求较高的大容量的变电站中。

五、桥式接线

当变电站只有两台变压器和两条线路时，可以采用桥式接线。桥式接线按照连接桥的位置可分为内桥接线和外桥接线，如图 5-31 和图 5-32 所示。

1. 内桥接线

内桥接线的特点是：两台断路器 QF1 和 QF2 接在引出线上，因此引出线的切除和投入比较方便。当线路发生短路故障时，仅故障线路的断路器断开，其他三条回路仍可继续工作。但是当变压器故障时，如变压器 T1 故障，与变压器 T1 连接的两台断路器 QF1 和 QF3 都将断开，从而影响了未发生故障的引出线 WL1 的工作。此外，这种接线当切除和投入变压器时，操作也比较复杂。例如切除变压器 T1 时，必须首先断开断路器 QF1、QF3 和变压器低压侧的断路器（图中未画出），再断开隔离开关 QS1，然后接通 QF1 和 QF3，使引出线 WL1 恢复工作。

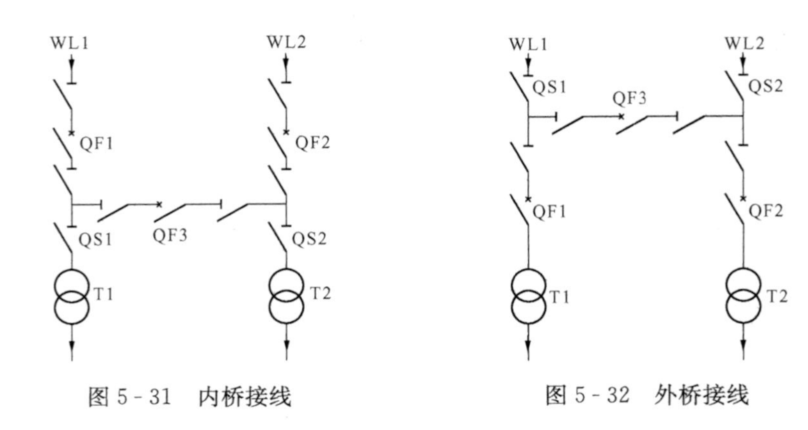

图 5-31 内桥接线　　　图 5-32 外桥接线

内桥接线一般适用于故障较多的长线路和变压器不需要经常切换的场合。

2. 外桥接线

外桥接线的特点与内桥接线相反，当变压器发生故障或在运行过程中需要切除变压器时，只断开本回路的断路器即可，不影响其他回路的工作。但是当线路故障时，如引出线 WL1 故障，断路器 QF1 和 QF3 都将断开，因而变压器 T1 也被切除。为了恢复变压器 T1 的正常运行，必须在断开隔离开关 QS1 后，再接通断路器 QF1 和 QF3。

外桥接线适用于线路较短和变压器按经济运行需要经常切换的场合。此外，当电力系统有穿越性功率经过发电厂或变电站时，也应采用外桥接线，这时穿越性功率仅经过连接桥上的断路器。否则，若采用内桥接线，则穿越性功率经过三台断路器，其中任一断路器故障或检修时，将影响穿越性功率的传送。又如两条引出线接入环形电网时也应采用外桥接线，使环形电网断开的机会减少。

3. 桥式接线的优点及应用

桥式接线具有工作可靠、灵活、使用的电气设备少、结构简单清晰和制造费用低等优点，并且特别容易发展成为单母线分段或双母线接线。因此，为了节省投资，当配电装置建造初期负荷较小、引出线数目不多时，宜采用桥式接线；随着负荷的增大引出线数目增多时，则可逐步发展成为用断路器分段的单母线接线或双母线接线。

在我国许多新建的发电厂和变电站的 35～220kV 配电装置中，桥式接线得到了广泛的应用。

六、降压变电站的电气主接线

降压变电站电气主接线的选择依据包括变电站在电力系统中的地位和作用，负荷对供电可靠性的要求，电网的结构等。一般地，在变电站的 35～330kV 侧，应尽可能采用桥式接线、单母线接线、单母线分段接线和双母线接线；在 6～10kV 侧，可采用单母线或单母线分段接线。

1. 大容量降压变电站主接线

图 5-33 所示为一个大容量降压变电站主接线，变压器的高、低压侧均为单母线分段接线。

（1）两台变压器的低压侧分开运行。

为限制短路电流，正常工作时两台变压器的低压侧可以分开运行，即 6～10kV 母线的分段断路器 QF2 是断开的。这种运行方式的优点是6～10kV 电网内发生短路时，短路电流只通过一台变压器，其数值小于变压器并联运行时的短路电流。因此，这种接线大多数情况下可以不装设线路电抗器，而且允许在6～10kV侧装设轻型断路器。另外，当电网内发生短路时，只有故障线路所在的一段母线的电压降低，而另一段母线仍保持有较高的电压。

（2）两台变压器的低压侧并联运行。

正常运行时6～10kV母线的分段断路器QF2是闭合的。这种接线方式的优点是：两台变压器的负荷分配均匀，变压器中的电能损耗小；两段母线的电压相等；当其中一台变压器故障时，仍可以保证两段母线的引出线供电不至于中断。

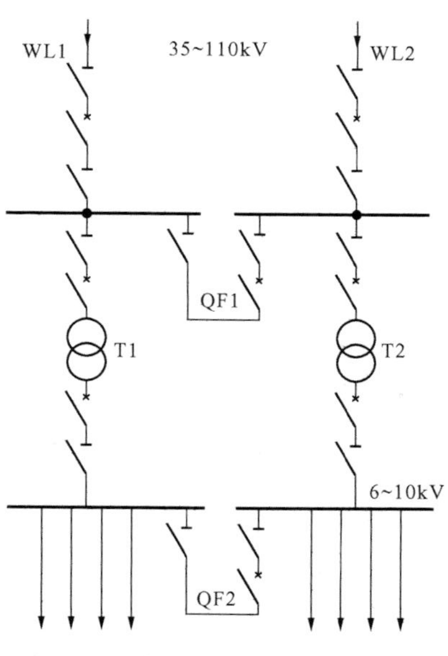

图5-33　大容量降压变电站主接线

2. 中小容量降压变电站主接线

当中小容量降压变电站给重要用户供电时，一般装设两台变压器，接线如图5-34所示。当高压侧有两回电源线路时，可采用桥式接线；低压侧为单母线分段接线，正常运行时，分段断路器QF1是接通的。

只有一台变压器的变电站向重要用户供电时，用户必须从电网中得到另一电源，作为备用电源。

只有一台变压器和一回线路供电的终端或车间变电站，可采用图5-35所示的接线。这种接线的高压侧用高压熔断器作为变压器的短路及过负荷保护，当熔断器的参数不能满足要求时，应采用断路器来作为开关电器。这种接线的低压侧大多数采用单母线接线，母线与变压器低压侧直接相连接。如果变电站低压侧另外还有电源时，在变压器和低压母线之间应装设断路器，如图5-35中虚线所示。

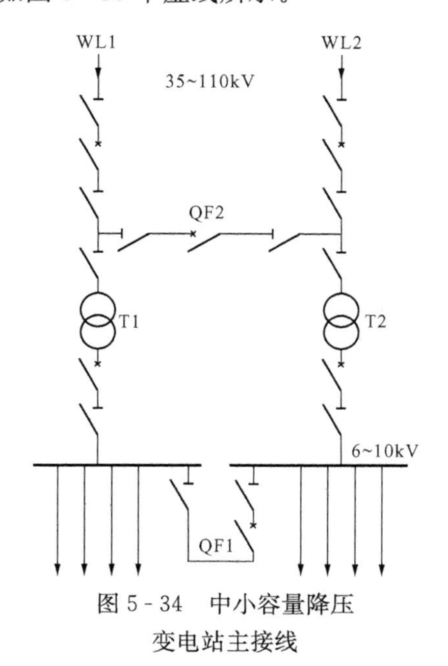

图5-34　中小容量降压变电站主接线

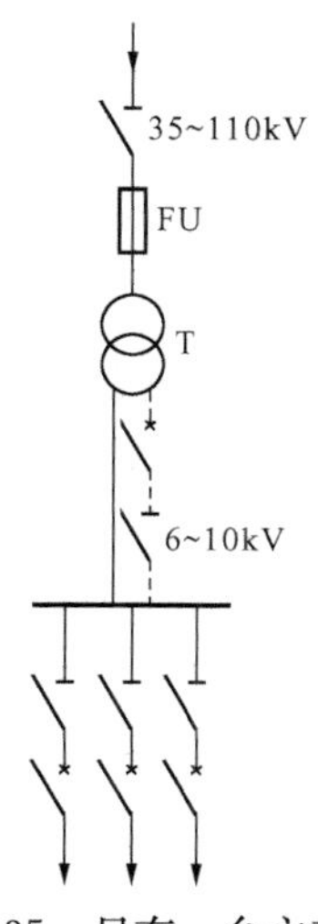

图5-35　只有一台主变压器的降压变电站主接线

习 题

5-1 开关电器触头间电弧产生的原因是什么？气体有哪些游离方式？

5-2 使交流电弧熄灭的条件是什么？开关电器中有哪些常用的灭弧方法？

5-3 什么叫一次接线，什么叫二次接线？一次接线的设备按其功能分有哪几类？

5-4 高压跌落式熔断器与一般高压熔断器（如 RN1 型）在功能和性能方面有何异同？

5-5 高压隔离开关有哪些功能？它为什么可用来隔离电源保证安全检修？它为什么不能带负荷操作？

5-6 高压断路器有哪些功能？如何分类的？为什么真空断路器和六氟化硫（SF_6）断路器适用于频繁操作场所，而油断路器不适于频繁操作？

5-7 熔断器、高压隔离开关、高压负荷开关、高低压断路器及低压刀开关在选择时，哪些需要校验断流能力，哪些需要校验短路动、热稳定度？

5-8 低压断路器有哪些功能？配电用低压断路器按结构型式有哪两大类？各有什么结构特点？

5-9 变压器的主要作用是什么？主要由哪几部分构成？

5-10 变压器并列运行的目的和条件是什么？

5-11 某 10/0.4kV 车间变电站总计算负荷为 980kVA，其中一、二级负荷为 700kVA，试初步选择该车间变电站的主变压器的台数和容量。

5-12 电流互感器和电压互感器有哪些功能？电流互感器二次侧开路和电压互感器二次侧短路各有什么后果？

5-13 六氟化硫全封闭式组合电器的主要结构和优、缺点是什么？适用范围如何？

5-14 在图 5-29 所示的单母线分段接线中，正常运行时分段断路器 QF1 可以是断开的（装有 APD 装置），也可以是闭合的。比较该接线在这两种不同的运行方式下的优缺点。

5-15 在图 5-30 所示的双母线接线中，母线Ⅰ工作，所有连接在母线Ⅰ上的母线隔离开关都是接通的；母线Ⅱ备用，所有连接在母线Ⅱ上的隔离开关都是断开的，母联断路器 QF 是断开的。现在工作母线Ⅰ发生故障，应如何进行倒闸操作迅速恢复出线的供电？

5-16 在图 5-30 所示的双母线接线中，若某一出线断路器不能操作时，如何利用母联断路器 QF 断开该回路？

5-17 什么是内桥接线和外桥接线？各适用什么场合？

5-18 在图 5-32 所示的外桥接线中，现在欲对线路 WL2 进行检修，应如何进行倒闸操作？在操作过程中，对变压器 T2 有什么影响？

5-19 图 5-34 所示的中小容量降压变电站主接线中，欲对主变压器 T1 进行检修，应如何进行倒闸操作？

5-20 某一降压变电站内装有两台双绕组变压器，该变电站有两回 35kV 电源进线，6 回 10kV 出线，低压侧拟采用单母线分段接线，高压侧拟采用内桥接线。请画出该变电站简单的电气主接线图。

5-21 某 10kV 线路最大负荷电流为 150A，三相短路时超瞬态短路电流为 9kA，三相最大冲击短路电流为 23kA，假想时间为 1.4s，试选择隔离开关、断路器，并校验它们的动稳定度和热稳定度。

5-22　某厂的有功计算负荷为3000kW，功率因数为0.92，该厂10kV进线上拟安装一台SN10-10型断路器，其主保护动作时间为1.2s，断路器跳闸时间为0.2s，10kV母线上的$I''=I_{\infty}=20$kA，试选择该断路器的规格。

5-23　在习题5-21的条件下，若在该线路出线开关柜配置两只LQJ-10型电流互感器，分别装在A、C相（两相不完全星形接线）。电流互感器0.5级的二次绕组用于电能测量，中性线上装一只电流表，电流线圈消耗负荷为3VA（A、C相各分担3VA的一半）；三相有功及无功电能表各一只，每个电流线圈消耗负荷0.5VA；有功功率表一只，电流线圈负荷为1.5VA。3.0级的二次绕组用作继电保护，A、C相各接两只DL型电流继电器，每只电流继电器消耗负荷为2.5VA。电流互感器至仪表、继电器的单向长度为2.5m，导线采用BV-500-1×2.5mm型的铜芯塑料线。试选择电流互感器的变比，并校验其动、热稳定度和各二次绕组的负荷是否符合准确度的要求。

5-24　某10kV车间变电站，变压器容量为630kVA，高压侧短路容量为100MVA，若用RN1型高压熔断器作高压侧短路保护，试选择RN1型熔断器的规格并校验其断流能力。

5-25　某1000kVA的户外变压器，夏季的平均日最大负荷为760kVA，日负荷率为0.7，日最大负荷持续时间为8h。求此变压器在冬季的过负荷能力。

第六章　工业企业供电系统继电保护及接地与防雷

本章首先介绍工业企业供电系统继电保护的基本概念，然后讲述供电系统单端供电网络的继电保护及电力变压器、高压电动机的继电保护的原理和整定计算等内容，并对微机保护作简要介绍，最后介绍供电系统中接地与防雷的有关知识。

第一节　继电保护的基本概念

一、工业企业供电系统继电保护的任务

工业企业供电系统中，由于电气设备内部绝缘的老化、损坏或雷击、外力破坏以及工作人员的误操作等，使运行中的供电系统发生故障和不正常运行状态。常见的故障是各种类型的短路，短路产生很大的短路电流，使电气设备产生电动力效应和热效应，则使电气设备承受电动力和热的作用而损坏，同时使电力系统的供电电压下降，引发严重后果。常见的不正常运行状态有中性点不接地系统发生单相接地和线路或设备过负荷等，如果不及时处理，可能导致相间短路故障。

工业企业供电系统继电保护装置是指能反映系统中电气设备发生故障或不正常工作状态，并能动作于断路器跳闸或起动信号装置发出预报信号的一种自动装置。其基本任务是：

（1）当系统发生故障时，能自动、快速、有选择性地将故障设备从系统中切除，保证非故障部分继续运行，使停电范围最小。

（2）当系统处于不正常运行状态时，根据运行维护的要求能自动、及时、有选择性地发出预报信号，以便值班人员采取措施，消除不正常运行状态，使电气设备正常工作。

二、工业企业供电系统对继电保护的基本要求

根据继电保护的任务，对动作于跳闸的继电保护要求是具有选择性、速动性、灵敏性和可靠性。这些要求是相辅相成、相互制约的，需要根据具体的使用环境进行协调保证。

1. 选择性

继电保护动作的选择性是指在供电系统发生故障时，只使距离故障点最近的继电保护装置动作，将故障切除，而非故障部分仍然正常运行。

当单端供电系统中某点发生短路时，继电保护装置动作的选择性是通过选取不同的动作时间来保证的。断路器距负荷端越近，其保护动作时间越短；断路器距电源越近，其保护动作时间整定得越长。为使靠近故障处保护装置能迅速地动作，可配合线路自动重合闸装置，进行无选择性动作。

在要求继电保护动作有选择性的同时，还必须考虑继电保护或断路器有可能拒绝动作，使故障不能消除，此时要求其上一级电气元件（靠近电源侧）的保护动作切除故障。该保护起到了对相邻电气元件后备保护的作用，所以称其为相邻元件的后备保护。

2. 速动性

速动性是指继电保护装置应能尽快切除故障。当系统内发生短路故障时，快速切除故障

可使电压降低的时间缩短，减少对用电设备的影响。如果故障能在0.2s内切除，则一般电动机就不会停转。速动性还可减少故障回路电气设备遭受损坏的程度，缩小故障影响的范围，提高自动重合闸装置的动作效果，提高电力系统运行的稳定性。

3. 灵敏性

保护范围内出现故障和不正常工作状态时，继电保护的反应能力称为灵敏性。灵敏性是以灵敏系数（Sensitive Coefficient）来衡量，用K_{sen}表示。

对于过电流保护装置，其灵敏系数为

$$K_{sen}=\frac{I_k^{(n)}}{I_{op,1}} \tag{6-1}$$

式中　$I_k^{(n)}$——被保护区末端发生金属性短路时的最小短路电流，A；

$I_{op,1}$——保护装置的一次侧动作电流，A。

对于低电压保护，其灵敏系数为

$$K_{sen}=\frac{U_{op,1}}{U_k^{(n)}} \tag{6-2}$$

式中　$U_k^{(n)}$——被保护区内发生短路时，连接该保护装置的母线上的实际电压，V；

$U_{op,1}$——保护装置的一次侧动作电压，V。

灵敏系数标志着在故障发生之初，继电保护反应故障的能力。高灵敏度的保护装置对故障反应灵敏，从而减小了故障对系统的影响和波及范围。但高灵敏度的保护装置复杂、昂贵，有可能使工作的可靠性有所降低。

4. 可靠性

保护装置的可靠性是指在其保护范围内发生属于它动作的故障时，应可靠动作而不应拒动；而发生不属于它应动作的情况时，则应可靠不动，即不应误动。

继电保护装置必须可靠地工作，接线方式力求简单，触点回路少，设计保护装置时不必考虑故障极难发生的特殊情况，继电保护装置的可靠性可以用拒动率及误动率来衡量。显然拒动率及误动率越小，则保护装置的可靠性越高。

继电保护装置除满足上面的基本要求外，还要求投资省，便于调试及维护，并尽可能满足系统运行时所要求的灵活性。

三、工业企业供电系统继电保护的基本原理

工业企业供电系统发生故障时，会引起电流的增加和电压的降低，以及电流与电压间相位的变化等。因此系统中所应用的各种继电保护装置，大多数是利用故障时物理量与正常运行时物理量的差别来构成的，如反映电流增大的过电流保护、反映电压降低或升高的低电压或过电压保护等。而能够反映故障时物理量（电量或非电量）变化，并能够与事先通过计算已设定的整定值进行比较、判断是否应该起动的继电器，称为继电保护装置的起动元件，如反映电流增大或电压降低或升高的电流或电压继电器。因此，人们设计出了能够反映各种物理量变化的继电器，如电流继电器、电压继电器、气体继电器、频率继电器、温度继电器、压力继电器等电气和非电气继电器，用来构成各种继电保护装置和自动控制装置。继电保护原理结构的框图，如图6-1所示。继电保护装置按功能可分为三部分：检测部分，用来接收反映被保护设备状态的有关信息（例如来自电流互感器或电压互感器的电流或电压等），并与整定值进行比较判断，输出“是”（起动）或“非”（不起动）的逻辑信号；逻辑部分，根据检测部分输出的逻辑信号，按照一定的逻辑程序工作，向执行部分输出“是”（执行）或“非”（不执行）的逻辑信号；执行部分，根据逻辑部分传输的信号，最后完成保护装置所担负的任务，即给出跳闸或信号脉冲。

图 6-1 继电保护原理结构的框图

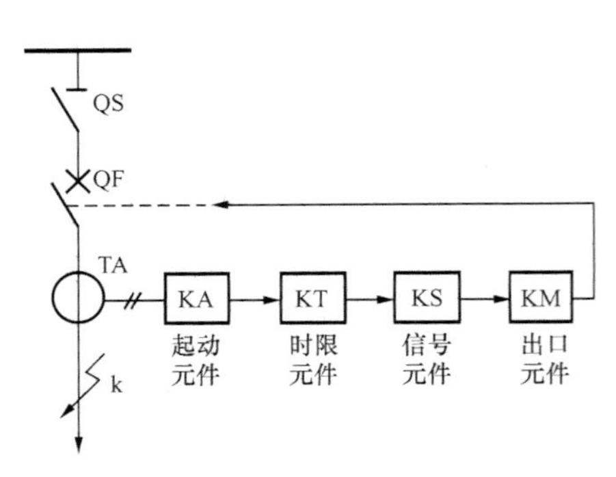

图 6-2 线路定时限过电流保护基本原理框图

以反映电流增大的线路定时限过电流保护为例，说明继电保护的组成和基本原理。图 6-2 为线路定时限过电流保护基本原理框图。图中起动元件为电流继电器 KA，担负着检测起动的任务；时限元件为时间继电器 KT，担负着逻辑判断的任务，即通过延时实现逻辑判断功能；出口元件为中间继电器 KM，担负着执行的任务，即接通断路器 QF 的跳闸线圈，完成跳闸任务；信号元件为信号继电器 KS，担负着向运行人员发出故障跳闸信号的任务，即接通灯光指示信号和事故音响信号。

图 6-2 中，电流继电器 KA 的线圈接于被保护线路电流互感器 TA 的二次回路，即保护的测量回路，它监视被保护线路的运行状态，检测线路中电流的大小。在正常运行情况下，当线路中通过最大负荷电流时，电流继电器 KA 不动作；当被保护线路 k 点发生短路时，线路上的电流突然增大，电流互感器 TA 二次侧的电流也按变比相应增大。当通过电流继电器 KA 的电流大于其整定值时，电流继电器 KA 立即动作，即其动合触点闭合，接通逻辑电路中时间继电器 KT 的线圈回路，时间继电器 KT 起动并根据短路故障持续的时间，作出保护动作的逻辑判断。当短路故障持续的时间大于时间继电器 KT 整定的延时时间 t 时，时间继电器 KT 起动，经过时间 t 后其延时触点闭合，同时接通执行回路中的信号继电器 KS 和中间继电器 KM 的线圈回路；其中中间继电器 KM 的动合触点闭合，接通断路器 QF 的跳闸线圈回路，使断路器 QF 跳闸，切除线路短路故障，同时信号继电器 KS 的动合触点闭合，接通事故信号回路，向运行人员发出线路故障跳闸的灯光指示信号和事故音响信号。

第二节 供电系统单端供电网络的继电保护

供电线路常见的故障对架空线路来说，有断线、碰线、绝缘子被击穿、相间飞弧、短路以及杆塔倒塌等；对电缆线路来说，因其直接埋地或敷设在混凝土管、隧道等，受外界因素影响较少，除本身绝缘老化的原因外，只有某些特殊情况下，如地基下沉、土壤含有杂质、建筑设施破坏、热力网影响等，才会使相间或相地之间绝缘击穿或断裂，但是电缆接头连接不良或由于污秽而产生的故障，占其全部故障的 70%以上。

工业企业供电线路基本上是开式单端供电网络，厂区内距离较短，所以线路保护并不复杂，常用的保护装置有定时限或反时限的过电流保护，低电压保护，电流速断保护，中性点不接地系统的单相接地保护等。

一、电流互感器的接线方式

电流互感器的接线方式是指互感器与电流继电器之间的连接方式。为了表征流过继电器的电流 I_K 与电流互感器二次电流 I_{TA} 的关系，引入一个接线系数 K_{con} 的概念。所谓接线系数是指流入继电器的电流与电流互感器二次电流的比值，即

$$K_{con}=I_K/I_{TA} \tag{6-3}$$

图 6-3（a）为三相完全星形接线方式，又称三相三继电器式接线。它是利用三个电流互感器串接三个电流继电器而成，且接线系数 $K_{con}=1$。这种接线方式对各种故障都起作用，当短路电流相同时，对所有故障都具有相同的灵敏度；对相间短路动作可靠，至少有两个继电器动作。因此，它主要用于高压大接地短路电流系统，以及大型变压器和电动机的差动保护、相间保护、单相接地保护。

图 6-3（b）为两相不完全星形接线方式，又称两相两继电器式接线。它是在 A、C 两相上装有电流互感器，分别与两只电流继电器相连接，且接线系数 $K_{con}=1$。这种接线方式对各种相间短路都能起到保护作用，但对 B 相接地短路故障不反应。因此，它广泛应用在中性点不接地系统中。

图 6-3（c）为两相电流差接线方式，又称两相一继电器式接线。它是由两个电流互感器和一只电流继电器组成。其接线系数 K_{con} 随不同短路方式而不同，三相短路时 $K_{con}=\sqrt{3}$，AC 两相短路时 $K_{con}=2$，AB 或 BC 两相短路时 $K_{con}=1$。两相电流差接线方式可以反应各种相间短路，由于其接线系数不同，因而其灵敏度也不一样。它可用于中性点不接地系统的变压器、电动机及线路的相间保护。

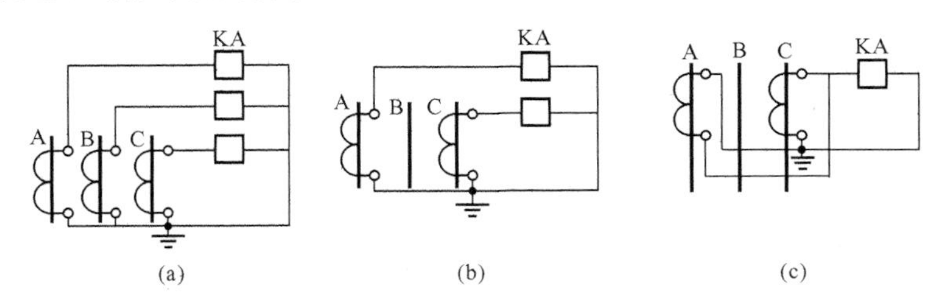

图 6-3　电流互感器的接线方式

（a）三相完全星形接线；（b）两相不完全星形接线；（c）两相电流差接线

二、过电流保护

当流过被保护元件中的电流超过预先整定的某个数值时就使断路器跳闸或给出报警信号的装置称为过电流保护装置，它有定时限和反时限两种。

1. 定时限过电流保护

（1）定时限过电流保护的动作原理。

定时限过电流保护就是保护装置的动作时限是固定不变的，与通过它的电流大小无关。这种保护装置的接线如图 6-4 所示。它由电流继电器 1KA、2KA，时间继电器 KT，信号继电器 KS 和中间继电器 KM 组成。1KA、2KA 是测量元件，用来判断通过线路电流是否超过标准；KT 为延时元件，它以适当的延时来保证装置动作有选择性；KS 用来发出保护

动作的信号；KM 用来接通断路器 QF 的跳闸线圈，完成跳闸任务。

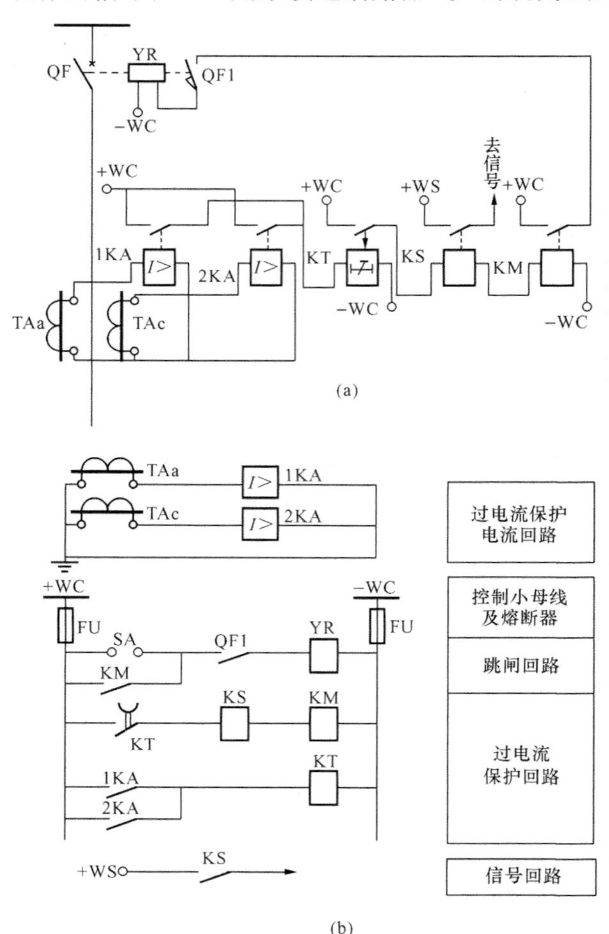

图 6-4 定时限过电流保护装置
(a) 原理图；(b) 展开图

正常运行时，1KA、2KA、KT、KS、KM 的触点都是断开的。当被保护区故障或电流过大时，1KA 或 2KA 动作，通过其触点起动时间继电器 KT，经过预定的延时后，KT 的触点闭合，使中间继电器 KM、信号继电器 KS 的线圈带电，KM 的触点闭合，将断路器 QF 的跳闸线圈 YR 接通，QF 跳闸，同时 KS 的信号牌掉下，其触点闭合，并通过灯光或音响信号指示不正常状态或故障被切除。

（2）定时限过电流保护的整定原则。

能使保护装置的电流继电器起动的最小电流称为继电器的动作电流（Operating Current），以 I_{op} 表示。若电流互感器的接线系数为 K_{con}，变比为 K_i，则与 I_{op} 相对应的电流互感器一次侧动作电流以 $I_{op,1}$ 表示，且 $I_{op}=I_{op,1}K_{con}/K_i$。当保护动作后，流入电流继电器的电流减小。能使电流继电器返回到原先状态的最大电流称为继电器的返回电流（Returning Current），以 I_r 表示，与该电流对应的电流互感器一次侧的返回电流以 $I_{r,1}$ 表示，则 $I_r=I_{r,1}K_{con}/K_i$。电流继电器的返回电流与其动作电流之比称为继电器的返回系数（returning ratio），以 K_r 表示，即

$$K_r=\frac{I_r}{I_{op}}=\frac{I_{r,1}}{I_{op,1}} \tag{6-4}$$

式中 I_r、$I_{r,1}$——继电器的返回电流和与此值对应的电流互感器一次侧的返回电流；

I_{op}、$I_{op,1}$——继电器的动作电流和与此值对应的电流互感器一次侧的动作电流。

整定保护装置的电流值时，必须使返回电流 I_r 大于线路出现且能持续 1～2s 的尖峰电流，也可考虑为被保护区母线电压恢复后其他非故障线路的电动机自起动时所引起的最大电流 $I_{L,max}$，即 $I_{r,1}>I_{L,max}$。最大电流 $I_{L,max}$ 常以线路计算电流 I_{30} 的 K_{ast} 倍来表达，即

$$I_{L,max}=K_{ast}I_{30}$$

式中 K_{ast}——自起动系数，它由负荷性质及线路接线所决定，一般取 1.5～3。

引入可靠系数 K_{rel}，返回电流为

$$I_{r,1}=K_{rel}I_{L,max} \tag{6-5}$$

式中 K_{rel}——可靠系数，对 DL 型电流继电器取 1.2，对 GL 型继电器取 1.3。

将式（6-5）代入式（6-4）得电流互感器一次侧的动作电流为

$$I_{op,1}=\frac{K_{rel}}{K_r}I_{L,max} \tag{6-6}$$

电流互感器二次侧的继电器动作电流为

$$I_{op}=\frac{K_{rel}K_{con}}{K_rK_i}I_{L,max} \tag{6-7}$$

式中　K_r——返回系数，继电器采用DL型时取0.85，采用GL型时取0.80。

各级过电流保护装置中的时间继电器KT的延时时限是按阶梯原则整定的。图6-5为一单端电源供电线路，当k点发生短路故障时，设置在定时限过电流装置Ⅰ中的过电流继电器1KA和装置Ⅱ中的2KA等都将同时动作，但根据保护动作选择性要求，应该由距故障点最近的保护装置Ⅰ动作使断路器QF1跳闸，故保护装置Ⅰ中时间继电器1KT的整定值t_1应比装置Ⅱ的2KT整定值t_2小一个Δt值。同理能推出装置Ⅱ的2KT又比装置Ⅲ的3KT小Δt值。设$t_1=t_0$，则$t_2=t_0+\Delta t$，$t_3=t_0+2\Delta t$。这种选择保护装置动作时间的方法，称为时间阶梯原则。

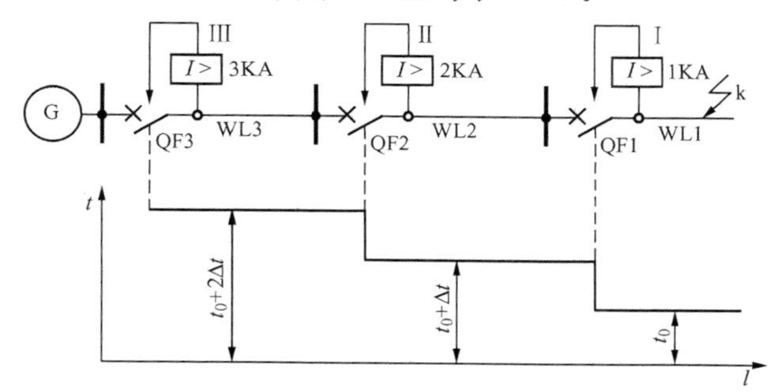

图6-5　按照阶梯原则整定的定时限过电流保护原理图

在确定Δt时，应考虑断路器的动作时间t_{QF}，即从跳闸线圈被激励，到电弧熄灭瞬间为止的一段时间，前一级保护装置动作时限可能发生提前动作的负误差$t_{(-)}$，后一级保护装置可能滞后动作的正误差$t_{(+)}$，还要考虑一定裕度而增加的储备时间t_{ch}，于是

$$\Delta t=t_{QF}+t_{(-)}+t_{(+)}+t_{ch} \tag{6-8}$$

Δt在0.5～0.7s之间，对于定时限过电流保护，可取$\Delta t=0.5$s；对于反时限过电流保护，可取$\Delta t=0.7$s。

（3）灵敏度校验。

定时限过电流保护装置的灵敏度是以被保护线路末端最小短路电流$I_{k,min}$与动作电流I_{op}之比来衡量。对于中性点不接地系统，最小短路电流为最小运行方式下线路末端两相短路时短路电流$I^{(2)}_{k,min}$，故过电流保护的灵敏度必须满足的条件为

$$K_{sen}=\frac{K_{con}I^{(2)}_{k,min}}{K_iI_{op}}\geqslant 1.5 \tag{6-9}$$

如果过电流保护是作为相邻线路的后备保护时，其校验点设在相邻线路的末端，其保护灵敏度$K_{sen}\geqslant 1.2$即可。

当灵敏度不满足要求时，可采用低电压闭锁的过电流保护装置来提高灵敏度，如图6-6所示。此时，电流继电器的动作电流减小，按躲过线路的计算电流整定，即

$$I_{op}=\frac{K_{rel}K_{con}}{K_rK_i}I_{30} \tag{6-10}$$

动作电流的减小，能有效地提高灵敏度。

上述低电压继电器的动作电压按躲过正常最低工作电压U_{min}来整定，即

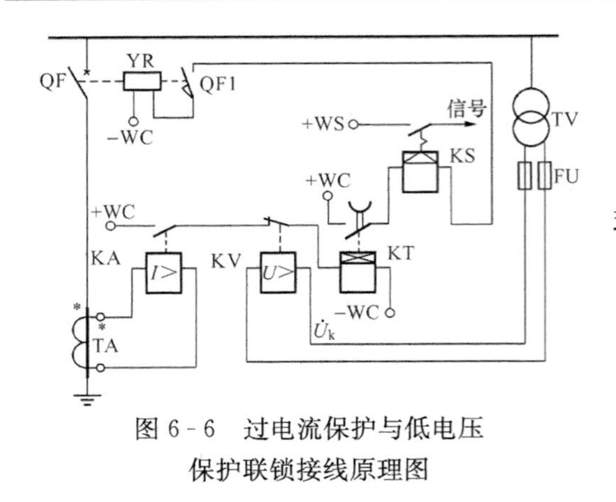

图 6-6 过电流保护与低电压保护联锁接线原理图

$$U_{op}=\frac{U_{min}}{K_{rel}K_rK_u}\approx(0.6\sim0.7)\frac{U_N}{K_u} \quad (6-11)$$

式中 U_{min}——线路最低工作电压，通常可取为（0.85～0.95）U_N；

K_{rel}——低电压保护装置的可靠系数，可取 1.2；

K_r——低电压继电器的返回系数，可取 1.15；

K_u——电压互感器的变比。

2. 反时限过电流保护装置

反时限就是保护装置的动作时间与通过电流继电器的电流（或故障电流）的大小成反比关系，所以反时限特性又称为反延时特性。反时限过电流保护由 GL-10 系列感应式继电器组成。

图 6-7 所示是一个交流操作的反时限过电流保护装置图，1KA、2KA 为 GL 系列感应式带有瞬时动作元件的反时限过电流继电器，继电器本身动作带有时限，并有动作指示掉牌信号，所以回路不需接时间继电器和信号继电器。

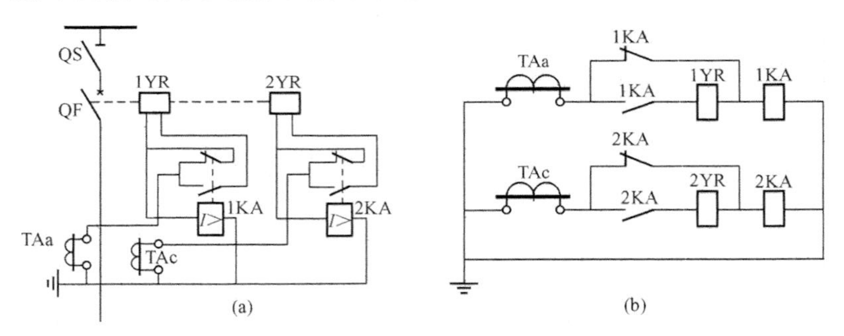

图 6-7 交流操作的反时限过电流保护装置

（a）原理图；（b）展开图

当线路有故障时，继电器 1KA、2KA 动作，经过一定时限后，其动合触点闭合，动断触点断开，这时断路器的交流操作跳闸线圈 1YR、2YR（去掉了短接分流支路）通电动作，断路器跳闸，切除故障部分；在继电器去分流的同时，其信号牌自动掉下，指示保护装置已经动作。当故障切除后，继电器返回，但其信号牌却需手动复位。

反时限过电流保护装置动作电流的整定和灵敏度校验方法与定时限过电流保护完全一样，在此不再重复。下面只介绍动作时限的整定方法。

以图 6-8 所示系统为例，说明反时限过电流保护的动作时限整定方法。

由于反时限过电流保护的动作时限与流过的电流有关，其动作时限并非定值，相邻线路的保护装置动作时限特性要相互配合。动作时限的整定，首先应从距离电源最远的保护装置Ⅰ开始，具体步骤如下。

（1）根据已知的保护装置Ⅰ的继电器动作电流 $I_{op,I}$和动作时限，选择相应的 GL-10 系

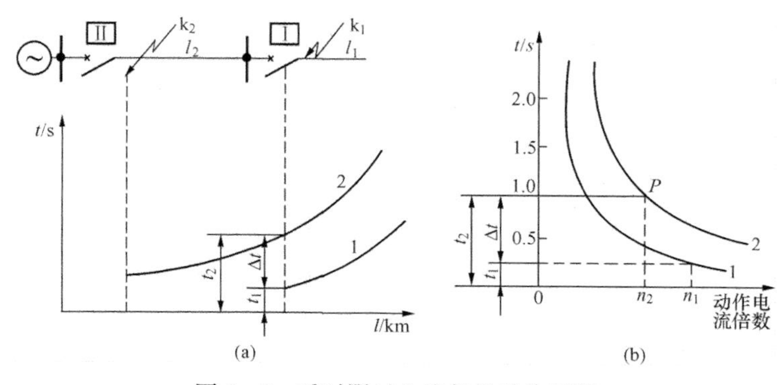

图 6-8　反时限过电流保护动作时限

(a) 短路点的距离与动作时间的关系；(b) 继电器动作特性曲线

列电流继电器的动作特性曲线，如图 6-8 (b) 中的曲线 1。

(2) 根据线路 l_1 首端 k_1 点的三相短路电流 $I_{k1}^{(3)'}$，计算出保护装置 I 的继电器动作电流倍数 n_1，即

$$n_1=\frac{I_{k1}^{(3)'}}{I_{op,\ I}} \tag{6-12}$$

式中　$I_{k1}^{(3)'}$——k_1 点发生三相短路时，流经保护装置 I 的继电器的电流；

$I_{op,I}$——保护装置 I 的继电器动作电流。

根据 n_1 就可以在保护装置 I 的继电器电流时间特性曲线上查到保护装置 I 在 k_1 点短路时的实际动作时间 t_1，而线路 l_1 中其他各点短路时，保护装置 I 的动作时间可以用同样的方法求得。即得到了线路 l_1 中各点短路时保护装置 I 的动作时间曲线，如图 6-8 (a) 的曲线 1 所示。

(3) 根据 k_1 点短路时流经保护装置 II 的继电器内的电流 $I_{k1}^{(3)''}$，求出保护装置 II 此时的动作电流倍数 n_2，即

$$n_2=\frac{I_{k1}^{(3)''}}{I_{op,\ II}} \tag{6-13}$$

式中　$I_{k1}^{(3)''}$——k_1 点发生三相短路时，流经保护装置 II 继电器的电流；

$I_{op,II}$——保护装置 II 的继电器动作电流。

当 k_1 点短路时，保护装置 II 也将起动，为了满足保护装置动作的选择性，保护装置 II 所需的动作时限 t_2 应比保护装置 I 的动作时限 t_1 大一个时限 Δt，即

$$t_2=t_1+\Delta t \tag{6-14}$$

在图 6-8 (b) 中，n_2 和 t_2 的坐标交点为 P，过 P 的特性曲线 2 为保护装置 II 的继电器电流时间特性曲线，由该曲线可得线路上其他各点短路时保护装置 II 的时限特性，如图 6-8 (a) 中的曲线 2 所示。从图中还可以看出，当 k_1 点发生短路时，其 Δt 较线路 l_1 上其他各点短路时小。所以，如果 k_1 点短路的时限配合能达到要求，则其他各点短路时，必定能保证动作的选择性，这就是为什么选择这一点来进行配合的原因。

3. 定时限与反时限过电流保护装置的比较

定时限过电流保护装置的特点是时限整定方便，且在上下级保护的选择性上容易做到准确的配合。它的缺点是所需继电器数量较多，因而接线复杂，继电器触点容量较小，不能用

交流操作电源作用于跳闸，靠近电源处保护装置动作时限长。

反时限过电流保护装置的优点是所需的继电器数量少，接线简单，用一套GL系列继电器有可能实现不带时限的电流速断保护和带时限的过电流保护；继电器触点容量大，可以用交流操作电源作用于跳闸，使靠近电源端的故障具有较小的切除时间。但反时限过电流保护装置在整定动作时限的配合上比较复杂，继电器误差较大，尤其在速断部分，不易配合。鉴于反时限过电流保护装置具有简单、经济等特点，在中小型客户6～10kV供电系统中得到广泛应用。

三、电流速断保护

上述带时限的过电流保护，其动作时限是按照阶梯原则整定的，短路点越靠近电源，保护装置动作时限越长，短路危害也就越严重。我国规定，当过电流保护的动作时限超过0.5～0.7s时，应加装电流速断保护装置。

电流速断保护分为无时限电流速断保护和限时电流速断保护。

1. 无时限电流速断保护

采用DL型电流继电器组成的无时限电流速断保护，就是把定时限过电流保护中的时间继电器去掉即可。采用GL型电流继电器组成的电流速断保护，可直接利用GL型电流继电器的电磁元件来实现电流速断保护，而其感应元件用来作反时限过电流保护。

为了保证动作的选择性，无时限电流速断保护的动作范围不能超过被保护线路的末端，则该保护的动作电流 $I_{qb(0)}$ 应躲过本线路末端发生金属性三相短路时，流过保护的最大短路电流 $I_{k,max}^{(3)}$，即

$$I_{qb(0)}=\frac{K_{rel}K_{con}}{K_i}I_{k,max}^{(3)} \tag{6-15}$$

式中 K_{rel}——可靠系数，对DL型电流继电器取1.2～1.3，对GL型电流继电器取1.4～1.5，对过电流脱扣器取1.8～2。

无时限电流速断保护的灵敏度，应按保护安装处（即线路首端）在系统最小运行方式下的两相短路电流 $I_{k,min}^{(2)}$ 来校验，则该保护的灵敏度必须满足的条件为

$$K_{sen}=\frac{K_{con}I_{k,min}^{(2)}}{K_iI_{qb(0)}}\geqslant 1.5\sim 2 \tag{6-16}$$

一般宜 $K_{sen}\geqslant 2$，个别有困难时可 $K_{sen}\geqslant 1.5$。

由于无时限电流速断保护不能保护线路全长，这种保护装置不能保护的区域，称为保护的“死区”。为了弥补死区得不到保护的缺陷，凡是装设无时限电流速断保护的线路，必须配备限时电流速断保护，以切除无时限电流速断保护不到的那段线路上的故障，这样既保护了线路全长，又可作为无时限电流速断保护的后备保护。

2. 限时电流速断保护

限时电流速断保护的原理接线图与定时限过电流保护相同，只是各继电器的整定值不同。限时电流速断保护为了能保护线路的全长，其保护范围必然要延伸到下一线路，当下一线路发生故障时，它有可能起动，为了保证选择性，须带有一定的延时，故称为限时电流速断保护。

限时电流速断保护的动作电流应大于相邻线路无时限电流速断保护的动作电流，这样其保护范围不超出相邻线路的无时限电流速断保护的保护范围。因此，限时电流速断保护的动

作电流 $I_{qb(t)}$ 为

$$I_{qb(t)}=\frac{K_{rel}K_{con}}{K_i}I_{qb(0)} \tag{6-17}$$

式中　K_{rel}——可靠系数，取1.1～1.2。

限时电流速断保护的动作时限应比相邻线路无时限电流速断保护固有动作时限大一个时限级差 Δt，一般取 $\Delta t=0.5$s。

为了保护线路的全长，限时电流速断保护的灵敏度应按最小运行方式下，当线路末端发生两相短路时来校验，则该保护的灵敏度必须满足的条件为

$$K_{sen}=\frac{K_{con}I_{k,min}^{(2)}}{K_iI_{qb(t)}}\geqslant 1.25 \tag{6-18}$$

当灵敏度不能满足要求时，可以降低其动作电流，以躲过相邻线路限时电流速断保护的动作电流来整定，但其动作时限也应比相邻线路限时电流速断保护的动作时限大一个 Δt。

3. 三段式电流保护

将无时限电流速断保护、限时电流速断保护和定（反）时限过电流保护相配合，可构成一套完整的三段式电流保护。

无时限电流速断保护称为第Ⅰ段保护，它只能保护线路的一部分。限时电流速断保护称为第Ⅱ段保护，它虽然能保护线路全长，但不能作为下一线路的后备保护。因此，还必须采用定（反）时限过电流保护，作为本线路和下一线路的后备保护，称为第Ⅲ段保护。

在某些情况下，为了简化保护，也可采用两段式电流保护，即采用Ⅰ、Ⅲ段或Ⅱ、Ⅲ段。

四、中性点不接地系统的单相接地保护

由第一章第四节分析知，中性点不接地系统发生单相接地故障时，只有很小的接地电容电流，而网络线电压的大小和相位差仍维持不变，故接于线电压上的电气设备仍可继续运行。但如果流过故障点的接地电流数值较大时，就会在接地点间产生间歇性电弧以至引起过电压、绝缘损坏，发展成为相间或两相对地短路，扩大故障。因此，对中性点不接地系统应当装设交流绝缘监察装置，必要时还可装设零序电流保护。

如果供电电网中有许多条输出线路，则在任一线路上发生单相接地时，可得到如下结论（分析略）：

（1）发生接地后，全系统出现零序电压和零序电流。

（2）非故障线路保护安装处，流过本线路的零序电容电流。

（3）故障线路保护安装处，流过的是所有非故障线路的零序电容电流之和。

利用发生单相接地时，故障线路的零序电流较非故障线路的零序电流大的特点，可采用零序电流保护，实现有选择性地跳闸或发出信号。

零序电流保护必须通过零序电流互感器将一次电路发生单相接地时所产生的零序电流反映到其二次侧的电流继电器中。图6-9

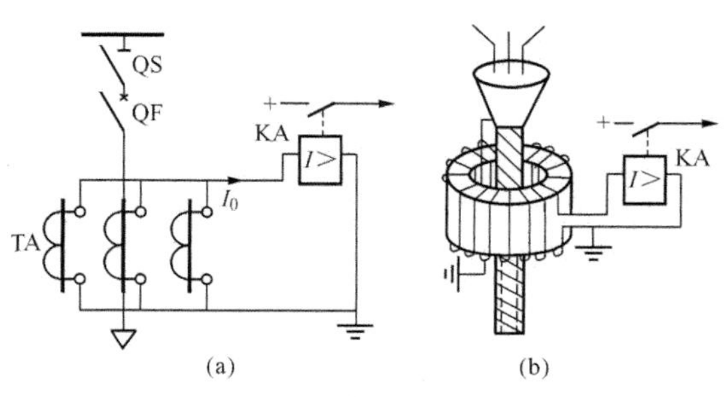

图6-9　零序电流保护装置

（a）架空线路；（b）电缆线路

所示为零序电流保护装置原理图，对架空线路采用图 6-9（a）中的零序电流过滤器，对电缆线路则采用图 6-9（b）中的专用零序电流互感器接线。

电流继电器的动作电流应躲过在其他线路发生单相接地时，在本线路上引起的电容电流 I_C，即

$$I_{op}=\frac{K_{rel}}{K_i}I_C \tag{6-19}$$

式中 K_{rel}——可靠系数；

I_C——其他线路单相接地时，在被保护线路上的电容电流，可按第一章第四节的公式计算。

如瞬时动作取 $K_{rel}=4\sim5$；如延时动作取 $K_{rel}=1.5\sim2$，这时零序电流保护的动作时限应比相间短路的过电流保护动作时限大一个 Δt。

零序电流保护的灵敏度，应按被保护线路末端发生单相接地故障时流过在接地线的不平衡电流作为最小故障电流来校验，这一电容电流为被保护线路有电联系的总电网电容电流 $I_{C\Sigma}$ 与线路本身的电容电流 I_C 之差。因此，零序电流保护的灵敏度必须满足的条件为

$$K_{sen}=\frac{I_{C\Sigma}-I_C}{K_iI_{op}}\geqslant 1.5 \tag{6-20}$$

根据中性点不接地系统发生单相接地故障的特点，针对供电网络的具体情况，还可选用交流绝缘监察装置，该装置将在第七章第一节中介绍。

第三节 电力变压器的保护

电力变压器是供电系统中的重要设备，它的故障对供电的可靠性和用户的生产、生活将产生严重的影响。因此，必须根据变压器的容量和重要程度装设适当的保护装置。

变压器故障一般分为油箱内部故障和油箱外部故障两种。油箱内部故障主要有绕组的相间短路、绕组的匝间短路和单相接地短路。油箱内部故障是很危险的，因为短路电流产生的电弧不仅会破坏绕组绝缘性能，烧坏铁芯，还可能使绝缘材料和变压器油受热而产生大量气体，引起变压器油箱爆炸。变压器油箱外部故障包括引出线及套管处产生的各种相间短路和接地故障。

变压器的不正常工作状态，主要是由于外部短路和过负荷而引起的过电流、油面降低和温度升高等。

对于变压器的故障应动作于跳闸；对于外部相间短路引起的过电流，保护装置应带时限动作于跳闸；对过负荷、油面降低、温度升高等不正常状态的保护一般只作用于信号。

根据变压器的故障种类及不正常运行状态，变压器一般应装设下列保护。

（1）瓦斯保护：它能对（油浸式）变压器油箱内部故障和油面降低做出反应，瞬时动作于信号或跳闸。

（2）差动保护或电流速断保护：它能对变压器内部故障和引出线的相间短路、接地故障做出反应，瞬时动作于跳闸。

（3）零序电流保护：它能对大接地短路电流系统外部接地故障做出反应，动作于跳闸。

（4）过电流保护：它能对变压器外部短路而引起的过电流做出反应，带时限动作于跳

闸，可作为上述保护的后备保护。

(5) 过负荷保护：它能对过负荷而引起的过电流做出反应，一般作用于信号。

(6) 温度保护：它能对变压器温度升高和油冷却系统的故障做出反应，一般作用于信号。

一、变压器的瓦斯保护

规程规定容量在 800kVA 及以上的油浸式变压器和 400kVA 及以上的车间内（室内）油浸式变压器，应装设瓦斯保护。瓦斯保护的主要元件是气体继电器，它装设在变压器的油箱与储油柜之间的联通管上，如图 6 - 10 (a) 所示。图 6 - 10 (b) 所示为 FJ3 - 80 型气体继电器的结构示意图。

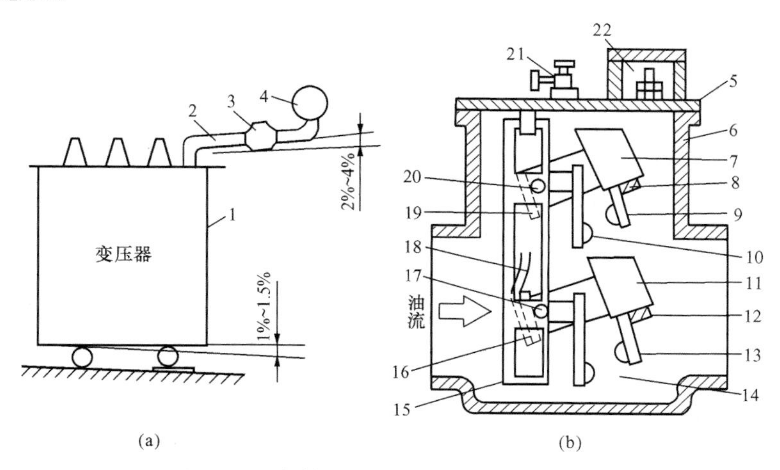

图 6 - 10　气体继电器的安装及结构示意图

(a) 气体继电器在变压器上的安装；(b) FJ3 - 80 型气体继电器的结构示意图

1—变压器油箱；2—联通管；3—气体继电器；4—储油柜；5—盖；6—容器；7—上油杯；8、12—永久磁铁；9—上动触点；10—上静触点；11—下油杯；13—下动触点；14—下静触点；15—支架；16—下油杯平衡锤；17—下油杯转轴；18—挡板；19—上油杯平衡锤；20—上油杯转轴；21—放气阀；22—接线盒

在变压器正常工作时，气体继电器的上下油杯中都是充满油的，油杯因其平衡锤的作用使其上下触点都是断开的。当变压器油箱内部发生轻微故障致使油面下降时，上油杯因其中盛有剩余的油使其力矩大于平衡锤的力矩而降落，从而使上触点接通，发出报警信号，这就是轻瓦斯动作。当变压器油箱内部发生严重故障时，由于故障产生的气体很多，带动油流迅猛地由变压器油箱通过联通管进入储油柜，在油流经过气体继电器时，冲击挡板，使下油杯降落，从而使下触点接通，宜接动作于跳闸，这就是重瓦斯动作。如果变压器出现漏油，将会引起气体继电器内的油也慢慢流尽。这时继电器的上油杯先降落，接通上触点，发出报警信号，当油面继续下降时，会使下油杯降落，下触点接通，从而使断路器跳闸。

气体继电器只能反映变压器油箱内部的故障，包括漏油、漏气、油内有气、匝间故障、绕组相间短路等。而对变压器外部端子上的故障情况则无法反映。因此，除设置瓦斯保护外，还需设置过电流、速断或差动等保护。

二、变压器过电流保护和电流速断保护

降压变电站的变压器，一般设置过电流保护。如果过电流保护的动作时间超过 0.5s 时，

为了使故障变压器迅速地从供电系统中切除，还需增设电流速断保护。由于保护装置装设在电源侧，因而既能反映外部故障，也可以作为变压器内部故障的后备保护。

变压器的过电流保护和电流速断保护的整定原则与线路保护的整定原则相同。

由于降压变压器绕组接线不同，当低压侧发生不同类型的短路故障时，反映到高压侧的故障电流的分布就不同，此外变压器保护用电流互感器采用不同的接线方式时，流过保护继电器的电流也不相同。因此就会影响到变压器电流保护的参数计算。图 6 - 11 所示为Dyn11接线配电变压器低压侧发生 ab 相间短路时，高低压侧故障电流 $I_k^{(2)}$ 的分布和电流相量图（设变压器变比为 1）。通过对电流相量图的分析可以得出，当变压器低压侧 ab 相间短路时，流过变压器高压侧 A、C 相的故障电流均为 $I_k^{(2)}/\sqrt{3}$，且方向相同，而 B 相流过的故障电流为 $2I_k^{(2)}/\sqrt{3}$。由此可见：

（1）若变压器保护用电流互感器采用不完全星形接线，则由于 A、C 相都是流过较小的故障电流，因此灵敏度较低。

（2）若电流互感器采用完全星形接线或两相三继电器接线，则总有一个继电器流过的故障电流较大。因此，它比不完全星形接线灵敏度高。

（3）若电流互感器采用两相电流差接线，则通过继电器的故障电流为零，保护装置不动作。因此，变压器过电流保护互感器的接线方式，通常采用不完全星形接线或完全星形接线。有时为了提高保护装置灵敏度，在不完全星形接线的中性线中接入一个电流继电器，构成两相三继电器接线方式。变压器电流保护互感器一般不采用两相电流差接线。

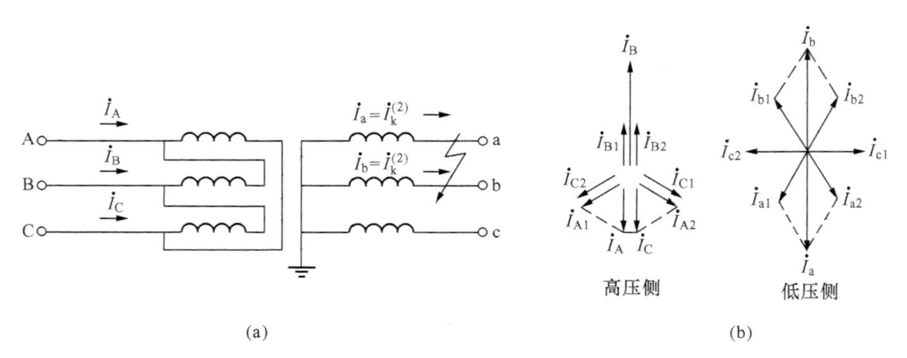

图 6 - 11　Dyn11 变压器低压侧 ab 相间短路电流分布及相量图

（a）电流分布；（b）相量图

三、变压器的过负荷保护

变压器的过负荷保护一般只对并列运行的变压器或工作中有可能过负荷的变压器才装设。由于过负荷电流在大多数情况下是三相对称的，因此过负荷保护只要采用一个电流继电器装于一相电路中，保护装置作用于信号。为了防止变压器外部短路时，变压器过负荷保护发出错误的信号以及在出现能自行消除的过负荷时发出信号，通常过负荷保护动作时限整定为 10～15s。

变压器过负荷保护电流继电器的动作电流 I_{op} 可按式（6 - 21）计算

$$I_{op}=\frac{K_{rel}}{K_r K_i}I_{1N,T} \qquad (6-21)$$

式中　$I_{1N,T}$——变压器安装过负荷保护一次侧的额定电流；

K_{rel}——可靠系数，一般可取1.2～1.25；

K_r——返回系数，DL型取0.85；

K_i——电流互感器变比。

四、变压器的单相接地保护

（1）变压器低压侧装设三相均带过电流脱扣器的低压断路器保护。

低压断路器既可作为低压侧的主开关，也可用来保护变压器低压侧的相间短路和单相接地。这种保护方式在工业企业和车间变电所中应用广泛。

（2）变压器低压侧三相均装设熔断器保护。

低压侧三相均装设熔断器，用来保护变压器低压侧的相间短路和单相接地。但熔断器熔断后更换熔体需要一定时间，从而影响供电的连续性，所以采用熔断器保护只适用于供不重要负荷的小容量变压器。

（3）在变压器低压侧中性点引出线上装设零序电流保护。

根据变压器运行规程要求，Yyn接线的变压器低压侧单相不平衡负荷不超过额定容量的25%。因此，变压器低压侧零序电流保护的动作电流为

$$I_{op}=\frac{K_{rel}K_{unb}}{K_i}I_{2N,T} \tag{6-22}$$

式中　$I_{2N,T}$——变压器二次侧的额定电流；

K_{rel}——可靠系数，一般可取1.3；

K_{unb}——不平衡系数，一般取0.25；

K_i——零序电流互感器的变比。

零序电流保护的动作时间一般取0.5～0.7s。其保护灵敏度按低压干线末端发生单相接地短路来校验。对架空线路，$K_{sen}\geqslant1.5$；对电缆线路，$K_{sen}\geqslant1.25$。

采用此种保护，灵敏度较高，但投资较多。

五、变压器的纵联差动保护

前面简要介绍了变压器的过电流保护、电流速断保护、瓦斯保护、单相接地保护等，它们各有优点和不足之处。过电流保护动作时限较长，切除故障不迅速；电流速断保护由于“死区”的影响使保护范围受到限制；瓦斯保护只能反映变压器油箱内部故障，而不能保护变压器套管和引出线的故障。规程规定，容量在10000kVA及以上的单独运行变压器和6300kVA及以上的并列运行变压器，应装设纵联差动保护；6300kVA及以下单独运行的重要变压器，也可装设纵联差动保护。当电流速断保护灵敏度不符合要求时，也可装设纵联差动保护。

1. 变压器纵联差动保护的工作原理

纵联差动保护是反映被保护元件两侧电流的差额而动作的保护装置。变压器纵联差动保护（简称差动保护）的原理接线如图6-12所示。将变压器两侧的电流互感器同极性串联起来，使继电器跨接在两连线之间，于是流入差动继电器的电流就是两侧电流互感器二次电流之差，即$\dot{I}_K=\dot{I}_1-\dot{I}_2$。在变压器正常工作或保护范围外部发生短路故障时，如图6-12（a）所示，流入差动继电器的电流为变压器一、二次侧的不平衡电流$I_{unb}=|\dot{I}_1-\dot{I}_2|$，由于不平衡电流小于差动继电器的动作电流，故保护装置不动作。当变压器差动保护范围内发生故障时，如图6-12（b）所示，在单电源情况下，流入继电器回路的电流$I_K=I_1$大于差动保护的动作电流，保动装置动作，使断路器QF1和QF2同时跳闸，将故障变压器退出工作。

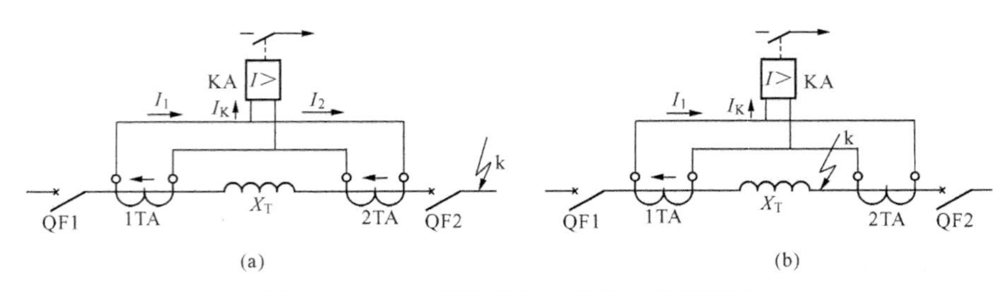

图 6-12　变压器纵联差动保护工作原理图

（a）外部故障，保护不动作；（b）内部故障，保护动作

综上所述，变压器差动保护的工作原理是：正常工作或外部故障时，流入差动继电器的电流为不平衡电流，在适当选择好两侧电流互感器的变比和接线方式的条件下，该不平衡电流值很小，并小于差动保护的动作电流，故保护不动作；在保护范围内发生故障，流入继电器的电流大于差动保护的动作电流，差动保护动作于跳闸。因此，它不需要与相邻元件的保护在整定值和动作时间上进行配合，可以构成无时限速动保护。其保护范围包括变压器绕组内部及两侧套管和引出线上所出现的各种短路故障。

通过对变压器差动保护工作原理分析可知，为了防止保护误动作，必须使差动保护的动作电流大于最大的不平衡电流。为了提高差动保护的灵敏度，又必须设法减小不平衡电流。因此，讨论变压器差动保护中不平衡电流产生的原因及其减小措施是十分必要的。

2. 变压器纵联差动保护的不平衡电流及减小措施

（1）由三相变压器接线产生的不平衡电流及减小措施。

供电系统常用的 Yd11 接线的变压器，其两侧线电流之间存在 30°的相位差，这样即使电流互感器二次电流相等，在差动回路中也存在一个不平衡电流。为了消除这一不平衡电流，一般将变压器 Y 接线侧的电流互感器接成 d 接线，而变压器 d 侧电流互感器接成 Y 接线，如图 6-13 所示。在这样的接线方式下，变压器一、二次侧电流互感器的变比选择应满足

$$\frac{I_{1N,T}}{K_{i,D}}\times\sqrt{3}=\frac{I_{2N,T}}{K_{i,Y}} \tag{6-23}$$

式中　$I_{1N,T}$、$I_{2N,T}$——变压器一次侧、二次侧的额定电流；

$K_{i,D}$、$K_{i,Y}$——变压器一次侧、二次侧的电流互感器变比。

（2）由电流互感器变比标准化产生的不平衡电流及减小措施。

如果变压器两侧电流互感器所选的变比与计算结果完全相同，则不平衡电流为零。但由于电流互感器的变比在制造上的标准化，实际所选电流互感器变比不可能与计算值完全一样，致使继电器回路产生不平衡电流。这种不平衡电流可采用自耦变流器或平衡线圈来进一步补偿。

（3）由电流互感器变换误差引起的不平衡电流及减小措施。

当变压器两侧电流互感器型号和特性不同时，其饱和特性也不同，特别是在变压器差动保护范围外部出现短路时，两侧电流互感器在短路电流作用下其饱和程度相差更大。因此，出现的不平衡电流也就更大。这个不平衡电流，可通过提高保护动作电流躲过。

（4）由变压器分接改变引起的不平衡电流及减小措施。

变压器在运行时，根据运行的需要往往采用改变分接来进行调压。由于分接开关位置的

改变，实际上是变压器变比的改变。因此，电流互感器二次电流也将改变，这会引起新的不平衡电流。所以差动保护的动作电流应躲过采用分接头调压而造成的不平衡电流。

(5) 由变压器励磁涌流引起的不平衡电流及减小措施。

变压器正常工作时，励磁电流只流经电源侧，但此电流很小，一般不超过额定电流的 2%～5%。因此而引起的不平衡电流可以不计。但在变压器空载投入或外部故障切除后电压恢复的暂态过程中，励磁电流很大，电流可达到额定电流的 5～10 倍，故称为励磁涌流（Inrush Current）。它在差动回路中形成的不平衡电流，会影响差动保护的正确动作。

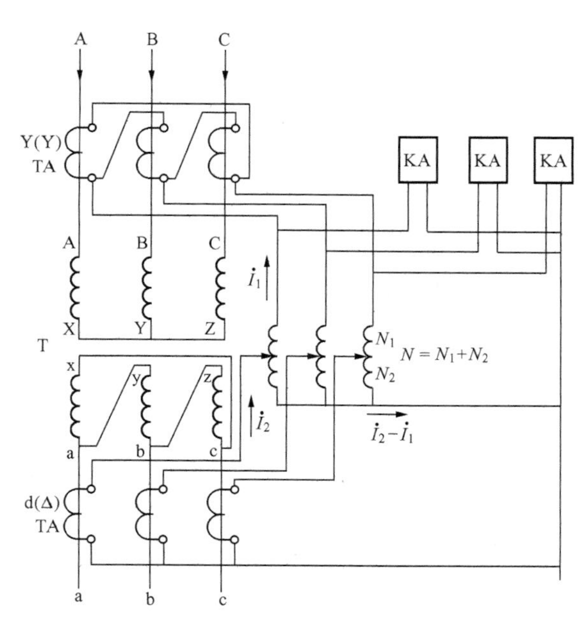

图 6-13　Yd11 接线的变压器差动保护接线及采用自耦变流器平衡循环电流

励磁涌流产生的原因是由于变压器铁芯中的磁通不能突变引起的过渡过程，如图 6-14 所示。最大励磁涌流产生的条件是：假如在电源电压 $u = 0$ 时，投入空载变压器，并且剩磁的方向与非周期分量磁通的方向相同，那么，在经过半个周期之后，将出现最大的总磁通，此时出现最大的励磁涌流。

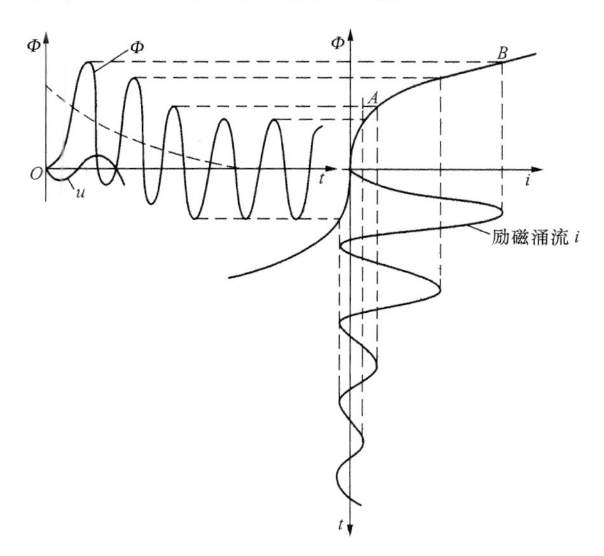

图 6-14　变压器空载投入时的励磁涌流变动曲线

根据对励磁涌流的波形和试验数据分析，励磁涌流有如下特点。

1）励磁涌流中含有很大的非周期分量，偏于时间轴一侧。对于中、小型变压器，励磁涌流的峰值可达额定电流的 8～10 倍，并迅速衰减，一般经 0.5～1s 后，其值小于 0.25～0.5 倍额定电流，但完全衰减则要数十秒。

2）励磁涌流中含有大量的高次谐波分量，以二次谐波为主，而短路电流中二次谐波成分很小。

3）励磁涌流波形偏于时间轴一侧，且相邻波形之间存在间断角。

利用以上特点，防止励磁涌流对变压器差动保护影响的常用措施有以下几种。

1）采用具有速饱和铁芯的差动继电器，以减小励磁涌流中非周期分量的影响。

2）利用二次谐波制动而躲开励磁涌流。

3）采用比较波形间断角来鉴别内部故障和励磁涌流的差动保护。

3. 变压器差动保护动作电流的整定原则

采用具有速饱和变流器的差动保护动作电流的整定原则如下。

（1）应躲过变压器差动保护区外短路时的最大不平衡电流 $I_{unb,max}$，即

$$I_{op,1}=K_{rel}I_{unb,max} \tag{6-24}$$

式中 K_{rel}——可靠系数，一般取 1.3。

$I_{unb,max}$可按式（6-25）计算

$$I_{unb,max}=\left(K_{sm}10\%+\frac{\Delta U\%}{100}+\Delta f_s\right)I_{k,max}^{(3)} \tag{6-25}$$

式中 K_{sm}——电流互感器的同型系数，型号相同时取 0.5，型号不同时取 1；

$\frac{\Delta U\%}{100}$——改变分接开关引起的相对误差，一般取$\frac{\Delta U\%}{100}=5\%$；

Δf_s——平衡线圈整定匝数与计算匝数不等产生的相对误差，取 $\Delta f_s=0.05$；

$I_{k,max}^{(3)}$——保护范围外部短路时的最大短路电流。

（2）应躲过变压器的励磁涌流，即

$$I_{op,1}=K_{rel}I_{1N,T} \tag{6-26}$$

式中 K_{rel}——可靠系数，一般取 1.3～1.5；

$I_{1N,T}$——变压器额定一次电流。

（3）在电流互感器二次回路断线且变压器处于最大负荷时，差动保护不应误动作，即

$$I_{op,1}=K_{rel}I_{L,max} \tag{6-27}$$

式中 K_{rel}——可靠系数，一般取 1.3；

$I_{L,max}$——变压器的最大负荷电流，取（1.2～1.3）$I_{1N,T}$。

按上面三个条件计算差动保护的动作电流，并选取最大者。

第四节 低压供配电系统的保护

低压供配电系统的保护一般采用低压熔断器保护和低压断路器保护。

一、低压熔断器保护

1. 熔体额定电流的选择

（1）保护电力线路和电气设备的熔断器熔体额定电流的选择。

1）熔体额定电流 $I_{N,FE}$应不小于线路的计算电流 I_{30}，以保证熔体在线路正常运行时不致熔断，即

$$I_{N,FE}\geqslant I_{30} \tag{6-28}$$

2）熔体额定电流还应躲过线路的尖峰电流 I_{pk}，以使熔体在线路出现正常尖峰电流时也不致熔断。由于尖峰电流持续时间较短，而熔体加热熔断需一定时间，故

$$I_{N,FE}\geqslant KI_{pk} \tag{6-29}$$

式中 K——计算系数，一般小于 1。

对单台电动机进行保护的熔断器，若电动机的起动时间在 3s 以下，$K=0.25$～0.35；起动时间在 3～8s，$K=0.35$～0.5；起动时间超过 8s 或频繁起动、反接制动，$K=0.5$～0.6。

对多台电动机进行保护的熔断器，可根据最大容量的电动机的起动情况、线路计算电流与尖峰电流的比值及熔断器的特性，取 $K=0.25\sim0.35$，如果线路计算电流与尖峰电流的比值接近1，则可取 $K=1$。

3）熔断器与被保护的线路相配合。

参见第三章第四节。

(2) 保护变压器的熔断器熔体额定电流的选择。

根据变压器运行经验，可按式（6-30）计算熔断器熔体的额定电流

$$I_{N,FE}\geqslant(1.5\sim2.0)I_{N,T} \tag{6-30}$$

式中　$I_{N,T}$——变压器的额定电流。熔断器装设在哪一侧，就选用该侧的额定电流值。

(3) 保护电压互感器的熔断器熔体额定电流的选择。

由于电压互感器二次侧的负荷很小，因此保护电压互感器的熔断器熔体额定电流一般选用0.5A。

2. 熔断器保护灵敏度的校验

熔断器保护的灵敏度，应以被保护线路末端在最小运行方式下的最小短路电流 $I_{k,min}$ 来校验，即

$$K_{sen}=\frac{I_{k,min}}{I_{N,FE}}\geqslant K \tag{6-31}$$

式中　K——灵敏系数的最小值，见表6-1。

表6-1　熔断器保护灵敏系数的最小值

灵敏系数 / 熔体额定电流 / 熔断时间	4～10A	16～32A	40～63A	80～200A	250～500A
5s	4.5	5	5	6	7
0.4 s	8	9	10	11	—

3. 熔断器的选择和校验

(1) 熔断器的选择。

1）熔断器的额定电压应不小于保护线路的额定电压。

2）熔断器的额定电流应不小于它所安装熔体的额定电流。

3）熔断器的类型应符合安装条件及被保护设备的技术要求。

(2) 熔断器的校验。

1）限流式熔断器，如RN1型、RT0型。它能在短路电流达到冲击值之前完全熄灭电弧，故熔断器的最大分断电流 I_{oc} 应不小于熔断器安装地点的三相超瞬态短路电流有效值 $I''^{(3)}$，即

$$I_{oc}\geqslant I''^{(3)} \tag{6-32}$$

2）非限流式熔断器，如RW4型、RM10型。它不能在短路电流达到冲击值之前完全熄灭电弧，故熔断器的最大分断电流 I_{oc} 应不小于熔断器安装地点的三相短路冲击电流有效值 $I_{sh}^{(3)}$，即

$$I_{oc}\geqslant I_{sh}^{(3)} \tag{6-33}$$

4. 前后熔断器之间的选择性配合

前后熔断器之间的选择性配合，是指在线路发生故障时，靠近故障点的熔断器最先熔断，切除故障线路，以保证非故障线路的继续运行。装在供电线路各段上的熔断器的熔断时间，至少应为后一段（负荷侧）熔断器的熔断时间的三倍，才能保证两熔断器动作的选择性。如果不用熔断器的熔断时间配合来校验选择性，则前一熔断器熔体的额定电流应大于后一熔断器熔体的额定电流 2～3 级以上，才有可能保证动作的选择性。

二、低压断路器保护

1. 低压断路器脱扣器的选择和整定

（1）低压断路器过电流脱扣器额定电流的选择。

过电流脱扣器的额定电流 $I_{N,OR}$应不小于线路的计算电流 I_{30}，即

$$I_{N,\ OR} \geqslant I_{30} \tag{6-34}$$

（2）低压断路器过电流脱扣器动作电流的整定。

1）瞬时过电流脱扣器动作电流的整定。瞬时过电流脱扣器的动作电流 $I_{op(0)}$ 应不小于线路的尖峰电流 I_{pk}，即

$$I_{op(0)} \geqslant K_{rel} I_{pk} \tag{6-35}$$

式中 K_{rel}——可靠系数。动作时间在 0.02s 以上的万能式断路器（DW 型），取 1.35；动作时间在 0.02s 及以下的塑壳式断路器（DZ 型），取 2～2.5。

2）短延时过电流脱扣器动作电流和动作时间的整定。短延时过电流脱扣器的动作电流 $I_{op(s)}$ 应躲过线路短时间出现的负荷尖峰电流 I_{pk}，即

$$I_{op(s)} \geqslant K_{rel} I_{pk} \tag{6-36}$$

式中 K_{rel}——可靠系数，取 1.2。

短延时过电流脱扣器的动作时间有 0.2、0.4s 和 0.6s 三级。应按前后保护装置的选择性的要求来确定。前一级保护的动作时间应比后一级保护的动作时间长一个时间级差 0.2s。

3）长延时过电流脱扣器动作电流和动作时间的整定。长延时过电流脱扣器主要作过负荷保护，其动作电流 $I_{op(l)}$ 只需躲过线路的计算电流 I_{30}，即

$$I_{op(l)} \geqslant K_{rel} I_{30} \tag{6-37}$$

式中 K_{rel}——可靠系数，取 1.1。

长延时过电流脱扣器动作时间，应大于允许过负荷的持续时间。其动作特性通常为反时限，即过负荷越大，动作时间越短，一般为 1～2h。

4）过电流脱扣器与被保护线路配合。为了防止因过负荷或短路引起供电线路过热燃烧，而低压断路器不跳闸的事故，过电流脱扣器的动作电流 I_{op}还应与线路的允许载流量 I_{al}配合，即

$$I_{op} \leqslant K_{ol} I_{al} \tag{6-38}$$

式中 K_{ol}——导线允许短时过负荷系数。瞬时和短延时过电流脱扣器，取 4.5；长延时过电流脱扣器，取 1；有爆炸气体区域内的线路，取 0.8。

如果不满足以上配合关系，应改选脱扣器的动作电流或适当加大导线的截面。

（3）低压断路器热脱扣器的选择和整定。

1）热脱扣器额定电流的选择。热脱扣器的额定电流 $I_{N,TR}$应不小于线路的计算电流 I_{30}，即

$$I_{N,TR} \geqslant I_{30} \tag{6-39}$$

2）热脱扣器动作电流的整定。热脱扣器的动作电流 $I_{op,TR}$ 应不小于线路的计算电流 I_{30}，即

$$I_{op,TR} \geqslant K_{rel} I_{30} \tag{6-40}$$

式中　K_{rel}——可靠系数，取 1.1。

（4）低压断路器欠电压脱扣器的整定。

低压断路器在主电路电压低于 $0.4U_N$ 时，应动作跳闸。欠电压脱扣器为延时式的低压断路器，可利用钟表式机构可延时 0.3～1s 或利用电子式机构可延时 1～20s。

2. 低压断路器过电流保护灵敏度的校验

低压断路器的瞬时或短延时过流脱扣器的灵敏度，应以被保护线路末端在最小运行方式下的最小短路电流 $I_{k,min}$ 来校验，即

$$K_{sen} = \frac{I_{k,min}}{I_{op}} \geqslant 1.5 \tag{6-41}$$

式中　I_{op}——瞬时或短延时过电流脱扣器的动作电流。

3. 低压断路器的选择和校验

（1）低压断路器的选择。

1）低压断路器的额定电压应不小于它所保护线路的额定电压。

2）低压断路器的额定电流应不小于它所安装的脱扣器额定电流。

3）低压断路器的类型应符合安装条件及被保护设备的技术要求，同时选择操作机构型式。

（2）低压断路器的校验。

1）动作时间在 0.02s 以上的万能式断路器（DW 型），其最大分断电流 I_{oc} 应不小于通过它的最大三相短路电流周期分量有效值 $I_k^{(3)}$，即

$$I_{oc} \geqslant I_k^{(3)} \tag{6-42}$$

2）动作时间在 0.02s 及以下的塑壳式断路器（DZ 型），其最大分断电流 I_{oc} 或 i_{oc} 应不小于通过它的最大三相短路冲击电流 $I_{sh}^{(3)}$ 或 $i_{sh}^{(3)}$，即

$$I_{oc} \geqslant I_{sh}^{(3)} \tag{6-43}$$

或

$$i_{oc} \geqslant i_{sh}^{(3)} \tag{6-44}$$

【例 6-1】　有一条 380V 动力线路，计算电流为 120A，尖峰电流为 400A，拟选 DW-400 低压断路器，初选 BLV—3×70mm² 的导线，穿直径 50mm 的塑料管敷设，环境温度为 27℃。试整定低压断路器的瞬时及长延时过电流脱扣器动作电流值，并校验过电流脱扣器、导线选择是否合理。

解　（1）过电流脱扣器额定电流的选择。

初选 $I_{N,OR}=150A$，则 $I_{N,OR} \geqslant I_{30}$ 满足要求。

设瞬时过电流脱扣器整定为 3 倍，即

$$I_{op(0)} = 3 \times 150 = 450(A)$$

而

$$I_{op(0)} \geqslant K_{rel} I_{pk} = 1.35 \times 400 = 540(A)$$

所以不满足要求。因此，应选 $I_{N,OR}=200A$

则

$$I_{op(0)} = 3 \times 200 = 600(A) > 540A$$

满足要求。

（2）按发热校验导线截面。

由附录J可知，BLV－3×70mm² 穿塑料管温度为25℃时允许载流量 $I_{al}=130A$，则温度为27℃时允许载流量为 $K_\theta I_{al}=\sqrt{\frac{65-27}{65-25}}\times 130=126.71(A)>120A$，满足发热条件。

（3）校验过电流脱扣器与导线截面的配合。

$$K_{ol}I_{al}=4.5\times 126.71=570.20(A)$$

而

$$I_{op(0)}=600A>570.20A$$

不满足要求。

需将导线截面加大，选95mm²，查得25℃时允许载流量为 $I_{al}=158A$，管径为65mm，则温度为27℃时允许载流量为

$$K_\theta I_{al}=\sqrt{\frac{65-27}{65-25}}\times 158=154(A)$$

$$K_{ol}I_{al}=4.5\times 154=693(A)>600A$$

长延时过电流脱扣器动作电流的整定

$$I_{op(1)}\geqslant K_{rel}I_{30}=1.1\times 120=132(A)$$

$$K_{ol}I_{al}=1\times 154=154(A)$$

则 $I_{op(1)}\leqslant K_{ol}I_{al}$，满足要求。

由上述计算可知，应选BLV－3×95mm² 型导线，穿直径为65mm的硬塑料管；低压断路器选DW－400型，脱扣器额定电流为200A，瞬时脱扣电流为600A，长延时脱扣电流为132A。

第五节 高压电动机的继电保护

一、概述

在工业企业生产中常采用高压异步电动机和同步电动机作为动力设备，它们在运行中可能发生各种故障或不正常工作状态。因此，高压电动机必须装设相应的保护装置，以便尽快地切除故障或发出预告信号，避免造成电动机烧毁和其他损失，以确保运行安全。

高压电动机常见的短路故障、不正常工作状态及其相应的保护概述如下。

（1）电动机定子绕组相间短路故障，是最严重的故障。按国家有关规程规定应装设电流速断保护。对容量为2000kW及以上的高压电动机，或小于2000kW，但具有六个引出端子的重要高压电动机，在电流速断保护达不到灵敏度要求时，应装设差动保护。两种保护装置都应动作于跳闸。

（2）电动机定子绕组单相接地（碰壳）故障，是电动机常见的故障。对小电流接地系统，当接地电容电流大于5A时，应装设有选择性的单相接地保护，并动作于跳闸。

（3）电动机由于所拖动的机械负荷过载而引起过负荷，是常见的不正常工作状态。过负荷会引起电动机过热，加剧绝缘老化，严重过负荷（包括缺相运行）时，很快烧毁电动机。因此，对容易过负荷的高压电动机，要求装设过负荷保护，保护动作于发预告信号或跳闸或自动减负荷。

(4) 电源低电压，即供电网络电压因别处短路或其他原因而降低或消失，虽然不是电动机的故障，但是电源电压降低影响了所有电动机的正常运行，使电动机处于不正常工作状态。低电压保护装置可同时控制并联在同一电源母线上的所有电动机，其目的是当电源电压降低到某一数值时，低电压保护部分继电器动作，切除不重要的或不允许自起动的电动机，以保证重要电动机在电源电压恢复时，顺利地自起动。当电源电压继续降低到另一数值时，低电压保护另一部分继电器动作，切除所有重要的电动机。

(5) 同步电动机失步运行，即同步电动机失磁、电源电压过低等使同步电动机失去同步进入异步运行状态，可利用失步运行时在定子回路内出现振荡电流或在转子回路内出现交流而构成同步电动机失步保护，失步保护动作于跳闸。

同步电动机所有保护动作于跳闸时，都应联动励磁装置断开电源开关并灭磁。

二、电动机相间短路保护和过负荷保护

1. 电动机的相间短路保护

(1) 高压电动机的电流速断保护。

目前广泛采用电流速断保护作为防御中、小容量的高压电动机相间故障的主保护。保护装置接线多采用两相电流差式，如图 6-15 (a) 所示。当灵敏度不够时，可改用两相式接线，如图 6-15 (b) 所示。对于不易过负荷的电动机，可采用电磁型电流继电器；对于易过负荷的电动机，宜采用感应型电流继电器，利用该继电器的速断装置（电磁元件）来实现电流速断保护，作用于断路器跳闸。

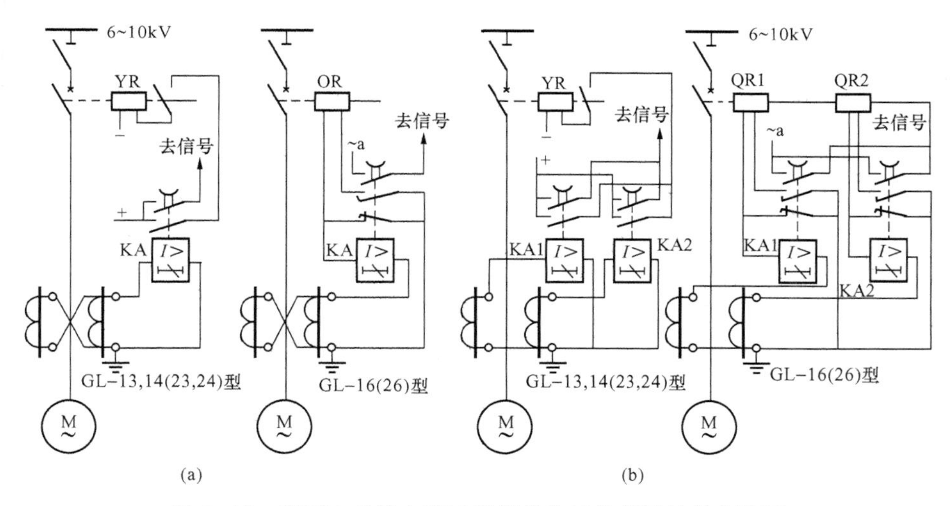

图 6-15　高压电动机电流速断保护和过负荷保护的电路图

(a) 两相电流差式接线；(b) 两相式接线

电动机位于供电系统的最末端，无需动作时限配合，则电流速断保护的动作电流（速断电流）I_{qb}应躲过电动机的最大起动电流 $I_{st,max}$，即

$$I_{qb}=\frac{K_{rel}K_{con}}{K_i}I_{st,\ max}=\frac{K_{rel}K_{con}}{K_i}K_{st}I_{N,\ M} \tag{6-45}$$

式中　K_{rel}——可靠系数，对 DL 型继电器取 1.4～1.6，对 GL 型继电器取 1.8～2。

高压电动机电流速断保护的灵敏度可按式（6-46）校验

$$K_{sen}=\frac{I_{k,\ min}^{(2)}}{I_{qb,\ 1}}=\frac{K_{con}}{K_iI_{qb}}I_{k,\ min}^{(2)}\geqslant 2 \tag{6-46}$$

式中 $I_{k,\ min}^{(2)}$——电动机出口最小两相短路电流。

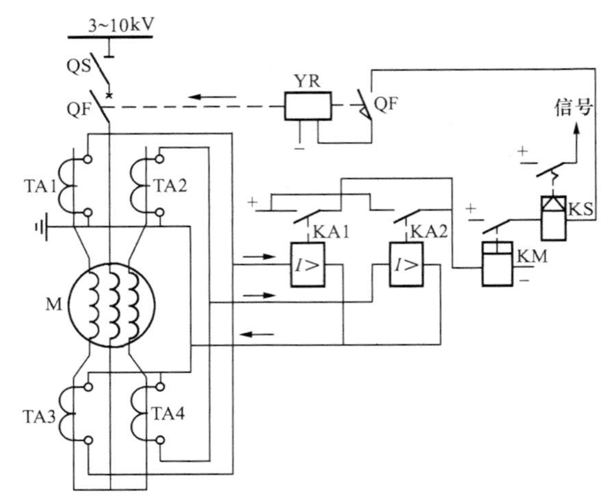

图 6-16 采用 DL 型电流继电器组成两相式接线差动保护的接线

（2）高压电动机的差动保护。

对容量在 2000kW 及以上的高压电动机，或是电流速断保护灵敏度不能满足要求，且高压电动机中性点侧有引出线时，可采用差动保护。高压电动机的差动保护多采用两相式接线，如图 6-16 所示。继电器 KA 可采用 DL－11 型电流继电器，也可采用专门的差动继电器，如 BCH－2 型差动继电器。电流互感器应具有相同特性，并能满足 10%误差要求。为躲过电动机起动时励磁涌流的影响，可利用一个带 0.1s 延时闭合的出口中间继电器动作于高压断路器跳闸。

高压电动机差动保护的动作电流 $I_{op(d)}$，应按躲过电动机的额定电流 $I_{N,\ M}$ 来整定，即

$$I_{op(d)}=\frac{K_{rel}}{K_i}I_{N,\ M} \tag{6-47}$$

式中 K_{rel}——可靠系数，对 DL 型继电器取 1.5～2，对 BCH－2 型继电器取 1.3。

高压电动机差动保护灵敏度校验同电流速断保护一样。

2. 高压电动机的过负荷保护

电动机的过负荷保护，可根据机械负荷具体特性动作于发预告信号或跳闸或自动减负荷。对起动或自起动困难（如直接起动时间在 20s 以上）的高压电动机，为防止起动或自起动时间过长，要求装设的过负荷保护动作于跳闸；对于能手动或自动消除过负荷，有值班人员监视的电动机，过负荷保护应动作于信号或自动减负荷。

对采用感应型电流继电器，利用其电磁（瞬动）元件构成电动机电流速断保护的装置，可同时利用其感应（反时限）元件构成电动机的过负荷保护，如图 6-15 所示。该接线方案只动作于发预告信号，不能动作于跳闸或自动减机械负荷。对采用差动保护的电动机，过负荷保护可选用电磁型电流继电器，构成一相一继电器式接线方案。

高压电动机过负荷保护的动作电流 $I_{op(OL)}$，应按躲过电动机的额定电流 $I_{N,\ M}$ 来整定，即

$$I_{op(OL)}=\frac{K_{rel}K_{con}}{K_rK_i}I_{N,\ M} \tag{6-48}$$

式中 K_{rel}——对 DL 型继电器取 1.2，对 GL 型继电器取 1.3。

高压电动机过负荷保护的动作时限，应大于被保护电动机的起动与自起动时间，一般取 10～15s。对于起动困难的电动机，可按躲过实测的起动时间来整定，但不应超过电动机过负荷允许持续时间。

三、高压电动机的低电压保护

1. 低电压保护装设的原则

电动机低电压保护的目的是保证重要电动机顺利自起动和保护不允许自起动的电动机不再自起动。因此，低电压保护按如下原则装设。

（1）在电源电压暂时下降后又恢复时，为了保证重要电动机能顺利同时自起动，应尽量减少同时自起动的电动机数量和容量。因此，对不重要电动机和不允许自起动的电动机，应装设动作电压为（60%～70%）$U_{N,M}$、动作时限为0.5～1.5s的低电压保护，保护动作于跳闸。

（2）对由于生产工艺或技术安全的要求，不允许“长期”失电后再自起动的重要电动机，应装设动作电压为（40%～50%）$U_{N,M}$、动作时限为9～10s的低电压保护，保护动作于跳闸。

2. 低电压保护装置的基本要求

（1）母线三相电压均下降到保护整定值时，保护装置应可靠起动，并闭锁电压回路断线信号装置，以免误发信号。

（2）当电压互感器二次侧熔断器一相、两相或三相同时熔断时，应发出电压回路断线信号，但低电压保护不应误动作。在电压回路断线期间，若母线又真正失去电压或电压下降到保护整定值时，保护装置仍应能正确动作。

（3）电压互感器一次侧隔离开关因误操作被断开时，低电压保护应给予闭锁，以免保护装置误动作。

（4）0.5s和9s的低电压保护的动作电压应分别整定。

3. 低电压保护的工作原理

根据上述原则和基本要求，高压电动机低电压保护接线如图6-17所示。图中低电压继电器1KV、2KV、3KV及时间继电器1KT作为不重要电动机的低电压保护，以0.5s跳闸。其动作电压应考虑在不重要电动机被切除后，能保证重要电动机的自起动，通常母线电压为（0.55～0.65）$U_{N,M}$时，可保证重要电动机的自起动。因此，1KV～3KV的动作电压可取（0.6～0.7）$U_{N,M}$；低电压继电器4KV、5KV及时间继电器2KT作为重要电动机的低电压保护，以9～10s跳闸，其动作电压可取（0.4～0.5）$U_{N,M}$。

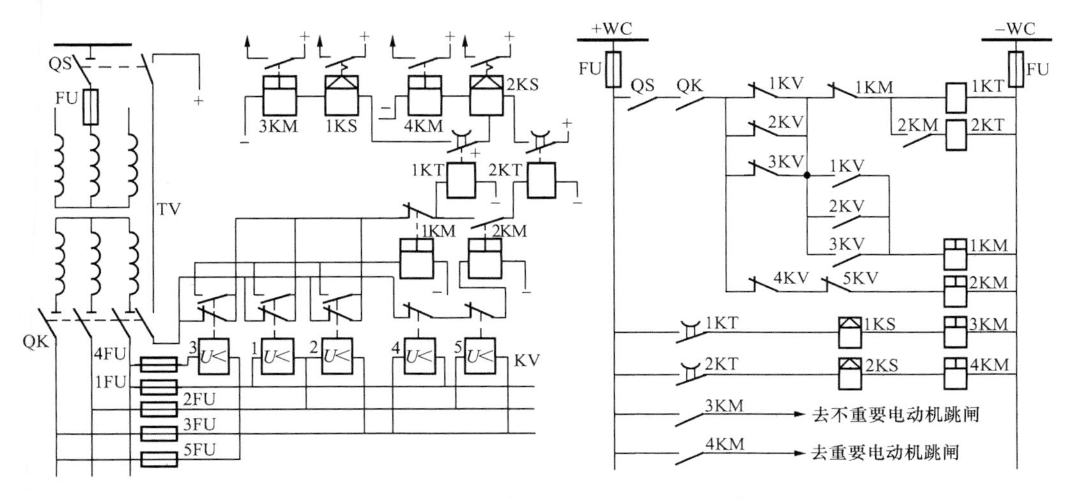

图6-17　高压电动机低电压保护原理电路图

正常运行时，1KV～5KV的动断触点全部断开，切断了低电压保护的起动回路。

当母线电压三相均降至（60%～70%）$U_{N,M}$时，1KV～3KV起动，它们的动断触点均闭合，而它们的动合触点断开，使1KM仍然失电，其动断触点始终闭合，因此接通1KT，其动合触点延时0.5s闭合，接通3KM，使其动作于不重要电动机跳闸并发出信号。同时1KM动合触点断开闭锁电压回路断线信号装置而避免误发信号（图中末画出信号回路）。如母线电压继续下降至（40%～50%）$U_{N,M}$时，4KV、5KV起动，其动断触点闭合，接通2KM，使2KT动作，经9～10s延时接通4KM，使其动作于重要电动机跳闸。若母线电压从正常直接降至（40%～50%）$U_{N,M}$时，1KV～5KV同时起动，按整定的动作时限，先后切除所有电动机。对同步电动机而言，当出现低于50%$U_{N,M}$值时，其稳定运行可能被破坏，因此，同步电动机低电压保护的动作电流整定值不宜低于50%$U_{N,M}$，通常取50%$U_{N,M}$。

当电压互感器一次侧或二次侧断线时，甚至二次侧熔断器1FU～3FU同时熔断，至少有一个低电压继电器仍有线电压，其动合触点闭合，使1KM通电，1KM动断触点断开，切断了低电压保护的起动回路，以闭锁低电压保护，防止了低电压保护误动作。同时，1KM动合触点闭合，发出断线信号。

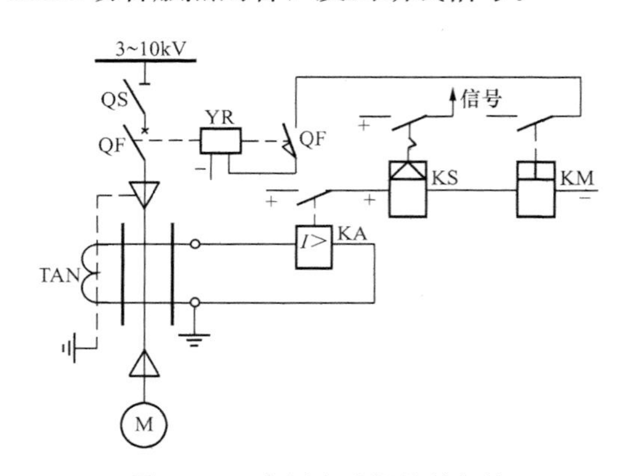

图6-18　高压电动机的单相接地保护原理接线图

当电压互感器一次侧高压隔离开关QS或二次侧刀开关QK因误操作被断开时，其操作机构上辅助触点QS或QK随着断开，使低电压保护装置失去控制电源而退出工作，避免保护装置误动作。

四、电动机的单相接地保护

高压电动机在发生单相接地，接地电流大于5A时，应装设单相接地保护。该保护可由一个电流继电器接于零序电流互感器TAN上构成，如图6-18所示。

单相接地保护的动作电流$I_{op(E)}$，应按躲过保护范围外（即TAN以前）发生单相接地故障时，流过TAN的电动机本身及其配电电缆的电容电流$I_{C,M}$来整定，即

$$I_{op(E)}=\frac{K_{rel}}{K_i}I_{C,M} \tag{6-49}$$

式中　K_{rel}——可靠系数，取4～5。

保护装置的灵敏度校验必须满足的条件为

$$K_{sen}=\frac{I_{C\Sigma,min}}{K_i I_{op(E)}}\geqslant 1.5\sim 2 \tag{6-50}$$

式中　$I_{C\Sigma,min}$——系统最小运行方式下，被保护设备上发生单相接地故障时，流过保护装置TAN的最小接地电容电流。

第六节　微机保护简介

一、概述

目前我国企业供配电系统的继电保护装置，主要由机电型继电器构成，少数由晶体管型继电器构成。随着经济和技术的发展，许多新建和改建的大、中型企业变电站都采用了自动化水平更高的微机保护。

由计算机控制的继电保护装置，主要是以微处理器（或单片微处理器）为基础的数字电路构成的，简称微机保护。微机保护装置的核心是中央处理单元及其数字逻辑电路和实时处理程序。微机保护充分利用了计算机的存储记忆、逻辑判断和数值运算等信息处理功能，克服了模拟式（机电型）继电保护的不足，可以获得更好的工作特性和更高的技术指标。微机保护与传统保护相比有如下基本优点：

（1）能完成其他类型保护所能完成的所有保护功能。

（2）能完成其他类型保护所不能完成的功能。由于采用了微机保护，许多以前达不到的要求，现在已经成为可能，如：

1）自检——对保护本身进行不间断地巡回检查，以保证设备硬件处在完好状态。

2）整定——整定范围和整定手段更灵活、更方便。

3）在线测量——对设备电气量的随时测量。

4）波形分析——对故障波形进行分析（如谐波分析等）。

5）故障录波——对故障的电流、电压、动作时间等数据进行记录。

6）网络功能——可以和自动化系统联网运行、转发数据等。

7）辅助校验功能等。

（3）能完成过去想做但没能做到的功能，如：

1）实现变压器差动保护内部相量平衡与幅值平衡。

2）实现差动保护中的电流互感器饱和鉴别。

3）在变压器差动保护中可采用各种涌流制动手段。

综上所述，微机保护与传统保护相比，具有可靠性高、灵活性强、调试维护量小、功能多等优点。

二、微机保护的构成

1. 微机保护的硬件系统

（1）硬件系统的构成。

微机保护的硬件由数据采集系统、数据处理系统、开关量输入和输出系统等构成。微机保护的硬件系统框图如图 6-19 所示。

数据采集系统包括电压形成、低通滤波（ALF）、采样保持（S/H）、多路转换开关以及模数转换（A/D）等模块，它的任务是将模拟量转换成数字量。数据处理系统包括中央处理单元（CPU）、只读存储器（EPROM，一般用于存储保护的各种程序）、电可擦除可改写存储器（E^2PROM，一般用于存储保护的各种定值）、随机存取存储器（RAM，一般用于存储故障的各种信息）和定时器等模块，它的任务是对数据进行分析处理，完成各种保护功能。开关量输入和输出系统包括并行接口适配器（PIA 或 PIO）、光电隔离电路、出口电路等模块，它的任务是完成保护的出口跳闸、发信、打印、报警、人机对话等功能。

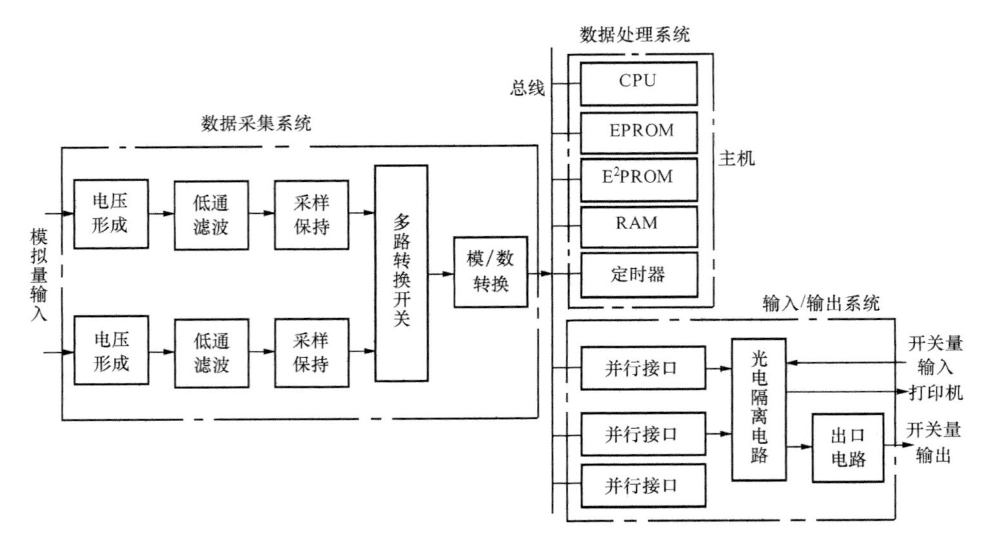

图 6-19 微机保护的硬件系统框图

（2）微机保护典型结构。

在用微机构成的继电保护和实时控制装置中，广泛采用插件式结构。这种结构把整个硬件逻辑网络按照功能和电路特点划分为若干部分，每个部分做在一块印制电路插件板上，板上对外联系的引线通过插头引出。微机保护机箱内装有相应的插座，通过机箱插座间的连线将各个印制电路板连成整体并实现到端子排的输入输出线的连接。

典型的微机保护装置包括下述印制电路板插件：①CPU 插件及人机对话辅助插件；②模拟量输入变换插件；③前置模拟低通滤波器插件；④采样及模/数变换插件；⑤开关（数字）量输入输出插件；⑥出口继电器插件；⑦电源插件。

插件座到端子排的连线通过配线来实现。数字部分插件板的连线有两种形式：总线形式和配线形式。配线形式的微机保护装置硬件结构示意框图如图 6-20 所示。

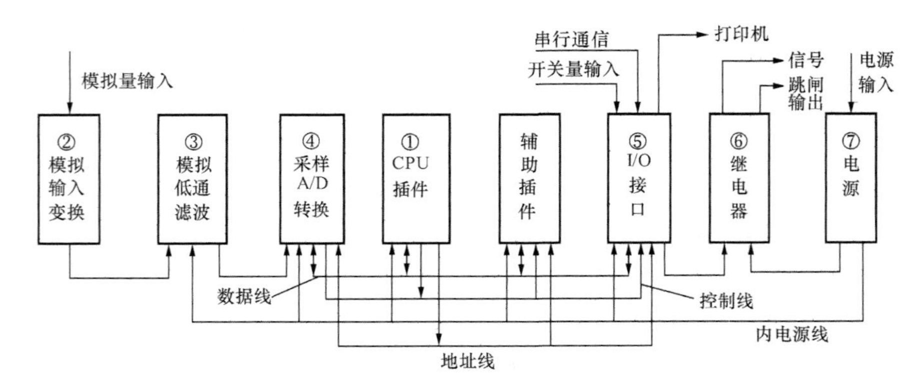

图 6-20 微机保护装置硬件结构示意框图

图 6-20 描绘了基于单个 CPU 的硬件结构。如果采用多个 CPU，则还需考虑各 CPU 之间工作同步、通信以及公用存贮区等问题，硬件结构会更复杂一些。

2. 微机保护的软件系统

微机继电保护装置的软件系统一般包括调试监控程序、运行监控程序、中断继电保护功能程序三部分，其原理程序框图如图 6-21 所示。

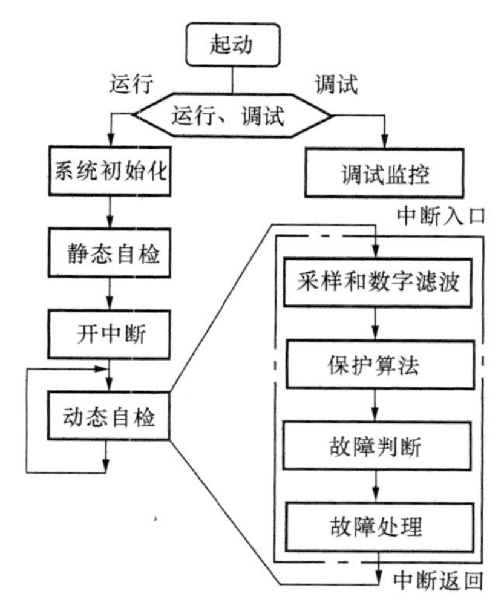

图 6-21　微机保护装置软件系统原理程序框图

调试监控程序对微机保护系统进行检查、校核和设定；运行监控程序对系统进行初始化，对 EPROM、RAM、数据采集系统进行静态自检和动态自检；中断保护程序完成整个继电保护功能。微机以中断方式在每个采样周期执行继电保护程序一次。

三、微机保护的硬件原理简介

微机保护仅仅是计算机在工业工程中应用的一个示例，与其他应用一样，主要部分仍是计算机本体，它被用来分析计算电力系统的有关电量和判定系统是否发生故障，然后决定是否发出跳闸信号。因此，除计算机本体外，还必须配备自电力系统向计算机送进有关信息的输入接口部分和向电力系统送出控制信息的输出接口部分。

此外计算机还要输入有关计算和操作程序，输出记录的信息，以供运行人员分析事故，即计算机还必须有人机联系部分。

关于计算机硬件，在有关课程中有专门的讲述，这里只对与电力系统联系的出入口部分作一些简介。

1. 输入信号

输入信号由继电保护算法的要求决定。通常输入信号有电压互感器二次电压、电流互感器二次电流、数据采集系统自检用标准直流电压及有关开关量等。

2. 数据采集系统

数据采集系统包括辅助变换器、低通滤波器、采样保持器、多路开关、模/数转换器等。

微机保护装置是一个对电磁干扰很敏感的设备。为了防止来自电流、电压输入回路的干扰，在引入电流互感器和电压互感器的电流、电压时，在输入信号处理部分装设一些起隔离、屏蔽作用的变换器。它除起屏蔽作用外，还将输入的电流、电压的最大值变换成计算机设备所允许的最大电压值（例如 5V、3V）。此外还在变换器原边绕组两端跨接一个电容，输入导线对地也加装一个电容，以吸收随导线而来的干扰，即构成电压形成电路。并在每个变换器之后，为满足采样的需要还要经过一个低通滤波器，然后输进计算机的采样及模/数（A/D）变换部分。

根据采样定理：“如果被测信号频率（或信号中要保留的最高次谐波频率）为 f_{max}，则采样频率 f_s（每秒钟的采样次数）必须大于 f_{max}的 2 倍，否则，就不可能由采样值拟合还原成原来的曲线”。因此，在出现大于（1/2）f_s 频率的谐波，而且这些谐波又是无用的情况下，有必要在信号引进采样器以前装设一模拟式低通滤过器将频率等于和高于（1/2）f_s 的高次谐波滤掉，避免造成频率混叠。

数字式电子计算机的基本功能是进行数值及逻辑运算。为了让计算机从电力系统的状态量的情况来判定电力系统是否发生故障，就必须将电压互感器和电流互感器送来的电压、电流的模拟量变成数字量。这就需要经过“采样”及“模/数转换”两个环节，即在时间上离散化和在量值上离散化。

3. 计算机

计算机是整个继电保护装置的主机部分，主要包括 CPU、RAM、EPROM、E^2PROM、时钟及各种接口等。

当实时的采样数据送入计算机系统后，计算机根据由给定的数学模型编制的计算程序对采样数据作实时的计算分析、判断是否发生故障，故障的范围、性质，是否应该跳闸等。然后决定是否发出跳闸命令，是否给出相应信号，是否应打印结果等。

保护的不同的动作原理和特性，主要是通过与数学模型相对应的程序来实现的，因此，计算机继电保护的程序是多种多样的，但也有一些基本的、共同的特点。

键盘用以送入整定值、召唤打印、临时查看程序、对数据或程序作临时修改；信号灯和数码管则用以显示程序、数据和保护装置的动作情况。

4. 输出信号

输出信号主要有微机接口输出的跳闸信号和报警信号。这些信号必须经驱动电路才能使有关设备执行。为了防止执行电路对微机干扰（即防止电感线圈回路切换产生干扰影响微机工作），采用光电耦合器进行隔离。输出信号经光电耦合器（隔离）放大后，再驱动小型继电器（出口电路），该继电器触点作为微机保护的输出。

四、微机保护的有关程序

1. 自检程序

静态自检是微机在系统初始化后，对系统 ROM、RAM、数据采集系统等各部分进行一次全面的检查，确保系统良好，才允许数据采集系统工作。在静态自检过程中其他程序一律不执行。若自检发现系统某部分不正常，则打印自检故障信息，程序转向调试监控程序，以等待运行人员检查。

动态自检是在执行继电保护程序的间隙重复进行的，即主程序一直在动态自检中循环，每隔一个采样周期中断一次。动态自检的方式和静态自检相同，但处理方式不同。若连续三次自检不正常，整个系统软件重投，程序从头开始执行。若连续三次重投后检查依然不能通过，则打印自检故障信息，各出口信号被屏蔽，程序转向调试监控程序以待查。

2. 继电保护程序

继电保护程序主要由采样及数字滤波、保护算法、故障判断和故障处理四部分组成。

采样及数字滤波是对输入通道的信号进行采样，模数转换，并存入内存，进行数字滤波。保护算法是由采样和数字滤波后的数据，计算有关参数的幅值、相位角等。故障判断是根据保护判据，判断故障发生、故障类型、故障相别等。故障处理是根据故障判断结果，发出报警信号和跳闸命令，起动打印机，打印有关故障信息和参数。

五、微机保护系统的运行

当微机保护系统复位或加电源后，首先根据面板上的“调试运行”开关位置判断目前系统处于运行还是调试状态。系统处于调试状态时，程序转向调试监控程序。此时运行人员可通过键盘、显示器、打印机对有关的内存、外设进行检查、校核和设定。系统处于运行状态时，程序执行运行监控程序，进行系统初始化，静态自检，然后打开中断，不断重复进行动态自检，若两种自检检查出故障，则转向有关程序处理。中断打开后，每当采样周期一到，定时器发出采样脉冲，向 CPU 申请中断，CPU 响应后，执行继电保护程序。

第七节　接 地 与 防 雷

一、电气装置的接地

1. 接地的基本概念

电气设备的某部分与大地之间良好的连接，称为接地。埋入地中并直接与大地接触的金属导体，称为接地体。电气设备接地部分与接地体连接用的金属导体称为接地线。接地体和接地线总称为接地装置。由若干接地体在大地中相互用接地线连接起来的整体称为接地网。

接地的种类主要包括工作接地、保护接地两大类。

（1）工作接地。

工作接地是为了保证电力系统和电气设备在正常情况和事故情况下能够可靠地工作，而将电力系统中的某一点进行接地，例如电力系统中性点的接地、避雷针和避雷器的接地等。各种工作接地具有各自的功能，电力系统中性点的接地已在第一章中介绍，关于避雷针和避雷器的接地将在防雷部分介绍。

（2）保护接地。

保护接地是指电气设备绝缘损坏时，有可能使电气设备的金属外壳带电，为防止这种电压危及人身安全而人为地将电气设备的金属外壳与大地进行金属性连接。

保护接地通常有两种形式：一种是将电气设备的外壳通过各自的接地线（PE 线）与大地紧密相接，如在 TT 系统和 IT 系统中的保护接地；另一种是将电气设备的外壳通过公共的 PE 线或 PEN 线接地，如在 TN 系统中的保护接地，这种接地在我国常称为“保护接零”。

本节仅对保护接地的有关问题作扼要的叙述。

2. TT、IT、TN 系统

（1）TT 系统。

TT 系统是指系统中性点直接接地并引出中性线（N 线），而电气设备的外露可导电部分均各自经 PE 线单独接地，如图 6 - 22 所示。TT 系统属于三相四线制系统。TT 系统中各设备的 PE 线是独立的，无电气联系，因此相互之间不会产生电磁干扰问题。

在 TT 系统中，若电气设备没有采用接地保护措施，一旦电气设备出现绝缘不良引起漏电时，其外壳就处在相电压下，人若接触到外壳就会出现触电危险。若电气设备采用接地保护措施后，当人触到漏电的电气设备外壳时，接地电流将同时沿着接地装置和人体两条通路流过，接地装置的接地电阻愈小，通过人体的电流就愈小。因此，适当的选择接地装置的接地电阻值，就可以保证人身的安全。

TT 系统必须装设灵敏度较高的漏电保护装置，该系统适用于安全要求及抗干扰要求较高的场所。

（2）IT 系统。

IT 系统是指系统中性点不接地或经高阻抗（约 1000Ω）接地，且通常不引出中性线（N 线），而电气设备的外露可导电部分均各自经 PE 线单独接地，如图 6 - 23 所示。IT 系统属于三相三线制系统。IT 系统中各设备之间也不会产生电磁干扰问题。

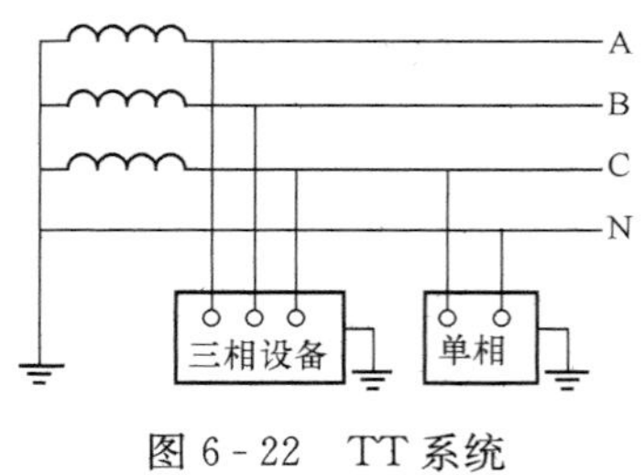

图 6-22 TT 系统

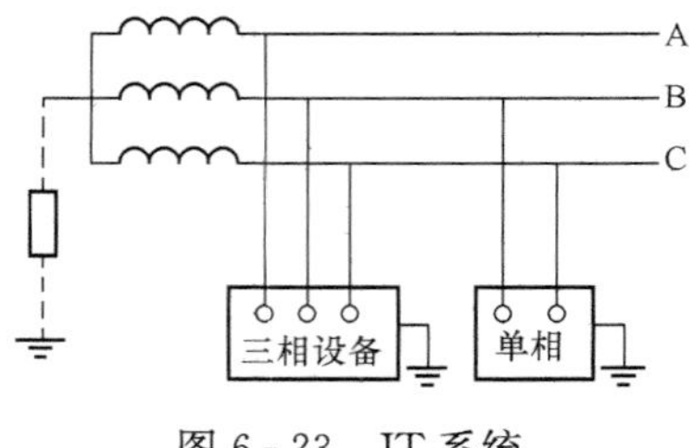

图 6-23 IT 系统

在 IT 系统中，若电气设备没有采用接地保护措施，当人触到漏电的电气设备外壳时，流过人体的电流主要是电容电流。在电网绝缘良好的情况下，此电流是不大的，不会发生触电危险。但是，如果电网绝缘强度显著下降，此电流可能达到危险程度。IT 系统采用接地保护后，只要将接地电阻限制在足够小的范围，就能使流过人体的电流小于安全电流（我国的安全电流规定为 30mA 的工频电流，且通过时间不超过 1s），从而保证人身的安全。

由于 IT 系统中性点不接地或经高阻抗接地，当系统发生单相接地时，三相用电设备及接于线电压的单相设备仍能继续运行。但非故障相对地电压将升高至线电压，为了确保安全，必须安装交流绝缘监察装置。

IT 系统主要用于对连续供电要求较高及有易燃易爆危险的场所，特别是矿山、井下等场所的供电。

（3）TN 系统。

TN 系统是指系统中性点直接接地并引出中性线（N 线），所有电气设备的外露可导电部分均接至公共的保护线（PE 线）或公共的保护中性线（PEN 线），如图 6-24 所示。TN 系统属于三相四线制系统。TN 系统又分为 TN—S 系统、TN— C 系统和 TN—C—S 系统。

1）TN—S 系统。如图 6-24（a）所示，其中保护线与中性线是分开的。由于 PE 线中无电流，因此设备之间不会产生电磁干扰。当有的电气设备发生“碰壳”现象时，形成单相短路，该短路电流较大，可使保护装置快速而可靠地动作，将故障部分与电源断开，消除触电危险。但是，从设备“碰壳”到保护动作切除电源的时间间隔内，所有接 PE 线的设备外露可导电部分带电，而造成人身触电危险。所以，TN 系统接地故障保护的有效性在于线路的保护装置能否在“碰壳”故障发生后快速灵敏地动作，迅速地切断电源。TN—S 系统主要用于对安全要求较高（如潮湿易触电的浴室和居民住宅）等的场所，以及对抗干扰要求高的精密检测和数据处理等场所。

2）TN— C 系统。如图 6-24（b）所示，其中保护线和中性线合为一根 PEN 线，节约了有色金属的投资。PEN 线中有电流流过，对接于 PEN 线上的设备会产生电磁干扰。TN—C 系统在我国低压系统中应用最为广泛。

3）TN—C—S 系统。如图 6-24（c）所示，系统前部分为 TN—C 系统，后部分为 TN—S 系统。该系统综合了 TN—C 系统和 TN—S 系统的特点，对安全和抗干扰要求高的场所宜采用 TN—S 系统，其他一般场所则采用 TN—C 系统。

在 TN 系统中，为确保公共 PE 线或 PEN 线安全可靠，除了中性点进行工作接地之外，还必须在 PE 线或 PEN 线的一些地方进行多次接地，这就是重复接地。一般在架空线路终端及沿线每 1km 处、电缆及架空线路引入车间或大型建筑物处进行重复接地。

电气装置中必须接地和不需要接地的部分可参考 GB 50169—2006《电气装置安装工程

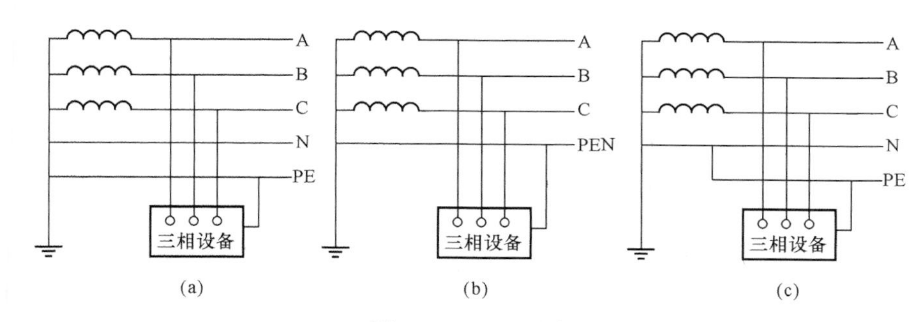

图 6-24　TN 系统

(a) TN—S 系统；(b) TN—C 系统；(c) TN—C—S 系统

接地装置施工及验收规范》。必须注意：在同一低压配电系统中，不能有的设备采用保护接地，有的设备采用保护接零。否则，当保护接地的设备发生绝缘损坏而漏电时，保护接零的设备外露可导电部分将带上危险的电压。

3. 对接地装置接地电阻的要求

接地装置的接地电阻，是包括接地线的电阻、接地体电阻及接地体的流散电阻的总和。工频接地电流 I_E 流经接地装置所呈现的电阻，称为工频接地电阻，用 R_E 表示。我国规定的部分电力装置要求的工作接地电阻值见表 6-2。

表 6-2　部分电力装置要求的工作接地电阻值

序号	电力装置名称	接地的电力装置特点	接地电阻值
1	1kV 以上大电流接地系统	仅用于该系统的接地装置	$R_E \leqslant \frac{2000V}{I_E}$
2	1kV 以上小电流接地系统	仅用于该系统的接地装置	$R_E \leqslant \frac{250V}{I_E}$ 且 $R_E \leqslant 10\Omega$
3		与低压电气设备公用的接地装置	$R_E \leqslant \frac{120V}{I_E}$ 且 $R_E \leqslant 10\Omega$
4	1kV 以下系统	容量在 100kVA 以上的发电机和变压器中性点接地装置	$R_E \leqslant 4\Omega$
5		上述装置的重复接地	$R_E \leqslant 10\Omega$
6		容量在 100kVA 及以下的发电机和变压器中性点接地装置	$R_E \leqslant 10\Omega$
7		上述装置的重复接地	$R_E \leqslant 30\Omega$

在 TT 系统和 IT 系统中，电气设备外露可导电部分的保护接地电阻一般取 $R_E \leqslant 100\Omega$。

4. 接地装置的敷设

在敷设接地装置时，应首先利用自然接地体，以节约投资。可以作为自然接地体的有：敷设在地下的供水管道和其他金属管道，但输送液体或气体燃料的管道除外；建筑物与地连接的金属结构；水工建筑物的金属桩；建筑物的钢筋混凝土基础等。自然接地体的接地电阻应由实际测量确定。

当无自然接地体可利用时，对接地装置所要求的接地电阻值，是靠人工接地体来得到的。人工接地体有垂直埋设和水平埋设两种基本结构型式。

最常用的是采用垂直埋设地中的钢管或角钢，其长度为 2～3m，钢管的外径为 48～60mm，管壁厚度不小于 3.5mm，角钢厚度不小于 4mm，钢管或角钢埋入地中时，其上端离地面的深度不宜小于 0.6m。

在土质坚硬的地区，如果不能垂直埋入钢管或角钢时，则可采用水平埋设。可用平放的扁钢或圆钢等作为主要的接地体，敷设深度不小于 0.8m。考虑到抗腐蚀的要求，圆钢的直径应不小于 8mm，扁钢的厚度不小于 4mm，它们的横截面积不小于 $48mm^2$。

埋入地中的几根钢管或角钢由扁钢互相连接起来，扁钢敷设在地下的深度不少于 0.3m，并与钢管或角钢的上端焊接。这种用扁钢连接起来的钢管或角钢组成的复杂接地网，是发电厂和变电站中接地体的主要类型。接地网的布置，应尽量使地面的电位分布均匀，以降低接触电压和跨步电压。对配电装置所占面积很大的区域内，在环形接地网中，还要敷设若干条相互平行的扁钢均压带，均压带之间的距离一般取 4～5m。人工接地网的外缘应闭合，外缘各角应作成圆弧形，以减弱该处的电场，圆弧的半径一般取均压带之间距离的一半。为了降低接地网边缘经常有人出入的走道处的跨距电位差，可在地下埋设两条不同深度而与接地网连接的扁钢，成“帽檐式”均压带，可使该处的电位分布显得较为平坦。

屋内接地网是采用敷设在电气设备所在房屋每一层内的接地干线组成，屋内各层接地干线用几条上下联系的导线相互连接。屋内接地网应在几个地点与接地体连接。接地干线采用扁钢或圆钢，扁钢的厚度不小于 3mm，截面积应不小于 $24mm^2$；圆钢的直径应不小于 5mm。

接地线应尽量利用金属结构、钢筋混凝土构件的钢筋、钢管等。接地线相互之间及与接地体之间的连接，均应采用焊接。

电气装置中的每一接地元件，应采用单独的接地线与接地体或接地干线相连接。几个接地元件不可串联连接在一个接地线中。接地线与电气设备的外壳连接时，可采用螺栓连接或焊接。

二、防雷

为了保证供电系统的正常运行，要求电力线路及所有电气设备能够可靠地工作，这在很大程度上又要靠线路及设备的绝缘在可能受到各种形式的电压作用下能够安全可靠地工作。

1. 过电压与雷电的有关概念

(1) 过电压的形成。

供电系统在正常运行时，由于某种原因导致电压升高危及到电气设备的绝缘，这种超过正常状态的高电压称为过电压。过电压按其产生的原因不同，可分为内部过电压和雷电过电压两大类。

1) 内部过电压。内部过电压是由于供电系统内部原因引起的过电压，按其性质可分为操作过电压和谐振过电压。操作过电压是由于系统中的开关操作、发生故障或其他原因在系统中引起的过渡过程过电压。这种过电压一般持续时间较短，衰减较快。谐振过电压是由于系统中电路参数（R、L、C）组合发生变化，使部分电路产生谐振，从而出现瞬间过电压。操作过电压和谐振过电压的能量均来自电网，其幅值一般不超过电网额定电压的 3～4 倍，内部过电压对供电系统的危害不大。

2）雷电过电压。雷电过电压又称为大气过电压或外部过电压，它是由于供电系统内部的电力线路、电气设备或建筑物遭受雷击或雷电感应而产生的过电压。雷电过电压所形成的雷电冲击波，其电流幅值可达几十万安，电压幅值可高达1亿伏，对供电系统危害极大，必须加以防护。

雷电过电压常见的形式有直击雷过电压、感应雷过电压、雷电波侵入过电压和雷击电磁脉冲四种。

直击雷过电压是指雷电直接击中电气设备、电力线路或建筑物，其过电压引起强大的雷电流通过这些物体放电入地，同时产生破坏性极大的热效应和机械效应。感应雷过电压是指雷电未直接击中供电系统中任何部分，而是雷电对电气设备、线路或建筑物产生静电感应或电磁感应引起的过电压。雷电波侵入过电压是指感应过电压沿线路侵入变配电所，会导致电气设备绝缘击穿或烧毁。据统计，城市的雷害事故中，有50%～70%属于雷电波侵入引起的，因此对其的防护应给予足够重视。雷击电磁脉冲是指电网或建筑物受到雷击而产生的高电压脉冲，对当前电子产品和计算机有较大的危害，目前在电源线路和电子设备侧多采用电涌保护器SPD。

（2）雷电的形成。

雷电这种壮观的自然现象，是雷云与大地间或带异号电荷的雷云间的放电现象。在雷云形成过程中，携带着大量水蒸气的上升气流在高空中由于温度降低使水汽凝结成水滴，并进一步冷却成为冰晶，与此同时进行着水滴中电荷分离的复杂过程，因而形成了带电荷的雷云，在地面上产生雷击的雷云多为负雷云。当带电的雷云临近地面时，由于静电感应作用，使地面出现与雷云电荷极性相反的电荷，雷云与大地之间形成一个很大的雷电场。当雷云电荷聚集中心的电场达到25～30 kV/cm时，雷云就会击穿周围空气形成导电通道，电荷沿着这个导电通道向大地发展，称为雷电先导。地面的高耸物体上由于出现感应电荷使局部电场增强，往往会产生向上发展的迎雷先导，两个先导相会合时就开始主放电过程，一般持续50～100μs，电流可达几十千安甚至几百千安。主放电阶段之后，雷云中的剩余电荷继续沿主放电通道向大地放电，形成断续的隆隆雷声，进入直击雷的余辉放电阶段，持续时间约为0.03～0.15s，电流较小，约几百安。

2. 防雷装置

（1）接闪器。

接闪器（Lightning Receptor）就是专门用来直接接受雷击的金属物体。接闪器包括避雷针、避雷线、避雷带和避雷网等。

1）避雷针。避雷针宜采用镀锌圆钢或镀锌钢管，针长1m以下时，圆钢直径不小于12mm，钢管内径不小于20mm；针长1～2m时，圆钢直径不小于16mm，钢管内径不小于25mm；装在烟窗顶端时，圆钢直径不小于20mm。避雷针通常安装在构架、支柱或建筑物上，它的下端经引下线与接地装置连接。

避雷针的功能实质上是引雷。避雷针高出被保护物，又和大地直接相连，当雷云先导接近时，它与雷云之间的电场强度最大，因而可将雷云放电的通路吸引到避雷针本身，并经引下线和接地装置将雷电流安全地泻放到大地中，使被保护物免受雷击。所以，避雷针实质上是引雷针，它把雷电波引入地下，从而保护了附近的线路、设备及建筑物等。

避雷针的保护范围，以它能防护直击雷的空间来表示。新颁国家标准 GB 50057－2010《建筑物防雷设计规范》规定，采用 IEC（国际电工委员会）推荐的“滚球法”来确定避雷针的保护范围。

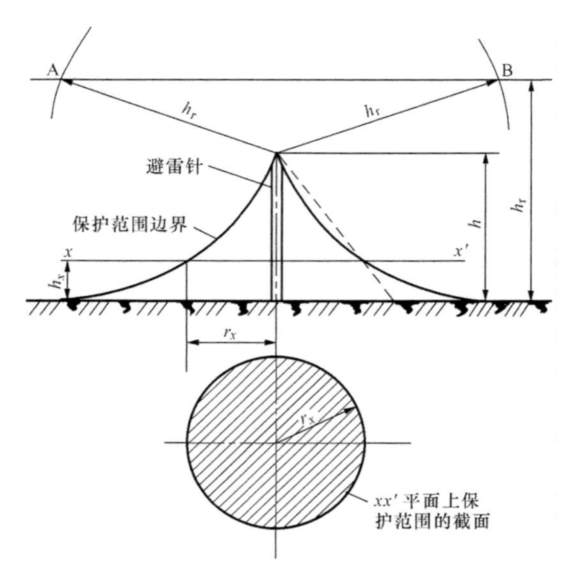

图 6-25 单支避雷针的保护范围

所谓“滚球法”，就是选择一个半径为 h_r（滚球半径）的球体，沿需要防护直击雷的部位滚动；如果球体只触及接闪器或接闪器和地面，而不触及需要保护的部位时，则该部位就在这个接闪器的保护范围之内。单支避雷针的保护范围，按照 GB 50057—2010《建筑物防雷设计规范》规定，用以下方法确定（见图 6-25）。

当避雷针高度 $h \leqslant h_r$ 时：

①距地面 h_r 处作一平行于地面的平行线；

②以避雷针的针尖为圆心，h_r 为半径，做弧线交平行线于 A、B 两点；

③以 A、B 为圆心，h_r 为半径作弧线，该弧线与针尖相交，并与地面相切。由此弧线起到地面止的整个锥形空间就是避雷针的保护范围。

④避雷针在被保护物高度 h_x 的 xx'平面上的保护半径 r_x 按式（6-51）计算

$$r_x = \sqrt{h(2h_r - h)} - \sqrt{h_x(2h_r - h_x)} \tag{6-51}$$

式中 h_r——滚球半径，按表 6-3 确定。

表 6-3 按建筑物防雷类别确定滚球半径和避雷网格尺寸

建筑物防雷类别	滚球半径 h_r（m）	避雷网格尺寸（m）
第一类防雷建筑物	30	≤5×5 或≤6×4
第二类防雷建筑物	45	≤10×10 或≤12×8
第三类防雷建筑物	60	≤20×20 或≤24×16

注 建筑物的防雷类别将在后面介绍。

当避雷针高度 $h > h_r$ 时：

在避雷针上取高度 h_r 的一点来代替避雷针的针尖作为圆心，其余的作法如 $h \leqslant h_r$ 的作法。

关于两支及多支避雷针的保护范围，可参看 GB 50057—2010《建筑物防雷设计规范》或有关设计手册。

【例 6-2】 某工厂一座高 30m 的水塔旁边建有一水泵房（第三类防雷建筑物），尺寸如图 6-26 所示，水塔上安装一支高 2m 的避雷针。问此避雷针能否保护这一水泵房。

解 查表 6-3 得滚球半径 h_r＝60m，而 h＝30＋2＝32（m），h_x＝6m。由式（6-51）得避雷针保护半径为

$$r_x = \sqrt{32 \times (2 \times 60 - 32)} - \sqrt{6 \times (2 \times 60 - 6)} = 26.9(\text{m})$$

现泵房在 $h_x = 6\text{m}$ 高度上最远一角距离避雷针的水平距离为

$$r = \sqrt{(12+6)^2 + 5^2} = 18.7(\text{m}) < r_x$$

因此，避雷针能保护这一水泵房。

2）避雷线。避雷线也称架空地线，一般用截面积不小于 25mm^2 的镀锌钢绞线，架设在架空线路的上方，以保护架空线路和其他物体（包括建筑物）免遭直接雷击。避雷线的功能和原理与避雷针基本相同。单根避雷线的保护范围，按 GB 50057—2010 规定：当避雷线高度 $h \geqslant 2h_r$ 时，无保护范围；当 $h < 2h_r$ 时，按下列方法确定保护范围（见图 6-27）。

①距地面 h_r 处作一平行于地面的平行线；

②以避雷线为圆心，h_r 为半径，做弧线交平行线于 A、B 两点；

③以 A、B 为圆心，h_r 为半径作弧线，这两条弧线相交或相切，并与地面相切。由此弧线起到地面止的整个空间就是避雷线的保护范围。

④当 $h_r < h < 2h_r$ 时，保护范围最高点的高度 h_0 为

$$h_0 = 2h_r - h \tag{6-52}$$

式中　h_r——滚球半径，按表 6-3 确定。

⑤避雷线在被保护物高度 h_x 的 xx' 平面上的保护宽度 b_x 为

$$b_x = \sqrt{h(2h_r - h)} - \sqrt{h_x(2h_r - h_x)} \tag{6-53}$$

⑥避雷线两端的保护范围，按单支避雷针的方法确定。

关于两根平行避雷线的保护范围，可参看 GB 50057—2010 或有关设计手册。

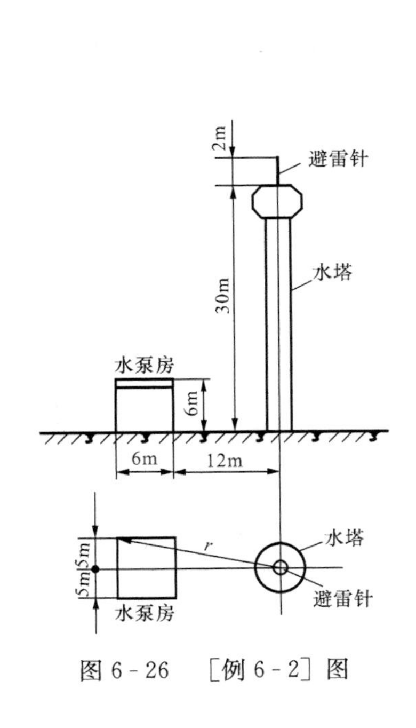

图 6-26　[例 6-2] 图

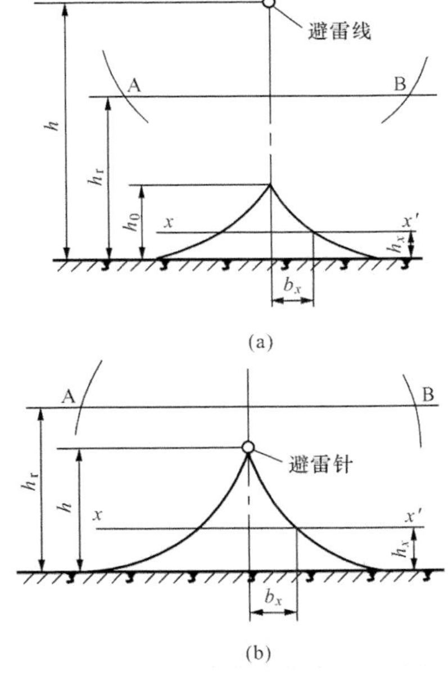

图 6-27　单根避雷线的保护范围

（a）$h_r < h < 2h_r$；（b）$h \leqslant h_r$

3）避雷带和避雷网。避雷带和避雷网普遍用来保护较高的建筑物免受雷击。避雷带采用直径不小于 8mm 的圆钢或截面积不小于 48mm^2、厚度不小于 4mm 的扁钢，沿屋顶周围

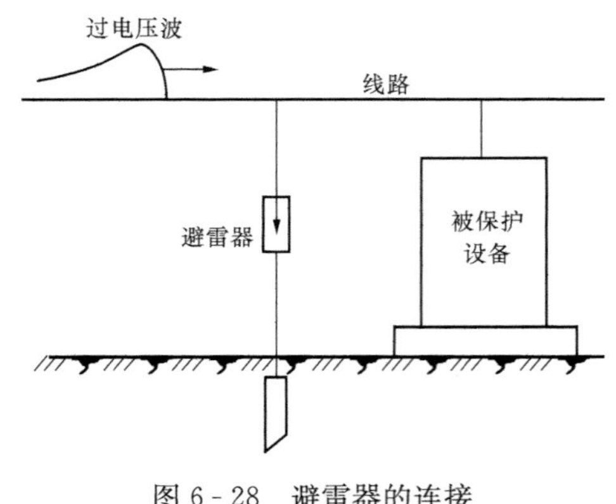

图 6-28　避雷器的连接

装设，高出屋面 100～150mm，支持卡间距离 1～1.5m。装在烟囱、水塔顶部的环状避雷带一般又叫避雷环。避雷网除沿屋顶周围装设外，屋顶上面还用圆钢或扁钢纵横连接成网。避雷带、网必须经 1～2 根引下线与接地装置可靠连接。

（2）避雷器。

避雷器（Arrester）的作用是防护雷电过电压沿线路入侵变电站或其他建筑物内，以免危及被保护物的绝缘。避雷器与被保护设备并联，如图 6-28 所示。当线路出现过电压时，避雷器的火花间隙被击穿，使过电压对地放电，从而保护设备。

避雷器主要有阀式、排气式、保护间隙和氧化锌等类型。

1）阀式避雷器。阀式避雷器由火花间隙和阀片组成，装在密封的磁套管内。火花间隙用铜片冲制而成，每对间隙用厚 0.5～1mm 的云母垫圈隔开。正常情况下，火花间隙阻止线路工频电流通过，但在过电压下，火花间隙被击穿放电。阀片由金刚砂组成，具有非线性特性：正常电压时阀片电阻大，过电压时阀片电阻小。因此线路出现过电压时，避雷器的火花间隙击穿，阀片能使雷电流顺畅地向大地泻放；当过电压消失后，阀片呈现很大的电阻，迅速切断工频续流，使线路恢复正常。

2）排气式避雷器，它由产气管、内部间隙和外部间隙等部分组成，如图6-29所示。产气管由纤维、有机玻璃或塑料组成，在高温时能产生大量的气体。当线路出现过电压时，内、外间隙被击穿，将雷电流泻入大地。同时，雷电流和工频续流在管内产生电弧，在产气管产生大量的高压气体并从环形管口喷出，形成强烈的吹弧气流，在电流第一次过零时，电弧即可熄灭，此时外部间隙的空气恢复了绝缘，使避雷器与电力系统隔离，恢复正常运行。

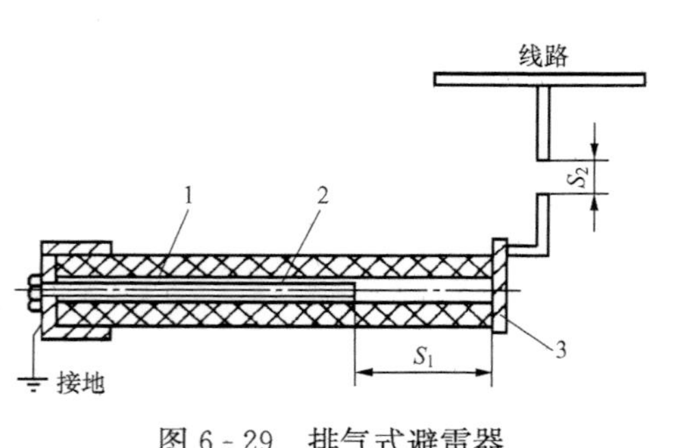

图 6-29　排气式避雷器

1—产气管；2、3—内、外部电极；

S_1、S_2—内、外部间隙

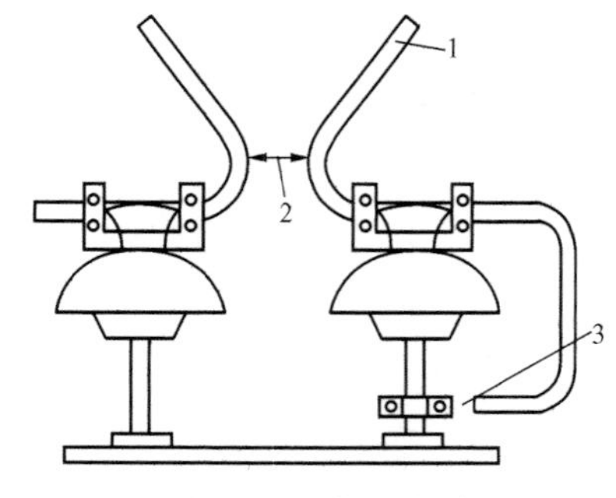

图 6-30　保护间隙

1—角形电极；2—主间隙；

3—辅助间隙

3）保护间隙。保护间隙是一种最简单的避雷器，其结构如图 6-30 所示。电极做成角形是为了使工频电弧在自身电动力和热气流作用下易于上升被拉长而自行熄灭。为了防止主间隙被外物短接，通常在其接地引下线中串联一个辅助间隙。保护间隙结构简单、维护方便，但是灭弧能力低，易造成接地或短路故障，因此常与自动重合闸装置配合，以提高供电的可靠性。

4）氧化锌避雷器。氧化锌避雷器又叫金属氧化物避雷器，是20世纪70年代开始出现的一种新型避雷器，它的阀片是以氧化锌为主要原料烧成的，其伏安特性具有优良的非线性，在正常工作电压下的漏电流小于1mA，因此不用串联火花间隙使阀片电阻与工作母线隔离，实现了避雷器的无间隙化，使避雷器的结构简单，体积和重量减小，运行的可靠性增加。避雷器在雷电过电压下动作后，阀片呈现极大的电阻值，有效地阻止了工频续流通过，避雷器泄放的能量大大减小，因此可以承受多重雷击。此外，由于氧化锌阀片的通流能力大，提高了避雷器的动作负载能力。氧化锌避雷器元件单一通用，结构简单，特别适合于大规模自动化生产，造价低廉。

3. 防雷措施

（1）架空线路的防雷措施。

线路雷害事故的形成通常要经历这样几个阶段，首先是在雷电过电压作用下，线路绝缘发生闪络，然后从冲击闪络转变为稳定的工频电弧，引起线路跳闸，如果在跳闸后线路不能迅速恢复正常运行，就会造成供电中断。因此，为了防止架空线路的雷害事故，达到保证可靠供电的目的，可以采用以下的具体措施。

1）架设避雷线。这是高压和超高压输电线路防雷保护的最基本和最有效的措施。避雷线的作用主要是防止雷直击导线，同时还有分流作用以减少流经杆塔的雷电流，从而降低塔顶电位。通过对导线的耦合作用可以减小线路绝缘上的电压。对导线的屏蔽作用还可以降低导线上的感应过电压。60kV及以上的架空线路应全线架设避雷线。35kV的架空线路，一般在进出变配电所的一段线路上架设。而10kV及以下架空线路一般不架设避雷线。

2）降低杆塔接地电阻。降低杆塔接地电阻可以减少雷击杆塔时的电位升高，这是配合架设避雷线所采取的一项有效措施。

3）加强线路绝缘水平。可在高杆塔上增加绝缘子串片数，可以采用木横担、瓷横担等，以提高线路的防雷水平。

4）装设自动重合闸装置。由于线路绝缘具有自恢复性能，大多数雷击造成的闪络事故在线路跳闸后能够自行消除，因此安装自动重合闸装置对于降低线路的雷击事故率具有较好的效果。据统计，我国110kV及以上的高压线路重合成功率达75%～95%，35kV及以下的线路重合成功率约为50%～80%。

（2）变配电站的防雷措施。

1）装设避雷针或避雷线。为了防止变配电站的电气设备和建筑遭受直接雷击，需要安装避雷针或避雷线。此时要求被保护物体处于避雷针（线）的保护范围之内，同时还要求雷击避雷针（线）时不应对被保护物体发生反击。

2）装设阀型避雷器。变电站中限制从线路侵入的雷电过电压波的主要措施是装设阀型避雷器，以保护主变压器。要求避雷器应尽量靠近变压器安装，其接地线应与变压器低压侧接地中性点及金属外壳连在一起接地。

3）进线段保护。为了配合变配电站内的阀型避雷器完成正常的保护作用，必须在靠近变电站的一段进线上采取可靠的防直击雷保护措施。因此，进线段保护是对雷电侵入波防护的一个重要的辅助手段。进线段保护是指在接近变电站1～2km的一段线路上架设避雷线，并在进线段内适当减小避雷线的保护角，以减小进线段内由于绕击或反击所形成的侵入波的概率。进线段能限制雷电侵入波的陡度，同时由于线路存在的波阻抗限制了通过避雷器的雷电流，从而也限制了避雷器的残压。

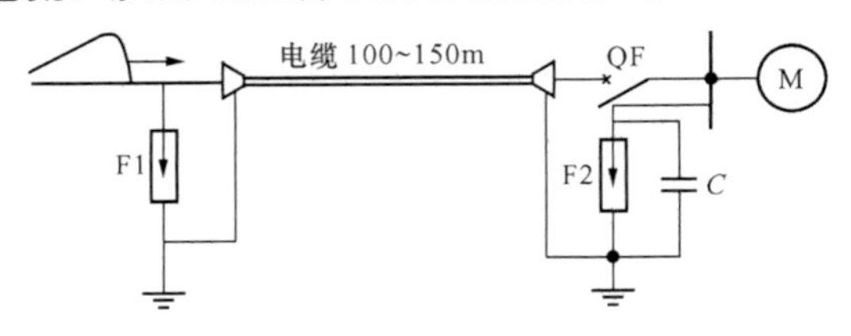

图 6-31 高压电动机的防雷保护接线

（3）高压电动机的防雷措施。

高压电动机的耐压水平较低，因此对雷电侵入波的防护，一般采用 FCD 型磁吹阀式避雷器或金属氧化物避雷器。对定子绕组中性点能引出的高压电动机，在中性点处装设磁吹阀式避雷器或金属氧化物避雷器。对定子绕组中性点不能引出的高压电动机，可以采用图 6-31 所示接线。为降低雷电侵入波波头的陡度，可在电动机前面加一段 100～150m 的引入电缆，并在电缆头处安装一组避雷器，在电动机入口前母线上安装一组有并联电容器的 FCD 型避雷器。

（4）建筑物的防雷措施。

建筑物（含构筑物）根据其对防雷的要求，分以下三类。

1）第一类防雷建筑物：第一类防雷建筑物是指因火花而引起爆炸，会造成巨大破坏和人身伤亡的工业建筑物。

2）第二类防雷建筑物：第二类防雷建筑物指电火花不易引起爆炸或不致造成巨大破坏和人身伤亡的工业建筑物；以及年预计雷击次数大于 0.2 的一般民用建筑物。

3）第三类防雷建筑物：第三类防雷建筑物指根据雷击对工业生产的影响，并结合当地气象、地形等因素确定需要防雷的 21 区、22 区、23 区火灾危险的环境；年预计雷击次数大于 0.05 的一般工业建筑物；年预计雷击次数在 0.2 和 0.5 之间的一般民用建筑物，以及高度在 15m 以上的烟囱、水塔等孤立的高耸建筑物。

按 GB 50057—2010 规定，第一类、第二类防类建筑物中有爆炸危险的场所，应有防直击雷、防感应雷和防雷电波侵入的措施。第二类（除有爆炸危险外）和第三类防雷建筑物，应有防直击雷和防雷电波侵入的措施。

习　题

6-1 什么是继电保护装置？供电系统对继电保护装置有哪些要求？

6-2 电流互感器在供电系统中常用的接线方式有哪几种？各种接线方式有何特点？

6-3 简要说明定时限过电流保护装置和反时限过电流保护装置的组成特点及整定方法。

6-4 电流速断保护为什么会出现保护“死区”？

6-5 分别说明过电流保护和电流速断保护是怎样满足供电系统对继电保护装置要求的。

6-6 在中性点不接地系统中，发生单相接地短路故障时，通常采取哪些保护措施？

6-7 作图分析变压器差动保护的基本原理，分析其产生不平衡电流的原因及抑制方法？

6-8 如何选择线路熔断器的熔体？为什么熔断器保护要考虑与被保护的线路导线相

配合？

6-9　选择熔断器时应考虑哪些条件？如何校验？

6-10　低压断路器的瞬时、短延时和长延时过流脱扣器的动作电流各如何整定？其热脱扣器的动作电流又如何整定？

6-11　低压断路器如何选择？如何校验？

6-12　试述高压电动机常见的故障和不正常工作状态及相应的保护方案。

6-13　高压电动机的电流速断保护和差动保护各适用于什么情况？动作电流各如何整定？

6-14　说明高压电动机低电压保护的构成与工作原理。

6-15　微机保护的硬件系统和软件系统各包含哪些部分？各部分的功能是什么？

6-16　什么叫工作接地？什么叫保护接地？

6-17　TN、TT、IT 系统中接地故障保护有何特点？

6-18　接地装置包括哪几部分？

6-19　什么叫过电压？过电压有哪些类型？

6-20　防雷装置有哪些？各适用在什么场所？

6-21　建筑物按防雷要求分哪几类？各类防雷建筑物各应采用哪些防雷措施？

6-22　某供电系统如图 6-32 所示。(1) 若在 QF 处设置定时限过电流保护，电流互感器采用不完全星形接线，变比为 150/5，$t_{QF}=0.3s$，试求其保护整定值。(2) 若在 QF 处还设置电流速断保护，试进行整定计算，按其整定值，若变压器低压侧母线发生三相短路，其速断保护是否动作？为什么？(3) 画出过电流保护与速断保护配合原理接线示意图。

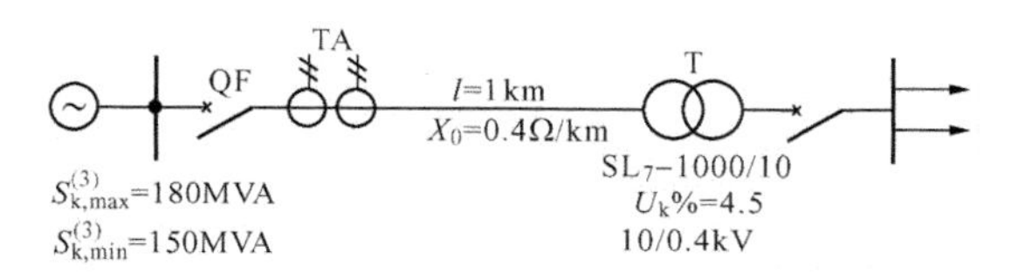

图 6-32　习题 6-22 的供电系统图

6-23　某 10kV 配电站供电系统如图 6-33 所示，试问在 QF1 处通常应设置什么保护？并根据确定的保护方式作出整定计算。

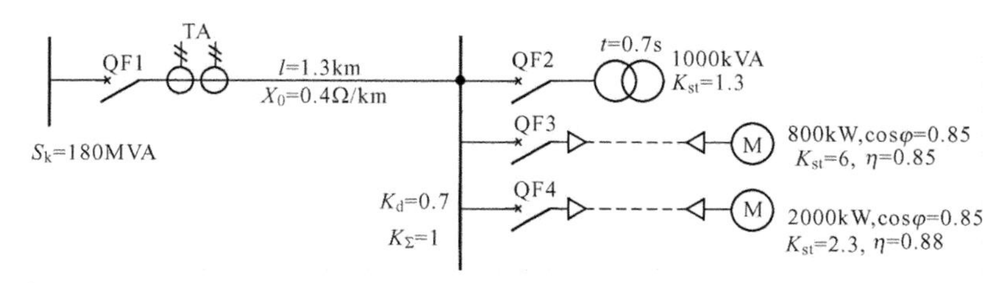

图 6-33　习题 6-23 的供电系统图

6-24　一台容量为 3200kVA，电压比为 35±5%/6.6kV，Yd11（Y/Δ—11）联结法的降压变压器 $I_{N,T1}=52.8A$，$I_{N,T2}=280A$，变压器高压侧引线最小三相短路电流 $I_{k1,\ min}^{(3)}=1482A$，变压器低压侧引出线最大、最小三相短路电流归算到高压侧平均电流分别为 $I_{k2,\ max}^{(3)}=604A$，$I_{k2,\ min}^{(3)}=515A$。6.6kV 侧最大负荷电流 275A。归算至 35kV 侧为 51.9A，试进行差动保护的整定计算。

6-25　某车间变压器容量 800kVA，电压比 6/0.4kV，变压器一次侧三相短路电流

$I_{k(6kV)}^{(3)}=9160A$，二次侧三相短路归算到6kV的短路电流 $I_{k(0.4kV)}^{(3)'}=1250A$，干线末端单相短路归算到6kV侧的短路电流 $I_{k(0.4kV)}^{(1)'}=160A$，比该处两相短路电流 $I_{k}^{(2)}$ 要小，干线末端单相短路电流 $I_{k(0.4kV)}^{(1)}=2400A$，变压器一次侧最大计算负荷为 $I_{L,max}=120A$。求该变压器的保护装置整定值。

6-26 某大型给水泵高压电动机参数为：$U_{N,M}=6kV$，$P_{N,M}=2000kW$，$I_{N,M}=230A$，$K_{st}=6$。电动机端子处两相短路电流为6000A，自起动时间 $t_{st}=8s$。拟采用GL型电流继电器和不完全星形接线组成高压电动机的电流速断保护及过负荷保护，电流互感器变比 $K_{i}=400/5$，试整定上述保护的动作电流、动作时限并校验灵敏度。

6-27 有一台电动机额定电压为380V，起动时间为3s以下，额定电流为20A，起动电流为141A。该电动机端子处三相短路电流为16kA，环境温度为30℃。试选择保护该电动机短路的RT0型熔断器及熔体的额定电流，并选择此电动机的配电导线（采用BLV型导线，穿硬塑料管）的截面和穿管管径。

第七章　工业企业供电系统二次接线及自动装置

本章首先介绍工业企业供电系统的二次接线，包括测量监察系统、操作电源、高压断路器的控制回路、中央信号回路和安装接线图等，然后讲述自动重合闸装置和备用电源自动投入装置，最后简述配电自动化系统和变电站综合自动化系统的技术基础。

第一节　测 量 监 察 系 统

一、二次接线的基本概念

在工业企业供电系统中通常将电气设备分为一次设备和二次设备两大类。

一次设备是指直接生产、输送和分配电能的设备，包括同步发电机、电力变压器、断路器、隔离开关、自动空气开关、接触器、闸刀开关、母线、电力线路、电抗器、避雷器、熔断器、电流互感器、电压互感器等。一次设备及其相互间的连接电路称为主接线或一次接线，是构成供电系统的主体。

二次设备是指对一次设备的工作进行测量监察、控制、保护、调节等作用的辅助设备，包括电气测量仪表、控制与信号器具、继电保护及安全自动装置、操作电源及控制电缆等。二次设备通常由电流互感器、电压互感器、蓄电池组或低压电源供电，它们相互间的连接电路称为二次回路或二次接线。二次接线是供电系统安全、经济、稳定运行的重要保障，是供电系统的重要组成部分。

二次接线是一个具有多种功能的复杂网络，其内容包括高压电气设备和输电线路的测量与监察、控制、调节、信号、继电保护与自动装置、操作电源等系统。

（1）测量与监察系统由各种电气测量仪表、监察装置、切换开关及其网络构成。其作用是指示或记录主要电气设备和输电线路的运行参数，作为生产调度和值班人员掌握主系统的运行情况，进行经济核算和故障处理的主要依据。测量与监察系统按被测电气参数性质的不同分为交流测量回路和直流测量回路；按测量方式的不同分为连续测量和选线测量；按测量参数的不同分为电流测量、电压测量、功率测量等。

（2）控制系统由各种控制器具、控制对象和控制网络组成。其主要作用是对开关设备进行远方跳闸、合闸操作，以满足改变主系统运行方式及处理故障的需要。控制系统按自动化程度的不同分为手动控制、半自动控制和自动控制；按控制距离的不同分为就地控制、集中控制和选线控制；按操作电源的不同分为直流控制、交流控制、强电控制和弱电控制等。

（3）调节系统由测量机构、传送设备、执行元件及其网络组成。其作用是调节某些主设备的工作参数，以保证主设备和供电系统的安全、经济、稳定运行。调节方式分为手动、半自动和自动三种。

（4）信号系统由信号发送机构、接收显示元件及其网络构成。其作用是准确、及时地显示出相应一次设备的工作状态，为运行人员提供操作、调节和故障处理的可靠依据。信号系统按信号性质的不同分为事故信号、预告信号、指挥信号、位置信号、继电保护及自动装置动作信号等；按信号的显示方式不同分为灯光信号、音响信号和其他显示信号；按信号的响应时间不同分为瞬时动作信号和延时动作信号；按信号的复归方式不同分为手动复归信号和自动复归信号。

（5）继电保护与自动装置系统由互感器、变换器、各种继电保护及自动装置、选择开关及其网络组成。其作用是监视主系统的运行状况，一旦出现故障或异常便自动进行处理，并发出信号。

（6）操作电源系统由直流或交流电源设备和供电系统网络构成。其作用是供给上述各二次系统的工作电源，高压断路器的跳闸、合闸电源及其重要设备的事故电源。操作电源主要有直流和交流两大类，直流操作电源主要有蓄电池和硅整流直流操作电源两种。对采用交流操作的断路器应采用交流操作电源，相应地，所有二次接线中保护回路继电器、信号回路设备、控制设备等均采用交流形式。

二、测量监察系统

1. 电气测量的目的及要求

（1）电气测量的目的。

1）计费测量，主要是计量工业企业的用电量，如有功电能表、无功电能表。

2）监视电气设备的运行状况，如电压、电流、有功功率、无功功率、有功电能、无功电能等，这些参数通常都需要定时记录。

3）监视交流、直流系统的安全状况，如绝缘电阻、三相电压是否平衡等。

（2）电气测量的要求。

电气测量仪表是接自电流互感器和电压互感器的二次侧。电气测量仪表的配置必须执行国家的有关技术经济政策，其测量范围及准确度指标应满足变配电装置运行监测和电能计量的需要，并力求做到技术先进、经济合理、准确可靠、便于观测。具体要求如下：

1）当测量仪表与继电保护装置公用一组电流互感器时，仪表与保护应分别接在互感器不同的二次绕组，一般准确度为 0.5 级的二次绕组接测量仪表，3.0 级或更低级的二次绕组接继电保护装置。若受条件限制只能接在同一个二次绕组时，应采取措施防止校验仪表时影响保护装置的正常工作。

2）直接接于电流互感器二次绕组的仪表，不宜采用切换方式检测三相电流；对于有可能出现两个方向电流的直流电路和两个方向功率的交流电路，应装设双向刻度的电流表或功率表。

3）常测仪表、电能计量仪表不应与故障录波装置公用电流互感器的同一个二次绕组。

4）当电力设备在额定值运行时，互感器二次绕组所接入的阻抗不应超过互感器准确度等级允许范围所规定的值；互感器的变比和仪表的量程，应保证电气装置在正常运行时，仪表指示在其刻度的 2/3 左右；在过负荷和事故运行时，仪表指示不应超过满刻度。

5）当几种仪表接在互感器的同一个二次绕组时，宜先接指示和积算式仪表，再接记录仪表。

2. 测量仪表的配置

（1）发电机定子回路和转子回路。

发电机定子回路装设三只电流表以监视三相负载的平衡情况。两只交流电压表分别测量定子电压及监察定子对地的绝缘状况。有功功率表、无功功率表各一只，用以监视发电机的输出功率。有功电能表、无功电能表各一只，用来积算输出的电能。自动记录型有功功率表一只，用以记录发电机的运行负荷曲线。另外，在汽轮机的操作屏上还装有发电机的有功功率表、频率表各一只。

发电机转子回路（或称励磁回路）装设直流电压表、直流电流表各一只，用以测量发电机的励磁电压与电流。

（2）双绕组变压器回路。

表计应接在变压器的低压侧，这是因为高压侧电流互感器价格高。

35/6～10kV变压器应装设电流表、有功功率表、无功功率表、有功电能表、无功电能表各一只；6～10kV/0.4 kV的配电变压器应装设电流表、有功电能表各一只，如为单独经济核算的单位变压器还应装设一只无功电能表。

（3）三绕组变压器回路。

三绕组变压器低压侧装设电流表、有功功率表、无功功率表各一只，有功电能表两只（分别积算送电端和受电端的电能）；中压侧装设电流表、有功功率表、无功功率表、有功电能表各一只；高压侧装设电流表一只。

三个电压侧都应装设电流表，以便监视变压器负荷分配。高压侧不装设功率表及电能表，其功率与电能根据低压与中压侧仪表读数计算求得。

（4）母线。

装设电压表一只，通过切换开关来测量三个线电压。在中性点非直接接地系统中，各段母线上还应装设绝缘监察装置，绝缘监察装置所用的电压互感器与避雷器放置于电压互感器柜。

（5）高低压线路。

在电源进线上，必须装设计费用的有功电能表和无功电能表，以及反映电流大小的电流表。通常采用标准计量柜，计量柜内设置专用电流互感器和电压互感器。

3～10kV配电线路应装设电流表、有功电能表各一只，如为单独经济核算的单位还应装设一只无功电能表。当线路负荷大于5000kVA时，还应装设一只有功功率表。

低压动力线路上应装一只电流表。照明和动力混合供电的线路上，照明负荷占总负荷的15%～20%以上时，需要装设三只电流表或一只电流表加上转换开关，以监视负荷平衡情况。如需计量电能，还需装设一只三相四线的有功电能表。

（6）并联补偿电容器。

在并联补偿电容器总回路上，需要装设三只电流表和一只电压表，以监视其负荷平衡情况和电压水平。如需计量无功电能，则需装设一只无功电能表。

三、绝缘监察系统

1. 交流绝缘监察系统

小接地短路电流系统发生单相接地，虽然对供电不发生影响，但因非故障相对地电压升高到线电压，在绝缘薄弱处可能引起对地绝缘击穿而造成相间短路。因此，发生单相接地后，不允许长期运行，通常可以继续运行两个小时，必须装设交流绝缘监察装置，以便在电网中发生单相接地时能及时发出预告信号。

图7-1是交流绝缘监察装置原理图。我国生产的三相五柱式电压互感器每相有两个二

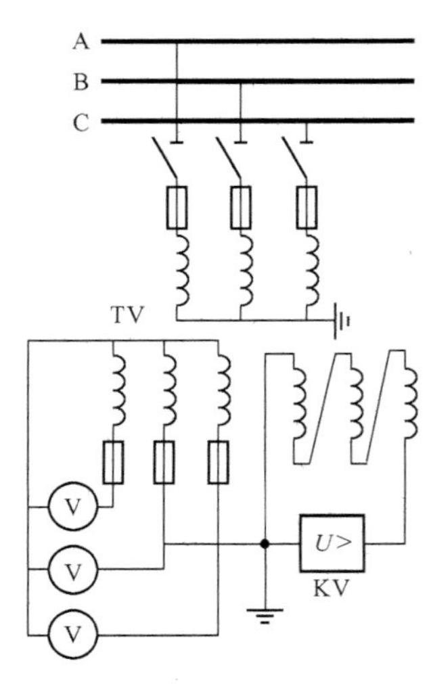

图 7-1 交流绝缘监察装置原理图

次绕组，一组二次绕组接成星形，供电给继电保护装置、测量仪表和绝缘监察电压表；另一组二次绕组接成开口三角形，两端接绝缘监察继电器。

在正常情况下，系统三相电压对称，三个电压表读数相同，在开口三角形的引出端子上没有电压，绝缘监察继电器不会动作。当电网发生 A 相金属性接地时，则一次侧 A 相对地电压降到零，B、C 两相对地电压升高到线电压。三个电压表中，A 相电压表指示为零，B、C 两相电压表指示线电压，由此得知一次系统 A 相接地。开口三角形两端电压为 100V，绝缘监察继电器动作发出信号。当电网发生经过渡电阻单相接地时，故障相电压不降至零，但低于相电压，其数值视接地点过渡电阻的大小而定。电压互感器开口三角形端子上的电压将低于 100 V，当此电压大于绝缘监察继电器的起动电压时（一般整定为 15 V），保护装置亦动作，发出预告信号。

2. 直流绝缘监察系统

在直流系统发生一点接地时，由于没有短路电流流过，熔断器不会熔断，仍能继续运行。但是，这种接地故障必须及早发现，否则当再发生另一点接地时，有可能引起信号回路、控制回路、继电保护回路和自动装置回路的不正确动作。例如，在图 7-2 所示的控制回路中，当 A 点存在一点接地故障，而后又在 B 点发生一点接地时，断路器的跳闸线圈 YR 中就有电流流过，而引起误跳闸。可见装设直流绝缘监察装置是十分必要的。

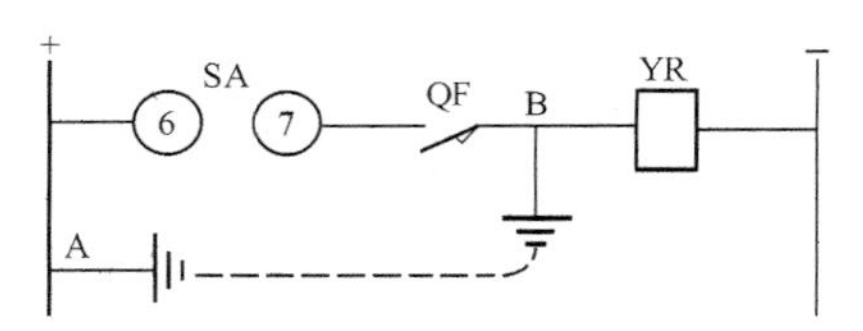

图 7-2 两点接地所引起的误跳闸情况

在主控室的直流屏上，装设有直流绝缘监察装置，如图 7-3 所示。整个装置可分为信号和测量两部分，都是根据直流电桥的工作原理构成的。

图 7-3（a）为信号部分的等效电路，其主要组成元件为电阻 1R、2R 和接地信号继电器 KSE。电阻 1R、2R 数值相等，通常选 1000Ω，并与直流系统正负极对地绝缘电阻 R＋和 R－组成电桥的四个臂。正常状态下 R＋和 R－相等，接地信号继电器 KSE 的线圈中只有微小的不平衡电流流过，继电器不动作。当某一极的绝缘电阻下降时，电桥失去平衡，接地信号继电器 KSE 的线圈中有较大电流通过，继电器 KSE 动作，其动合触点闭合，发出预告信号。

测量部分由两个转换开关 1SL、ST 和电压表 2V 构成。转换开关 1SL 有三个位置，即“信号”、“测量Ⅰ”、“测量Ⅱ”。平时置于“信号”位置，其触点 5－7 和 9－11 接通，此时转换开关 ST 的触点 9－11 也是接通的，接地信号继电器 KSE 投入工作，监察直流母线上绝缘电阻降低时发出信号。电压表 2V 可用来测量母线对地电压，转换开关 ST 也有三个位置，即“母线”、“正对地”、“负对地”。平时置于“母线”位置，其触点 1－2、5－8 和 9－11 接通，电压表 2V 可用来测量正负母线间的电压。当将 ST 转换到“正对地”位置时，其触点 1－2、5－6 接通，可以测量正母线对地的电压。当将 ST 转换到“负对地”位置时，

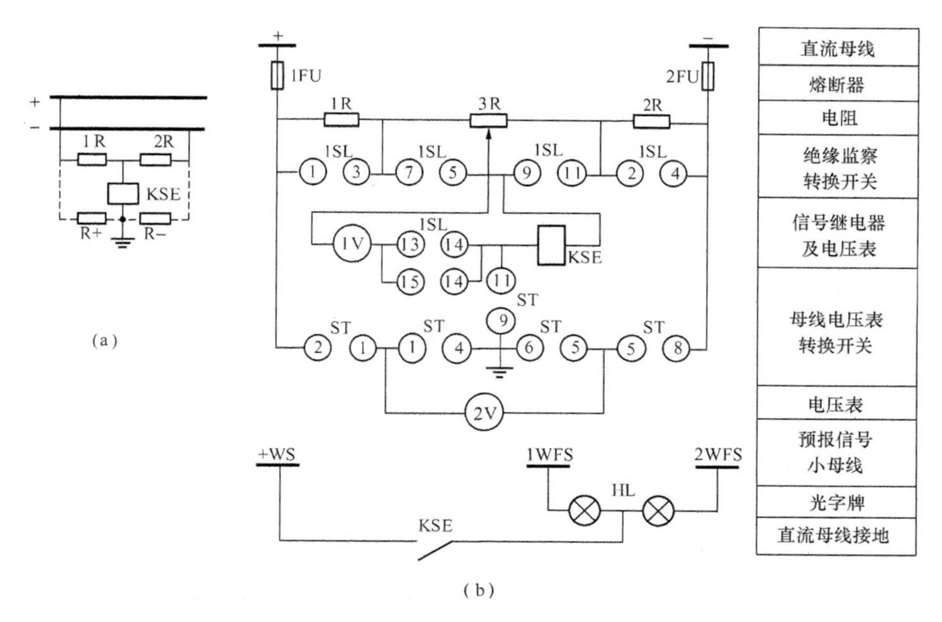

图 7-3　直流绝缘监察装置原理图
(a) 等效电路；(b) 原理接线图

其触点 1—4、5—8 接通，可以测量负母线对地的电压。若两极绝缘良好，由于电压表 2V 的线圈没有形成回路，则正极对地和负极对地电压为 0V；如果正极接地，则正极对地电压为 0V，负极对地电压为 220V；反之，当负极接地，则负极对地电压为 0V，正极对地电压为 220V。

以上介绍的直流绝缘监察装置虽然得到广泛应用，但也有缺点，它不能在正负极绝缘电阻均等下降的情况下，及时发出预告信号。

第二节　操　作　电　源

一、概述

发电厂和变电站内，对开关电器的远距离操作、信号设备、继电保护及自动装置等，要求设有专门的供电电源，这种电源称为操作电源。操作电源一般采用直流，也可采用交流。

1. 操作电源的基本要求

通常，操作电源应满足下列要求：

(1) 保证供电的高度可靠性。为此，最好装设专门的操作电源，以免交流电网故障时影响操作电源的正常供电。

(2) 具有足够的容量，以保证正常运行及故障状态下供电的要求。

(3) 使用寿命长，运行维护方便。

(4) 投资省，布置面积小。

2. 操作电源的种类

（1）蓄电池组直流操作电源。

（2）硅整流电容储能直流操作电源。

（3）复式整流直流操作电源。

（4）交流操作电源。

3. 直流负载的分类

发电厂及变电站的直流负载，按其用电特性的不同可分为经常负载、事故负载和冲击负载三类。

（1）经常负载。

经常负载是指在所有运行状态下要直流电源不间断供电的负载。包括：

1）经常带电的直流继电器、信号灯、位置指示器；

2）经常点亮的直流照明灯；

3）经常投入运行的逆变电源等。

一般来说，经常负载在总的直流负载中所占的比重是比较小的。

（2）事故负载。

事故负载是指正常运行由交流电源供电，当企业自用交流电源消失后由直流电源供电的负载。一般包括有：事故照明、汽机润滑油泵、发电机氢冷密封油泵及载波通讯备用电源等。

（3）冲击负载。

冲击负载是指直流电源承受短时最大电流，包括断路器合闸时的冲击电流和当时所承受的其他负载电流（经常负载和事故负载）。

上述三种负载是选择直流电源的主要依据。

二、蓄电池组直流操作电源

在一些大中型发电厂和变电站中，可采用蓄电池组作直流操作电源。蓄电池主要有铅酸蓄电池和镉镍蓄电池两种。

铅酸蓄电池是由二氧化铅（PbO_2）的正极板、铅的负极板和密度为 1.2～1.3g/cm^3 的稀硫酸电解液组成。单个铅酸蓄电池的额定端电压为 2V，充电后可达 2.7V。蓄电池组是由许多相互串联的铅酸蓄电池组成，其串联的数目取决于工作电压，一般为 110V 或 220V，有时也用 24V 或 48V。由于铅酸蓄电池具有一定的危险性和污染性，投资大，需要设立专门的蓄电池室，因此，在工业企业变电站中现已不再采用。

镉镍蓄电池由正极板、负极板和电解液组成。正极板为氢氧化镍［$Ni(OH)_3$］或三氧化镍（Ni_2O_3），负极板为镉（Cd），电解液为氢氧化钾（KOH）或氢氧化钠（NaOH）等碱溶液。单个镉镍蓄电池的额定端电压为 1.2V，充电后可达 1.75V。镉镍蓄电池的特点是不受供电系统的影响，工作可靠，腐蚀性小，大电流放电性能好，强度高，寿命长。在大中型发电厂和变电站中应用广泛。

三、硅整流电容储能直流操作电源

利用蓄电池组作为直流操作电源，主要优点就是直流系统是完全独立的，其供电比较可靠，不受交流系统运行情况的影响。但由于其价格昂贵，占建筑面积较多，而且运行维护复杂，在中小型变电站已逐渐被整流操作电源和交流操作电源所代替。

采用硅整流器直接向保护装置和操动机构供电的变电站，当电力系统发生短路时会引起交流电源电压下降，从而直流电压也下降，严重者可能造成保护装置不动作。利用电容器储能来补偿直流电压是一个简单易行的解决方法。电容器所储能量需满足保护装置和跳闸线圈动作所需能量，在保护装置动作切除故障后，所用电源及直流电压恢复正常，电容器又会充足电能。

取消蓄电池组后，要求所用电源更加可靠。一般至少应有两个独立交流电源给整流器供电，其中之一最好是与该变电站一次系统没有直接联系的电源。

硅整流电容储能直流系统如图 7 - 4 所示。一般装有两组硅整流装置，整流电路一般采用三相桥式整流。整流装置 U1 供断路器合闸，也兼向控制、信号、保护回路供电，其容量较大；整流装置 U2 仅用于控制信号母线的供电，容量较小。两组整流装置之间用电阻 R 和二极管 V3 隔开，逆止元件 V3 用来防止断路器合闸时或合闸母线故障时，整流装置 U2 向合闸母线侧供电，以保证控制信号电源可靠。电阻 R 用来限制控制信号母线侧短路时流过逆止元件 V3 的电流。

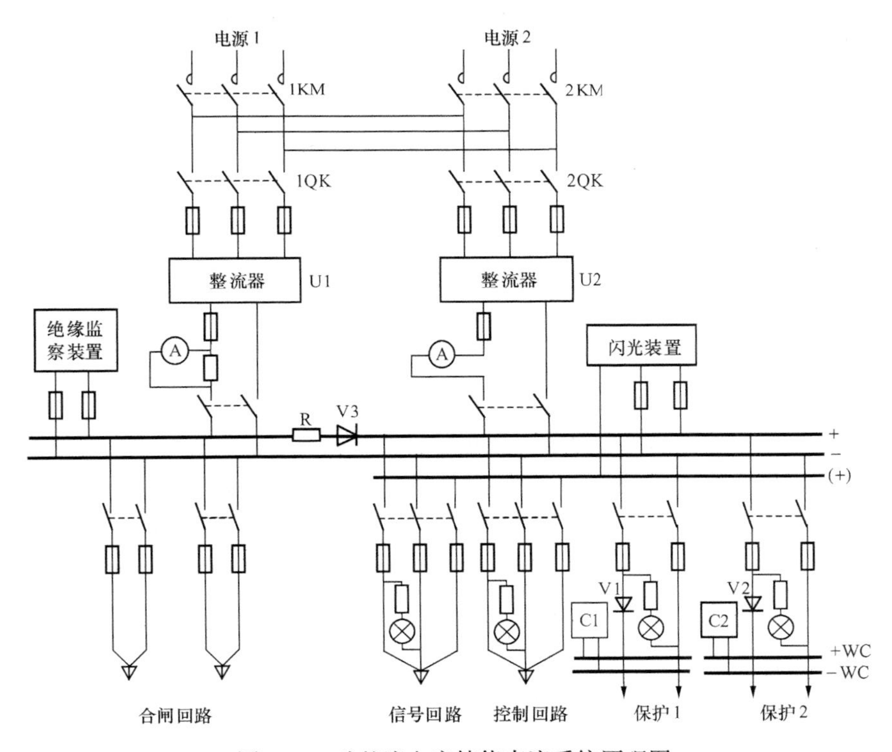

图 7 - 4　硅整流电容储能直流系统原理图

装设两组储能电容器 C1 和 C2，一组供电给 10kV 配电线路的保护和跳闸回路，另一组供电给其他元件的保护和跳闸回路。这是为了防止 10kV 配电线路故障，保护动作而断路器因操动机构失灵而拒绝跳闸（此时由于跳闸线圈长久接通而将电容器储能消耗完）时，起后备作用的电流保护（如变压器的过电流保护）也无法动作，而造成事故扩大的危险。逆止元件 V1、V2 把两组电容器与控制信号母线隔开，防止电容器向控制母线上其他元件放电，而只供保护和跳闸线圈动作。

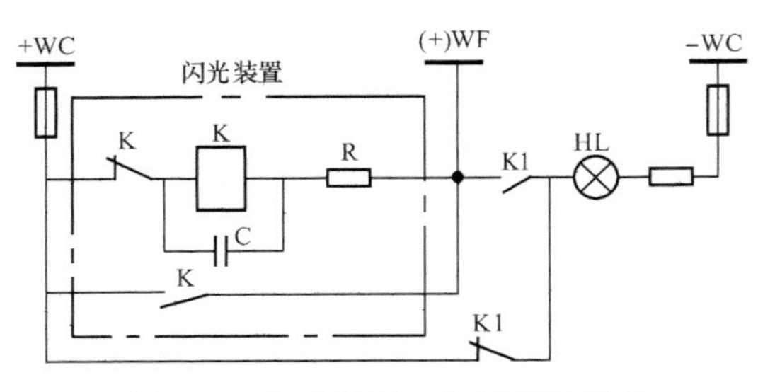

图 7-5 闪光装置工作原理示意图

在直流母线上还接有直流绝缘监察装置和闪光装置。闪光装置主要提供灯光闪光电源，其工作原理如图 7-5 所示。在正常工作时闪光母线（+）WF 悬空，当系统发生故障时，相应继电器 K1 动作，K1 动断触点打开，K1 动合触点闭合，使信号灯 HL 接于闪光母线上，WF 的电压较低，HL 变暗，电容 C 充电，当 C 充电到一定值后，继电器 K 动作，其动合触点闭合，WF 的电压与正母线相同，HL 变亮，继电器 K 的动断触点打开，电容放电，使 K 的电压降低，K“失电”动作，K 动合触点打开，闪光母线电压变低，C 又开始充电。重复上述过程，信号灯发出闪光信号。

在变电站中，控制、保护、信号设备都安装在各自的控制柜中，为了方便使用操作电源，一般在屏顶并排设置操作电源小母线。屏顶小母线的电源由直流母线上的各回路提供。

四、复式整流直流操作电源

复式整流是指整流装置不但由所用变压器或电压互感器供电，还由能反映故障短路电流的电流互感器供电，这样就能保证在正常和事故情况下不间断地向直流系统供电。电流互感器的输出容量是有限的，首先必须保证保护回路及断路器的跳闸回路的电源，使断路器可靠跳闸。与电容储能装置比较，复式整流装置能输出较大的功率，电压能保持恒定。

复式整流装置按接线可分为单相式和三相式两种。直流电压可选用 24V、48V、110V、220V 等，按控制、信号和保护设备的需要而定。

五、交流操作电源

交流操作电源是直接使用交流电源作二次接线系统的工作电源。采用交流操作电源时，一般由电流互感器供电给反应短路故障的继电器和断路器的跳闸线圈；由自用电变压器供电给断路器的合闸线圈；由电压互感器（或自用电变压器）供电给控制与信号装置。这种操作电源接线简单、维护方便、投资少，但交流继电器性能没有直流继电器性能完善，不能构成复杂的保护。因此，交流操作电源在小型企业变配电站中应用较广，而对保护要求较高的大中型变配电站一般均采用直流操作电源。

第三节 高压断路器的控制回路

一、概述

1. 断路器的控制方式

断路器的控制回路是指控制（操作）高压断路器的跳闸、合闸的回路。按其控制地点来分，有就地控制、集中控制和选线控制三种。

（1）就地控制。

所谓就地控制方式就是在断路器的安装地点进行控制，主要用作对不重要的断路器进行控制，以减小主控制室的建筑面积和节省控制电缆。一般 10kV 及以下的断路器多采用就地控制。

(2) 集中控制。

所谓集中控制方式就是集中在主控制室(或单元控制室)内进行控制,主要用作对重要的断路器进行控制,被控制的断路器与主控制室之间一般都有几十米到几百米的距离。一般35kV及以上的断路器多采用集中控制。

(3) 选线控制。

所谓选线控制方式就是在专设的控制室内安装集中选控台和信号返回屏,对全厂(站)的断路器进行远方选择控制。

前两种控制方式在变电站中已有多年的运行经验,通常采用110V或220V直流操作电源,称为强电控制,是本节讲述的重点内容。第三种控制方式,近年发展较快,尤其是60kV以下操作电源的弱电选控技术发展的更为显著,对进一步提高电能生产、管理和自动化水平具有重要的意义。

2. 断路器控制回路的基本要求

断路器的控制回路一般由跳闸、合闸回路,防跳回路,位置信号回路,事故跳闸音响信号回路等几部分组成。断路器的控制回路应满足以下基本要求:

(1) 应能进行手动和自动合闸与跳闸操作,并且当操作完成后,应自动解除命令脉冲,断开跳闸、合闸回路,以避免跳闸、合闸线圈长时间带电。

(2) 应有防止断路器多次合闸的"跳跃"闭锁装置。

(3) 应能指示断路器的合闸与跳闸位置状态。

(4) 自动跳闸与合闸应有明显的信号。

(5) 应能监视熔断器的工作状态及跳闸、合闸回路的完整性。

(6) 对于采用气压、液压和弹簧储能操作的断路器,应有压力是否正常、弹簧是否拉紧到位的监视和防止误操作的措施。

(7) 控制回路应力求简单可靠,使用电缆芯数目最少。

3. 控制开关

控制开关是断路器控制回路的主要控制元件,由运行人员操作使断路器合闸、跳闸。在发电厂和变电站中常用的是LW2型系列控制开关,它是由操作手柄、面板、触点盒等组合而成。

表明控制开关在不同工作位置触点通断情况的图表称为触点图表。表7-1给出LW2—Z—1a、4、6a、40、20、20/F8型控制开关的触点图表。

二、电磁操动机构的断路器控制回路

图7-6为电磁操动机构的断路器控制回路。

1. 用控制开关操作合闸和跳闸

当断路器处于跳闸状态时,控制开关SA手柄在"跳闸后"位置,其触点10—11接通,QF1通,绿灯HG亮平光,表明断路器处于断开状态。此时,合闸接触器KO线圈两端虽有电压,但由于绿灯及其附加电阻的分压作用,不足以使合闸接触器动作。绿灯不仅是断路器的位置信号,同时可监察合闸接触器起动回路是否完好,在合闸回路断线或电源消失时绿灯将熄灭。

表 7-1　　LW2－Z－1a、4、6a、40、20、20/F8 型控制开关的触点图表

手柄和触点盒形式		F－8	1a		4		6a			40			20			20		
触点号			1－3	2－4	5－8	6－7	9－10	9－12	10－11	13－14	14－15	13－16	17－19	17－18	18－20	21－23	21－22	22－24
位置	跳闸后	←	—	×	—	—	—	—	×	—	×	—	—	—	×	—	—	×
	预备合闸	↑	×	—	—	—	×	—	—	×	—	—	—	×	—	—	×	—
	合闸	↗	—	—	×	—	—	×	—	—	—	×	×	—	—	×	—	—
	合闸后	↑	×	—	—	—	×	—	—	—	—	×	×	—	—	×	—	—
	预备跳闸	←	—	×	—	—	—	—	×	×	—	—	—	×	—	—	×	—
	跳闸	↙	—	—	—	×	—	—	×	—	×	—	—	—	×	—	—	×

注　“—”表示断开，“×”表示接通。

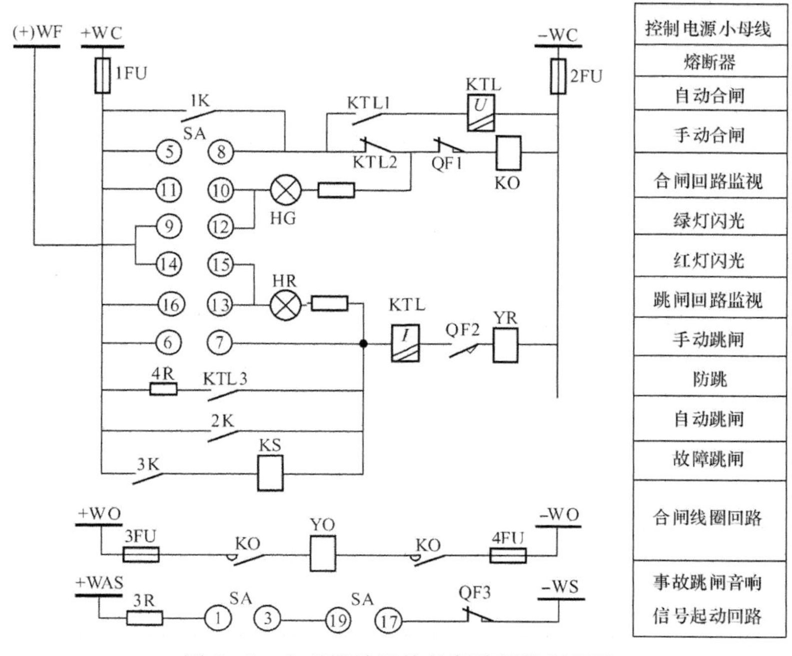

图 7-6　电磁操动机构的断路器控制回路

（1）合闸操作。

将控制开关 SA 的手柄顺时针旋转 90°到“预备合闸”（PC）位置，9—10 通，绿灯 HG 闪光，表明合闸回路完好。然后将 SA 的手柄继续顺时针旋转 45°到“合闸”（C）位置，5—8 通，将绿灯和附加电阻短接，流过合闸接触器 KO 的电流增大，从而合闸接触器动作，使断路器的合闸线圈 YO 接通电源，将断路器合闸。断路器合闸后，QF1 断开，绿灯 HG 熄灭，QF2 闭合，SA 的 13—16 触点接通，红灯 HR 亮平光，指示断路器已合闸。当松开 SA 后，在弹簧的作用下，SA 自动回到“合闸后”（CD）位置，SA 的 5—8 触点断开，避免合闸线圈长时间带电，SA 的 13—16 触点仍接通，故红灯 HR 一直亮平光。红灯不仅指示断路器在合闸位置，同时可监察跳闸回路是否完好，在跳闸回路断线或电源消失时红灯熄灭。

为什么 SA 的 5—8 触点不直接接通合闸线圈 YO？这是因为合闸电流很大，可达数百安培，假如用 SA 的触点直接接通 YO，将会烧坏 SA 的触点；此外由于合闸电流很大，不能由控制小母线 WC 供电，而应由容量大的合闸小母线 WO 供电。

（2）跳闸操作。

将控制开关 SA 的手柄逆时针旋转 90°到“预备跳闸”（PT）位置，13—14 通，红灯 HR 闪光，表明跳闸回路完好，但断路器仍在合闸状态。将 SA 继续逆时针旋转 45°到“跳闸”（T）位置，6—7 通，将红灯和附加电阻短接，流过跳闸线圈 YR 的电流增大，将断路器跳闸。当松开 SA 后，SA 自动回到“跳闸后”（TD）位置，SA 的 10—11 触点仍接通，故绿灯 HG 一直亮平光，指示断路器已跳闸。

2. 断路器的自动控制

断路器的自动控制是通过自动装置的继电器触点实现跳闸、合闸控制。

当运行中一次系统发生事故，继电保护装置动作，保护出口继电器 3K 闭合，由于与

3K 串联的信号继电器 KS 为电流型线圈，电阻很小，YR 线圈电流很大，断路器跳闸。当自动重合闸装置动作时，继电器 1K 闭合，SA 的 5—8 触点被短接，断路器合闸。

断路器自动合闸或跳闸时，需给值班人员一个明显的信号，该信号包括灯光信号和音响信号，其接线是按照不对应原则设计的。所谓不对应原则就是指控制开关的位置与断路器的位置不一致，例如断路器自动跳闸后，断路器处于断开位置，而控制开关的手柄却在“合闸后”位置，两者就出现了不一致。对于灯光信号，目前广泛采用指示灯闪光法，自动跳闸后，跳闸的断路器绿灯闪光；自动合闸后，合闸的断路器红灯闪光。事故跳闸时，SA 手柄置于“合闸后”位置，其 1—3、17—19 通，而断路器处于断开状态，事故音响信号小母线 WAS 与信号回路中负电源接通，发出事故音响信号，如电笛或蜂鸣器响。

3. 防跳电路

当断路器合闸后，由于某种原因造成控制开关的 5—8 触点或自动装置的触点 1K 未复归（例如操作手柄未松开、触点粘连等），此时如果发生短路故障，继电保护动作使断路器自动跳闸，则会出现多次的“跳—合”现象，此种现象称为跳跃现象。断路器如果多次跳跃，一方面使断路器损坏，另一方面使一次系统工作受到严重影响。为了防止这种跳跃现象的发生，必须采用电气或机械防跳装置。当断路器操动机构是 CD2 型时，操动机构本身具有机械防跳设施，不必设置电气防跳装置。

在图 7-6 中，防跳继电器 KTL 有两个线圈，电流起动线圈串联于跳闸回路，电压自保持线圈经过自身的动合触点并联于合闸接触器回路。其工作原理如下：当合在短路故障上，继电保护装置动作，断路器跳闸。同时防跳继电器 KTL 的电流线圈起动，使 KTL 动作，KTL1 闭合，其 KTL 电压线圈也动作，自保持；KTL2 打开，断路器不能再次合闸。当5—8 触点或 1K 断开后，KTL 的电压自保持线圈断电，才能恢复至正常状态。这样就防止了跳跃现象的发生。

三、弹簧操动机构的断路器控制回路

弹簧操动机构有使用交流操作电源和直流操作电源两种。

使用弹簧操动机构的断路器控制回路与图 7-6 相类似。增设一台储能电动机，当弹簧操动机构的弹簧未拉紧时，储能电动机接通，使弹簧拉紧，拉紧后电动机自动停止储能。断路器是利用弹簧存储的能量进行合闸的，合闸后，弹簧释放能量，电动机接通继续储能，为下次合闸做好准备。由于弹簧操动机构储能耗用功率小，所以合闸电流小，合闸回路可用控制开关的 5—8 触点直接接通合闸线圈 YO。

四、微机远方监控的断路器控制回路

目前，新建或老站改建的工业企业变配电站的控制普遍采用微机远方监控或综合自动化。图 7-7 为一种采用微机远方监控的断路器控制回路，其保护与监控采用南京南瑞继保电气有限公司的 RCS—9611C 型保护测控装置，分散安装在开关柜上，可实现 6～35kV 的保护与监控以及 6～35kV 断路器的一对一就地与远方控制。

1. 断路器的手动合闸和跳闸控制

断路器的手动合闸、跳闸方式有就地与远方两种，由控制开关 SA 控制。SA 有就地合开关、就地分开关和远控三个位置。就地控制回路受电气编码锁 BMS 的闭锁，当满足操作条件时，BMS 的 1—2 触点接通，开放就地操作电源。

断路器就地合闸时，SA 置于就地合开关位置，其 1—2 触点接通，启动断路器合闸线圈

YO，同时合闸保持继电器 HBJ 动作，其动合触点闭合，使合闸脉冲自保持，断路器合闸。合闸后，接在 YO 前的断路器辅助触点 QF1 打开，切断合闸脉冲，使 HBJ 失电返回，完成合闸过程。

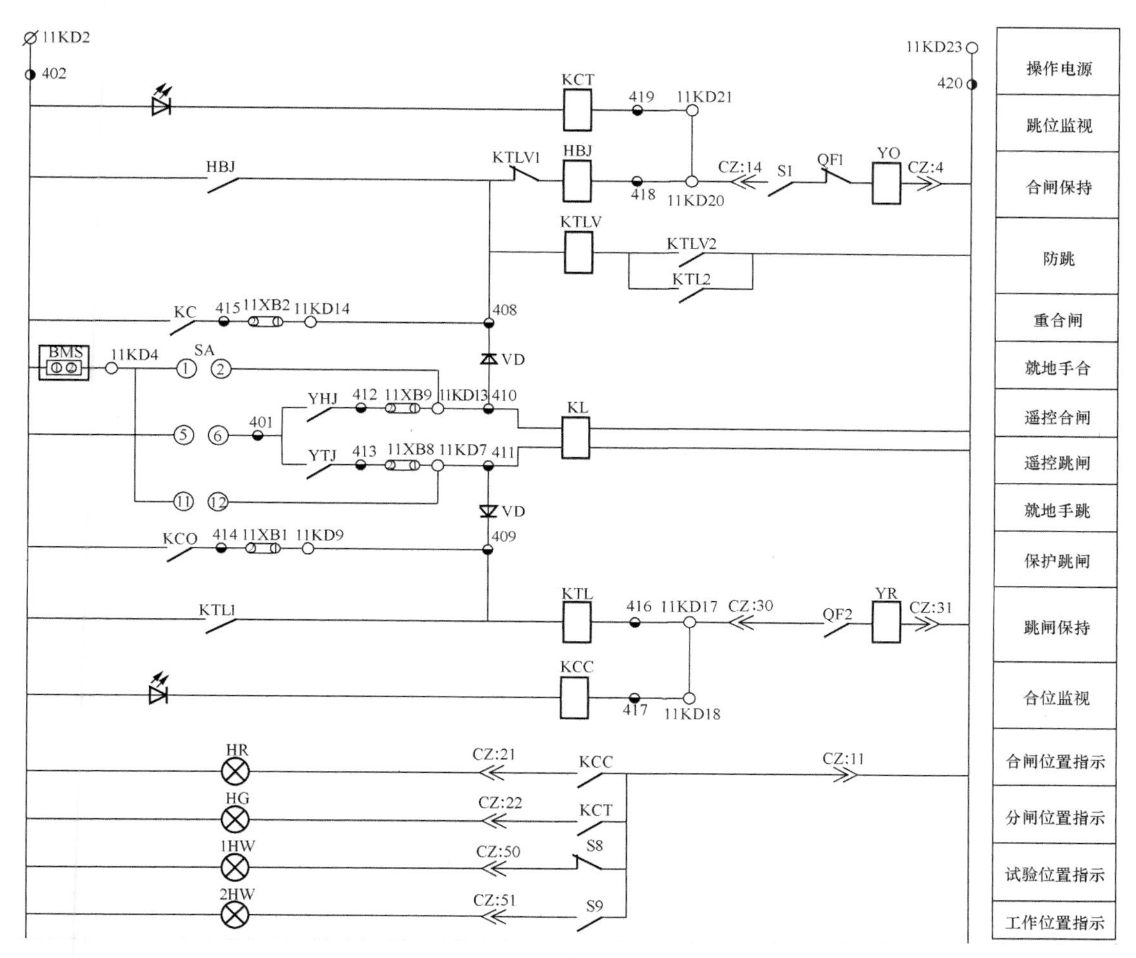

图 7-7　微机远方监控的断路器控制回路

合后位置继电器 KL 是磁保持继电器，在进行合闸的同时，KL 的合闸线圈励磁，其动合触点闭合并自保持。它的常开触点 KL 与跳闸位置继电器的常开触点 KCT 串联作为不对应启动重合闸用。

断路器就地跳闸时，SA 置于就地分开关位置，其 11－12 触点接通，启动跳闸线圈 YR，同时防跳继电器 KTL 动作，KTL1 闭合，使跳闸脉冲自保持，断路器分闸。分闸后，接在 YR 前的断路器辅助触点 QF2 断开，切断跳闸脉冲，完成跳闸过程。

在进行跳闸的同时，KL 跳闸线圈励磁，其常开触点断开并保持，直到其合闸线圈再次励磁。

断路器远方控制时，SA 置于远控位置，其 5－6 触点接通，开放远控操作电源。在主控制室或集控中心发跳、合闸命令，通过监控主机和网路传输到保护测控装置，由保护测控装置执行跳、合闸操作。

当保护测控装置中的远方合闸继电器 YHJ 的触点接通，经远控合闸出口连接片 11XB9 接通合闸回路，实现远方合闸操作。

当保护测控装置中的远方跳闸继电器 YTJ 的触点接通，经远控跳闸出口连接片 11XB8 接通跳闸回路，实现远方跳闸操作。

2. 断路器的自动分、合闸控制

断路器的自动分、合闸控制是由保护装置和重合闸装置实现的。当保护装置动作时，跳闸出口继电器 KCO 触点闭合，经跳闸出口连接片 11XB1 发出跳闸脉冲，断路器跳闸。断路器跳闸后 KCT 动作，此时断路器位置与控制开关位置（KL）不对应，重合闸启动。重合闸动作后，其出口继电器 KC 触点接通，经重合闸出口连接片 11XB2 发出合闸脉冲，断路器合闸。

3. 断路器的防跳回路

电气防跳回路的核心是防跳继电器，图中防跳继电器由两个继电器来构成，KTL 作为电流启动继电器，KTLV 作为电压保持继电器。当手动合闸到故障线路，保护动作发出跳闸脉冲通过防跳继电器 KTL 的电流线圈，使 KTL 动作，KTL1 闭合完成跳闸。另一对动合触点 KTL2 闭合，启动防跳的电压保持继电器 KTLV，KTLV 动作并通过其动合触点 KTLV2 自保持，其动断触点 KTLV1 保持在打开状态，切断合闸回路，保证断路器跳闸后不会再合闸。

4. 断路器及小车开关的位置信号回路

在开关柜二次设备室面板上有 HR、HG、1HW 和 2HW 四个信号灯，分别由合闸位置继电器 KCC 的常开触点、跳闸位置继电器 KCT 的常开触点及小车的行程限位开关 S8、S9 控制，指示断路器及小车开关的状态。HR 亮表示断路器在合闸状态，HG 亮表示断路器在分闸状态，1HW 亮表示小车开关在试验位置，2HW 亮表示小车开关在运行位置。

第四节 中央信号回路

在大中型工业企业供电系统中，还设有中央信号装置。中央信号装置由事故信号与预告信号两部分组成。当断路器发生事故跳闸时，启动事故信号；当发生其他故障及不正常运行情况时（例如绝缘不良、设备过负荷 、温度过高等），启动预告信号。每种信号装置都由灯光信号和音响信号两部分组成。音响信号是为了引起值班人员注意，灯光信号是为了便于判断发生故障的设备及故障的性质。为了区分事故和一般故障，两种信号装置采用不同的音响元件，事故音响信号采用蜂鸣器（亦称电笛，俗称电喇叭）发出音响，而预告信号则采用电铃发出音响。在常规变电站中，中央信号装置通常装设在主控制室的中央信号屏上。

中央信号装置按复归方法可分为就地复归与中央复归两种；按其动作性能可分为能重复动作的与不能重复动作的两种；预告信号装置本身又分为瞬时预告信号与延时预告信号两部分；事故信号装置本身也分为能发遥信的与不能发遥信的两部分。

企业变电站一般采用能重复动作的信号装置，变电站主接线比较简单或一般企业配电站可采用不能重复动作的信号装置。

一、中央事故信号回路

1. 中央复归不重复动作的事故信号回路

中央复归不重复动作的事故信号回路如图 7-8 所示。

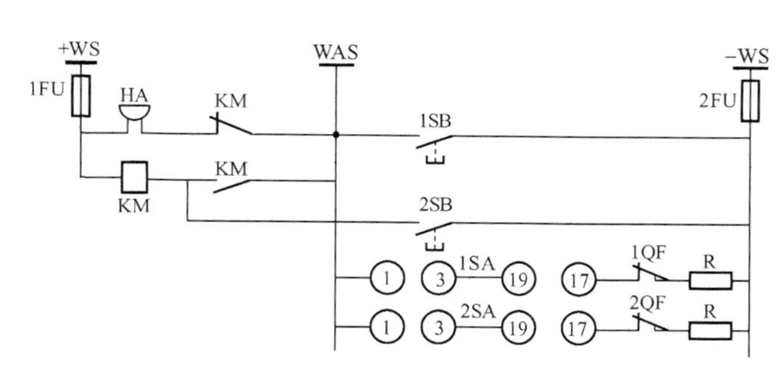

图 7-8　中央复归不重复动作的事故信号回路

WS—信号小母线；WAS—事故音响信号小母线；1SA、2SA—控制开关；1SB—试验按钮；2SB—音响解除按钮；KM—中间继电器；HA—蜂鸣器

在正常工作时，断路器处于合闸状态，控制开关的 1—3、19—17触点接通，但断路器的辅助动断触点 1QF、2QF 是断开的，事故音响信号回路不工作。当任何一台断路器发生事故跳闸（如 1QF），由于 1SA 的 1—3、19—17 接通，1QF 的动断触点闭合，使直流负电源与事故音响信号小母线 WAS 接通，蜂鸣器 HA 发出音响。按下音响解除按钮 2SB，中间继电器 KM 线圈通电，KM 动断触点打开，蜂鸣器断电；KM 动合触点闭合，KM 自保持。若此时 2QF 也发生了事故跳闸，蜂鸣器将不再发出音响，这就是所谓的“不能重复动作”。

2. 中央复归重复动作的事故信号回路

信号装置的重复动作是利用冲击继电器 KI（也称信号脉冲继电器）来实现的。目前国内广泛应用的冲击继电器有两种：①利用干簧继电器做执行元件的 ZC 系列冲击继电器；②利用半导体器件构成的 BC 系列冲击继电器。无论哪种类型的冲击继电器，其共同特点都有一个脉冲变流器 TA 和相应的执行元件。

中央复归重复动作的事故信号回路如图 7-9 所示。

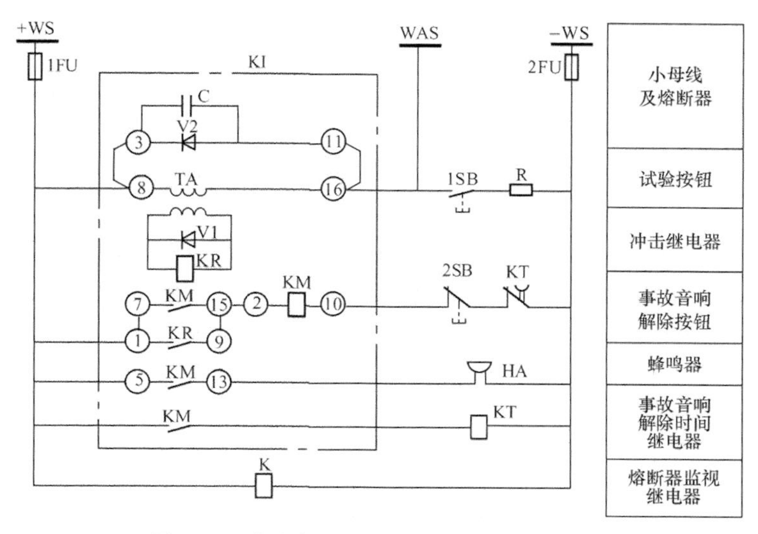

图 7-9　中央复归重复动作的事故信号回路

KI—冲击继电器；KR—干簧继电器；

KM—中间继电器；KT—自动解除时间继电器；HA—蜂鸣器

当任何一台断路器发生事故跳闸（如1QF），由于1SA的1—3、19—17接通，1QF的动断触点闭合（参见图7-8），则WAS与—WS小母线接通，冲击继电器的脉冲变流器TA一次电流突然增加，在其二次侧产生感应电动势使干簧继电器KR动作。KR的动合触点（1—9）闭合，中间继电器KM动作，KM的动合触点（7-15）闭合自保持，另一对动合触点（5—13）闭合，蜂鸣器HA发出音响。若此时2QF也发生了事故跳闸，则2QF和2SA的不对应回路接通，在小母线WAS和—WS之间又并联上一个起动回路，由于每一个并联支路中都有电阻R，脉冲变流器TA一次绕组电流又会突然增加，干簧继电器KR再次动作并启动音响信号装置，这就是“能重复动作”的音响信号装置。

为了在运行中试验音响信号装置是否完好，值班人员可定期按下试验按钮1SB，人工起动冲击继电器KI，如果装置处于正常状态，则有音响发出；按下事故音响解除按钮2SB，中间继电器KM失电，其动合触点（5—13）打开，音响停止，整个装置恢复到原来状态。

二、中央预告信号回路

中央预告信号是当设备发生故障或出现某些不正常运行情况时能自动发出音响和灯光信号的装置，它可以帮助值班人员及时地发现故障及隐患，以便采取适当措施加以处理，防止事故扩大。预告信号一般由反应该回路参数变化的单独继电器发出，例如，过负荷信号应由过负荷保护继电器发出，绝缘损坏应由绝缘监察继电器发出等。

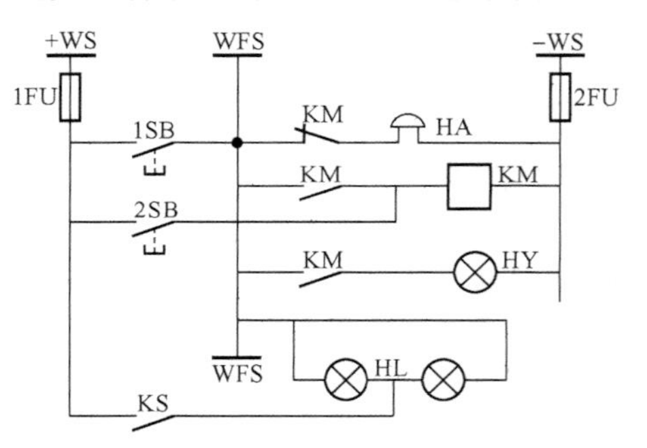

图7-10　中央复归不重复动作的预告信号回路

WFS—预告音响信号小母线；HA—电铃；HY—黄色信号灯；HL—光字牌指示灯；KS—信号继电器触点

1. 中央复归不重复动作的预告信号回路

中央复归不重复动作的预告信号回路如图7-10所示。

当系统发生不正常工作状态时，相应保护的信号继电器KS的动合触点闭合，电铃HA发出预告音响信号，同时光字牌HL亮。按下音响解除按钮2SB，中间继电器KM带电，其动断触点打开，音响解除；其动合触点闭合，自保持。当另一个设备发生不正常工作状态时，不会发出音响信号，只有相应的光字牌亮。这就是所谓的“不能重复动作”。

2. 中央复归重复动作的预告信号回路

中央复归重复动作的预告信号回路如图7-11所示。

由于采用了冲击继电器，预告信号装置的音响部分是可以重复动作的，图中光字牌的灯泡电阻起到了事故信号装置启动回路中电阻R的作用。

转换开关SA有三个位置，中间为“工作”位置，其触点13—14、15—16通，其余触点断开；左右（±45°）为“试验”位置，1—2、3—4、5—6、7—8、9—10、11—12接通，13—14、15—16断开。

转换开关SA平时在“工作”位置，当系统发生不正常工作状态时，相应继电器常开触点（如1K）闭合，此时冲击继电器KI的脉冲变流器TA的一次电流突然增加，在其二次侧产生感应电动势使干簧继电器KR动作，往后整个装置的动作程序与能重复动作的事故信号装置基本相同，只是用电铃代替了蜂鸣器，以示区别。除了铃声之外，还通过光字牌发出灯光信号，应当指出：在发预告信号时，同一光字牌内的两只灯泡是并联的，只要有一只灯泡

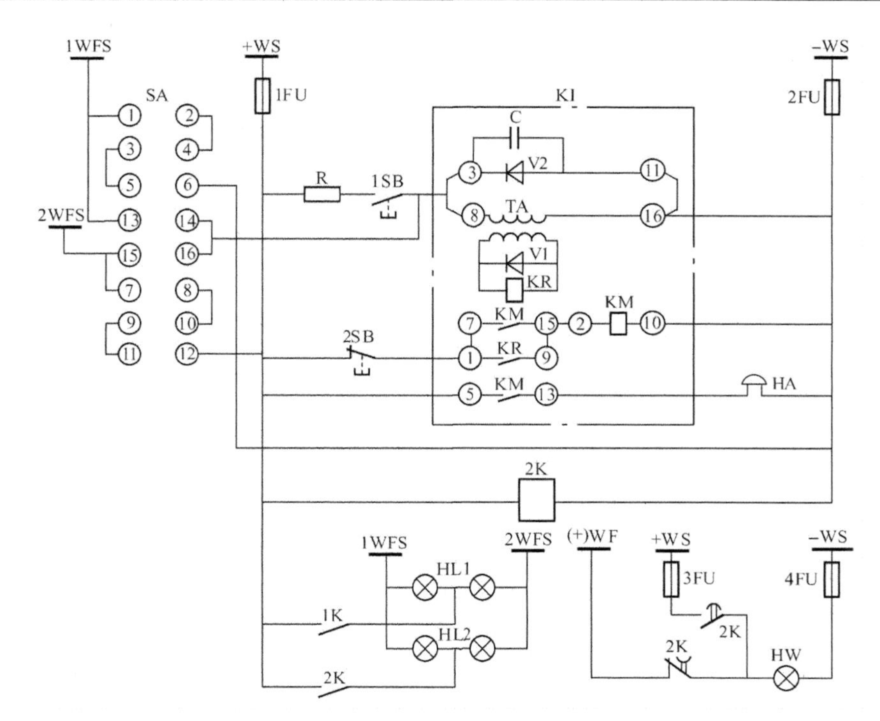

图 7-11　中央复归重复动作的预告信号回路
SA—转换开关；1WFS、2WFS—预告信号小母线；
1SB—试验按钮；2SB—解除按钮；1K—某信号继电器触点；
2K—监察继电器；KI—冲击继电器；
HL1、HL2—光字牌灯光信号；HW—白色信号灯

是好的，光字牌就能亮。值班员听到铃声后，可以根据点亮的光字牌来判断发生故障的设备及故障的类型。按 2SB 可以解除音响。音响解除之后，光字牌依旧是亮的，只有在故障消除，启动它的继电器返回之后才能熄灭。

为了在运行中经常地检查光字牌内的灯泡是否完好，可把转换开关 SA 切换到“试验”位置，将所有接在预告信号小母线 1WFS 和 2WFS 上的光字牌都点亮，此时同一光字牌内的两只灯泡是串联的，只要有一只灯泡损坏，光字牌就不能亮，这样就可以及时发现已损坏的灯泡而加以更换。由于接至预告信号小母线的光字牌数目较多，为了在“试验”过程中转换开关 SA 的触点不致烧损，采用了三对 SA 的触点相串联，以加强其断弧能力。

预告信号装置应经独立的熔断器供电，并要求对该熔断器（图 7-11 中的 1FU 和 2FU）有经常性的监视。为此装设了熔断器监察继电器 2K。1FU 和 2FU 正常时，2K 线圈带电，其动合触点闭合，白色信号灯 HW 亮平光；当 1FU 或 2FU 熔断时，继电器 2K 线圈失电，其动断触点复归，白色信号灯 HW 闪光。熔断器 3FU 和 4FU 直接由白色信号灯 HW 予以监视，当 3FU 或 4FU 熔断时，白色信号灯 HW 熄灭。

三、综合自动化变电站的信号系统

在综合自动化变电站，已逐步取消了断路器控制屏与中央信号屏，全站各种事故、异常告警信号及状态指示信号等信息均由微机监控系统进行采集、传输及实时发布。图 7-12 所示为综合自动化变电站信号系统示意图，其中主设备、母线及线路的电流、电压、温度、压

力及断路器、隔离开关位置等状态信号由各自电气单元的测控装置采集后送到监控主机，保护装置发出的信号既可通过软件报文的形式传输到监控主机，又可以硬接点开出遥控信号送到测控屏，再由测控屏转换成数字信号传输到变电站站控层的监控主机。

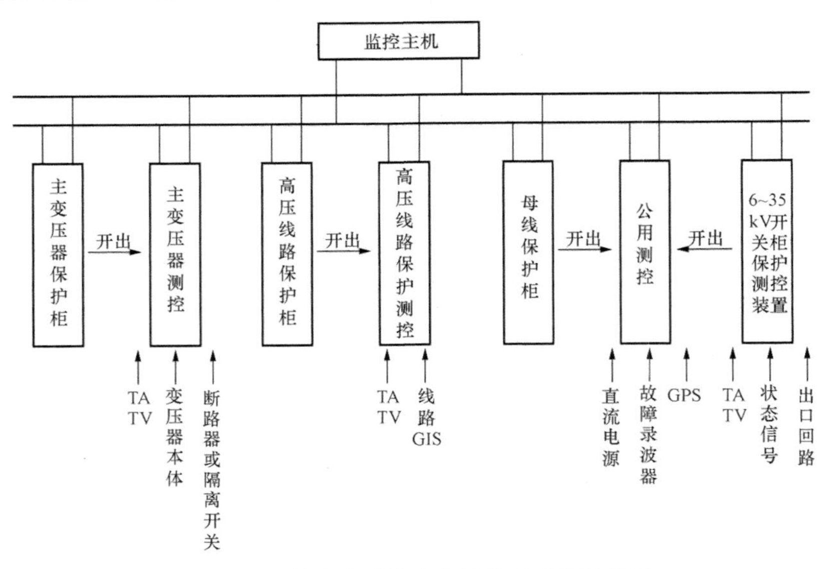

图 7-12　综合自动化变电站信号系统示意图

在监控系统中，各类信息的动作能够以告警的形式在显示屏上显示，还可通过音响发出语言报警。当电网或设备发生故障引起开关跳闸时，在发出语言告警的同时，跳闸断路器的符号在屏上闪烁，较传统的事故与预告信号系统相比，更方便运行人员迅速对信息进行分类与判断以及对事故进行分析与处理。

主变压器测控装置的信号主要来自于变压器保护装置、变压器本体端子箱、各电压等级的配电装置、有载分接开关等。高压线路测控装置的信号主要来自于高压线路保护柜、线路GIS柜、断路器操动机构、隔离开关等。公用测控装置的信号主要来自于母线保护柜、故障录波柜、直流电源柜、故障信息处理机柜、GPS等。

综合自动化变电站的信号可分为继电保护动作信号（如主变压器主、后备保护动作信号等）、自动装置动作信号（如输电线路重合闸动作、录波启动信号等）、位置信号（如断路器、隔离开关、有载分接开关挡位等位置信号）、二次回路运行异常信号（如控制回路断线、TA和TV异常、通道告警、GPS信号消失等）、压力异常信号（如 SF_6 低气压闭锁与报警信号等）以及装置故障和失电告警信号（如直流消失信号等）。

第五节　安 装 接 线 图

安装接线图是制造厂加工制造屏（屏台）和现场施工安装所必不可少的图样，也是运行、试验、检修等的主要参考图样。安装接线图包括屏面布置图、屏背面接线图和端子排图。

屏面布置图是决定屏上各个设备的排列位置和相互间距离尺寸的图纸，要求按照一定的比例尺绘制。屏背面接线图是在屏上配线所必需的图纸，其中应标明屏上各个设备在屏背面的引出端子之间的连接情况，以及屏上设备与端子排的连接情况。端子排图是表示屏上需要装设的端子数目、类型、排列次序、它与屏上设备及屏外设备连接情况的图纸。通常，在屏背面接线图中亦包括端子排在内。

一、二次回路的编号

二次接线图设计完成后，要进行回路的编号。编号应做到：①根据编号能了解该回路的用途；②根据编号能进行正确的连接。二次回路的编号采用数字和文字相结合的形式，按照“等电位原则”进行编号。所谓等电位原则是指：在电气回路中交于一点的全部导线都用一个数码表示；当回路经过开关或继电器触点等隔开后，因为在触点断开时触点两端已不是等电位，所以应给予不同的编号。

二次回路的编号主要包括直流回路编号、交流回路编号和小母线编号三种型式。

1. 直流回路编号

直流回路编号方法可先从正电源出发，以奇数顺序编号，直到最后一个有压降的元件为止。如果最后一个有压降的元件的后面不是直接连在负极上，而是通过连接片、开关或继电器触点接在负极上，则下一步应从负极开始从偶数顺序编号至上述的已有编号的结点为止。在具体工程中，并不需要对二次回路展开图中的每一个结点都进行回路编号，而只对引至端子排上的回路加以编号即可。

附录P列出一个安装单位给定的直流回路编号，换一个安装单位可重复使用这些编号。

2. 交流回路编号

电流互感器及电压互感器二次回路的编号，由数字和表示相别的字母组成，见附录Q。交流回路的编号不分奇数与偶数，从电源处开始按顺序编号。

3. 小母线编号

在控制和信号回路中的一些辅助小母线和交流电压小母线，除文字符号外，还给予固定的数字编号。

二、屏面布置图

目前国内应用较广的有控制屏（台）、直立屏、直流屏、同期小屏、边屏。

屏面布置图上应按比例画出屏上各设备的安装位置、外形尺寸、中心线尺寸，并应附有设备表。一般设备均应在屏面上布置，屏顶可装设小母线。屏后的两侧装端子排。屏背面的上方，在特制的钢架上可安装少量的电阻、刀开关、熔断器、警铃、蜂鸣器和个别的继电器等。安装在屏后的设备应在设备表中注明。

1. 控制屏的屏面布置

（1）控制屏的屏面布置原则。

1）要考虑运行人员监视、操作和调节的方便；

2）屏面设备的布置要清晰、紧凑；

3）相同的安装单位布置形式要统一；

4）要尽量使模拟母线连贯并与主接线一致。

（2）控制屏的屏面布置具体要求。

1）测量仪表尽量与模拟接线相对应，相序一般按纵向排列。最低一排仪表中心线离地高度应不低于1500mm。

2）为确保安全运行，操作设备（控制开关、按钮等）的位置应与其模拟接线相对应。

功能相同的操作设备应布置在相对应的位置上，操作方向全变电站必须一致。操作设备中心线不低于600mm，经常操作的设备应布置在离地800～1500mm处。

3）采用灯光监视的接线时，红绿灯应布置在控制开关的上方，中间用模拟接线分开，红灯在右，绿灯在左。

4）为了整齐美观，仪表、光字牌、模拟接线、红绿灯及控制开关等，水平方向高度应一致。当仪表及光字牌在各屏上数量不同时，仪表应从上面取齐，光字牌应由下面取齐。

5）屏面各设备之间的距离应满足设备接线及安装的要求。设备离屏边及台边至少要保留50mm距离，以便于走线。在800mm宽的标准控制屏面上，每行最多可安装控制开关5只；可安装方形仪表4只。

6）在同一个屏上有多个安装单位的设备时，应按纵向划分清楚，同类的安装单位在屏面布置上应尽可能一致。每块屏上能容纳几个安装单位，不仅需从屏面布置上考虑，而且应注意屏后每侧所能容纳的端子数目。

7）在屏顶160mm的范围内应空着，因屏背面在此高度上有安装电阻及小刀闸等的钢架。屏的上方应标明安装单位名称。

按照上述要求，控制屏屏面布置的设备自上而下为：测量仪表、光字牌、辅助切换开关、模拟接线、红绿指示灯、控制开关等。

2. 继电保护屏的屏面布置

（1）继电保护屏的屏面布置原则。

1）运行安全、调试方便；

2）外观整齐、美观；

3）适当紧凑，用屏较少。

（2）继电保护屏的屏面布置具体要求。

1）一般应将调试工作量较小的简单继电器，如电流、电压、中间、时间等继电器布置在屏的上部；将调试工作量较大的复杂继电器，如阻抗、方向、差动、重合闸等继电器布置在屏的中部；将信号继电器、连接片和试验部件等布置在屏的下部。

2）相同安装单位的屏面布置要尽量一致。同一块屏上有多个安装单位时，设备一般按纵向划分，尽量按对称布置。

3）各屏上继电器的安装高度应保持一致，横向与纵向排列均以继电器的中心线为准。各屏上的信号继电器最好布置在同一个水平上，其中心线离地面不宜低于600mm。

4）为安全起见，试验部件与连接片的安装中心线离地面不宜低于400mm。在屏面中心离地250mm处，应有直径50mm的圆孔，供调试时穿线使用。

5）屏内各设备之间的距离应满足安装和接线的要求。距离的大小与继电器的高度有关，对于普通继电器，水平距离应为30～40mm，垂直距离应为50mm左右。

6）继电器离屏边的距离以及屏顶所留的空间部分，与对控制屏的要求相同。屏的上方应标明安装单位名称。

3. 信号屏的屏面布置

信号屏的屏面布置具体要求为：

（1）便于值班人员监视。

（2）中央事故信号装置与中央预告信号装置一般集中布置在一块屏上，但信号指示元件及操作设备应尽量划分清楚。

(3) 信号指示元件（如信号灯、光字牌、信号继电器）一般布置在屏正面的上半部，操作设备（如控制开关、按钮）则布置在它们的下方。

(4) 为了保持屏面的整齐美观，一般将中央信号装置的冲击继电器、中间继电器等布置在屏后上半部。中央信号装置的音响器（蜂鸣器、电铃）一般装于屏内两侧的上方。

三、端子排图

接线端子是二次接线不可缺少的配件。屏内设备与屏外设备之间的连接是通过端子和电缆来实现的。各种接线端子的组合称为端子排，多数端子排采用垂直布置方式，安装在屏后两侧。少数成套保护屏采用水平布置方式，安装在屏后下部。

1. 端子排的分类及用途

端子排按用途可分成以下几种。

(1) 一般端子：用于连接屏内外导线或电缆。

(2) 连接端子：用于相邻端子间的连接，以达到电路分支的作用。

(3) 试验端子：用于需要接入试验仪表的电流回路，检测仪表和继电器准确度。

(4) 连接型试验端子：用于在端子上需要彼此连接的电流试验回路中。

(5) 终端端子：用于固定端子或分隔不同安装单位的端子排。

(6) 标准端子：用于直接连接屏内外导线。

(7) 特殊端子：用于需要很方便地断开的回路。

(8) 隔板：在不需要标记的情况下作绝缘隔板，并作增加绝缘强度用。

2. 应经端子排连接的回路

(1) 屏内设备与屏外设备之间的连接，必须经过端子排。其中交流电流回路应经过试验端子，事故、预告音响信号回路及其他在运行中需要很方便地断开的回路应经特殊端子或试验端子。

(2) 屏内设备与直接接至小母线的设备（如附加电阻、熔断器或小刀闸）的连接，一般应经过端子排。

(3) 各安装单位主要保护的正电源一般均由端子排上引接。保护的负电源应在屏内设备之间接成环形，环的两端应分别接至端子排。其他回路一般均在屏内连接。

(4) 同一屏上各安装单位之间的连接应经过端子排。

(5) 为节省控制电缆，需要经本屏转接的回路（亦称过渡回路），应经过端子排。

3. 端子排的排列顺序

每一个安装单位应有独立的端子排。垂直布置时，由上而下；水平布置时，由左至右。按照交流电流回路、交流电压回路、信号回路、控制回路、其他回路、转接回路顺序排列。

4. 端子排的表示方法

端子排的表示方法如图 7 - 13 所示。

四、屏背面接线图

屏背面接线图是制造厂生产屏过程中配线的依据，也是施工和运行的重要参考图纸。它是以展开接线图、屏面布置图和端子排图为原始资料，由制造厂的设计部门绘制的。

1. 相对编号法

为了使屏背面接线图既满足布线的要求，又便于绘制，屏内设备之间的连接导线用“相

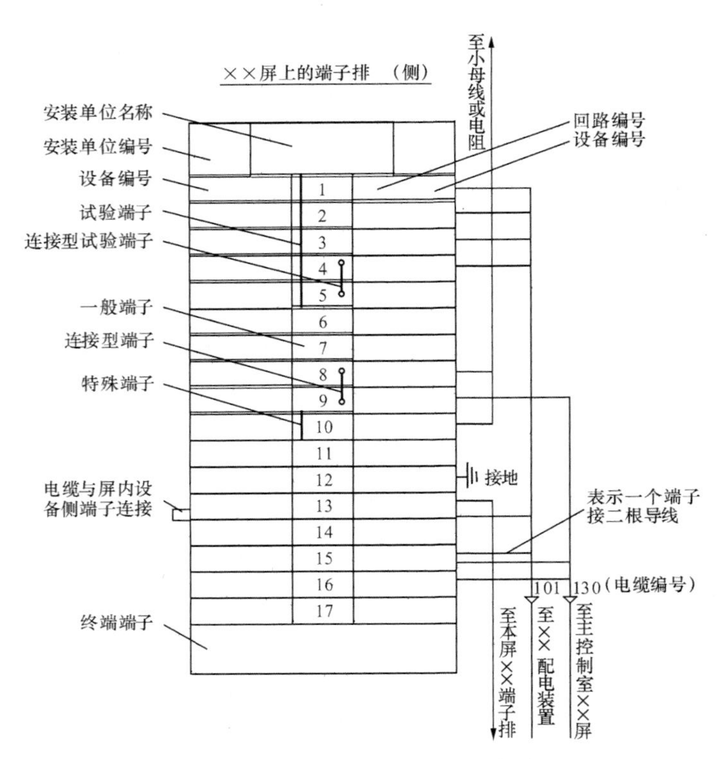

图 7-13　端子排表示方法示意图

对编号法”表示。所谓“相对编号法”就是：如甲、乙两个端子应该用导线连接起来，那么就在甲端子旁标上乙端子的号，乙端子旁标上甲端子的号。这样，在配线时就可以根据图纸，对屏上设备的任一端子，都能找到与它连接的对象。如果在某个端子旁没有标号，说明该端子是空着的，没有连接对象；如果有两个标号，说明该端子有两个连接对象。按规定，每个端子上最多只能接两根导线。

2. 设计屏背面接线图的一般程序

（1）熟悉有关原理图、屏面布置图、端子排图以及有关二次设备的内部电路图。

（2）根据屏面布置图，按在屏上的实际位置把各设备的背视图画出来。二次设备在屏后看得见轮廓线的用实线画出其外围轮廓线，看不见的用虚线画出其外围轮廓线。设备形状应尽量与实际情况相符。不要求按比例尺绘制，但要保证设备间的相对位置正确。各设备的引出端子应按实际排列顺序画出。设备的内部原理接线必须画出（内部接线较简单的可以不画，如电流表）。

屏背面接线图中设备标志法：①与屏面布置图相一致的安装单位编号及设备顺序号，如 I_1、I_2、I_3 等。其中罗马数字Ⅰ表示安装单位顺序号，阿拉伯数字 1、2、3 表示设备顺序号；②与展开图一致的该设备的文字符号；③与设备表相一致的该设备的型号。图 7-14 为某电流表的设备标志。

（3）将屏上安装的各设备图形画好之后，根据订货单位提供的端子排图绘制端子排。将其布置在屏的一侧或两侧，给端子加以编号。在端子排的上部，标出屏顶小母线，标出每根小母线的名称。

(4) 以原理展开图为依据，用“相对编号法”对屏内各设备之间的连线及屏内设备至端子排间的连接线进行标号。

(5) 全面进行检查，纠正错误，补齐漏掉的回路。

3. 设计屏背面接线图时注意的问题

进行屏背面接线图设计必须认真细致，保证电路连接正确，也要考虑安装布线的方便美观。为此应注意以下问题。

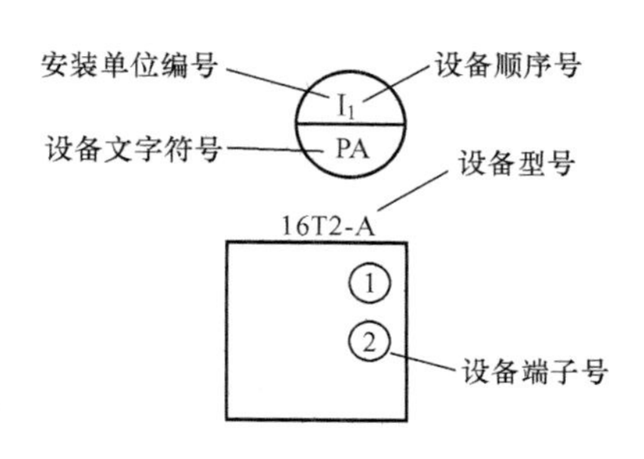

图 7-14　屏背面接线图中设备标志法

(1) 要注意背面接线图与正面布置图设备位置的变化。

(2) 要预先选择好安装布线方式。

(3) 屏内设备的每个接线端子上允许接 1～2 条线。屏内同一个设备端子间的连线、相邻设备之间距离很短的连线，允许用实线直接连接而不用相对编号法。

第六节　自动重合闸装置和备用电源自动投入装置

为了提高工业企业供电系统的可靠性，保证重要负荷的不间断供电，在供电系统中常采用自动重合闸装置和备用电源自动投入装置。

一、自动重合闸装置

供电系统的运行经验表明，架空线路上的故障大多属于暂时性故障，例如雷击引起绝缘子闪络，大风使两相导线短时靠近而发生放电等。当架空线路发生暂时性故障时，继电保护动作将线路断路器跳开，线路电压消失，短路点的电弧将自行熄灭，被击穿的介质强度可以恢复。为了迅速将线路重新合上，保证不间断供电，可采用自动重合闸装置（简称 ARD）。这种装置能够使断路器由于继电保护动作或其他原因跳闸后，自动重新重合。

按照规程规定，对 1kV 及以上电压等级的架空线路和电缆与架空线路混合的线路，当具有断路器时，一般都应装设自动重合闸装置。自动重合闸的种类繁多，在企业供电系统中，一般采用三相一次自动重合闸装置。

虽然架空线路上的故障大多是暂时性故障，但还存在永久性故障，例如断线、倒杆、绝缘子击穿或损坏等。当发生永久性故障时，重合闸后将由继电保护动作再次将断路器跳开。目前，线路上自动重合闸动作的成功率（重合成功的次数与总动作次数之比）约为 60%～90%。

1. 自动重合闸装置的基本要求

(1) 手动或遥控操作断开断路器时，ARD 不应动作；手动合于故障线路时，继电保护动作将断路器跳开，ARD 也不应动作。

(2) 除上述情况外，当断路器因继电保护动作或其他原因跳闸时，ARD 均应动作。

(3) ARD 的动作次数应符合预先规定。如一次重合闸，应保证只重合一次。

(4) 优先采用控制开关位置与断路器位置不对应原则来起动重合闸。

(5) 自动重合闸动作后，一般应能自动复归。有值班人员的 10kV 以下线路也可采用手动复归。

（6）自动重合闸应能够在重合闸以前或以后加速继电保护动作。

2. 三相一次自动重合闸装置

图 7-15 是自动重合闸原理接线图。点画线框内为重合闸继电器的内部接线，它是根据电容器充放电原理构成的，主要元件有电容器 C、充电电阻 4R、放电电阻 6R、时间继电器 KT 和带有电流自保持线圈的中间继电器 KM 组成。2KM 是后加速继电器，可以实现重合闸后加速保护。

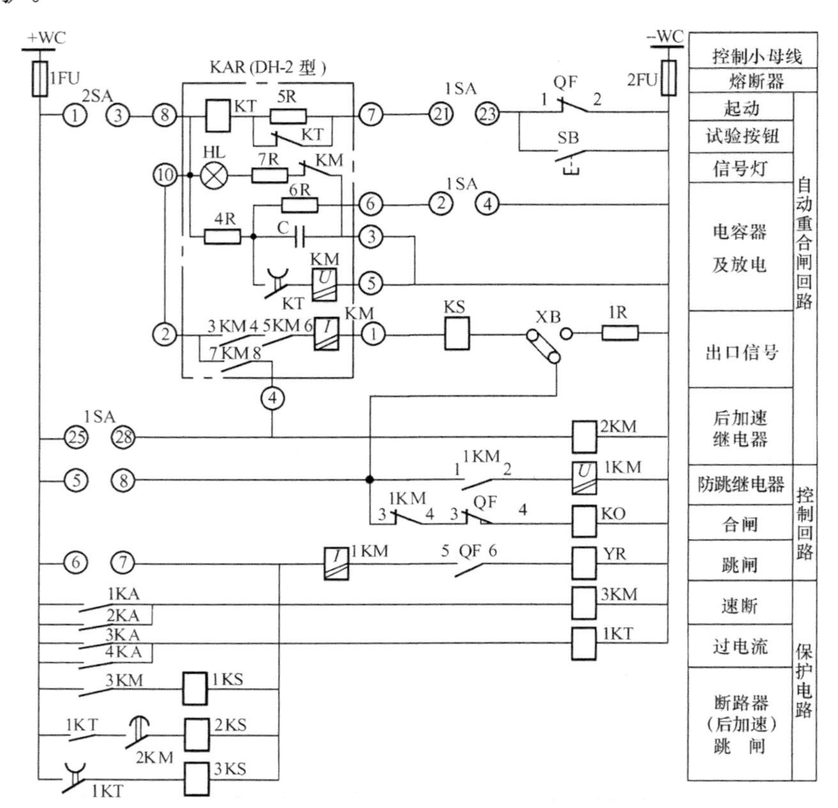

图 7-15 自动重合闸原理接线图

（1）断路器在合闸位置。

线路正常运行时，控制开关 1SA 和 2SA 均在合上位置，2SA 的 1—3 触点接通，指示灯 HL 亮，表示母线电压正常，同时重合闸继电器中电容器 C 经 4R 充电，ARD 处于准备动作状态。

（2）断路器由继电保护动作或其他原因而跳闸。

当线路发生故障时，断路器由继电保护动作跳闸，QF 的动断触点（1—2）闭合，由于 1SA 手柄在“合闸后”，1SA 的 21—23 触点接通，起动时间继电器 KT，KT 的动断触点立即打开，使 5R 串入 KT 回路，以限制 KT 线圈中的电流，仍使 KT 保持动作状态，KT 的动合触点经延时（一般取 0.5～1.5s）后闭合，电容器 C 通过该触点对中间继电器 KM 放电，KM 动作，接通合闸回路，使断路器合闸，由于 KM 自保持电流线圈的作用，使得它能可靠的动作，直到断路器合闸，QF（3—4）断开为止。

如果是暂时性故障重合闸成功，QF 的（1—2）断开后电容器又开始充电。15～20s 后，

C 两端电压充至正常电压，电路自动恢复原状，准备好再次动作。

（3）线路存在永久性故障。

ARD 的动作过程同上，但重合后将再次由继电保护动作使断路器跳闸。由于电容器来不及充足电，KM 不能动作，即使时间很长，因电容器 C 与 KM 线圈已经并联，电容器 C 将不会充电至电源电压值。所以自动重合闸只重合一次。

（4）用控制开关手动跳闸。

通常在停电操作时，先操作 2SA 为断开位置，2SA 的 1－3 断开，使 ARD 退出工作。为了更可靠起见，控制开关 1SA 手柄在“跳闸后”位置时，1SA 的 21－23 断开，重合闸回路失去正电源，不可能再动作于合闸；1SA 的 2－4 接通，使电容器通过 6R 放电，C 上的电压迅速降至零。

（5）手动合闸于故障线路。

断路器在跳闸位置时，C 上电压为零。当手动合闸于故障线路，随即由继电保护断开断路器，由于电容器电压尚不足以使 KM 动作，因此不会发生自动重合闸。

（6）防跳。

在 ARD 的中间继电器 KM 的电流线圈回路中，串接了它自身的两对动合触点 KM3－4、5－6，万一其中一对触点被粘住，另一对触点仍能正常工作，防止断路器发生“跳跃”现象。为了防止 KM3－4、5－6 都被粘住而出现“跳跃”现象，在断路器的跳闸回路串接了防跳继电器 1KM 的电流线圈。在断路器跳闸时，1KM 动作，1KM1－2 闭合，1KM 的电压线圈通电，1KM3－4 断开，切断合闸回路，防止“跳跃”现象。

3. 自动重合闸与继电保护的配合

在供电线路上使用 ARD 不仅提高了供电的可靠性，而且 ARD 与继电保护配合，还可以改善继电保护的效能，提高 ARD 的效果。在工业企业供电系统中，多采用重合闸后加速保护装置动作的方式。

重合闸后加速保护装置动作的方式是指，当输电线路发生故障时，首先由继电保护按照有选择性的方式动作，然后进行自动重合闸，如果是永久性故障，则加速保护动作，瞬时切除故障。

由图 7-15 可知，在 ARD 动作后，KM 的动合触点 KM7－8 闭合，使后加速继电器 2KM 动作，其延时断开的动合触点 2KM 立即闭合。如果故障为永久性故障，不经时限元件，而经触点 2KM 直接接通保护装置出口元件，使断路器快速跳闸。

后加速的优点是：①第一次为有选择性地切除故障，可缩小事故的影响范围；②保证了永久性故障能瞬时切除；③应用范围不受任何条件限制。

后加速的缺点是：①每个断路器上都需要装设一套重合闸装置；②第一次切除故障可能带有延时。

二、备用电源自动投入装置

在工业企业供电系统中，对于具有一级及重要二级负荷的变电站或用电设备，通常采用两路及以上的电源进线。当工作电源发生故障而断电时，备用电源线路的断路器在备用电源自动投入装置（简称 APD）作用下迅速合闸，使备用电源投入运行，以提高供电可靠性。

APD 应用的场所很多，如用于备用线路、备用变压器、备用母线及重要机组等。

1. 备用电源自动投入装置的基本要求

（1）工作电源不论何种原因消失，APD 均应动作。

（2）应保证在工作电源断开后再投入备用电源。

（3）APD 的动作时间应尽可能短。

（4）备用电源自动投入装置只允许动作一次。

（5）电压互感器二次回路断线时，APD 不应误动作。

（6）应当校验备用电源过负荷情况和电动机自起动情况。

2. 备用电源自动投入装置

使用较广泛的有以下两种方式的备用电源自动投入装置。

（1）工作电源与备用电源方式的 APD 接线。

图 7 - 16 为采用直流操作电源的备用电源自动投入装置原理接线图。正常运行时，备用电源断开，当工作电源因故障或其他原因切除后，APD 装置使备用电源自动投入。

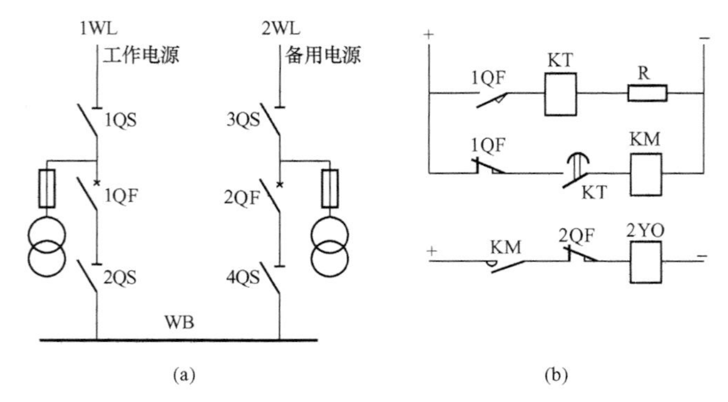

图 7 - 16　工作电源与备用电源方式的 APD 接线

（a）主接线；（b）控制回路

当工作电源进线 1WL 故障使得 1QF 跳闸后，其动断触点闭合，由于时间继电器 KT 触点延时打开，故在其打开前，合闸接触器 KM 线圈带电，KM 的动合触点闭合，合闸线圈 2YO 带电动作，使得 2QF 合闸，从而自动投入备用电源 2WL，恢复对变电站的供电。2WL 投入后，时间继电器 KT 触点延时打开，合闸接触器 KM 线圈失电，KM 的动合触点打开，防止 2YO 长期通电。

（2）双电源互为备用方式的 APD 接线。

具有两回独立线路同时工作的变电站，APD 装设在母线分段断路器上，如图 7 - 17（a）所示。正常运行时，分段断路器 QF 断开，两段母线分段运行。当其中任一回线路因故障或其他原因切除后，要求 APD 动作，使 QF 自动投入运行，另一回线路承担对全部负荷的供电。其控制回路如图 7 - 17（b）所示。

每台断路器的控制回路中，各有一个闭锁继电器 1KB 和 2KB，其线圈由对应的断路器辅助动合触点 1QF 和 2QF 控制。

正常运行时 1QF 和 2QF 处于合闸状态，其辅助动合触点 1QF 和 2QF 闭合，所以此时 1KB、2KB 线圈带电，其动合触点 1KB、2KB 闭合。

当一回进线发生故障，如 1QF 在保护作用下跳闸，1QF 动合触点打开，1KB 线圈失

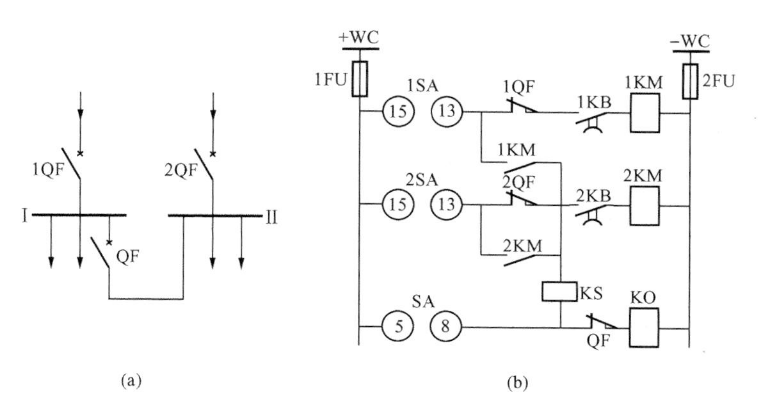

图 7-17　双电源互为备用方式的 APD 接线
（a）主接线；（b）控制回路

电，1KB 触点延时打开。由于转换开关 1SA、2SA 的 13—15 触点是接通的，1QF 动断触点闭合，在 1KB 触点延时打开之前，1KM 线圈带电，1KM 的动合触点闭合，分段断路器 QF 的合闸接触器 KO 线圈带电，在合闸线圈作用下使分段断路器 QF 自动投入。1KB 触点经一段延时后打开，1KM 和 KO 线圈失电，返回原状态。同理，另一回进线发生故障时，其动作过程与上述类似。

第七节　配电自动化系统

配电网是电力系统电能发、变、送、配各环节的用户供配电的终端环节。设备复杂、用户众多、覆盖面广、地理多变、影响多样，全面实现综合自动化迫在眉睫。

一、配电自动化的主要内容

配电自动化系统（Distribution Automation System，DAS）是运用计算机技术、自动控制技术、电子技术、通信技术、网络技术、图形技术及高性能的新配电设备等技术手段，对配电网进行离线与在线、正常和事故情况下的智能化监控、保护、控制和管理，使配电网始终处于安全、可靠、优质、经济、高效的最优运行状态的综合自动化技术体系。它主要包括配电网监视控制和数据采集系统（Supervisory Control and Data Acquisition，SCADA）、配电网地理信息系统（Distribution Geographic Information System，DGIS）和需求侧管理（Demand Side Management，DSM）等几个部分。

配电自动化系统包含如下几个方面：

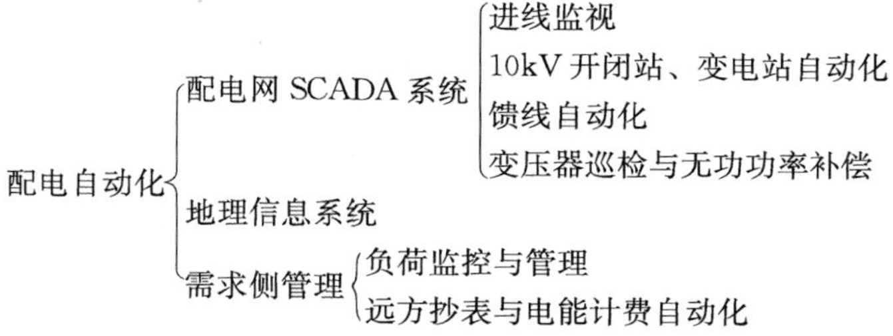

进线监视是指对配电网变电站进线的开关位置、母线电压、线路电流、有功和无功功率

以及电量的监视。

变电站自动化（Substation Automation，SA）是实现对配电网中10kV开闭站、小区变电站的开关位置、保护动作信号、小电流接地选线情况、母线电压、线路电流、有功和无功功率以及电量等参数的远程监控、远程开关控制、变压器远程有载调压等。

馈线自动化（Feeder Automation，FA）是指在正常情况下，远方实时监视馈线分段开关与联络开关的状态和馈线电压、电流的情况，而且能完成线路开关的远方合闸和跳闸操作，在发生故障时获取故障记录，并自动判别和隔离馈线故障区段以及恢复对非故障区域供电。

变压器巡检是指对配电网中变压器、箱式变压器的参数进行远程监控。无功补偿是指对补偿电容器的自动投切和远程投切等。

地理信息系统（GIS）的引入，是因为配电网节点多，设备分散，其运行管理工作常与地理位置有关，将一些属性数据库与GIS结合，可以更加直观地进行运行管理。配电自动化中的GIS主要包括设备管理（Facility Management，FM）、用户信息系统（Consumer Information System，CIS）、SCADA功能、停电管理系统（Outage Management System，OMS）等内容。

负荷监控和管理（Load Control and Monitoring，LCM）是根据用户的用电量、分时电价、天气预报以及建筑物内的供暖特性等进行综合分析，确定最优运行和负荷控制计划，对集中负荷及部分工厂用电负荷进行监视、管理和控制，并通过合理的电价结构引导用户转移负荷以及平坦负荷曲线。

远方抄表与计费自动化（Automation Message Recording，AMR）是指通过各种通信手段读取远方用户电能表数据，可传到控制中心，并自动生成电费报表和曲线等。

二、实现配电自动化的意义

1. 缩短停电时间和提高供电的可靠性

正常运行情况下，通过监视系统运行工况，优化配电网运行方式；发生故障时，迅速查出故障位置，隔离故障区段，即时恢复非故障区域用户的供电，缩短停电时间，减小停电面积。

2. 提高设备利用率和降低运行成本

合理控制用电负荷，充分地发挥设备的潜力，显著地节省投资。同时还可对配电线路及设备运行状态进行实时监视，为实现设备的及时检修创造条件，减少不必要的停电时间，降低检修费用。

3. 提高运行管理水平、降低线损和改善供电质量

配电网实现自动化后，降低运行成本的同时，也提高了运行管理水平，改善了供电质量。因为减少或避免了恢复供电和维修工作中所需的人工参与；防止因为过负荷产生的供电质量下降；优化无功潮流，减少线损；通过实时监视配电网负荷状态，及时进行负荷预测，为电网规划提供了第一手资料；并能自动计算线损，防止窃电等。

4. 为推动电力商业化运行提供现代化工具

由于可以实现从用户电能表自动抄表到计收电费的全过程自动化，对用户计量设备实施遥控（包括用户需求量的调整、负荷控制、更改用户或改变电价时冻结用户电量数据等），新结构电价的实施，为电费催缴等提供先进工具。进行以上工作时，不但供需双方费用都能

节约，而且迅速、合理、公正、透明、可查询。所以实现配电网自动化后，与用户发生商业行为时可简化手续、增加透明度、提高效率，提高用户满意度的同时，也提高了供电部门的劳动生产率。

三、配电自动化的通信

1. 通信方式

通信是实现配电综合自动化的基础。配电综合自动化系统需要借助于有效的通信手段，将控制中心的控制命令准确地传送到为数众多的远方终端，并将反应远方设备运行情况的数据收集到控制中心。因此，要求通信系统具有足够的可靠性，能够抵御强电磁干扰，不受停电和故障的影响。应用于配电自动化的通信方式有：

（1）配电线载波通信（DLC）。

DLC是将信息调制在高频载波信号上，通过已建成的配电线路（主要是10kV线路）进行传输。此方式避免维护另一个单独的通信介质，故投资少、可靠性高、见效快。一般在配电网络中有大量的变压器、开关旁路电容等元件，配电线载波采用5～30kHz，比高压输电载波频率40～500kHz低得多，较之高频衰减也减少许多。

（2）光纤通信。

随着产品价格的不断下降，光纤通信在城市配电网通信中被越来越广泛的应用。它传输速率高、可靠性高、抗干扰能力强、频带宽、通信容量大、损耗低、中继距离长。

（3）无线电通信。

不需要通信线路，可双向通信，且还能与停电区通信。结构简单，架设方便，价格便宜，无线电通信有调幅、调频、甚高频、特高频以及扩频通信等方式。

（4）租用电话线。

电话线是具有双向通信能力的成熟通信技术，但租金昂贵，使其功能受限。

（5）电视电缆。

电视电缆具有很宽的频宽，其中大部分未使用，配电网自动化系统只使用其中很窄的频带，该项技术在国外使用较广。

目前还没有一种单一的通信手段能满足各种规模的配电自动化的需要，实际工程中常将多种通信方式混合使用。

2. 构成

典型配电自动化系统的数据通信系统构成如图7-18所示。

图7-18 典型配电自动化系统的数据通信系统构成

常见的数据终端设备（Data Terminal Equipment，DTE）有配电自动化SCADA系统、站内远方终端（Remote Terminal Unit，RTU）、馈线远方终端（Feeder Terminal Unit，FTU）、配电变压器远方终端（Transformer Terminal Unit，TTU）、区域工作站、抄表集中器和抄表终端等。

常见的数据传输设备（Data Communication Equipment，DCE）有调制解调器（modem）、复接分接器、数传电台、载波机和光端机等。

数据传输信道按数据传输媒介分有线信道和无线信道两类；按数据传输形式的不同分有模拟信道和数字信道两类。

DCE 和 DTE 之间一般采用 RS－232 或 RS－485 标准接口。

3. 通信规约

通信规约是调度端和执行端通信时共同使用的人工语言的语法规则及应答关系的约定。调度端和执行端只有使用相同的通信规约，彼此才能明了对方信息，通信才能正常执行。目前，普遍运用于电网调度自动化和变电站综合自动化的通信规约大致分为以下三种：应答式规约，如 SC1801、μ4F 和 Modbus 等；循环式规约，如部颁 CDT、DXF5 和 C01 等；对等方式规约，如 DNP3.0。DNP 规约是 IEEE 电力工程协会（PFS）在 IEC870－5 的基础上制定的美国国家标准分布式电网规约的缩写，近年来逐渐被引进国内复杂的大规模远动系统中（如 GR90RTU 等）。

四、配电网的馈线自动化

馈线自动化就是监视馈线的运行方式和负荷。当故障发生后，及时准确地确定故障区段，迅速隔离故障区段并恢复健全区段供电。

1. 基于重合器的馈线自动化

采用配电自动化开关设备的馈线自动化系统，不需要建设通信通道，只需恰当利用配电自动化开关设备的相互配合关系，就能达到隔离故障区段和恢复健全区段供电的功能。

有三种典型的配电自动化开关设备的相互配合可实现馈线自动化的模式，即重合器和重合器配合模式、重合器和电压—时间型分段器配合模式以及重合器和过电流脉冲计数型分段器配合模式。

（1）重合器。

重合器是一种本身具有控制及保护功能的开关设备，能按预定的开断和重合顺序自动进行开断和重合操作，并在其后自动复位或闭锁。

重合器的功能是当事故发生后，如果重合器经历了超过设定值的故障电流，则重合器跳闸，并按预先整定的动作顺序作若干次合、分的循环操作。若重合成功则自动终止后续动作，并经一段延时后恢复到预先的整定状态，为下一次故障做好准备；若重合失败，则闭锁在分闸状态，只有通过手动复位才能解除闭锁。

（2）分段器。

分段器是一种与电源侧前级开关配合，在失压或无电流的情况下自动分闸，但一般不能断开短路故障电流的开关设备。当发生永久性故障时，分段器在预定次数的分合操作后闭锁于分闸状态，从而达到隔离故障线路区段的目的。若分段器未完成预定次数的分合操作，故障就被其他设备切除了，则其将保持在合闸状态，并经一段延时后恢复到预先的整定状态，为下一次故障做好准备。

2. 基于 FTU 的馈线自动化

基于重合器的馈线自动化系统仅在线路发生故障时能发挥作用，而不能在远方通过遥控完成正常的倒闸操作，不能实时监视线路的负荷，因此无法掌握用户用电规律，也难于改进运行方式。对于多电源的网格状网，当故障区段隔离后，在恢复健全区段供电，进行配电网重构时，也无法确定最优方案。

基于FTU和通信网络的配电网自动化系统较好地解决了上述问题。FTU是馈线自动化系统的核心设备。对FTU的性能要求有：遥信功能、遥测功能、遥控功能、统计功能、对时功能、事件顺序记录（Sequence of Event，SOE）、事故记录、定值远程修改和召唤定值、自检和自恢复功能、远方控制闭锁与手动操作功能、远程通信功能、抗恶劣环境、具有良好的维修性和可靠的电源等。另有三种扩展功能可供选择：电能采集、微机保护和故障录波。

五、负荷监控和管理系统

负荷监控和管理系统包括负荷控制系统和用电管理系统两大部分。

1. 负荷控制系统

（1）主要功能。

负荷控制系统的主要功能是根据电网的运行情况、用户的特点及重要程度，控制用户负荷，以及帮助控制中心操作人员制定负荷控制策略和计划。削峰和降压减载是紧急状态下负荷控制的两个主要功能。削峰是用电高峰时，在用户侧对需方设备直接进行部分断电，以减弱用电高峰的控制。降压减载是紧急状态下采取的切断馈电线路，拉路限电的措施。正常情况下，对用户的电力负荷按照预先确定的优先级别、操作程序进行监测和控制、削峰填谷、错峰、改变系统负荷曲线的形状，从而达到减少低效机组运行，提高设备连续供电及系统的安全运行。

（2）构成。

电力负荷控制系统由负荷控制中心和负荷控制终端两部分组成。

电力负荷控制中心是对各负荷控制终端进行监视和控制的站点，也称主控站。

电力负荷控制终端是装设在用户端，受电力负荷控制中心监视和控制的设备，也称被控站。负荷控制终端的功能主要有：电能脉冲记录、最大需量统计、分时电量记录、电压采集、开关量采集、当地打印、当地显示、SOE、当地设置定值、远方设置定值、当地报警、远方控制等。负荷控制终端分为：

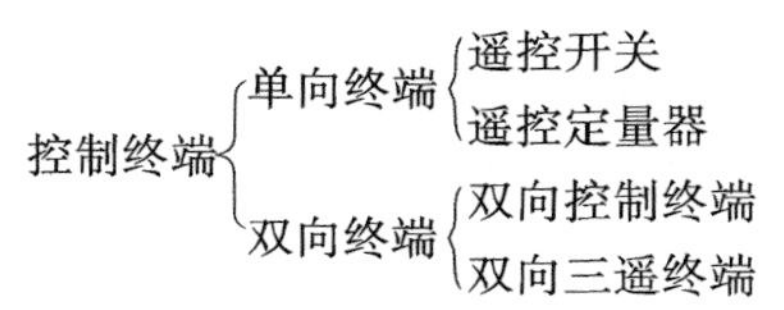

遥控开关是接收电力负荷控制中心的遥控命令，进行负荷开关跳闸、合闸操作的单向终端。一般用于315kVA以下的小用户。

遥控定量器是接收电力负荷控制中心定值和遥控命令的单向终端。一般用于315～3200kVA的中等用户。

双向控制终端是能适时采集并向负荷中央控制机传送有功电力、无功电力等信息，并具有显示（或打印）、越限报警、当地和远方控制以及调整定值等功能的负荷控制监测终端。主要用于装机容量为3200kVA以上的电力用户。

三遥控制终端是适时采集并向负荷中央控制机传送电流、电压、有功电力、无功电力和开关状态等信息，并具有当地显示打印、越限报警和实施当地及远方控制等功能的负荷控制终端。主要用于变电站的小型远动装置，也可用于少数特大型电力用户。

2. 用电管理系统

（1）功能。

用电管理系统可进行负荷侧监测和远方监测。

1）负荷侧监测。负荷侧监测按区域分片可对全区域、分区域或单个用户进行即时或定时的有功功率、电量、功率因数监测；还可根据负荷容量将用户按容量大小分为6个等级，可以选定某一个或几个容量等级的用户进行负荷监测。

2）远方监测。远方监测功能包括以下几个方面：① 远方抄表，可定时地对所有用户，或任意选定用户的负荷进行实时抄表。抄录的内容包括：电表即时电度/即时功率/即时功率因数、最近两个月的峰谷平电量/最近两个月的最大需求及发生的时间、上次抄表以来各个分时段（15min）的电度值、上次抄表以来发生的停电纪录/发生的功率超限报警记录和发生的功率因数超限报警记录；当时的开关状态。② 远方监视，对选定用户，以图形、曲线、文字、表格、声音等方式显示、提供即时抄表的所得内容，如开关状态、功率曲线、功率因数曲线、电量累计直方图、功率超标报警、功率因数超标、电量超标报警等。③ 历史纪录，除抄表所得数据形成的记录外，还可以形成报警记录、人工开关操作记录、负荷侧操作记录、通信失败记录等。④ 统计和打印，可对抄表的数据以及历史记录，分日、分月、分年进行统计，并以表格或曲线的形式显示、打印。⑤ 系统管理，包括系统信息的录入和设置、用户装置的初始化、现场抄表、数据备份和恢复、数据库的一致维护等。

（2）主要技术。

1）自动抄表技术。电能计费的自动抄表一般有本地自动抄表、移动式自动抄表、远程自动抄表和预付费电能计费四种方式。

本地自动抄表：携带方便、操作简单可靠的抄表设备到现场完成自动抄表。可通过在配备有相应模块的电能表和便携式计算机之间加入无线通信手段，达到非接触性完成数据传输的目的。依据所采用的无线通信种类又分为红外线、无线电和超声波等几类。

移动式自动抄表：利用汽车装载收发装置和900MHz无线电技术以及电能表上的模块，在用户现场附近一定的距离内自动抄回电能数据。

远程自动抄表：采用低压配电网、电话网、无线电、RS－485或现场总线等多种通信媒体，结合电能表上的软件和局域网计算机系统，不必外出就可抄回用户电能数据。

预付费电能计费：通过磁卡或IC卡与预付费电能表相结合，实现用户先交钱购回一定电量，当用完这部分电量后自动断电的管理方法。其核心设备是预付费电能表，按执行机构的不同可分为投币式、磁卡式和IC卡式三种。投币式和磁卡式已被淘汰。目前，推广应用的是IC卡式预付费电能表。

2）远程电能计费技术。典型的远程电能计费系统主要由具有自动抄表功能的电能表、抄表集中器、抄表交换机和中央信息处理器等组成。

电能表一般均具有自动抄表功能，只是抄表计费方式多种多样。

抄表集中器将多台电能表连接成本地网络，并将它们的用电量等数据集中处理的装置。其本身含有特殊软件，且具有通信功能。

抄表交换机是当多台抄表集中器需再联网时的设备。它可与公用数据网接口，也可与抄表集中器合二为一。

中央信息处理器是利用公用电话网络等公用数据网，将抄表集中器所集中的电表数据抄回并进行处理的计算机网络。

第八节　供电系统变电站的综合自动化

变电站是供电系统的重要组成部分，常规的变电站中二次设备由继电保护、自动装置、测量仪表、操作控制屏、中央信号屏及远动装置等几部分组成。它们各自采用独立的装置以完成自身的功能。因此，不可避免地产生各类装置之间功能相互覆盖，信息采样重复，资源不能共享，耗用大量的连接线和电缆，维护工作量大。随着计算机技术、网络技术、通信技术及控制技术的飞速发展，电网改造的需求，变电站综合自动化已成为发展的必然趋势。

变电站综合自动化是多专业性的综合技术。它以计算机和通信技术为基础来实现对变电站传统的继电保护、控制方式、测量手段、通信和管理模式的全面技术改造，以全微机化的新型二次设备替代机电式的二次设备，用不同的模块化软件实现传统设备的各种功能，用计算机局域网络（LAN）通信代替大量的信号电缆连接，通过人机接口设备，实现变电站的综合自动化管理、测量、监视、控制、打印记录等所有功能，全面提高变电站的技术和运行管理水平。

一、变电站综合自动化系统的功能

变电站综合自动化系统主要有微机监控和微机保护两大功能。

1. 微机监控系统功能

（1）实时数据采集和处理。

采集的典型模拟量有：进线电压、电流和功率值，各段母线的电压、电流，各馈电回路电流及功率。此外，还有变压器的油温、电容器室的温度、直流电源电压等。采集的状态量有：断路器和隔离开关的状态位置，一次设备运行状态及报警信号，变压器分接头位置信号，电容器的投切开关位置状态等。采集的脉冲量有脉冲电能表的输出。

定时采集全站的模拟量和数字量信号，对变电站运行参数进行统计、分析和计算，检出事故、故障、状态变位信号和模拟量参数变化，实时更新数据库。

（2）控制操作。

通过键盘和显示器 CRT 对变电站内断路器、电动隔离开关进行操作，对电容器组进行投切，对主变压器分接开关进行调节控制。为了防止计算机系统故障时无法操作被控设备，在设计上应保留人工直接跳合闸手段。

（3）故障录波和测距。

记录故障线路的电压、电流的参数和波形，通过计算得到测量点与故障点的阻抗、电阻、距离和故障性质。

（4）人机联系功能。

能为运行人员提供人机交互界面，全面了解供电系统的运行状态，包括主接线、运行参数、一次设备运行状况、报警信息、事件的顺序记录、事故记录、保护整定值、各种报表和负荷曲线等。既可通过屏幕显示信息，也可通过打印记录长期保存信息。

（5）远动功能。

可实现“四遥”，即遥测、遥信、遥调、遥控功能，还增加了远方修改保护整定值。

（6）计算机监控系统的系统功能。

它是在监控系统的后台机上，利用实时采集的数据库数据，通过运行控制算法，用软件的方法实现变电站某种综合性功能。例如电压无功控制装置 VQC 功能，小接地电流系统的接地选线功能，高压设备在线监测及谐波分析监视等系统功能。

（7）自诊断功能。

系统具有在线自诊功能，可以诊断出通信通道、计算机外围设备、I/O 模块、前置机电源等故障。

2. 微机保护系统基本功能

主要包括线路保护、变压器保护、母线保护、电容器保护、备用电源自动投入装置、自动重合闸装置和低频减载等。

为了保证微机保护的安全性、可靠性，微机保护应与测量、通信等功能独立开来。另外，要求微机保护的 CPU 及电源均保持独立。

二、变电站综合自动化系统的结构

变电站综合自动化系统设备配置分为两个层次，即变电站层和间隔层。变电站层又叫主站层，可由多个工作站组成，负责管理整个变电站自动化系统，是变电站自动化系统的核心。间隔层是指设备的继电保护、测控装置层，由若干个间隔单元组成，一条线路或一台变压器的保护、测控装置就是一个间隔单元，各单元基本上是互相独立、互不干扰的。

变电站综合自动化系统的结构分为集中式、分布集中式和分布分散式三种。

1. 集中式综合自动化系统结构

集中式结构的综合自动化系统，是指采用不同档次的计算机，扩展其外围接口电路，集中采集变电站的模拟量、开关量和数字量等信息，集中进行计算与处理，分别完成微机监控、微机保护和一些自动控制等功能。多数集中式结构的微机保护、微机监控与调度通信的功能是由不同的微机完成的。这种模式集保护功能、人机接口、四遥功能及自检功能于一体，结构简单，价格相对较低。但其可靠性较低，功能有限，系统的扩充性和维护性都较差，适用于电压低、出线少的小型变电站。集中式综合自动化系统结构框图如图 7 - 19 所示。

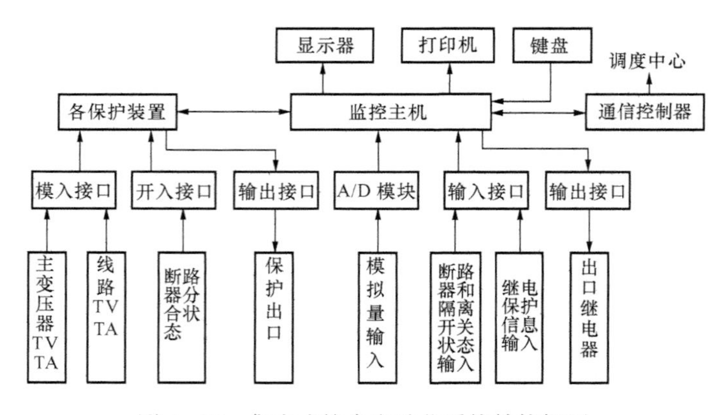

图 7 - 19　集中式综合自动化系统结构框图

2. 分布集中式综合自动化系统结构

分布集中式是按功能模块设计的，采用主从 CPU 协同工作方式，各功能子系统之间是不能通信的，监控主机与各功能子系统的通信采用总线（或串行）通信方式实现。它可按功能集中组屏，所以保护屏、自动装置屏、遥测屏、遥信屏、遥控屏等功能屏柜的界限分明。这种模式便于系统扩展与维护，局部故障不会影响其他部件的正常运行，提高了系统的实时性，适用于中低压变电站。分布集中式综合自动化系统结构框图如图 7-20 所示。

3. 分布分散式综合自动化系统结构

这是目前国内外最流行、最受广大用户欢迎的一种综合自动化系统。它是采用面向电气一次回路或电气间隔（如一条出线、一台变压器、一组电容器等）的方法进行设计，变电站各回路的数据采集、微机保护及监控单元综合为一个装置，就地安装在数据源现场的开关柜中或其他一次设备附近。这样，各间隔单元的设备相互独立，仅通过光纤或电缆网络与变电站主控室的监控后台机通信。这种模式最大限度地减少了变电站内二次设备及信号电缆，避免了电缆传送信息时的电磁干扰，便于系统扩展与维护，节省投资，适合于各种电压等级的变电站，特别是 220 kV 及以上电压等级的高压变电站，经济效益更好。分布分散式综合自动化系统结构框图如图 7-21 所示。

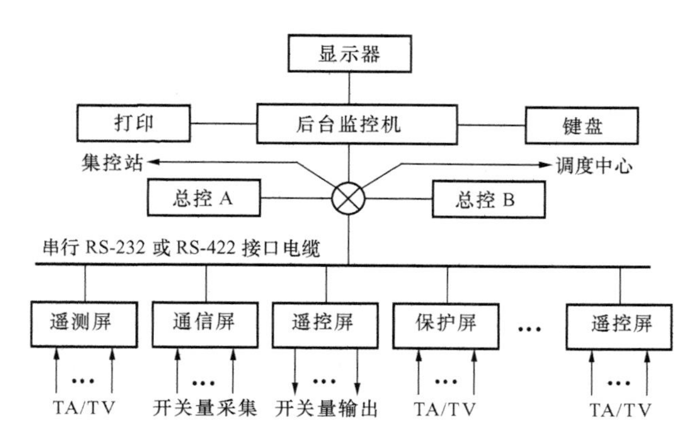

图 7-20　分布集中式综合自动化系统结构框图

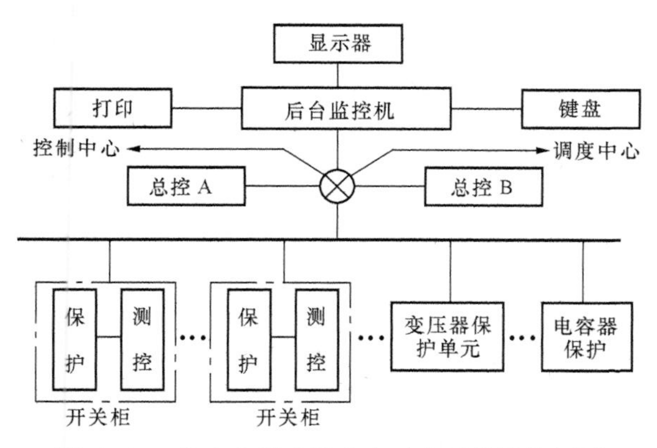

图 7-21　分布分散式综合自动化系统结构框图

目前，变电站综合自动化系统的功能和结构都在不断地发展，全分散式的结构必定是今后的发展方向，其主要原因是：①分布分散式综合自动化系统的突出优点；②随着新技术、新设备的发展，如电—光传感器和光纤通信技术的发展，使得原来只能集中组屏的高压线路保护装置和主变压器保护也可以考虑安装于高压场附近，并利用日益发展的光纤技术和局域网技术，将这些分散在各开关柜的保护和集成功能模块联系起来，构成一个全分散化的综合自动化系统，为变电站实现高水平、高可靠性和低造价的无人值班创造更有利的技术条件。

三、变电站综合自动化系统的应用

现以南京南瑞继保电气有限公司研制生产的 RCS—9000 系列变电站综合自动化系统为例，简要介绍其性能。

1. RCS—9000 系统的结构和功能

RCS—9000 是将保护、测量、监视和控制紧密集成而形成的新型变电站综合自动化系统，采用的是分布分散式结构。该系统的间隔层由保护测控单元组成，通过计算机通信网络的连接，完成各保护测控单元与变电站后台控制机的互联，形成一个完整的变电站综合自动化系统。

RCS—9000 变电站综合自动化系统主要实现的功能有：数据采集和处理功能；馈线和主设备保护功能；备用电源自动投入、低周减载、自动准同期及电压无功控制等自动功能；分散式小电流接地选线功能；远动功能；硬件对时网络；变电站常规数据采集与监控系统（SCADA）功能，如人机界面、越限和变位监视、报警处理、报表打印、保护定值查阅和远方修改、故障录波和显示等功能。

2. RCS—9000 系统的主要特点

（1）由 RCS—9000 系列分散式保护测控装置构成的综合自动化系统是一个分布分散式系统，它按一个元件（一个间隔），一套装置分布式设计配置，直接就地分散安装在高压开关柜上，各间隔功能独立，各装置之间仅通过网络联结，信息共享，这样整个系统不仅灵活性很强，而且可靠性也得到很大提高，任一装置故障仅影响一个局部元件。

（2）由于信息的传递由网络系统通过通信网互连而实现，取消了常规的二次信号控制电缆，因而二次电缆大大简化，不仅节省了大量资金，而且减轻了电压互感器、电流互感器负荷，减少了施工难度及工作量，节省了大量的人力物力。

（3）保护测控装置中的保护功能独立，具体体现在以下几个方面：

1）保护功能完全不依赖通信网，网络瘫痪与否不影响保护正常运行；

2）在硬件设计上，装置仍保留了传统微机保护所具有的独立的输入输出回路及操作回路；

3）在软件设计上，保护模块与其他模块完全分开，且先起动后测量，保护模块具有独立性。

（4）提高系统可靠性的措施有：

1）采用分布分散式系统是提高全站工作可靠性的重要因素，特别是功能独立于通信网的各类保护、自动装置等在各间隔的独立配置，它是变电站安全稳定运行的先决条件；

2）装置的背板定义仍旧沿用了传统模式，它兼容了传统的操作控制功能，保证在极限工作条件下变电站的运行与控制；

3）通信网络兼容各种网络接口，可采用双网络通信方式；

4）装置采用全密封设计，具有抗干扰组件，抗振能力、抗干扰能力很高。

（5）具有十分友好的人机界面。装置采用全汉化大屏幕液晶显示，其树形菜单、跳闸报告、告警报告、遥信、遥测、定值整定、控制字整定等有明确标识，现场运行调试人员操作方便；装置内部的任何状态变化都能在液晶屏上反映，包括开入开出、电压和电流的有效值、相序、功率、电能等。

（6）采用高性能处理器，结合特殊编程手段使它具备一些同类装置不具备的优点：

1）采用高分辨率的十四位 A/D 转换器，每周波 24 点采样，结合专用电流互感器，保证了遥测量的高精度。同时能在当地完成有功功率、无功功率、功率因数等计算并能在当地完成有功电能、无功电能的实时累加；

2）在不增加硬件开销的前提下完成对低压系统的分散故障录波，并能实现故障波形的远传；

3）将保护动作信号在当地间隔层就地转换为遥信信号上传，而不是由变电站层转换，减少保护动作报告向调度转发的时间，使其故障报告传输速度与变位遥信等同，且便于与调度系统接口，调度端不需另作事件解释程序。

3. RCS—9000 系列分散式保护测控装置的通信接口

RCS—9000 系列分散式保护测控装置具有两路独立的 RS—485 的标准通信接口以及一路基于 RS—232 方式的装置打印和调试接口，其常用通信介质为屏蔽双绞线，其中一路可选配为光纤媒介。这两路通信接口的信息完全独立，且信息完整，可配置成独立的双通信网络，其中一路作为测控网络，另一路构成录波网络。

习　题

7-1　什么是二次接线？二次接线主要包括哪些系统？

7-2　电气测量的目的及要求是什么？

7-3　变压器回路和高低压线路中测量仪表应如何配置？

7-4　小接地短路电流系统发生单相接地时，是如何发出预报信号的？

7-5　为什么要监视直流母线电压？如何完成的？

7-6　直流系统发生一点接地时，是如何发出预报信号的？

7-7　操作电源有哪几种？各有何特点？

7-8　储能电容器的作用是什么？如何检查储能电容器的工作情况？

7-9　试分析闪光装置的工作原理。

7-10　断路器的控制回路应满足哪些要求？

7-11　断路器的控制开关有哪六个操作位置？简述断路器手动合闸、跳闸的操作过程。

7-12　何为断路器的跳跃现象？试分析防跳回路的工作原理。

7-13　什么是不对应原则？如何利用不对应原则使信号灯闪光，以便区分手动跳闸或事故跳闸？

7-14　在图 7-6 中，试分析控制开关手柄打到“预备合闸”位置时哪个灯闪光？如果在实际操作中此灯不闪光，可能出现的故障点有哪些？

7-15　什么是中央信号？中央事故信号和中央预告信号在音响和灯光上有什么区别？

7-16　中央事故信号装置在什么情况下起作用？简述中央复归重复动作的事故信号回路工作原理。

7-17　如何检查光字牌的好坏？

7-18　安装接线图包括哪些图样？其各自的作用是什么？

7-19　控制屏和继电保护屏屏面布置的原则是什么？

7-20　端子排的种类有哪些？各自用途是什么？

7-21　应经端子排连接的回路有哪些？

7-22　简述自动重合闸装置的作用及原理。

7-23　什么是备用电源自动投入装置？在哪些情况下应投入？哪些情况下不投入？

7-24　简述备用电源自动投入装置的工作原理。

7-25　配电自动化系统涵盖哪些内容？

7-26　配电自动化系统中有哪些通信方式？

7-27　简述负荷控制的组成及功能。

7-28　变电站综合自动化系统有哪些主要功能？

7-29　变电站综合自动化系统结构布置方式有几种？各种方式的特点是什么？

7-30　简述 RCS—9000 变电站综合自动化系统的结构和特点。

第八章　供电质量的提高与电能节约

本章首先介绍供电系统的三种调压方式及其调压措施，简述电网高次谐波的危害和抑制技术，重点讲述工业企业电能节约的意义和措施，特别是采用电力电容器进行无功补偿的接线、装设、控制、保护及其运行维护问题，最后介绍电力变压器的经济运行。

第一节　供电系统的电压调整

电压是衡量电能质量的重要指标，供电系统进行调压的目的，就是要采取各种措施，使用户的电压偏移保持在规定的范围内。

一、电压调整的方式

母线电压的调整一般有逆调压、恒调压和顺调压三种方式。

1. 逆调压

如果供电母线至负荷点的线路较长，各负荷的变化规律大致相同且负荷变动较大，则在最大负荷时要提高母线的电压，以抵偿线路上因最大负荷而增大的电压损耗；在最小负荷时则要将母线电压降低一些，以防止负荷点的电压过高，这种调压方式称为逆调压。

采用逆调压方式的要求是，在最大负荷时，调整母线电压比所连线路额定电压高 5%；在最小负荷时，调整母线电压等于线路的额定电压。

2. 恒调压

如果负荷变动较小，线路上的电压损耗也较小，这种情况只要求把母线电压保持在较线路额定电压高 2%～5%的数值，不必随负荷的变化来调整母线的电压，仍可保证负荷点的电压质量，这种方式称为恒调压。

3. 顺调压

如果负荷变动较小，线路电压损耗小，或用户允许电压偏移较大的农业电网，可采用顺调压方式。即在最大负荷时允许母线电压低一些，但不得低于线路额定电压的 102.5%；在最小负荷时允许母线电压高一些，但不得高于线路额定电压的 107.5%，即要求母线的电压偏移在 2.5%～7.5%范围内。

以上所讨论的是供电系统正常运行时的调压方式。当系统发生事故时，因电压损失比正常时要大，故供电系统中各点电压比正常时低，但因事故不是经常发生的，且事故持续时间一般不会太长，此时对电压的要求允许降低一些，通常事故时的电压偏移允许较正常时再增大 5%。

二、电压调整的基本原理

以图 8-1 所示的简单供电系统为例，说明各种常用的调压措施所依据的基本原理。

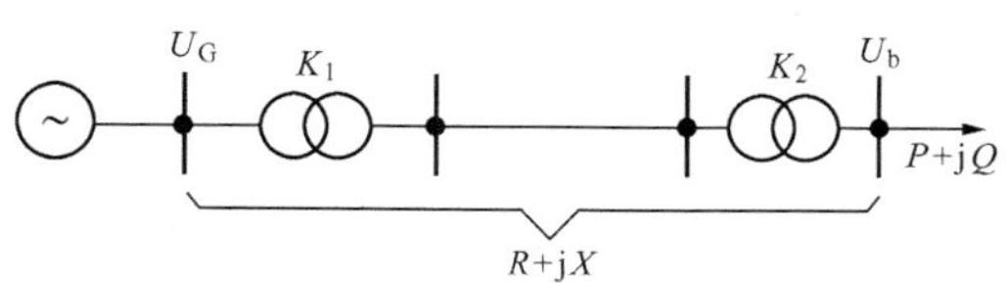

图 8-1　电压调整原理解释图

发电机通过升压变压器、线路和降压变压器向用户供电，要求调整负荷节点的电压

U_b。为了简单起见，略去线路的电容功率、变压器的固定损耗和网络的功率损耗，变压器的参数已归算到高压侧。负荷节点的电压为

$$U_b=\left(U_G K_1-\frac{PR+QX}{U_N}\right)/K_2 \tag{8-1}$$

式中 K_1、K_2——升压和降压变压器的变比；

R、X——变压器和线路的总电阻和总电抗；

U_N——等值电路的额定电压。

由式（8-1）可知，电压调整可以采用以下的几种措施：

（1）调节发电机励磁电流以改变发电机端口电压 U_G；

（2）适当选择变压器的变比 K_1 和 K_2；

（3）改变电力网参数 R 和 X；

（4）改变无功功率 Q 的分布。

三、电压调整的措施

1. 改变发电机励磁电流

控制同步发电机的励磁电流，可以改变发电机的端电压。发电机允许在端电压偏移额定值不超过±5%的范围内运行。现代大中型同步发电机都装有自动励磁调节装置，可以根据运行情况调节励磁电流来改变其端电压。发电机母线电压的调整一般采用逆调压方式。

要求进行电压调整的发电厂需有相当充裕的无功容量储备，一般这是不易满足的。此外，在系统内并列运行的发电厂中，调整个别发电厂的母线电压，会引起系统中无功功率的重新分配，这还可能同无功功率的经济分配发生矛盾，所以在大型电力系统中，发电机调压一般只作为一种辅助性的调压措施。

2. 利用变压器的分接调压

我国制造的普通电力变压器的绕组上，除了对应于额定电压 U_N 的主分接外，还具有附加分接。双绕组变压器分接设在高压绕组上，三绕组变压器分接设在高、中压绕组上，变压器的低压绕组不设分接。电力变压器容量在 6300kVA 及以下时，一般有两个附加分接，即+5%和−5%；容量在 8000kVA 及以上时，一般有四个附加分接，即+2.5%、+5%、−2.5%、−5%。

变压器的实际变比 K 近似等于高压绕组分接电压 U_{1f} 与低压绕组额定电压 U_{2N} 之比，即

$$K=\frac{U_{1f}}{U_{2N}} \tag{8-2}$$

变压器低压绕组的额定电压是一定的，因此改变高压绕组的分接，就是改变高压绕组的匝数，即可改变变压器的变比，从而使变压器二次电压得到改变。对于不具有带负荷切换装置的普通变压器（包括自耦变压器），改变分接时需要停电，还要进行一系列的倒闸操作，所以这种调压方式一般仅适用于具有停电条件的供给季节性用户的变电站，或者有多台变压器并列运行允许经常进行切投操作的变电站。

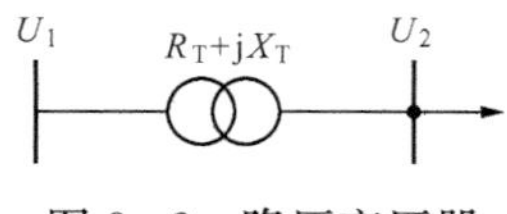

图 8-2 降压变压器

下面介绍双绕组降压变压器分接的选择，如图 8-2 所示。

假设降压变压器高压侧实际电压为 U_1，归算到高压侧的变压器阻抗为 R_T+jX_T，归算到高压侧的变压器电压损耗为 ΔU，低压侧要求得到的电压为 U_2，则有

$$U_2=(U_1-\Delta U)/K \tag{8-3}$$

把式（8-2）代入式（8-3）中，可得高压侧分接电压为

$$U_{1f}=\frac{U_1-\Delta U}{U_2}U_{2N} \tag{8-4}$$

普通双绕组变压器的分接开关只能在停电的情况下改变，在正常的运行中无论负荷怎样变化，只能使用一个固定的分接，这时可以分别算出最大负荷和最小负荷下所要求的分接电压

$$U_{1f\,max}=\frac{U_{1max}-\Delta U_{max}}{U_{2max}}U_{2N} \tag{8-5}$$

$$U_{1f\,min}=\frac{U_{1min}-\Delta U_{min}}{U_{2min}}U_{2N} \tag{8-6}$$

然后取它们的算术平均值，即

$$U_{1f}=\frac{U_{1f\,max}+U_{1f\,min}}{2} \tag{8-7}$$

根据U_{1f}值可选择一个与它最接近的变压器分接。选定分接后，还须根据变压器低压侧调压要求的电压来进行校验，如果不满足要求，应考虑采取其他调压措施。

【例 8-1】　某降压变电站中有一台容量为10MVA的变压器，电压为110±2×2.5%/11kV。已知最大负荷时，高压侧实际电压为113kV，变压器阻抗中电压损失为额定电压的4.63%；最小负荷时，高压侧实际电压为115kV，阻抗中电压损失为2.81%。变电站低压母线采用顺调压方式，试选择变压器分接电压。

解　最大负荷时，分接电压为

$$U_{1f\,max}=\frac{U_{1max}-\Delta U_{1max}}{U_{2max}}U_{2N}=\frac{113-110\times\frac{4.63}{100}}{1.025\times 10}\times 11=115.8(\text{kV})$$

最小负荷时，分接电压为

$$U_{1f\,min}=\frac{U_{1min}-\Delta U_{1min}}{U_{2min}}U_{2N}=\frac{115-110\times\frac{2.81}{100}}{1.075\times 10}\times 11=114.5(\text{kV})$$

所以

$$U_{1f}=\frac{U_{1f\,max}+U_{1f\,min}}{2}=\frac{115.8+114.5}{2}=115.15(\text{kV})$$

选标准分接电压为115.5kV。

校验：在最大负荷时，低压侧电压与电压偏移百分数分别为

$$U_{2max}=\left(113-110\times\frac{4.63}{110}\right)\times\frac{11}{115.5}=10.27(\text{kV})$$

$$(\Delta U_{ihc}\%)_{max}=\frac{10.27-10}{10}\times 100=2.7>2.5$$

在最小负荷时，低压侧电压与电压偏移百分数分别为

$$U_{2min}=\left(115-110\times\frac{2.81}{110}\right)\times\frac{11}{115.5}=10.65(\text{kV})$$

$$(\Delta U_{ihc}\%)_{min}=\frac{10.65-10}{10}\times 100=6.5<7.5$$

可见，在最大和最小负荷时低压侧电压偏移均满足要求，故所选分接合适。

上述选择双绕组变压器分接的计算公式也适用于三绕组变压器。由于三绕组变压器一般在高压、中压侧有分接可供选择，而低压侧是没有分接的。一般先按高压、低压侧的电压要求来确定高压侧的分接，再由所选定的高压侧分接，来考虑中压侧的电压要求，最后选择中压侧的分接。

由于改变普通变压器的分接调压需要停电，且调压范围一般不超过10%，如果最大负荷和最小负荷时电压变化的幅度超出该范围，则不论怎样选择分接都无法满足调压的要求，这时只能使用有载调压变压器。有载调压变压器是附装有载调压分接开关的电力变压器，可在带负荷情况下手动或电动改变分接的位置。若配置有载自动调压装置，则能随电压变化自动改变变压器分接。有载调压变压器的调节范围大，通常在15%以上，但造价比普通变压器要高40%左右。其分接电压的计算方法与普通变压器相同。

3. 改变电力网的参数调压

根据式（8－1），改变参数 R、X 可达到调压的目的。

增大导线截面，可以减小电阻 R，从而减小电压损耗。但是，这种方法仅在有功功率所占比例较大、原有导线截面较小的配电线路中才比较有效。在输电线路中，由于无功功率所占比例大，且 $X \gg R$，所以用这种方法来降低电压损耗收效甚小。此外，从节约有色金属的观点出发，无论什么线路用增加导线截面的方法调整电压，都是不可取的。因此，一般不采用改变电阻 R 的方法调整电压。

在供电线路上串联接入电容器，利用电容器的容抗补偿线路的感抗，使电压损失降低，从而提高供电线路的末端电压，这种方法称为电容串联补偿。

4. 改变无功功率的分布

用变压器变比来调整电压的方法，是在供电系统无功电源充足的条件下是有效的。如果系统无功功率不足，当某一地区的电压由于变压器分接的改变而升高后，该地区所需无功功率也增大了，这可能扩大系统的无功缺额，从而导致整个系统的电压水平更加下降，从全局来看这样做的效果是不好的。所以，此时需要在适当地点对所缺无功功率进行补偿，这样就改变了电力网无功功率分布，达到了调压的目的。

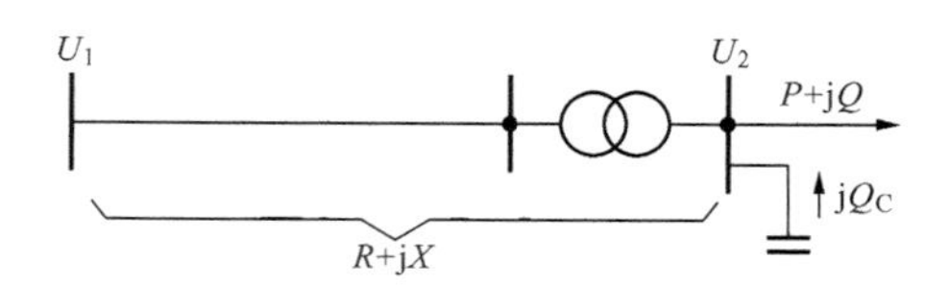

图8－3　供电系统的无功功率补偿

下面介绍按调压要求确定补偿设备容量的方法。

图8－3为具有无功功率补偿的供电系统。供电点电压 U_1 和负荷功率 $P+jQ$ 已给定，线路电容和变压器的固定损耗略去不计。在变电站未装并联补偿装置前，若不计电压降落的横分量，便有

$$U_1 = U_2' + \frac{PR + QX}{U_2'}$$

式中　U_2'——归算到高压侧的变电站低压母线电压；

R、X——归算到高压侧的变压器与线路的总电阻、总电抗。

在变电站低压侧设置容量为 Q_C 的无功补偿装置后，网络传送到负荷点的无功功率将变为 $Q-Q_C$，这时变电站低压母线的归算电压将由 U_2' 提高为 U_{2C}'，则有

$$U_1 = U'_{2C} + \frac{PR + (Q - Q_C)X}{U'_{2C}}$$

如果补偿前后 U_1 保持不变，则有

$$U'_2 + \frac{PR + QX}{U'_2} = U'_{2C} + \frac{PR + (Q - Q_C)X}{U'_{2C}}$$

整理得

$$\frac{Q_C X}{U'_{2C}} = (U'_{2C} - U'_2) + \left(\frac{PR + QX}{U'_{2C}} - \frac{PR + QX}{U'_2}\right) \tag{8-8}$$

式（8-8）右边第二项的数值一般很小，可以略去不计，则

$$Q_C = \frac{U'_{2C}}{X}(U'_{2C} - U'_2) \tag{8-9}$$

变压器变比选为 K，经过补偿后变电站低压侧要求保持的实际电压为 U_{2C}，将 $U'_{2C} = KU_{2C}$代入式（8-9）中，可得

$$Q_C = \frac{U_{2C}}{X}\left(U_{2C} - \frac{U'_2}{K}\right)K^2 \tag{8-10}$$

由此可见，补偿容量不但与调压要求有关，而且与变压器变比选择也有关。变比 K 的选择原则是：在满足调压的要求下，使无功补偿容量最小。

由于无功补偿设备的性能不同，选择变比的条件也不相同。下面只介绍装设并联电力电容器进行无功功率补偿的情况。电容器只能发出感性无功功率以提高电压，但电压过高时却不能吸收感性无功功率以使电压降低。为了充分利用补偿容量，在最大负荷时电容器应全部投入，在最小负荷时应全部退出。

（1）最小负荷时，根据调压要求，按照没有补偿情况来选择变压器的分接。

最小负荷时，计算出归算到高压侧的低压母线电压 U'_{2min}，再根据最小负荷时低压侧要求保持的实际电压 U_{2min}，就可计算高压侧分接电压为

$$U_{1f} = U'_{2min}\frac{U_{2N}}{U_{2min}} \tag{8-11}$$

因而变比为

$$K = \frac{U_{1f}}{U_{2N}} \tag{8-12}$$

（2）最大负荷时，根据变压器低压母线电压要求确定补偿容量。

最大负荷时，计算出补偿前归算到高压侧的低压母线电压 U'_{2max}，根据最大负荷时低压侧要求保持的实际电压 $U_{2C\,max}$，按式（8-10）可得应装的无功补偿容量为

$$Q_C = \frac{U_{2C\,max}}{X}\left(U_{2C\,max} - \frac{U'_{2max}}{K}\right)K^2 \tag{8-13}$$

最后根据求出的无功功率补偿容量，从产品目录中选择合适的电容器设备。如此计算得到的电容器容量，是考虑了变压器调压效果的数值，因而是可以充分利用的。

5. 各种调压措施的比较

如前所述，在各种调压手段中，应首先考虑利用发电机调压，因这种措施不需附加设备及附加投资。当发电机母线没有负荷时，一般可在95%～105%范围内调节，发电机母线有负荷时，一般采用逆调压。合理使用发电机调压，通常可大大减轻其他调压措施的负担。

对于无功功率供应较充裕的供电系统，各变电站的调压问题可通过选择变压器的分接来解决，当最大负荷和最小负荷两种情况下，电压变化幅度不很大又不要求逆调压时，适当调整普通变压器的分接，一般就可满足要求。当电压变化幅度比较大或要求逆调压时，采用有载调压器就显得灵活而有效。对于无功功率不足的供电系统，采用改变变压器分接调压，并不能从根本上改善电压质量的问题。

在需要附加投资的调压措施中，对无功功率不足的系统，首要问题是增加无功功率电源，因此以采用并联电容器或调相机为宜，而且采用并联电容器或调相机还可降低网络中的功率和能量损耗。

作为调压措施，串联电容器补偿由于设计、运行等方面的原因，目前应用的还不很广泛。

上述各种调压措施的具体运用，只是一种粗略的概括。对于实际供电系统的调压问题，需要根据具体的情况对可能采取的措施进行技术经济比较，然后才能找出合理的解决方案。

第二节　电网高次谐波及其抑制

一、高次谐波及其危害

电网高次谐波的产生主要在于供电系统中存在各种非线性元件。例如气体放电灯、变压器的励磁电流、电弧炉、电焊机、电解电镀等。大容量的整流设备，产生的高次谐波更为突出，是造成电网谐波的主要因素。

由于供电系统中存在非线性元件或负荷，即使供电电源是正弦波，其电流的波形也会偏离正弦波形发生畸变。畸变的电流波形是由一系列不同频率的正弦波形叠加而成，与电源频率相同的项称为基波，其他各项均称为谐波。谐波的频率是基波频率的整数倍，谐波频率是电源频率的二倍时称为二次谐波，谐波频率是电源频率的五倍时称为五次谐波，以此类推。

高次谐波对供电系统及其电气设备的危害很大。归纳起来，高次谐波造成的影响主要有：

（1）使供电系统的电压和电流波形发生畸变，致使电能品质变坏。

（2）电气设备的铁损增加，造成电气设备过热，降低正常出力。

（3）使电容器和电缆发生过热而损坏。

（4）使电力线路的电压损失和电能损失增加。

（5）使计量电能的感应式电能表计量不正确。

（6）可使供电系统发生电压谐振，引起线路过电压，使电气设备绝缘击穿。

（7）造成供电系统的继电保护和自动装置发生误动作。

（8）对附近的通信设备和通信线路产生信号干扰。

因此，不论从保证供电系统的安全经济运行，还是保证用户电气设备的安全来看，对谐波造成的危害和影响必须加以限制。

二、高次谐波的抑制技术

1. 传统的抑制谐波电流的方法

（1）增加整流器的相数。

增加整流器的相数是抑制高次谐波最基本和常用的方法。具体做法是：

1）在同一整流变压器的铁芯上，采用不同接法的两个二次绕组以实现 6 相整流；

2）用两台变压器，每台变压器的二次绕组采用不同接法以实现 12 相整流；

3）整流变压器主绕组加附加绕组曲折接线形成多相整流，可实现 36、48 相整流。

（2）设置谐波滤波器。

谐波滤波器一般由电力电容器、空芯电抗器和电阻器组合而成。典型滤波器的接线方式见图 8-4 所示，实际运行的滤波装置一般由多组单调谐滤波器和一组高通滤波器组成。

图 8-4（a）为 n 次单调谐滤波器。ω_1 为额定工频角频率，当 $n\omega_1 L=(n\omega_1 C)^{-1}$时，$n$ 次谐波较顺利地通过 R 分流，注入电网的 n 次谐波大为降低。

图 8-4（b）为高通滤波器。它是一种补偿型低功耗滤波器，当 $\omega_1 L=(\omega_1 C_d)^{-1}$时，基波电流几乎全部流经 C_d—L 支路，以达到降低能耗的目的。当谐波从某 n 次谐波开始，滤波回路对它们的阻抗很小，高次谐波易于通过滤波器，从而滤去了大量高次谐波。

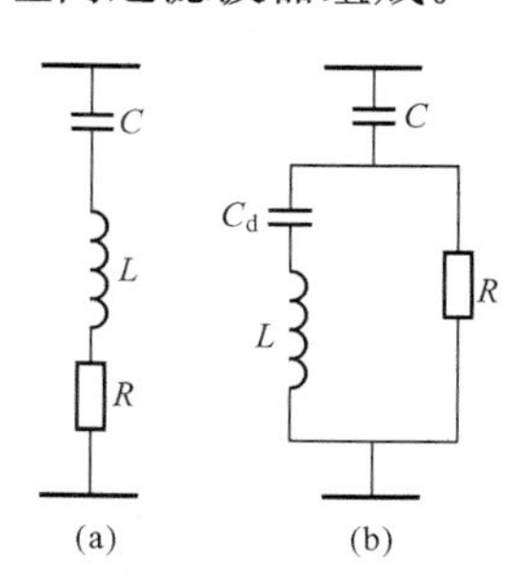

图 8-4　典型滤波器的接线方式
（a）单调谐滤波器；（b）高通滤波器

在三相系统中，滤波器宜接成星形，以避免其中一相电容器故障击穿时引起相间短路；电抗器接在电容器后的低压侧，以使电容器的外壳承受较小的对地电压；滤波装置多连接在高次谐波发生源或高次谐波电流较严重的地方，滤波装置与谐波源并联。

（3）尽量设法让整流装置运行在控制角 α 比较小的情况下。

（4）利用有源滤波技术。

随着电力电子技术的发展，新型的有源滤波装置（即谐波抵消装置）得到应用。其特点是：

1）采用一台滤波装置可以抑制多种高次谐波；

2）当高次谐波电流某些时候超出装置容量时，仍可保持在额定功率下继续运行；

3）具有保护功能，便于维护。

2. 采用场控高频自关断器件抑制谐波电流的方法

目前由于场控高频自关断器件的迅速发展，可以利用它来减少谐波电流的目的。其基本思想是，放弃传统的相控整流方案，代之以高频调制原理，然后通过适当的控制策略，使电网电流遵循正弦波变化规律。

（1）单相不可控整流电路电网谐波电流的抑制技术。

对于不可控整流电路，其输出端通常接有大容量滤波器，此时整流电路的输入端电流波形呈断续脉冲状，如图 8-5（a）所示。为了解决这个问题，可在不可控整流电路输出端再加上一个升压斩波电路，同时配以适当的控制，可获得如图 8-5（b）、（c）所示的电网电流波形，其中采用电压和电流双闭环控制策略的电网电流波形已非常接近正弦形（可利用专用控制模块 ML4812 加以实现）。这种技术已在电子镇

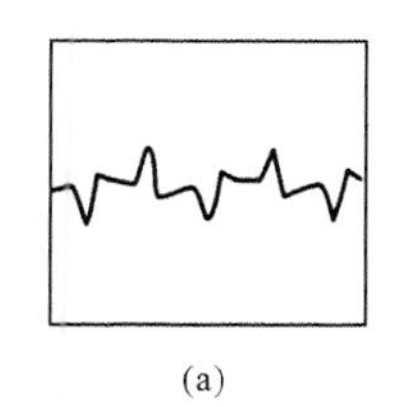

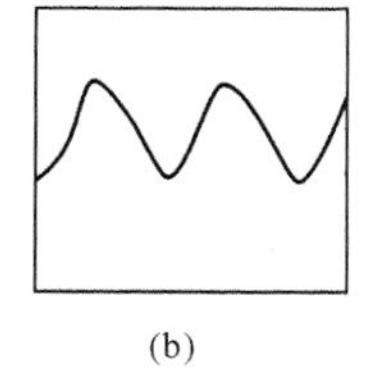

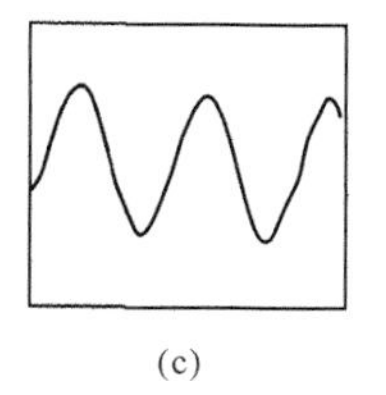

(a)　(b)　(c)

图 8-5　整流电路的网侧电流波形比较
（a）传统的不可控整流电路；（b）增加升压斩波电路和电压闭环；（c）增加升压斩波电路和电流与电压双闭环

流器和小型开关电源中实施。

（2）三相可控整流电路电网谐波电流的抑制技术。

当三相可控整流电路中的开关器件采用自关断器件（如IGBT），并使调制频率提高到10～20kHz，通过适当的控制策略，则可大幅度地消减电网电流中的谐波成分，而使其波形接近正弦波。

（3）整流管与电容的组合方法。

利用该方法，可使电网电流变成接近连续的阶梯波，也能在一定程度上达到抑制电网谐波电流的目的。

上述方法目前还限于中小功率领域，但有着很大的发展潜力，值得研究和开发，详见参考文献[17]。

第三节　电能节约意义及措施

一、电能节约的意义

节约，是社会主义经济的基本原则之一，电能是建设现代化强国的主要物质基础。因此，要建设现代化强国，就必须在发展生产的同时，大力节约电能。节约电能对工业企业本身，可以降低产品成本，加速资金周转，扩大再生产；对整个国民经济则可减少电力基建投资，节约国家动力资源。所以，节约电能对国家、对企业，无论在政治上或经济上都有重大意义。

二、电能节约的一般措施

在供电方面：应充分发挥设备的潜力，提高利用率，提高负荷功率因数，使有限的设备供应更多的电能。

在设计方面：正确选择供电系统，如采用高压深入负荷中心以及采用改善和提高功率因数等。

凡此种种，其实质就是节约动力能源，加速社会主义现代化建设，既符合人民的利益，也符合科学原则。

要搞好企业的节电工作，必须大力提高工业企业供用电水平，这就需要从企业供用电系统的科学管理和技术改造两方面采取措施。

1. 加强企业供用电系统的科学管理

（1）加强能源管理，建立和健全管理机构和制度；

（2）实行计划供用电，提高能源的利用率；

（3）实行负荷调整，降低负荷高峰，提高供电能力；

（4）实行经济运行方式，全面降低电力系统的损耗；

（5）加强运行维护，提高设备的检修质量。

2. 搞好企业供用电系统的技术改造

（1）逐步更新淘汰现有低效率的供用电设备；

（2）改造现有能耗大的供用电设备；

（3）改造现有企业供配电系统，降低线损；

（4）合理选择供用电设备的容量，或进行技术改造，提高设备的负荷率；

(5) 采用无功功率人工补偿设备，人工地提高功率因数。

第四节　工业企业供电的无功功率补偿

功率因数 $\cos\varphi$ 是工业企业电气设备使用状况和利用程度的具有代表性的重要指标，提高企业的功率因数是节能的一项重要技术措施。

一、工业企业功率因数的计算方法

1. 瞬时功率因数

企业的功率因数是随设备类别、负载情况、电压高低而变化的，其瞬时值可由功率因数表（相位计），或根据电流表、电压表及功率表在同一瞬间的读数按下式求得

$$\cos\varphi=\frac{P}{\sqrt{3}UI} \tag{8-14}$$

瞬时功率因数只用来判断企业的无功功率需要量是否稳定，以便分析影响功率因数变化的各项因素。这一功率因数可以用来观察及了解装置的工作状况，以便在运行上采取相应的措施，并为日后进行设计作出参考依据。

2. 平均功率因数

平均功率因数是指某一规定时间内（指一班、一日、一月、一年）功率因数的平均值。对于已经生产的企业，依据记录企业在某一规定时间内有功电能表 W_P 及无功电能表 W_Q 的积累来计算，即

$$\cos\varphi=\frac{W_P}{\sqrt{W_P^2+W_Q^2}}=\frac{1}{\sqrt{1+\left(\frac{W_Q}{W_P}\right)^2}} \tag{8-15}$$

对于正在设计的企业，可依据有功计算负荷 P_{30} 和无功计算负荷 Q_{30} 确定：

$$\cos\varphi=\sqrt{\frac{1}{1+\left(\frac{\beta Q_{30}}{\alpha P_{30}}\right)^2}} \tag{8-16}$$

式中　α、β——平均有功、无功负荷系数，一般取 $\alpha=0.7\sim0.75$，$\beta=0.76\sim0.82$。

月平均功率因数是电力部门每月征收企业电费时作为调整收费标准的依据。

3. 自然功率因数

自然功率因数是指供用电设备在没有采取任何补偿手段的情况下，设备本身固有的功率因数。设备自然功率因数的高低，取决于负荷性质和负荷状态。对于电阻性负荷，其自然功率因数较高，而对于电感性负荷，其自然功率因数就较低。另外在设备负荷率很低时，其自然功率因数也较低。

在供电系统中，用电设备的自然功率因数都比较低，通常为 0.6～0.7。因此，提高自然功率因数、降低线损、改善电压质量势在必行。

自然功率因数有瞬时值和平均值两种。

4. 总功率因数

企业装设人工补偿装置后的功率因数称为总功率因数。同样它可以有瞬时值和平均值两种。

《供电营业规则》中规定，无功电力应就地平衡，用户应在提高自然功率因数的基础上，设计和装设无功补偿设备，并做到随其负荷和电压变动及时投入或切除，防止无功电力倒送。用户在当地电业部门规定的高峰负荷时的功率因数，应达到下列规定：

（1）高压供电的工业用户和高压供电带有负荷调压装置的电力用户，功率因数为 0.9 以上；

（2）其他 100kVA（kW）及以上电力用户和大、中型电力排灌站，功率因数为 0.85 以上；

（3）趸售和农业用电，功率因数为 0.8 以上。

5. 经济功率因数

所谓经济功率因数是指用户的节能效益和电能质量最佳，支付电费最少的用电功率因数，称为经济功率因数。

用电的经济功率因数值，可按下列原则确定：

（1）因减少了电网传输无功功率所引起的有功损失降低而获得年度最大的节约。

（2）因进行无功补偿使电网输变电设备的送电能力增加最大。

（3）因进行无功补偿所花费的资金，用电能节约的价值回收的年限为最短。

用电的经济功率因数数值主要取决于用户受电的电压。一般按供电方式划分的经济功率因数变动范围如下：

供电方式	用户端的经济功率因数值
发电厂直配供电	0.8～0.85
经过 2～3 级变压	0.9～0.95
经过 3～4 级变压	0.95～0.98

此外，经济功率因数还与供电的距离、用电的自然功率因数、用电容量、时间和电价的高低等因素有关。

二、提高功率因数的意义

在工业企业供电系统中，由于采用大量异步电动机、变压器、电焊机等，以致供电系统除供给有功功率之外，还须供应无功功率以生产必需的交变磁场，此外电抗器、架空线路等亦消耗一部分无功功率。其中异步电动机和变压器是无功功率的主要消耗者，异步电动机占 65%～70%，变压器（包括整流变压器、电炉变压器等）占 20%～25%。无功功率的增大使供电系统的功率因数降低，为此应提高功率因数。

1. 改善设备的利用率

在一定的电压和电流下，功率因数越高，系统输出的有功功率越大。因此，改善功率因数是发挥供电设备潜力，提高设备利用率的有效方法。

2. 减少供电系统中的电压损失

根据式（3-16）可知，供电系统的电压损失为

$$\Delta U = \frac{PR + QX}{U_N}$$

当功率因数越高时，说明通过线路上无功功率越小，则线路上电压损失越小，改善了电压质量。

3. 减少供电系统中的功率损耗

当线路通过电流 I 时，其有功损耗为

$$\Delta P = 3I^2R$$

或

$$\Delta P = 3\left(\frac{P}{\sqrt{3}U_N\cos\varphi}\right)^2R = \frac{P^2R}{U_N^2\cos^2\varphi}$$

可见，线路的功率损耗 ΔP 与 $\cos^2\varphi$ 成反比，$\cos\varphi$ 越高，功率损耗越小。

4. 提高供电系统的传输能力

视在功率与有功功率的关系为 $P = S\cos\varphi$ ，可见在传送一定有功功率 P 的条件下，$\cos\varphi$ 越高，所需视在功率越小。

三、功率因数的人工补偿

通常采用两种方法来提高功率因数：一种是提高自然功率因数；另一种是人工补偿提高功率因数。

提高自然功率因数是指设法降低用电设备本身所需无功，从而改善其功率因数。主要是从合理地选择和使用电气设备，改善其运行方式，提高检修质量等方面入手，不需要额外增加补偿设备，这是提高功率因数积极有效的方法。当采用提高用电设备自然功率因数的方法后，功率因数仍达不到要求时，就需装设专门的人工补偿装置。采用人工补偿装置不仅增加了设备的投资，而且要增加维护和管理的工作量。

1. 无功补偿装置种类

提高功率因数的无功补偿装置通常有下列几种：

(1) 同步发电机。

同步发电机是电力系统中唯一的有功功率电源，同时也是无功的基本源。

(2) 同步电动机。

同步电动机功率因数可以超前运行，在工农业生产中，凡是不要求调速的生产机械，诸如鼓风机、水泵等，在经济条件合适的情况下，应该尽量选用同步电动机。如果同步电动机轴上不带机械负荷，只是空载运行专门用作补偿无功功率时，此种同步电动机称为同步调相机。采用同步调相机可以调节无功功率的数值，但它是一种旋转电机，在运行期间需要专人进行维护，并且由于它的功率损耗大，因而使用并不普及。

(3) 异步电动机同步化。

异步电动机同步化是指绕线转子异步电动机，在起动至额定转速后，将转子用直流励磁，使其作为同步电动机使用，在这种运行方式下，异步电动机如同电容器一样，从电网吸收容性无功功率。

(4) 电力电容器。

在供电系统中，电力电容器是应用最为广泛的无功补偿设备，其原因是电力电容器是静止的无功补偿设备，因此其安装、运行、维护都比上述设备简单。下面要重点研究该种补偿装置。

(5) 动态无功补偿装置。

现代化工业企业中，有一些大型变速生产机械在生产过程中，负荷经常急剧变化，对电网产生重复性的无功冲击。对于这种急剧变化而幅值很大的冲击性无功功率，采用静态的并联电容器和响应时间较慢（200～500ms）的调相机来进行补偿，在技术上已经不符合要求。

目前采用的方法有以下几种：

1）采用晶闸管开关快速分段投切电容器。其响应时间快，一般为10ms，但补偿特性是不平滑的梯形有级补偿，适用于对补偿要求不高的情况。

2）采用快速响应式调相机。响应时间一般为100ms，由于存在旋转机械，难以维护和检修，很少使用。

3）采用饱和电抗器式静止型动态无功补偿装置。响应时间一般为20ms，它不仅能稳定系统电压，改善电网功率因数，还可以吸收高次谐波，其缺点是能量损耗和噪声偏大。

4）采用高阻抗变压器式及高压电抗器式静止型动态无功补偿装置。响应时间可达10ms，具有平滑调节性能，且谐波、损耗、噪声均较小，补偿效率高，维护方便，是最有发展前途的动态补偿装置。

2. 电力电容器补偿

电力电容器又称移相电容器、静电电容器，其具有价格较便宜，有功损耗小，安装及运行维护方便，故障范围小等优点。因此，在工业企业供电系统中，广泛使用电力电容器来补偿无功功率。它的缺点是只能进行有级调节，不能随着企业感性无功功率的变化而进行无级调节。

在应用电容器进行无功补偿时，在电网中将要安装并联电容器。这些设备可抵偿感性负荷所消耗的部分无功功率，从而降低线路的电能损耗，以提高系统的功率因数，改善电网的运行条件和电能质量。在进行无功补偿配置时，主要包括两个方面的内容：一是补偿容量的配置，二是安装地点及补偿方式的确定。

（1）确定补偿容量的方法。

确定补偿容量的方法是多种多样的，但其目的都是要提高配电网的某种运行指标，下面介绍几种确定补偿容量的方法。

1）从提高功率因数需要确定补偿容量。补偿容量 Q_C 可按式（8-17）计算，即

$$Q_C = P_{av}(\tan\varphi_1 - \tan\varphi_2) = \alpha P_{30}(\tan\varphi_1 - \tan\varphi_2) \tag{8-17}$$

式中 P_{av}——企业的月平均有功负荷；

α——平均有功负荷系数；

$\tan\varphi_1$——补偿前企业自然平均功率因数角的正切值；

$\tan\varphi_2$——补偿后功率因数角的正切值。

对于已生产的企业，也可根据年电能消耗量 W_a 和年最大负荷利用小时数 T_{max} 来计算补偿容量。

$$Q_C = \alpha \frac{W_a}{T_{max}}(\tan\varphi_1 - \tan\varphi_2) \tag{8-18}$$

2）从降低线损需要来确定补偿容量。线损是供电系统经济运行的一项重要指标，在系统参数一定的条件下，线损与通过导线的电流平方成正比。

设补偿前功率因数为 $\cos\varphi_1$，流经供电系统的电流为 I_1，其有功、无功分量为 I_{1R} 和 I_{1X}，则

$$\dot{I}_1 = \dot{I}_{1R} - j\dot{I}_{1X}$$

若补偿后功率因数为 $\cos\varphi_2$，流经供电系统的电流为 I_2，其有功、无功分量为 I_{2R} 和 I_{2X}，则

$$\dot{I}_2 = \dot{I}_{2R} - j\dot{I}_{2X}$$

但是，加装电容器后，将不会改变补偿后的有功功率，故 $\dot{I}_{1R}=\dot{I}_{2R}$。

设补偿前后的电流相量图如图 8 - 6 所示，补偿前的线路损耗为

$$\Delta P_1=3I_1^2R=3\left(\frac{I_{1R}}{\cos\varphi_1}\right)^2R$$

补偿后的线路损耗为

$$\Delta P_2=3I_2^2R=3\left(\frac{I_{2R}}{\cos\varphi_2}\right)^2R$$

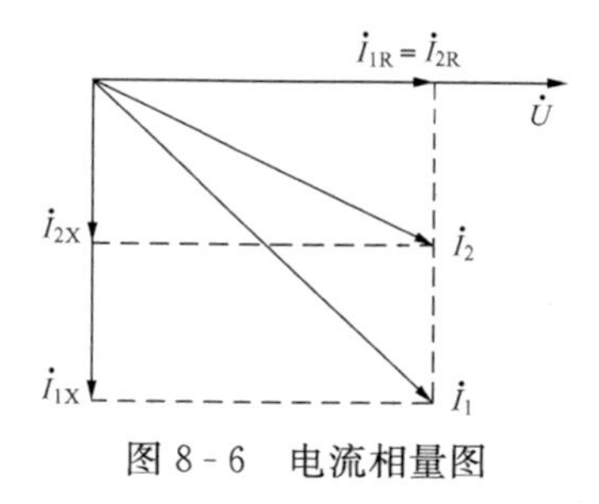

图 8 - 6　电流相量图

补偿后线损降低的百分值为

$$\Delta P\%=\frac{\Delta P_1-\Delta P_2}{\Delta P_1}\times100\%=\frac{3\left(\frac{I_{1R}}{\cos\varphi_1}\right)^2R-3\left(\frac{I_{2R}}{\cos\varphi_2}\right)^2R}{3\left(\frac{I_{1R}}{\cos\varphi_1}\right)^2R}=1-\left(\frac{\cos\varphi_1}{\cos\varphi_2}\right)^2\quad(8-19)$$

补偿容量为

$$Q_C=\sqrt{3}U\Delta I_X=\sqrt{3}U(I_1\sin\varphi_1-I_2\sin\varphi_2)=\sqrt{3}U\left(\frac{I_{1R}}{\cos\varphi_1}\sin\varphi_1-\frac{I_{2R}}{\cos\varphi_2}\sin\varphi_2\right)$$
$$=\sqrt{3}UI_{1R}(\tan\varphi_1-\tan\varphi_2)=P(\tan\varphi_1-\tan\varphi_2)$$

因此，补偿容量与式（8 - 17）相同。

3）从提高运行电压质量来确定补偿容量。在配电线路的末端，运行电压较低，特别是重负荷、细导线的线路。加装电容器补偿以后，可以提高运行电压，但是网络电压的升高值不能越限，为了满足此约束条件，也必须求出补偿容量与电网电压之间的关系。按调压要求确定的补偿容量计算见式（8 - 9）。

4）确定电力电容器的数量。在确定电容器容量以后，可以确定静电电容器的数量为

$$n=\frac{Q_C}{q_C}\quad(8-20)$$

式中　q_C——单位电容器的额定容量；

n——电容器的数量。

由式（8 - 20）计算所得的数值对三相电容器应取相近偏大的整数。若为单相电容器则应取 3 的倍数，以便三相均衡分配。

（2）电力电容器的接线。

电力电容器与供电系统并联连接，其额定电压应与电网相符。在三相供电系统中，单相电容器的额定电压与电网电压相同时，一般采用三角形接线，可以获得较大的补偿效果。这是因为，如果改用星形接法，其相电压为线电压的 $1/\sqrt{3}$ 倍，又因为 $Q=U^2/X_C$，所以，其无功出力将为三角形接法的 1/3 倍。因此，电力电容器大多采用三角形接线，并尽可能接在高压侧；只有当电容器的额定电压低于电网额定电压时，才把电容器接成星形；而低压电力电容器，多数是三相的，内部已接成三角形。

必须指出，电容器采用三角形接线时，当一相电容器发生短路故障时，就形成两相直接短路，短路电流非常大，有可能引起电容器爆炸，使事故扩大。电容器采用星形接线时，当一相电容器发生击穿短路时，其短路电流仅为正常工作电流的三倍（分析略），因此运行就

安全多了。所以新订国家标准 GB 50227—2008 规定：在高压电容器组的容量较大（超过 400kvar）时，宜采用中性点不接地的星形接线。

（3）电力电容器的补偿方式。

电力电容器的补偿方式有高压集中补偿、低压成组补偿和低压分散补偿三种方式。

1）高压集中补偿。高压集中补偿是将高压电容器组集中装设在企业变配电站的 6～10kV 母线上。这种补偿方式只能补偿 6～10kV 母线前所有线路的无功功率，而此母线后的企业内线路没有得到无功补偿，所以该补偿方式的经济效果较差。但这种补偿方式对电力系统起了补偿作用，从电力系统全局看，是必要的，而且由于补偿设备利用率高，初投资少，便于维护，可按实际调节电容器容量，以便合理地提高功率因数。这种补偿方式适用于大中型企业的供电系统。

为防止电容器击穿时引起相间短路，每台电容器单独串联一个高压熔断器。由于电容器从电网切除时有残余电压，其值最高可达电网电压的峰值，这对人身是很危险的。规程规定：电容器组必须装设放电设备，使电容器组从电网切除后，最长经过 5min 的放电，对低压电容器最长为 1min，电容器组两端的残余电压不应大于 50V，以确保人身安全。对高压电容器，通常利用电压互感器的一次绕组来放电，为确保可靠放电，电容器组的放电回路不得装设熔断器或开关设备。

高压电容器组，通常是单独装设在一间用耐火材料修建的高压电容器室内，电容器室要通风良好，保证室温在 40℃以下，但数量较少时，可装设在高压配电室。

2）低压成组补偿。低压成组补偿就是将低压电容器组装设在车间变电站的低压母线上。这种补偿方式能补偿车间变电站低压母线前车间变电站主变压器和企业内高压配电线路及电力系统的无功功率，其补偿范围比高压集中补偿大，而比低压分散补偿小。

这种电容器组，一般利用 220V、15～25W 的白炽灯的灯丝电阻来放电，同时白炽灯也作为电容器组运行的指示灯。为延长灯泡寿命，一般选择两个灯泡串联后接成星形或三角形。而且这种补偿的低压电容器柜就安装在变电站低压配电室内，运行维护方便，因此它在中小型企业中广泛采用。

3）低压分散补偿。低压分散补偿，又称单独补偿，是将补偿电容器组分散装设在需进行无功功率补偿的用电设备附近。这种补偿方式能够补偿安装部位前面所有高低压线路和变电站主变压器的无功功率，因此它的补偿范围最大，补偿效果也最好。但是这种补偿方式总的设备投资较大，不便于维护，且设备的利用率低。这种补偿方式多用于负荷比较分散（如荧光灯的补偿）和补偿容量较小的小型企业。

这种电容器组通常利用用电设备本身的绕组电阻来放电，同样放电回路不装熔断器。电容器组可以和被补偿的感应电动机共用一组控制开关和保护装置。

对于大中型企业，多采用高压集中补偿和低压分散补偿相结合的方式，这样可以取长补短，提高补偿装置的经济效果。对于用电负荷分散及补偿容量较小的企业，一般采用低压分散补偿。

（4）电力电容器的运行维护。

正常投入运行的电力电容器应在额定状态条件下能连续提供额定补偿无功功率，温升无异常，外壳无鼓肚，无渗漏油等现象。

1）电力电容器常见的异常及处理。

①过电压下运行。电力电容器应在额定电压下运行。如电网电压达不到额定值，可允许在超过额定电压5%的范围内继续运行，且允许在1.1倍额定电压下短期运行。因为长时间过电压运行，会使电力电容器发热，加速绝缘老化。另外，运行人员应避免电力电容器同时在最高电压和最高温度下运行。

②过电流下运行。应将电力电容器维持在三相平衡的额定电流下运行。如不能满足，可允许在不超过1.3倍额定电流下继续工作运行，但应设法消除线路中长期出现的过电压和高次谐波，以确保电力电容器的使用寿命。

③渗漏油。电力电容器是密封设备。若密封不严，则空气、水分以及杂质都可能进入电容器内部，造成内部绝缘降低。在使用耐油橡胶做密封垫圈的装配式电力电容器套管上，有极微量的渗油是允许的，是不会影响电力电容器的正常运行。但在运行中发现电力电容器外壳、焊缝等处渗漏油时，应立即退出运行，以确保电容器组的安全。

④温度过高。由于环境温度升高及电力电容器过负荷，会使得电容器中介质损耗增加而发热，致使电力电容器温度过高以及内部油膨胀而造成电力电容器损坏。因此规程规定：空气温度在40℃时，电力电容器外壳温度不得超过55℃；环境温度超过40℃时，应停止运行。

对于户内电力电容器组来说，要特别加强通风、降温。如果室内温度过高，则可能会由于任一台电力电容器过热、漏油、失火，而造成整组电容器烧毁损坏。

2）电力电容器常见的故障。

①电力电容器外壳膨胀鼓肚或漏油；

②电力电容器套管破裂，发生闪络有火花；

③电力电容器内部短路、声音异常或喷油起火；

④电力电容器外壳温度高于55℃以上，示温蜡片熔化。

当发现电力电容器有上述情况之一时，应立即切断电源。对无断路器的电容器组，则应拉开分路熔断器后再拉开隔离开关，然后对故障电容器进行拆除和更换。

3）电力电容器的故障处理。

①当电力电容器喷油、爆炸着火时，应立即断开电源，并用砂子或干式灭火器灭火。此类事故多是由于系统内、外过电压，电容器内部严重故障所引起的。为防止此类事故发生，要求单台熔断器规格必须匹配，熔断器熔断后要认真查找原因，电力电容器组不得使用重合闸，跳闸后不得强送，以免造成更大损坏的事故。

②电力电容器的断路器跳闸，而分路熔断器未断。应对电容器放电3min后，再检查断路器、电流互感器、电力电缆及电力电容器外部等情况。若未发现异常，则可能是由于外部故障或母线电压波动所致，并经检查正常后，可以试投，否则应进一步对保护做全面的通电试验。通过以上的检查、试验，若仍找不出原因，则应拆开电力电容器组，并逐台进行检查试验。但在未查明原因之前，不得试投。

③当电力电容器的熔断器熔断时，应向调度汇报，待取得同意后，再拉开电力电容器的断路器。在切断电源并对电力电容器放电后，先进行外部检查，如套管的外部有无闪络痕迹、外壳是否变形、漏油及接地装置有无短路等，然后用绝缘电阻表摇测极间及极对地的绝缘电阻值。如未发现故障迹象，可换好熔断器后继续投入运行。如经送电后熔断器仍熔断，则应退出故障电力电容器，并恢复对其余部分的送电运行。

4）处理故障电力电容器的安全事项。

处理故障电力电容器应在断开电力电容器的断路器、拉开断路器两侧的隔离开关，并对电力电容器组放电后进行。电力电容器组经放电电阻、放电变压器或放电电压互感器放电以后，由于部分残余电荷一时放不尽，因而仍应再进行一次人工放电。放电时，先将接地线的接地端接好，再用接地棒多次对电容器放电，直至无放电火花及放电声为止，然后将接地端固定好。由于故障电力电容器可能发生引线接触不良、内部断线或熔断器熔断等现象，这样仍可能有部分电荷未放尽，所以在接触故障电力电容器之前，检修人员还应戴上绝缘手套，先用短路线将故障电容器两极短接放电，然后方可进行拆卸。

第五节　电力变压器的经济运行

一、经济运行的有关概念

变压器的经济运行方式，是指变压器在功率损耗最小情况下的运行方式，此时的电能损耗最小，运行费用最低。

电力系统的有功损耗，不仅与设备的有功损耗有关，而且与设备的无功损耗有关。因为设备消耗的无功功率存在，使得系统中的电流增大，从而使电力系统的有功损耗增加。

为了计算设备的无功损耗在电力系统引起的有功损耗增加量，引入一个换算系数，即无功功率经济当量。它是指电力系统多发 1kvar 的无功功率时，将在电力系统中增加的有功功率损耗的 kW 数，其符号为 K_q，单位为 kW/kvar。K_q 的值与电力系统容量、结构及计算点的具体位置等多种因素有关。对于工业企业变配电站 $K_q=0.02\sim0.15$（平均值 $K_q=0.1$）；对由发电厂母线直配的企业 $K_q=0.02\sim0.04$；对经过两级变压的企业 $K_q=0.05\sim0.08$；对三级及以上变压的企业 $K_q=0.1\sim0.15$。

二、一台变压器运行的经济负荷计算

变压器的损耗包括有功损耗和无功损耗两部分，而无功损耗对电力系统来说也相当于按 K_q 换算的有功损耗。因此变压器的有功损耗加上变压器无功损耗所换算的等效有功损耗，就称为变压器有功损耗换算值。

一台变压器在负荷为 S 时的有功损耗换算值为

$$\Delta P \approx \Delta P_{\mathrm{T}} + K_q \Delta Q_{\mathrm{T}} \approx \Delta P_0 + \Delta P_{\mathrm{k}}\left(\frac{S}{S_{\mathrm{N}}}\right)^2 + K_q \Delta Q_0 + K_q \Delta Q_{\mathrm{N}}\left(\frac{S}{S_{\mathrm{N}}}\right)^2$$

即

$$\Delta P \approx \Delta P_0 + K_q \Delta Q_0 + (\Delta P_{\mathrm{k}} + K_q \Delta Q_{\mathrm{N}})\left(\frac{S}{S_{\mathrm{N}}}\right)^2 \tag{8-21}$$

式中　ΔP_{T}——变压器的有功损耗；

ΔQ_{T}——变压器的无功损耗；

ΔP_0——变压器的空载损耗；

ΔP_{k}——变压器的短路损耗；

ΔQ_0——变压器空载时的无功损耗；

ΔQ_{N}——变压器额定负荷时的无功损耗；

S_{N}——变压器的额定容量。

要使变压器运行在经济负荷 S_{ec} 下，必须满足变压器单位容量的有功损耗换算值 $\Delta P/S$

为最小的条件。因此，令 $d(\Delta P/S)/dS=0$，可得变压器的经济负荷为

$$S_{ec}=S_N\sqrt{\frac{\Delta P_0+K_q\Delta Q_0}{\Delta P_k+K_q\Delta Q_N}} \tag{8-22}$$

变压器经济负荷与变压器额定容量之比，称为变压器的经济负荷系数（Economic Load Coefficient）或经济负荷率，用 K_{ec} 表示，即

$$K_{ec}=\sqrt{\frac{\Delta P_0+K_q\Delta Q_0}{\Delta P_k+K_q\Delta Q_N}} \tag{8-23}$$

一般电力变压器的经济负荷率在 50%左右。

【例 8-2】　试计算 SL7—800/10 型变压器的经济负荷及经济负荷率。

解　查附录 E 可知 SL7—800/10 型变压器的有关技术数据为

$$\Delta P_0=1.54\text{kW},\ \Delta P_k=9.9\text{kW},\ I_0\%=1.7,\ U_k\%=4.5$$

由式（2-36）得，$\Delta Q_0=\frac{I_0\%}{100}S_N=\frac{1.7}{100}\times 800=13.6(\text{kvar})$

由式（2-37）得，$\Delta Q_N=\frac{U_k\%}{100}S_N=\frac{4.5}{100}\times 800=36.0(\text{kvar})$

取 $K_q=0.1$，则变压器的经济负荷率为

$$K_{ec}=\sqrt{\frac{1.54+0.1\times 13.6}{9.9+0.1\times 36.0}}=0.46$$

故变压器的经济负荷为

$$S_{ec}=0.46\times 800=368(\text{kVA})$$

三、两台变压器经济运行的临界负荷计算

假设变电站有两台同型号、同容量 S_N 的主变压器，变电站的总负荷为 S。一台变压器单独运行时，它承担总负荷 S，由式（8-21）可求得其有功损耗换算值为

$$\Delta P_1\approx\Delta P_0+K_q\Delta Q_0+(\Delta P_k+K_q\Delta Q_N)\left(\frac{S}{S_N}\right)^2$$

两台变压器并列运行时，每台承担负荷 $S/2$，由式（8-21）求得两台变压器有功损耗换算值为

$$\Delta P_2=2(\Delta P_0+K_q\Delta Q_0)+2(\Delta P_k+K_q\Delta Q_N)\left(\frac{S}{2S_N}\right)^2$$

将以上两式中 ΔP 与 S 的函数关系绘制如图 8-7 所示两条曲线，这两条曲线相交于 a 点，a 点所对应的变压器负荷，就是变压器经济运行的临界负荷，用 S_{cr} 表示。

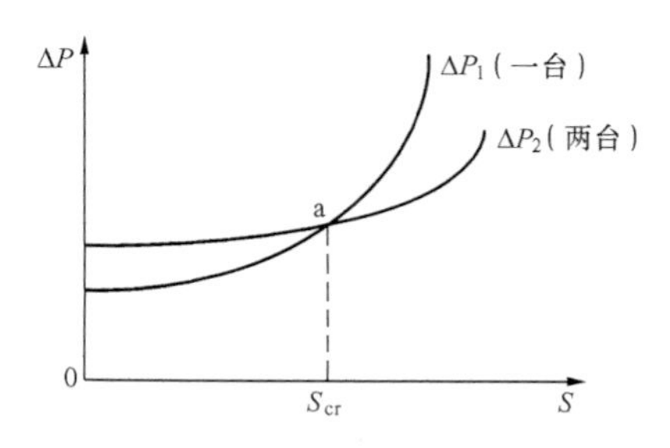

图 8-7　两台变压器经济运行的临界负荷

当变电站的实际负荷小于 S_{cr} 时，宜于一台运行；当变电站的实际负荷大于 S_{cr} 时，宜于两台运行。a 点叫做经济运行点，在经济运行点处两种运行方式的有功损耗相等且两种运行方式均为最经济运行方式。

根据 $S=S_{cr}$ 时，$\Delta P_1=\Delta P_2$ 可得

$$S_{cr}=S_N\sqrt{2\times\frac{\Delta P_0+K_q\Delta Q_0}{\Delta P_k+K_q\Delta Q_N}} \tag{8-24}$$

推论：n 台同型号同容量变压器，判断 n 台与（$n-1$）台经济运行临界负荷为

$$S_{cr}=S_N\sqrt{(n-1)n\frac{\Delta P_0+K_q\Delta Q_0}{\Delta P_k+K_q\Delta Q_N}} \tag{8-25}$$

【例 8 - 3】 某企业变电站装有两台 SL7 - 800/10 型变压器，试计算此变电站变压器经济运行的临界负荷。

解 利用［例 8 - 2］的技术数值代入式（8 - 24）中，取 $K_q=0.1$，则

$$S_{cr}=800\sqrt{2\times\frac{1.54+0.1\times13.6}{9.9+0.1\times36}}=524(\text{kVA})$$

因此，如果负荷 $S<524\text{kVA}$，则宜于一台运行；如果负荷 $S>524\text{kVA}$，则宜于两台运行。

习 题

8 - 1 供电系统中母线电压的调压方式有哪些？

8 - 2 常用的调压措施有哪些？各有何特点？

8 - 3 为什么在供电系统中会产生高次谐波？高次谐波对供电系统有哪些影响？

8 - 4 供电系统中抑制高次谐波的方法有哪些？简述其作用原理。

8 - 5 提高功率因数有何实际意义？

8 - 6 为什么用户的无功功率越大，发电和输配电设备的能力越不能充分利用？

8 - 7 什么叫自然功率因数？如何提高企业的自然功率因数？

8 - 8 为了提高企业的功率因数，电力电容器的补偿容量如何确定？

8 - 9 为什么并联补偿电容器组大多采用三角形接线？

8 - 10 并联电容器组有几种补偿方式，各有什么优缺点？各适用于什么情况？

8 - 11 并联电容器在什么情况下应予投入？什么情况下应予切除？

8 - 12 某降压变电站由 110kV 架空线路供电，导线长 105km，导线型号为 LGJ - 240。变电站装有一台有载调压变压器，其型号为 SFZL - 40500/110，额定容量为 40.5MVA，额定电压为 110±4×2.5%/11kV，短路损耗为 239kW，短路电压百分数为 10.5。已知变电站低压母线的最大负荷为 26＋j19.5MVA 时，最小负荷为最大负荷的 0.75 倍，在最大和最小负荷时，电力线路的始端电压均保持在 121kV。变电站低压母线采用逆调压方式，试根据调压要求确定在低压母线上用并联电容器进行无功补偿的最小容量。

8 - 13 有一降压变压器，归算至高压侧的阻抗 $Z_T=2.44+j40\Omega$，变压器的额定电压为 110±2×2.5%/6.3kV。在最大负荷时，变压器高压侧通过功率为 28＋j14MVA，高压母线电压为 113kV，低压母线要求电压为 6kV；在最小负荷时，变压器高压侧通过功率为 10＋j6MVA，高压母线电压为 115kV，低压母线要求电压为 6.6kV。试选该变压器的分接。

8 - 14 某企业最大负荷月的平均有功负荷功率为 200kW，$\cos\varphi=0.6$，拟将功率因数提高到 0.9，需要多大的静电电容器补偿容量？

8 - 15 某企业二班制生产，最大负荷月有功用电量 W_P（查有功电能表）为

750000kWh，无功用电量 W_q 为（查无功电能表）为 690000kvarh，问平均功率因数是多少？拟提高到 0.9，需静电电容器容量多大？

8 - 16　某企业有功计算负荷为 9500kW，额定电压为 10kV，该厂全年负荷系数 0.72，功率因数为 0.78。如果功率因数改善到 0.9，需要静电电容器多少千乏？

8 - 17　某企业的计算负荷为 2400kW，功率因数为 0.65。现拟将企业变电站 10kV 母线上装设 BW10.5 - 30 - 1 型电容器，使功率因数提高到 0.90。试计算所需电容器的总容量。装设电容器的台数？装设电容器以后该企业的视在计算负荷为多少？比装设电容器前的计算负荷减少了多少？

第九章　工业企业的电气照明

本章首先介绍工业企业电气照明的基本知识，然后着重介绍电气照明的一般设计计算方法，包括常用的电光源和灯具类型的选择与布置、照度计算以及照明供电系统等。

第一节　电气照明的基本知识

电气照明是工业企业供电的一个重要组成部分，良好的照明是保证安全生产、提高工作效率、保证职工视力健康的必要条件。合理的照明设计应符合适用、安全和保护视力的要求并注意美观，同时力求经常性费用和投资最省。

一、电气照明的有关概念

1. 光和光谱

光是一种电磁辐射能，以电磁波的形式在空间传播。把光线中不同强度的单色光，按波长长短排列，称为光源的光谱。

在电磁波的辐射谱中，光谱大致范围包括：

（1）红外线——波长为 780nm～1mm。

（2）可见光——波长为 380nm～780nm。

（3）紫外线——波长为 1nm～380nm。

人眼对各种波长的可见光，具有不同的敏感性。实验证明，正常人对于波长为 555nm 的黄绿色光最敏感，波长离 555nm 越远的光辐射，可见度越小。

2. 光通量

光源在单位时间内，向周围空间辐射出的使人眼产生光感的能量，称为光通量（Luminous Flux），简称光通，符号为 Φ，单位为 lm（流明）。

3. 发光强度

光源在给定方向上单位立体角内辐射的光通量，称为光源在该方向上的发光强度（Luminous Intensity），简称光强，符号为 I，单位为 cd（坎德拉）。

对于向各个方向均匀辐射光通量的光源，各个方向的光强均等，其值为

$$I=\frac{\Phi}{\Omega} \tag{9-1}$$

式中　Φ——光源在 Ω 立体角内所辐射出的总光通量；

　　Ω——光源发光范围的立体角。

4. 照度

受照物体表面单位面积接收的光通量称为照度（Illuminance），符号为 E，单位为 lx（勒克司）。被光均匀照射的平面照度为

$$E=\Phi/A \tag{9-2}$$

式中　Φ——均匀投射到物体表面的总光通量；

A——受照物体表面积。

5. 亮度

光源表面一点在一给定方向上的发光强度称为亮度（Luminance），符号为 L，单位为 cd/m^2（尼特）。

二、照明的方式与种类

1. 照明的方式

按照度方式可分为以下三种。

（1）局部照明。为某些特定地点增加照度而设置的照明称为局部照明。局部照明器具可直接安装在工作场所附近，如车床上的照明灯。

（2）一般照明。不考虑某些局部特殊的需要，为整个工作场所而设置的照明称为一般照明。一般照明是电气照明的基本方式，通常采用均匀布置，在满足规定的照度方面，它起主要作用。

（3）混合照明。一般照明与局部照明共同组成的照明称为混合照明。对于工作位置需要较高照度并对照射方向有特殊要求的场所，宜采用混合照明。其主要优点是既可使一般工作场所获得较均匀的照度，又可使有特殊要求的工作场所获得较高的照度。

除临时性工作场所外，在一个工作场所内，不应只装局部照明而无一般照明，以利于工作人员维护、巡视等。

2. 照明的种类

按照明功能主要可分为两种。

（1）工作照明。用来保证被照明场所正常工作时具有需要照度适合视力条件的照明，包括室内照明和室外照明。

（2）事故照明。当工作照明由于电气事故而熄灭后，供暂时继续工作或疏散人员而设置的照明，包括备用照明、安全照明和疏散照明。事故照明一般采用白炽灯（或卤钨灯），并布置在事故发生后仍需继续工作的场所以及主要通道和出入口。若用于继续工作，其照度不低于原照度的10%；若用于疏散人员，其照度应不低于0.5lx。

除此之外，还有一些其他形式的照明，如值班照明、警卫照明、障碍照明、艺术照明、专用照明和立面照明等。

三、照明的质量

电气照明设计的目的就是尽可能建立满意的照明效果，创造舒适的照明环境。在量的方面，要使工作面上得到合适、均匀的照度；在质的方面，要解决眩光、阴影、光色等问题。

（1）合理的照度和均匀度。合理的照度和均匀度是照明质量的重要指标。参照我国规定的《工业企业照明的照度标准》，合理选择工作场所及其他活动场所的照度值；照度的均匀性也不能忽视，如果照度的均匀性不好，容易导致视觉疲劳，从而破坏照明效果。

（2）限制眩光。合理的照明除了要求合适的照度之外，还要避免给人以刺眼的感觉，即要限制眩光。严重的眩光可使人感到眩晕，甚至造成事故；轻微的眩光，时间长了，也会逐渐使视觉功能降低。为了限制眩光可以采用保护角较大的灯具；带乳白玻璃或磨砂玻璃散光罩的灯具；调整灯具的悬挂高度。

（3）光源良好的显色性。光源能显现被照物体颜色的性能称为光源的显色性。通常将日光的显色指数定为100，而将光源显现物体颜色与日光下同一物体显现的颜色相符合的程度，称为该光源的显色指数。在需要正确辨色的场所，宜采用显色指数高的光源，如白炽灯、卤钨灯、荧光灯等。某些场所仅使用荧光高压汞灯或高压钠灯的场所其显色性不能满足要求时，可以采用两种光源混合使用的方法改善光色。

第二节　工业企业常用的电光源和灯具

一、工业企业常用的电光源

1. 常用电光源的类型

电光源按其发光原理可分为热辐射光源和气体放电光源两大类。

（1）热辐射光源。

热辐射光源是利用物体加热时辐射发光的原理所做成的光源，如白炽灯、卤钨灯等。

1）白炽灯。它是靠钨丝（灯丝）通过电流加热到白炽状态从而引起热辐射发光。它的结构简单，价格低廉，使用方便，而且显色性能好。但它的发光效率较低，使用寿命也较短，且不耐震。

2）卤钨灯。它是在白炽灯泡内充入含有微量卤素或卤化物的气体，利用“卤钨循环”原理来提高灯的发光效率和使用寿命。

当灯管工作时，灯丝温度很高，要蒸发出钨分子，使之移向玻璃内壁。钨分子在管壁与卤素（如碘）作用，生成气态的卤化钨（如碘化钨），卤化钨就由管壁向灯丝扩散迁移。当卤化钨沉积的数量恰等于灯丝蒸发的数量时，就形成了相对平衡的状态。上述过程就称为“卤钨循环”。卤钨灯必须水平安装，倾斜角不得大于±4°，而且不允许采用人工冷却措施（如用风扇冷却）。由于卤钨灯工作时管壁温度可高达600℃，所以不能与易燃物靠近。卤钨灯的耐震性更差，因此须注意防震。但是它的显色性很好，使用也很方便。

（2）气体放电光源。

气体放电光源是利用气体放电发光的原理所做成的光源，如荧光灯、高压汞灯、高压钠灯、金属卤化物灯和长弧氙灯等。

1）荧光灯。俗称日光灯，它是利用汞蒸气在外加电压作用下产生弧光放电，发生少许可见光和大量紫外线，紫外线又激励灯管内壁涂覆的荧光粉，使之发出大量的可见光。

图9-1所示是荧光灯的接线图。图中S是辉光启动器，它有两个电极，其中一个弯成U形的电极是双金属片。当荧光灯接上电压后，辉光启动器首先产生辉光放电，致使双金属片加热伸开，使两极短接，从而使电流通过灯丝，灯丝加热后发射电子，并使管内的少量汞气化。图中L是镇流器，实质是铁芯电感线圈。当辉光启动器两极短接使灯丝加热后，由于辉光启动器辉光放电停止，双金属片冷却收缩，从而突然断开灯丝加热电流，这就使镇流器两端产生很高的电势，连同电源电压加在灯管两端，使充满汞蒸气的灯管击穿，产生弧光放电。由于灯管起燃后，管内压降很小，因此又要借助镇流器产生很大一部分压降，来维持灯管电流的稳定。图中C是用来提高功率因数。

荧光灯的发光效率比白炽灯高得多，使用寿命也长。但它的显色性较差，其频闪效应容易使人眼产生错觉，消除频闪效应最简便的方法是，在一个灯具内安装两根或三根灯管，而各根灯管分别接在不同的相上。

2）高压汞灯。常见的高压汞灯有荧光高压汞灯、反射型荧光高压汞灯和自镇流荧光高压汞灯等三种。高压汞灯的发光机理与荧光灯相同，不同的是灯内的汞蒸气压强较高。它不需要辉光启动器来预热灯丝，但它必须与相应功率的镇流器串联使用。荧光高压汞灯接线如图 9-2 所示。工作时，第一主电极与辅助电极间首先击穿放电，使管内的汞蒸发，导致第一主电极与第二主电极间击穿，发生弧光放电，使管壁的荧光质受激，产生大量的可见光。

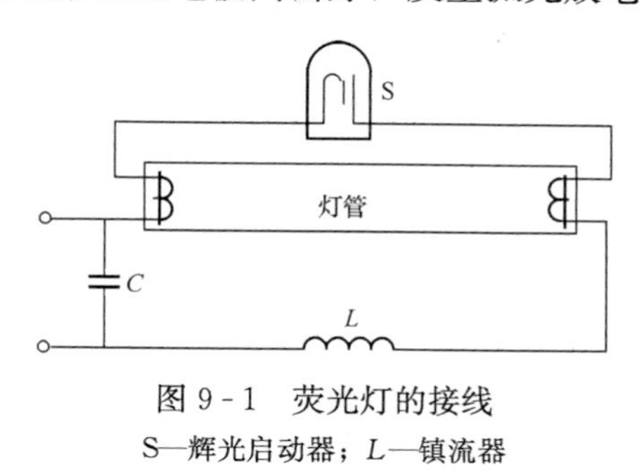

图 9-1　荧光灯的接线

S—辉光启动器；L—镇流器

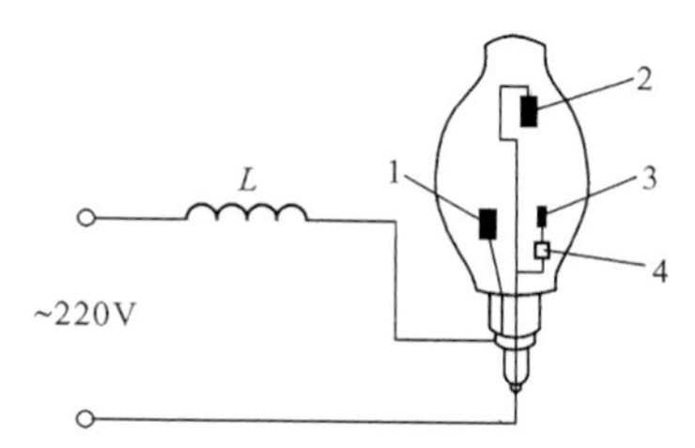

图 9-2　高压汞灯的接线

1—第一主电极；2—第二主电极；3—辅助电极（触发极）；4—限流电阻

高压汞灯的光效高，寿命长，但起动时间长，显色性较差。

3）高压钠灯。它利用高气压的钠蒸气放电发光，其辐射光谱集中在人眼较为敏感的区间，所以它的光效比高压汞灯还高一倍，且寿命长，但显色性也较差、启动时间也较长。

4）金属卤化物灯。它是在高压汞灯的基础上为改善光色而发展起来的新型光源，在汞灯里加入了某些金属卤化物（如碘化钠、碘化铊），不仅光色好，而且光效高。

5）长弧氙灯。长弧氙灯是一种充有高气压氙气的高功率的气体放电灯，接近连续光谱，与太阳光十分相似，故有“人造小太阳”之称，特别适用于大面积场所的照明。

2. 常用电光源的特性

表征电光源优劣的主要性能指标有光效、寿命、色温、显色指数、起动性能等。在实际选用时，首先应考虑光效高、寿命长，其次才考虑显色指数、起动性能等。表 9-1 列出常用电光源的主要特性，供选择电光源时参考。

表 9-1　　常用电光源的主要特性

性能比较	白炽灯	卤钨灯	荧光灯	荧光高压汞灯	长弧氙灯	高压钠灯	金属卤化物灯
额定功率（W）	15～1000	500～2000	6～125	50～1000	1500～10000	35～1000	125～3500
光效（lm/W）	6.5～19	20～21	25～67	30～50	20～37	90～100	60～80
平均寿命（h）	1000	1500	2000～3000	2500～5000	500～1000	3000	2000
一般显色指数	95～99	95～99	70～80	30～40	90～94	20～25	65～85
表面亮度	大	大	小	较大	大	较大	大
启动稳定时间	瞬时	瞬时	1～3s	4～8min	1～2s	4～8min	4～8min
再启动时间	瞬时	瞬时	瞬时	5～10min	瞬时	10～20min	10～15min
光通受电压波动影响	大	大	较大	较大	较大	大	较大
光通受环境温度影响	小	小	大	较小	小	较小	较小
耐震性	较差	差	较好	好	好	较好	好

续表

性能比较	白炽灯	卤钨灯	荧光灯	荧光高压汞灯	长弧氙灯	高压钠灯	金属卤化物灯
所需附件	无	无	镇流器 辉光启动器	镇流器	触发器 镇流器	镇流器	触发器 镇流器
功率因数 $\cos\varphi$	1	1	0.33～0.7	0.44～0.67	0.4～0.9	0.44	0.4～0.61
频闪现象	不明显	不明显	明显	明显	明显	明显	明显

3. 常用电光源的选择

工业企业常用的电光源应根据被照场所的具体情况及对照明的要求合理地选择，通常考虑以下几点。

(1) 在较高的生产厂房，露天工作场所或主要道路等处，灯具悬挂高，又需较好视看条件，宜采用荧光高压汞灯或卤钨灯。它们的单灯功率大、光效高、灯具少、投资省、维修量少。

(2) 灯具悬挂在4m下的车间、阅览室、商店等处，视看条件要较好，宜采用荧光灯。因这时的灯具悬挂低，为限制眩光和使照度均匀，不宜采用大功率电源，荧光灯的光效高、寿命长、光色好、眩光少、宜于采用。一次投资虽大，但经常费用省，短期内就可收回，所以还是比较经济的。

(3) 在灯具高挂，又需大面积较好视看条件的屋外场所，如露天场地、广场、体育场等处，宜采用长弧氙灯，因为它的功率大、光色好、光效高、受环境影响小、耐震。

(4) 在照明开关频繁，照度要求较低或根据光色需要白炽灯的场所，宜采用白炽灯。它的突出优点是简单经济、可频繁开关，光色好。

(5) 金属卤化物灯、高压钠灯的光效很高，在特殊高大厂房及作为主要道路照明较适宜。

(6) 在一种光源不能达到照明效果时，可在同一场所采用多种光源组合，目前常见的混合方式是荧光高压汞灯与白炽灯相混合，前者的重大缺点是电源电压突然降低时会熄灭，电压回升时不能随即点燃，照明有全灭的可能。它和白炽灯混合使用，此缺点就可得到补救。当白炽灯容量近似为高压汞灯的容量二倍时，还可得到较好的光色。只要白炽灯容量不小于荧光高压汞灯的容量，人们在视觉上就无明显的不舒服感。

二、工业企业常用的灯具

光源和灯罩等的组合称为灯具或称照明器。由于裸灯泡发出的光是向四周散射的，为了很好地利用灯泡所发出来的光通量，同时又要防止眩光，所以在灯泡上再加装了灯罩，使光线按照人们的需要进行分布。

1. 常用灯具的特性

灯具的物理特性包括配光曲线、效率和保护角，它们主要取决于灯罩的形状、材质以及灯具悬挂的高度等因素。

(1) 配光曲线。

配光曲线也称光强分布曲线，表示灯具在空间各个方向上光强分布情况，绘制在坐标图上的图形。对于一般照明灯具，配光曲线绘制在极坐标上；对于聚光很强的投光灯，配光曲线绘制在直角坐标上。为了便于比较灯具的配光特性，配光曲线是按光通等于1000lm的假想光源绘制的。

(2) 灯具的效率。

灯具的光通量与光源光通量的比值，称为灯具的效率。由于灯罩在配光时会吸收一部分光通量，因此灯具的效率一般在 0.5～0.9 之间，它的大小与灯罩的材料性质、形状以及光学的中心位置有关。

(3) 保护角。

发光体（或灯丝）最边缘点和灯具出光口连线与发光体（或灯丝）中心的水平线之间的夹角称为灯具的保护角，如图 9-3 所示。保护角是用来衡量灯罩保护人眼不受光源照明部分直射耀眼的程度，以减少眩光的作用。保护角越大，眩光作用越小，照明的保护角一般要求在 15°～30°之间。

2. 常用灯具的分类

(1) 按灯具的配光曲线形状分类。

1) 正弦型：光强分布是角度的正弦函数，且当 $\theta=90°$时光强最大。

2) 广照型：最大光强分布在 50°～90°之间，可在较广的面积上形成均匀的照度。

3) 漫射型：在各个方向上的光强基本一致。

4) 配照型：光强分布是角度的余弦函数，且当 $\theta=0°$时光强最大。

5) 深照型：最大光强分布在 0°～30°的狭小立体角内。

图 9-4 给出了上述几种灯具的配光曲线，只绘出其下部 0°～90°的曲线。

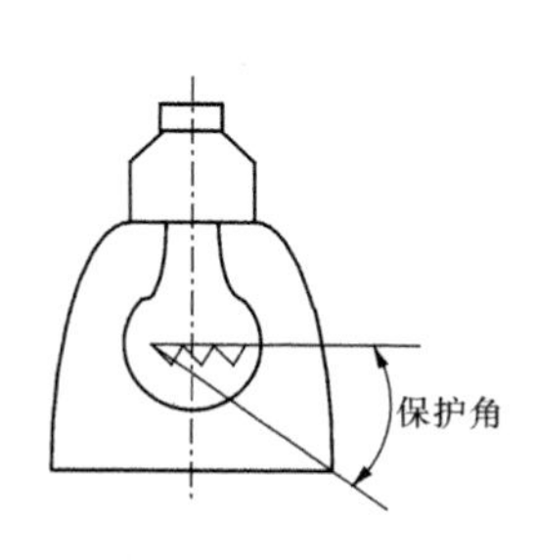

图 9-3　灯具的保护角

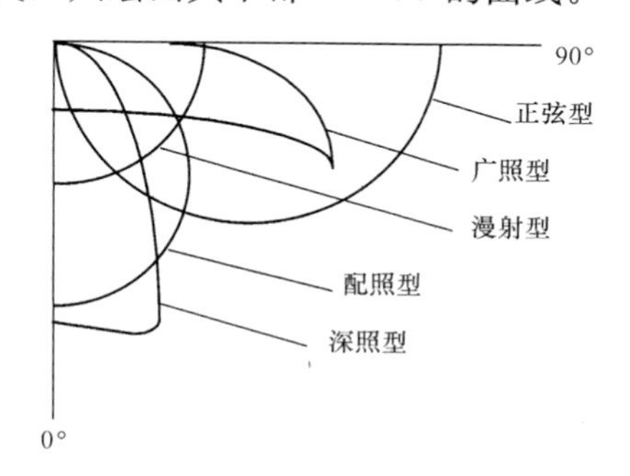

图 9-4　灯具的配光曲线

(2) 按灯具的结构特点分类。

按灯具的结构特点分类，见表 9-2。

表 9-2　灯具结构特点分类

结构形式	结构特点	灯具类型举例
开启型	光源与外界空间相通	配照型、广照型
闭合型	光源被透明罩包护，但内外空气仍能流通	圆球灯、双罩型灯及吸顶灯
密闭型	光源被透明罩密封，内外空气不能流通	防水灯、密闭荧光灯
防爆型	光源被高强度透明罩密封，且灯具能承受足够的压力	防爆安全灯、荧光安全防爆灯

3. 常用灯具的选择

企业用的灯具类型，通常是按照车间或生产场地的环境特征，厂房性质和生产条件对光强的分布和限制眩光的要求，以及根据安全、经济的原则选择。首先，考虑从照度上要满足生产条件，尽量选用效率高、利用系数高、配光合理、寿命长的灯具，以达到合理利用光通量和减少电能消耗的目的。其次，考虑灯具的种类与使用的环境应相匹配。再次，考虑灯具的安装高度以及安装是否简便，更换灯泡是否容易。最后还要考虑经济性，即灯具的投资费用及年运行维护费用。

表 9-3 给出了工业企业常用灯具类型的一般选择方案。

表 9-3　　工业企业常用灯具类型的一般选择方案

使用场所	灯　具　类　型
空气较干燥和少尘的车间	开启型的各种灯具（按车间的建筑特性、工作面的布置和照度的需要，可采用广照型、配照型或深照型等灯具，也可选择不同类型的光源）
空气潮湿和多尘的车间	防水（防尘）型、密闭型
有易燃易爆危险的车间	防爆型
一般办公室、会议室	开启型、闭合型
门厅、走廊等场所	闭合型的球型吊灯或半圆球、或半扁圆的吸顶灯
广场、露天工作场所	密闭型高压汞灯或高压钠灯
企业户外道路	开启型的马路弯灯、闭合型

图 9-5 是工业企业常用的几种灯具的外形及其图形符号。

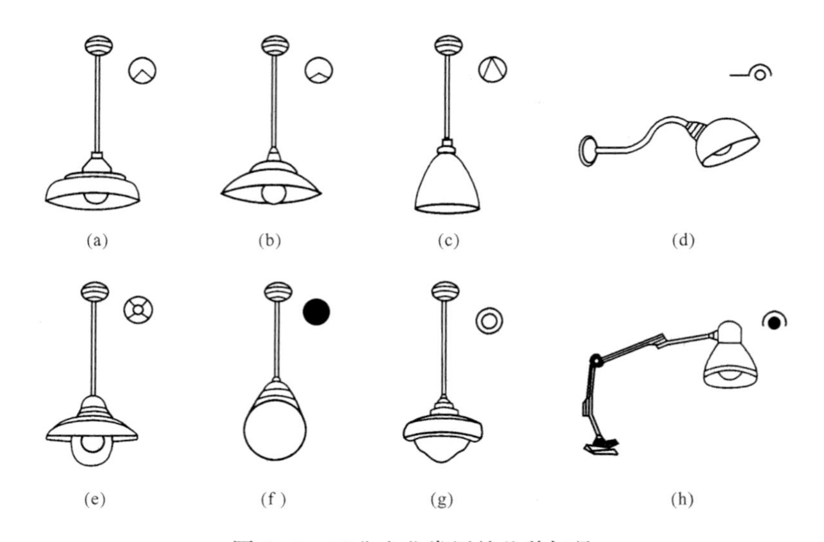

图 9-5　工业企业常用的几种灯具

(a) 配照型工厂灯；(b) 广照型工厂灯；(c) 深照型工厂灯；(d) 斜照型工厂灯（弯灯）；(e) 广照型防水防尘灯；(f) 圆球型工厂灯；(g) 双罩型工厂灯；(h) 机床局部照明灯

4. 常用灯具的布置

灯具的布置就是确定灯具在房间的空间位置。灯具的布置除需保证最低照度条件外，还应使工作面上的照度均匀，光线射向适当，眩光作用小，少阴影，检修方便，工作安全，布置美观并能与建筑空间充分协调。

(1) 室内灯具的悬挂高度。

灯具的悬挂高度既不能悬挂过高，也不能悬挂过低。如悬挂过高，降低了工作面上的照度，且维修不便；如悬挂过低，易产生眩光，且不安全。

根据限制眩光的要求，室内一般照明灯具对地面的悬挂高度，应不低于表 9-4 所列的数值。表 9-5 给出了部分常用灯具的适用高度。

表 9-4　室内一般照明灯具距地面的最低悬挂高度

光源种类	灯具型式	灯具保护角	灯泡容量（W）	最低离地悬挂高度（m）
白炽灯	带反射罩	10°～30°	100 及以下	2.5
			150～200	3.0
			300～500	3.5
			500 以上	4.0
	乳白玻璃漫射罩	—	100 及以上	2.0
			150～200	2.5
			300～500	3.0
荧光灯	无反射罩	—	40 及以下	2.0
高压汞灯	带反射罩	10°～30°	250 及以下	5.0
			400 及以上	6.0
高压钠灯	带反射罩	10°～30°	250	6.0
			400	7.0
卤钨灯	带反射罩	30°及以上	500	6.0
			1000～2000	7.0
金属卤化物灯	带反射罩	10°～30°	400	6.0
		30°及以上	1000 及以下	14.0 以上

表 9-5　部分常用灯具的适用高度

灯具类型	适用高度（m）	灯具类型	适用高度（m）
配照型	4～6	高纯铝深照型灯	15～30
搪瓷深照型	6～30	大面积照明（顶灯）	18～30
搪瓷斜照型（壁灯）	6～10	大面积斜照型（壁灯）	14 及以上

（2）灯具的布置方式。

灯具的布置方式可分为均匀布置和选择布置两种。

1）均匀布置：均匀布置是指灯具间与行间距离均匀且保持不变。

均匀布置是在整个车间内均匀分布，其布置与生产设备的位置无关，从而使全车间的面积上具有均匀的照度，它适用于整个工作面要求有均匀照度的场所。混合照明中的一般照明宜采用均匀布置，照度均匀不仅符合视力工作的要求，一般也符合经济原则。均匀布置的灯具可排列成正方形、矩形或菱形。

为使整个房间获得较均匀的照度，最边缘一列灯具离墙的距离 l'' 为：靠墙有工作面时，可取 $l''=(0.25\sim0.3)l$；靠墙为通道时，可取 $l''=(0.4\sim0.5)l$。其中 l 为灯具间的距离，对于矩形布置，可采用其纵横两向灯距的均方根值。

照度的均匀性取决于灯具的光强分布和灯具之间的相对距离——距高比。所谓距高比

(Spacing Height Ratio) 是指灯具间的距离 l 与灯具悬挂高度 h 之比。距高比不变，照度均匀性也不改变。表 9-6 给出了灯具较合理布置的距高比 l/h 值。

表 9-6　　灯具较合理布置的距高比 l/h 值

灯具类型	多行布置	单行布置	单行布置时房间最大宽度
配照型、广照型工厂灯及双罩型工厂灯	1.8～2.5	1.8～2.0	1.2h
深照型工厂灯及乳白玻璃罩吊灯	1.6～1.8	1.5～1.8	1.0h
防爆灯、圆球灯、吸顶灯、防水防尘灯	2.3～3.2	1.9～2.5	1.3h
荧光灯	1.4～1.5	—	—

2）选择布置：灯具的布置与生产设备的位置有关。

选择布置大多对称于工作表面，力求使工作面能获得最有利的光通方向和消除阴影，它适用于设备分布很不均匀、设备高大而复杂，采用均匀布置不能得到所要求的照度分布的房间。

第三节　电气照明的照度计算

一、电气照明的照度标准

为了创造必要的劳动条件，提高劳动生产率，保护工作人员视力，工业企业的生产场所、辅助车间以及室外照明必须保证有足够的照度。我国有关部门综合种种因素，并结合国情，特别是电力生产和消费水平，制定了《工业企业照明设计标准》。附录 W 给出了部分生产车间和工作场所的最低照度参考值。

二、照度计算

当灯具的型式、悬挂高度及布置方案确定以后，就应根据生产场所的照度要求，确定每盏灯的灯泡容量及装置总容量，或者根据已知灯泡容量，计算工作面的照度，检验它是否符合照度标准的要求。照度的计算方法有利用系数法、概算曲线法、比功率法和逐点计算法。前三种都只计算水平的工作面上的平均照度，而后一种可用来计算任一倾斜（包括垂直）工作面上的照度。本书仅介绍应用最为广泛的利用系数法和比功率法。

1. 利用系数法

（1）利用系数：它是表征照明光源的光通量有效利用程度的一个参数，用投射到工作面上的光通量（包括直射和反射到工作面上的所有光通）与房间全部光源发出的光通量之比来表示，即

$$u=\frac{\Phi_{\mathrm{e}}}{n\Phi} \tag{9-3}$$

式中　Φ_{e}——投射到工作面上的直射与反射光通量；

Φ——每个灯具发出的光通量；

n——灯具个数。

利用系数与灯具的特性、配光曲线、房间的大小和形状有关，还与房间的顶棚、墙壁的反射率有关。表 9-7 为各种情况下墙壁、顶棚及地面的反射系数参考值。

表 9-7　各种情况下墙壁、顶棚及地面的反射系数参考值

反　射　面　情　况	反射系数（%）
墙壁、顶棚抹灰后刷白，窗子装白色窗帘	70
墙壁、顶棚刷白，窗子未挂窗帘或挂深色窗帘 顶棚刷白，房间潮湿 墙壁、顶棚未刷白，但干净、光亮	50
墙壁、顶棚水泥抹面，有窗子 墙壁、顶棚为木料 墙壁、顶棚糊有浅色纸 红墙砖	30
灰墙砖	20
墙壁、顶棚积有大量灰尘 无窗帘遮蔽的玻璃窗 墙壁、顶棚糊有深色纸 广漆地面	10
钢板地面	10～30
混凝土地面	10～25
沥青地面	11～12

附录 U 给出了 GC1-A（B）-1 型配照灯的利用系数，它是由墙壁、顶棚的反射系数及室空间比来确定。

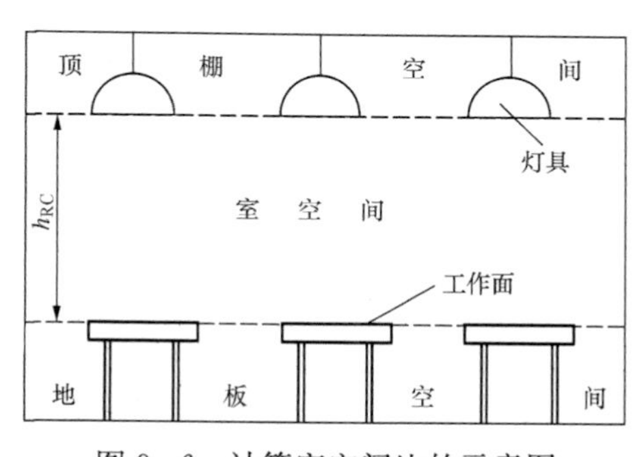

图 9-6　计算室空间比的示意图

室空间比（Room Cavity Ratio）是表示受照空间的参数，如图 9-6 所示。全室分为三个空间：最上面的为顶棚空间，即从顶棚至悬挂的灯具开口平面的空间；中间为室空间，即从灯具开口平面至工作面的空间；下面的是地板空间，即工作面以下至地板的空间。对于灯具为吸顶式或嵌入式的房间，则无顶棚空间；对于工作面为地面的房间，则无地板空间。此时，室空间比为

$$RCR=\frac{5h_{RC}(l+b)}{lb} \tag{9-4}$$

式中　h_{RC}——室空间的高度；

l、b——房间的长度和宽度。

（2）按利用系数计算工作面上的平均照度。水平工作面上的平均照度为

$$E_{av}=\frac{\phi_e}{A}=\frac{\phi_e}{lb}=\frac{un\phi}{lb} \tag{9-5}$$

考虑到灯具在使用期间，光源本身的光效要逐渐降低、灯具的陈旧脏污、被照场所的墙壁和顶棚的污损，而使工作面上的光通有所减少，因此在计算工作面上的实际照度时，应计入一个小于 1 的灯具减光系数，则工作面上实际的平均照度为

$$E_{av}=\frac{Kun\phi}{A}=\frac{Kun\phi}{lb} \tag{9-6}$$

式中　K——灯具减光系数，清洁环境取 0.8，一般环境取 0.7，脏污环境取 0.6。

【例 9-1】　某车间的面积为 $20\times38m^2$，桁架的跨度为 20m，离地高 5.5m，工作面离地 0.8m，靠墙有工作位置。拟采用装有 150W 的 GC-A-1 配照型工厂灯作车间的一般照明，试确定灯具的布置方案和工作面上的平均照度。

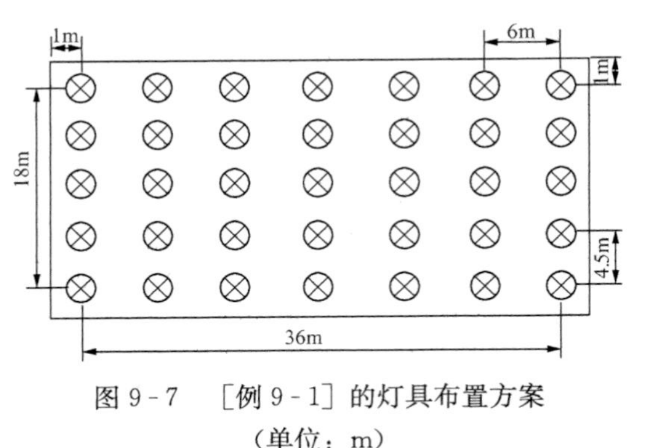

图 9-7　［例 9-1］的灯具布置方案
（单位：m）

解　(1) 确定灯具的布置方案。

根据车间的结构来看，灯具宜于悬挂在桁架上。如果灯具离桁架 0.5m，则灯具离地高度为 5.5－0.5 ＝ 5m，该高度大于表 9-4的规定值，所以符合限制眩光的要求。

由于工作面离地高 0.8m，故灯具在工作面上的悬挂高度 $h=5-0.8=4.2m$。根据附录 U 可知最大距高比为 1.25，因此，灯具间较合理得间距为 $l=1.25h=1.25\times4.2=5.25m$。现采用矩形布置，如图 9-7 所示，则等效灯距（几何平均值）为 $l=\sqrt{4.5\times6}=5.2m$，实际的距高比为 $l/h=5.2/4.2=1.24<1.25$，故符合要求。

(2) 照度计算。

该车间的室空比为 $RCR=\frac{5h_{RC}(l+b)}{lb}=\frac{5\times4.2\times(20+38)}{20\times38}=1.6$

假设顶棚的反射系数为 50%，墙壁的反射系数为 30%，按插入法查附录 U 得利用系数 $u=0.712$，查附录 T 得 150W 白炽灯的光通量为 $\Phi=2090lm$。若取减光系数 $K=0.7$，则该车间水平工作面上平均照度为

$$E_{av}=\frac{Kun\phi}{lb}=\frac{0.7\times0.712\times35\times2090}{20\times38}=48(lx)$$

2. 比功率法

(1) 比功率：单位水平面积上照明光源的安装功率，用 P_0 表示，即

$$P_0=\frac{P_\Sigma}{A}=\frac{nP_N}{A} \tag{9-7}$$

式中　P_Σ——受照房间总的灯泡安装功率；

P_N——每盏灯的功率；

n——受照房间总的灯数；

A——受照房间的水平面积。

附录 V 中列出了采用配照型工厂灯的一般照明的比功率参考值，其他各种灯具的比功率值可查阅有关设计手册。

(2) 按比功率法估算照明的安装功率。如查得所计算车间的比功率为 P_0，则该车间一般照明总的安装容量为

$$P_\Sigma=P_0A \tag{9-8}$$

每盏灯具的灯泡容量为

$$P_N = P_0 A / n \tag{9-9}$$

【例 9-2】 试用比功率法计算［例 9-1］所装设的 GC-A-1 型工厂配照灯的灯数。设采用 150W 白炽灯，取平均照度为 $E_{av}=30lx$。

解 已知灯具悬挂高度 $h=4.2m$，平均照度 $E_{av}=30lx$，车间面积 $A=20\times38=760(m^2)$，查附录Ⅴ得 $P_0=6.0W/m^2$。因此，该车间一般照明的总功率为

$$P_{\Sigma}=6.0\times760=4560(W)$$

因此，采用装有 150W 白炽灯的 GC-A-1 型配照灯的个数为

$$n=4560/150\approx32$$

第四节　工业企业照明供电系统

照度及灯具的功率以及灯具的布置确定以后，便可进一步决定照明供电系统。本节仅对照明供电系统的一些特点作扼要的说明，至于供电系统的计算可根据前面讨论的内容结合电气照明的特点和要求进行必要的验算。

一、供电电压

（1）室内及露天场所一般采用交流 220V，由 380/220V 三相四线制系统供电。

（2）在相对湿度高于 90%以上、环境温度高于 40℃、空间充满导电性尘埃的危险环境中，以及移动灯具或安装在 2.4m 以下的固定灯具，其电压采用 36V。

（3）在锅炉、金属容器或金属平台等工作条件极其恶劣的场所，手提行灯采用 12V 电压。

（4）地沟、电缆隧道或低于 2m 的有触电危险房间的照明电压采用 36V 或 12V。

（5）检修照明也采用 36V 或 12V。

（6）由蓄电池供电时，可根据容量的大小、电源条件、使用要求等因素分别采用 220、110、36、24、12V 等电压。

（7）在没有低压电源的高压配电室内，由仪用电压互感器作照明电源时，也可采用 100V 照明电压。

二、供电方式

照明的供电方式与照明方式和种类有关。

1. 工作照明的供电方式

可与电力公用变压器，在“变压器—干线”系统中，照明电源接于总开关后面的主干线上；在放射性系统中，由变电站低压配电屏引出照明专用回路；对于距变电站较远的建筑物，电力及照明负荷较小时，可将照明电源接于动力配电箱前面。当电力线路的电压波动影响照明和灯泡寿命时，照明负荷应由单独的变压器供电。

2. 事故照明的供电方式

为了继续工作用的事故照明，应由独立的备用电源供电，如自备发电机、蓄电池或其他电源；为疏散用的事故照明应由与工作照明分开的线路供电；在变压器—干线系统中，疏散用的事故照明应接于主干线的总开关前面。

3. 局部照明的供电方式

机床自身带有电动机线路，局部照明变压器可与之公用电源，移动照明变压器及一般局部照明变压器采用独立的分支线路供电，接于照明配电箱或动力配电箱的专用回路上。

4. 室外照明的供电方式

厂区道路照明应分区集中由少数变电站供电；露天工作场地和露天堆场的照明，可由附近车间变电站供电，并就地设配电箱控制。

三、布线方式

照明供电系统所采用的导线型号及敷设方式通常依环境特征而定，参见表 9 - 8。

表 9 - 8　根据环境条件选择常用导线型号及敷设方式

环境特征＼导线型号及敷设方式		BLV 导线在瓷（塑料）夹或瓷柱上敷设	BLV 导线在绝缘子上敷设	BLV 导线穿钢（塑料）管明敷设或暗敷设	BLVV 导线用卡子固定敷设
正常		推荐（除天棚内）	允许（除天棚内）	允许	推荐
潮湿		禁止	推荐	允许	推荐
多尘		禁止	允许	允许	推荐
高湿		禁止	推荐（用 BLX 线）	允许（用 BLX 线）	禁止
有腐蚀性		禁止	允许	推荐（塑料管）	推荐
有火灾危险	H - 1	禁止	允许①	允许	推荐
	H - 2	禁止	禁止	允许	推荐
	H - 3	禁止	允许①	允许	推荐
有爆炸危险	Q - 1	禁止	禁止	推荐②	禁止
	Q - 2	禁止	禁止	推荐③	允许
	Q - 3	禁止	禁止	推荐③	允许
	G - 1	禁止	禁止	推荐②	禁止
	G - 2	禁止	禁止	推荐③	允许
室外布线		允许（无水淋）	推荐	允许	允许（无曝晒）

① 用于没有机械损伤和远离可燃物处。禁止沿未抹灰的木质天棚及木质墙壁处敷设。

② 铜线穿焊接钢管。

③ 用焊接钢管，可用大于 2.5mm² 铝线，连接及封端应压接、熔焊、钎焊。

四、照明电气平面布线图

为了表示电气照明的平面布线情况，设计时应绘制各种场所电气照明平面布线图。该图与动力电气平面布线图绘制方法基本相似，应对以下设备进行标注。

（1）标注线路的敷设位置、敷设方式、导线穿管种类、线管路径、导线截面以及导线根数等，其标注格式与第三章第二节动力电气平面布线图的标注相同。

（2）标注所有灯具的位置、灯具数量、灯具型号、灯泡功率、灯具安装高度和安装方式，还在灯具符号旁标注其平均照度。

（3）标注各种配电箱、控制开关等的安装数量、型号、相对位置等，同动力电气平面布线图的标注。

在电气照明平面布线图上，照明灯具的图形符号应符合国家标准规定，常用的照明灯的图形符号参见图 9 - 5。按国家标准规定，照明灯具标注格式为

$$a-b\frac{c\times d\times l}{e}f \tag{9-10}$$

式中　a——同类型灯具的灯数；

b——灯具型号或编号；

c——每盏灯具的灯泡数；

d——每一灯泡的功率，W；

e——灯具的安装高度，m；

f——灯具的安装方式，SW—线吊式、CS—链吊式、DS—管吊式、W—壁装式、C—吸顶式、R—嵌入式、CR—顶棚内安装、WR—墙壁内安装、S—支架上安装、CL—柱上安装、HM—座装；

l——灯泡的种类，IN—白炽灯、I—卤钨灯、FL—荧光灯、Hg—高压汞灯、Na—高压钠灯、Xe—氙灯、HL—金属卤化物灯、ML—混合光源。

习　题

9-1　可见光谱的波长在哪一范围内？哪种波长的光能可以引起人眼最大的视觉？

9-2　什么是光强、照度和亮度？单位各是什么？

9-3　热辐射光源和气体放电光源在发光原理上各有何根本区别？

9-4　什么是配光？它主要有那些形状？

9-5　按配光曲线分类，工业企业常用灯具有哪些类型？按结构特点分，工业企业常用灯具又有哪些类型？

9-6　表征光源性能的主要指标有哪些？

9-7　灯具的布置方案及灯间距离、悬挂高度的确定与哪些因素有关？

9-8　照明质量可以用哪些指标来衡量？什么是眩光？如何加以限制？

9-9　什么是光源的利用系数？它与哪些因素有关？

9-10　什么是照明光源的比功率？它与哪些因素有关？

9-11　某大件装配车间的平面面积为12×30m²，桁架的跨度为12m，相邻桁架间距6m，桁架离地高度为5m，工作面离地0.8m。拟采用GC1-A-1型配照灯（装220V、150W白炽灯）作为车间的一般照明。灯从顶棚下吊0.5m，该顶棚和墙壁的反射系数均按50%计，减光系数按车间清洁情况取为0.7。试用利用系数法确定灯数，并进行合理布置。

9-12　试用比功率法重作习题9-11，只重新确定灯数。

9-13　试求图9-8所示电压220V的照明线路BLV型铝芯塑料线的截面。已知全线截面一致，明敷，线路长度和负荷如图所示。假设全线允许电压降为3%，该地环境温度为30℃。

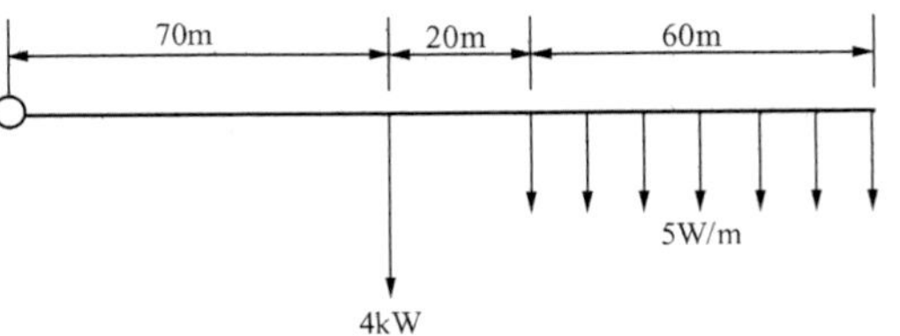

图9-8　习题9-13的照明线路

第十章　供电系统的运行与管理

为保证工业企业供电系统中的电气设备安全可靠地运行，运行人员必须对电气设备进行巡视检查和维护，同时遵守变配电站的运行管理规定。倒闸操作是变电站运行人员的一项重要日常工作，要求熟练掌握倒闸操作的基本方法和步骤，并在操作过程中要严格遵守《电业安全工作规程》。本章首先介绍工业企业供电系统中的主要电气设备的运行与维护方法，接着介绍倒闸操作的基本知识与技能，最后讨论变配电站的运行管理与安全管理知识。

第一节　电气设备运行与维护

工业企业供电系统能否安全运行和优质供电，与电气设备的日常巡视检查和维护密不可分。根据高压电气设备种类的不同，进行巡视检查和维护的项目也不同。

一、电力变压器运行与维护

1. 变压器的正常运行状态

正常运行中的变压器，当负荷增大、环境温度过高或变压器发生故障时，铁芯和绕组会发热，长期发热会加速绝缘的老化。因此，正常运行中的变压器温度和温升均有一定的限制，并作为衡量变压器运行是否正常的一个重要参数。

变压器中的油主要起绝缘、散热和防潮的作用，油质的好坏直接影响变压器的正常运行和寿命。如油中含有水分，会使绝缘受潮，绝缘强度下降甚至击穿；油中如含有空气并含量达到一定值时，可能会造成瓦斯保护动作。因此，变压器油的品质必须满足要求。

2. 变压器的巡视检查

（1）监视仪表及抄表。

运行值班人员应根据控制盘上的仪表来监视变压器的运行情况，电压不能过高或过低，负荷电流不应超过额定电流，每小时应抄表一次。过负荷下运行时，则每隔半小时抄表一次。

（2）变压器的一般检查项目。

1）检查储油柜及充油套管内油位、油色是否正常。

2）检查变压器上层油温。一般油浸自冷变压器上层油温应在85℃以下，强油风冷和强油水冷变压器应在75℃以下。同时，还要监视变压器的温升不超过规定值。

3）检查变压器的响声。变压器正常运行时，一般有均匀的"嗡嗡"电磁声，如内部有"噼啪"的放电声则可能是绕组绝缘有击穿现象。如出现不均匀的电磁声，可能是铁芯的穿心螺栓或螺母有松动。出现异常情况并无法处理时要向有关部门及时报告。

4）检查变压器的套管应清洁、无破损裂纹及放电痕迹。

5）检查冷却装置的运行情况是否正常。

6）检查变压器的呼吸器是否畅通，硅胶不应吸潮至饱和状态。

7）检查防爆管上的防爆膜是否完整无破损。

8）变压器主、附设备应不漏油、渗油。

9）外壳接地应良好。

10）检查气体继电器内是否充满油，无气体存在。

（3）变压器的特殊检查项目。

1）当系统发生短路故障或变压器故障跳闸后，应立即检查变压器有无位移、变形、断脱、爆裂、焦味、闪络、喷油等现象。

2）雷雨后，应检查套管有无放电闪络和避雷器放电记录器的动作情况。

3）大风时，应检查引线有无松动，摆动是否过大，有无搭挂杂物。

4）雾天、下毛毛雨时，应检查套管、绝缘子有无电晕和放电闪络。

5）气温骤冷或骤热，应检查油温和油位是否正常。

6）过负荷运行时，应检查各部位是否正常，冷却系统运行是否正常。

7）新投或大修后投运几小时应检查散热器散热情况，气体继电器动作情况。

8）下雪天气，应检查变压器引线接头部分是否有落雪立即融化或蒸发冒气现象，导电部分应无冰柱。

3. 变压器的异常及事故处理

（1）变压器声音异常及事故处理。

变压器在运行中会发出轻微的连续不断的“嗡嗡”声，这是由于当变压器的内部绕组中有电流流过时，励磁电流的磁场作用使硅钢片振动，同时绕组之间电磁力作用也将引起振动。这是运行中变压器正常响声。

若变压器的声音连续均匀，但比平时增大，而且变压器上层油温也有所上升，这种情况一般是变压器过负荷，应查看变压器控制屏电流表、功率表。如声响中夹有杂音，而电流表无明显异常，则可能是内部夹件或压紧铁芯螺钉松动，使硅钢片振动增大。若变压器连续的声响中夹有“噼啪”放电声，这可能是因变压器内部或外部发生局部放电所致。当运行中的变压器发出很大且不均匀的响声，夹有爆裂声和“咕噜”声，这是由于变压器内部如局部（层间、匝间）绝缘击穿、引线对外壳、引线对铁芯或引线之间局部放电造成的；由于分接开关接触不良引起打火，也会发出类似的声音。

值班员一旦发现运行中的变压器声音异常，根据声音的特点，应检查变压器是否过负荷、是否发生外部引线或套管放电；对于变压器发出异常的“噼啪”爆裂声和“咕噜”声，应认真判断原因，必要时立即将变压器停运、等候处理。

（2）变压器温度异常及事故处理。

当环境温度为40℃时，运行中的变压器最高温升不得超过55℃。运行中要以上层油温为准，温升是参考数字。为了保证绝缘不过早老化，运行人员应加强变压器上层油温的监视，严格控制在95℃以下。变压器各部分温升极限值见表10-1。

表10-1　变压器各部分温升极限值

变压器部位	最高温度（℃）	变压器部位	最高温度（℃）
油（顶部）	55	铁芯	70
绕组	65		

若发现在同样条件下油温比平时高出10℃以上，或负荷不变但温度不断上升，而冷却装置运行正常，则认为变压器内部发生故障（应注意温度表有无误差失灵）。

当变压器的油温升超过许可限度时，应做如下检查。

1）检查变压器的负荷及冷却介质温度，并与以往同样负荷及冷却介质相比较。

2）对新安装或大修后新投运的变压器检查散热器的阀门是否打开，冷却装置是否正常。

3）检查温度计本身是否失灵。

若以上三项正常，油温比同样条件下高出10℃，且还在继续上升时，则可断定为变压器内部故障，如铁芯发热或匝间短路等。一旦发现变压器内部有异常热源应立即停运，等候处理。

（3）变压器油位异常及事故处理。

变压器储油柜的油位计，一般标有－30、20、40℃三条线，它是标志变压器未投入运行前不同油温时的三个油面标志，根据这三个标志可以判断是否需要加油或放油。运行中变压器温度的变化会使油体积变化，从而引起油位的上下位移。

常见的油位异常有假油位和油面过低两种。运行中的变压器如发生防爆管通气管堵塞、油标管堵塞、储油柜呼吸器堵塞等故障，则在负荷温度变化正常时油标管内的油位就会变化不正常或不变，这些现象称假油位。油面过低一般是由变压器严重渗漏或大量跑油、多次放油后未作补充、原来油量不足又遇温度骤降等原因造成。变压器严重缺油时，内部的铁芯、绕组就可能暴露在空气中使绝缘受潮，同时露在空气中的部分绕组因无油循环散热导致散热不良而引起损坏事故。配有气体继电器保护的变压器，气体继电器装设在储油柜下方，当油位降到一定程度时还会发生轻、重瓦斯保护动作。

无论因哪种原因造成油位指示器看不到油位，都应将变压器退出运行。

（4）变压器外表异常及事故处理。

1）变压器渗油、漏油。主要是由于变压器各连接部位的胶垫老化龟裂而引起的。螺钉松动或放油阀门关闭不严、制造时有沙眼或焊接质量差也是渗漏油的主要原因之一。

2）套管闪络放电。多数是因制造中有隐伤或安装中发生轻微碰伤，套管表面落有导电尘埃，系统出现内、外过电压引起。

3）防爆管玻璃破损。主要是由于内部发生短路故障，更换防爆管玻璃时螺钉拧得太紧、法兰盘表面不平整，呼吸器堵塞等原因造成。防爆管玻璃破损后，水蒸气和湿空气将进入变压器，引起绝缘受潮。

4）呼吸器内的硅胶由浅蓝色变成粉红色。此时，说明硅胶已不具备吸潮性能，应予以更换。

5）套管与引线线夹处发红。这是由于连接部位螺钉松动，接触面氧化严重，使接头过热。一般规定接头连接部位温度不宜超过70℃。可用示温蜡片试验，有条件也可以用红外线测温仪测量。

在运行中对上述几种外表异常，轻者汇报主管部门及调度，加强监视；严重者应请示停用变压器，等候处理。对于防爆玻璃破碎向外喷油、套管严重破裂或放电、变压器着火这三种特别严重的故障，可先停下运行变压器，再向调度及设备主管部门汇报。

二、开关设备的运行与维护

（一）高压断路器的运行与维护

1. 高压断路器的正常运行条件

高压断路器是变电站的重要控制和保护设备之一，断路器正常运行时必须满足以下条件：

（1）有明显的分合闸标志，即红、绿指示灯指示正确，分合闸机械指示器清楚，以用来校对断路器分合闸实际位置。

（2）明确断路器断开的短路次数，以便很快地决定计划外的检修。断路器每次故障跳闸后，应进行外部检查，并作记录，一般累计故障跳闸四次，应进行解体检修。

（3）禁止将有拒绝跳闸缺陷或严重缺油、漏油等异常情况的断路器投入运行，若需要紧急运行，必须采取措施，并应得到领导的同意。

（4）在检查断路器时，配电值班员应注意辅助触点的状态，若发现接点被扭转、松动等情况应及时检修。

（5）检查断路器合闸的同时性，如调整不良、拉杆断开或横梁折断而一相未合闸，则可能引起“缺相”，即两相运行，配电值班人员发现后应立即停止其运行。

（6）少油断路器外壳均带有工作电压，故在运行中配电值班人员不得打开门或网状遮栏，严禁接近带电部分。

2. 高压断路器的巡视检查

（1）断路器的正常巡视项目。

1）检查油色、油位是否正常，本体各充油部位不应有渗油和漏油。

2）检查瓷套管是否清洁，有无破损裂纹、放电痕迹。

3）检查各连接头接触是否良好，有无发热松动。

4）检查绝缘拉杆及拉杆绝缘子是否完好，连接软铜片是否完整，有无断片。

5）检查分合闸机械指示器与断路器实际状态是否相对应。

6）检查室外操作机构箱的门盖是否关闭严密。

7）检查操作机构的连杆、拉杆绝缘子、弹簧等是否清洁，有无腐蚀和杂物卡阻。

8）检查端子箱内二次线端子是否受潮，有无锈蚀现象。

9）对于 SF_6 断路器还需要每日定时记录 SF_6 气体的压力和温度；断路器各部分及管道无异声（漏气声、振动声）及异味，管道夹头正常。

（2）断路器的特殊巡视项目。

1）在事故跳闸后，应对断路器进行下列检查。①有无喷油现象，油色和油位是否正常；②本体各部件有无位移、变形、松动和损坏现象，瓷件有无断裂；③各引线连接点有无发热或熔化；④分合闸线圈有无焦味。

2）高峰负荷时应检查断路器各连接部位是否发热、变色、打火。

3）大风过后应检查引线有无松动断股。

4）雾天、雷雨后应检查瓷套管有无闪络痕迹。

5）雪天应检查各连接头处积雪是否融化。

6）气温骤热或骤冷应检查油位是否正常。

3. 高压断路器的异常及事故处理

（1）值班人员在断路器运行中发现任何异常现象（如渗油、漏油、油位指示器油位过低；SF_6 气压下降或有异常声响、分合闸位置指示不正确等），均应及时予以消除，不能及时消除时要报告上级领导，并相应记入运行记录簿和设备缺陷记录簿内。

（2）值班人员若发现设备有威胁电网安全运行且不停电难以消除的缺陷时，应及时报告上级领导，同时向供电部门和调度部门报告，申请停电处理。

（3）断路器有下列情形之一者，应申请立即处理：

1）套管有严重破损和放电现象；

2）油断路器灭弧室冒烟或内部有异常声响；

3）油断路器严重漏油，油位指示器中见不到油面；

4）SF_6 气室严重漏气，发出操作闭锁信号；

5）真空断路器出现真空损坏的“丝丝”声、不能可靠合闸、合闸后声音异常、合闸铁芯上升后不返回、分闸脱扣器拒动。

（4）断路器动作分闸后，值班人员应立即记录故障发生时间，并立即进行“事故特巡”检查，判断断路器本身有无故障。

（5）断路器故障分闸强行送电后，无论成功与否，均应对断路器外观进行仔细检查。

（6）断路器对故障分闸时发生拒动，造成越级跳闸，在恢复系统送电前，应将发生拒动的断路器脱离系统并保持原状，待查清拒动原因并消除缺陷后方可投入运行。当采用手车式开关柜时，必须使断路器分闸后方可移出断路器手车脱离系统。

（7）SF_6 断路器发生意外爆炸或严重漏气等事故，值班人员接近设备要谨慎，尽量选择从“上风”接近设备，必要时要戴防毒面具，穿防护服。

（二）高压隔离开关的运行与维护

1. 高压隔离开关的正常运行条件

正常运行中的隔离开关，应在额定电压、额定电流下能长期工作；在电力系统发生单相接地时，要有足够的绝缘强度；当系统发生短路故障时，在短路电流冲击下其热稳定和动稳定不被破坏。

2. 高压隔离开关的巡视检查

（1）本体检查。隔离开关本体应该完好，三相触头在合闸时应同期到位，无错位或不同期到位现象。操作手柄位置与运行状态相符，闭锁机构正常。

（2）触头检查。触头应平整光滑，无脏污锈蚀变形；动、静触头间应接触良好，无因接触不良而引起过热发红或局部放电现象；触头弹簧或弹簧片应完好，无变形损坏。

（3）绝缘子检查。隔离开关各支持绝缘子应清洁完好，无放电闪络和机械损坏。

（4）操作机构检查。操作机构各部件无变形锈蚀和机械损伤，部件之间应连接牢固和无松动脱落现象。

（5）接地部分检查。对于接地的隔离开关，其触头接触应良好，接地应牢固可靠，接地体可见部分应完好。

（6）底座检查。底座连接轴上的开口销应完好，底座法兰应无裂纹，法兰螺栓紧固应无松动。

3. 隔离开关的异常分析及事故处理

（1）隔离开关接触部分过热。

正常情况下，隔离开关不应出现过热现象，其温度不应超过 70℃，若接触部分温度达到 80℃时，则应减少负荷或将其停用。

产生发热的原因包括：由于压紧弹簧松弛及接触部分表面氧化，使接触电阻增加；在拉合过程中引起电弧而烧伤触头；用力不当使接触位置不正，致使隔离开关接触不良；隔离开关过负荷等。

在运行中，值班人员如发现隔离开关有发热现象时，应报告调度，同时若条件允许，可将隔离开关退出运行，立即停电进行检修。因负荷重要不能停电检修又不能减轻负荷时，应加强监视，如发现温度上升剧烈，则应按规程有关规定断开相应的断路器。

（2）带负荷误拉、合隔离开关。

隔离开关本身没有灭弧能力。因此，在变电站运行中，严禁用隔离开关拉、合负荷电流。

1）误拉隔离开关。运行人员因跑错间隔、违反倒闸操作规定等原因，容易发生带负荷拉隔离开关。发生带负荷误拉隔离开关时，如果刀片刚离开刀口（已起弧），应立即将未拉开的隔离开关合上，避免弧光短路；如果隔离开关已被拉开，则不允许再合上，用该断路器或上一级断路器断开电流后方可再合隔离开关。

2）误合隔离开关。运行人员带负荷误合隔离开关时，无论什么情况下都不允许再拉开。如确需拉开，应先用断路器切断该回路的负荷电流，再拉开隔离开关。

（3）隔离开关拉不开。

由于冰雪冻结或传动机构和刀口的转轴处生锈等原因，容易造成隔离开关拉不开。这时应对其进行轻轻地摇动，注意支持绝缘子及操作机构的每个部分，以便根据它们的变形和变位情况，找出抵抗的部位。

如果妨碍拉开的抵抗力发生在隔离开关的接触装置上（如动、静触头熔焊等），则不应强行拉开，否则支持绝缘子会受到破坏而引起严重事故。此时，应改变设备的运行方式，待其退出运行后再进行处理。

（4）隔离开关支持绝缘子破损或放电。

当隔离开关的支持绝缘子闪络放电时，应加强监视，待申请停电后清扫；如果支持绝缘子破损、断裂，则应用上一级断路器断开电路，使损伤隔离开关退出运行后再进行修理。

（5）隔离开关自动掉落合闸。

一些垂直开合的隔离开关，在分闸位置，如果操作机构的闭锁失灵或未加锁，遇到振动较大的情况下，隔离开关动触头可能会自动落下合闸。此时应按照带负荷合隔离开关进行处理。为防止类似情况发生，要求操作机构的闭锁装置可靠，拉开隔离开关后必须加锁。

三、电力线路的运行与维护

1. 架空电力线路的正常运行标准

（1）杆塔位移与倾斜的允许范围。杆塔横向偏离线路中心线的距离不应大于 0.1m，直线杆、转角杆的倾斜度不应大于 15‰。

（2）混凝土杆不应有严重裂纹、流铁锈水等现象。铁塔不应严重锈蚀，主材弯曲度不得超过 5‰，各部位螺栓应紧固。

（3）横担与金具应无锈蚀、变形、腐朽。横担上下倾斜、左右偏歪不应大于横担长度的 2%。

（4）导线通过的最大电流不应超过其允许电流。

（5）导线接头无变色和严重腐蚀，连接线夹螺栓应紧固，导线无断股。

（6）导线过引线、引下线对电杆构件、拉线、电杆间的净空距离满足规程规定。

（7）三相导线的弧垂应力求一致，档距内各相导线弧垂相差不应超过 50mm。

(8) 绝缘子、瓷横担应无裂纹，釉面剥落面积不应大于 $100mm^2$，铁脚无弯曲，铁件无严重锈蚀。

(9) 拉线应无断股、松弛、严重锈蚀。拉线基础牢固。

2. 架空电力线路的巡视检查

架空线路的巡视检查分为定期巡视、特殊巡视和事故巡视等几种，其目的是为了随时掌握线路的运行情况及沿线环境情况，及早发现并处理缺陷，以保证线路的安全运行。

在恶劣天气（如大风、大雾、雷雨、台风、地震、山洪等）及负荷变动较大时，线路的缺陷容易暴露，应进行特殊巡视检查，主要针对线路薄弱环节或全线进行检查，并随之采取相应的加固安全措施。必要时，如为了检查线路接头发热及绝缘子放热情况，应进行夜间巡视。事故巡视是在线路发生事故（例如线路跳闸、单相接地或一相断线等）后，对事故发生地点、原因、破坏程度、如何修复等进行的针对性巡视。

(1) 在地面上对杆塔的巡视内容。

1) 电杆和横担有无歪斜，各部件有无变形；

2) 杆基有无下沉、松动、被冲刷痕迹，木杆根部有无严重腐烂，水泥杆有无裂纹及混凝土脱落现象，铁塔基础有无严重裂缝或者因缺土形成孤立台的现象；

3) 杆塔各部件的固定情况，螺栓有无松动或脱落，金具及钢部件有无严重锈蚀和磨损；

4) 导线有无脱离瓷瓶，瓷瓶是否完整、有无爬电现象（晚间能见火花）；

5) 拉线有无松动、腐蚀、断股现象，拉线的上、下把的连接是否牢固，附件是否齐全，拉线桩及保护桩是否能起到应有的作用；

6) 杆上有无鸟窝、鸟洞及其他杂物；

7) 路名及杆号的标志是否清楚、齐全。

巡视人员应认真记录各种异常情况和发生部位（如杆号），及时排除故障隐患。

(2) 对导线、地线的巡视内容。

1) 有无断股、烧伤、腐蚀等现象；

2) 气温变化时弧垂的变化是否正常，三相弧垂是否一致；

3) 线路交叉时，导线间跨越距离及导线对地距离是否符合规定；

4) 导线接头处是否由于发热而变色。

(3) 对绝缘子的巡视内容。

1) 绝缘子的脏污程度，绝缘子有无裂纹、破损、闪络等现象；

2) 开口销子、弹簧销子是否残缺、脱出或变形，平脚螺母有无脱落及松动；

3) 瓷横担与金具的固定处的橡胶或油毡垫是否缺少。

(4) 线路巡视时应注意的问题。

1) 无论线路是否停电，均应视为带电，并应沿线路上风侧行走，以免断线落到人身上；

2) 单人巡视时，不得作任何登杆工作；

3) 发现导线断落地面或悬挂在空中，应设法防止他人靠近，保证断线周围 8m 以内不得进人，并派人看守，迅速处理；

4) 应注意沿线地理情况，如河流水位变化，不明深浅的不应涉渡，要注意其他沟坎的变化情况。

3. 架空电力线路的维护

定期维护是指处理和解决某些直接影响电力线路安全运行的缺陷，不包括改进和提高线路的“健康”水平。因此，维护工作在线路中只是重点地进行，以满足线路安全运行的最低要求。

线路维护的内容包括以下几方面。

1）用绝缘棒清除导线上杂物，清除时要防止碰线以免造成相间短路；

2）紧固各种线路构件，如收紧拉线、紧固杆上抱箍、横担和瓷瓶上的螺母等；

3）更换受损伤的瓷瓶，重新扎紧瓷瓶上松动的导线；

4）清除瓷瓶上的尘垢；

5）校正倾斜的电杆和横担；

6）混凝土电杆损坏修补和加固，提高电杆强度；

7）导线、避雷线个别点损伤、断股的缠绕、修补工作；

8）做好线路保护区清障工作，确保线路安全运行；

9）涂写、悬挂杆塔号牌，悬挂警告牌，加装标志牌等；

10）向沿线群众宣传《电力法》及《电力设施保护条例》。

四、电动机的运行与维护

1. 电动机的正常运行条件

（1）电动机应保持清洁，无水滴、油污或飞尘落入电动机内部。

（2）负载电流不能超过电动机的额定电流。

（3）轴承无发热、漏油现象。

（4）电动机各部分最高允许温度和允许温升，符合电动机的绝缘等级和类型要求。

（5）电动机在运转过程中无摩擦声、尖叫声和其他杂声，如有异常声响，应立即停车检查。

（6）电动机必须通风良好。

（7）电动机定期加油，根据厂家说明结合电动机运行环境制定有效的加油制度。

2. 电动机的巡视检查

（1）检查电动机电源电压。电源电压的偏移应在额定电压值的＋10%～－5%范围内。三相电压要对称（不对称值不得超过5%），否则应减轻负载或对电源电压进行调整。

（2）检查电动机工作电流是否在额定电流值附近。

（3）检查电动机温升是否正常（不得超过铭牌规定值）。

（4）对运行中的电动机，应随时检查紧固件是否松动、松脱，有无异常振动、异响，有无温升过高、异味和冒烟，若有，应立即停机处理。

（5）运行中的电动机一旦出现下列严重故障时，必须立即断电，紧急停机。①发生人身触电事故；②电动机或有关设备、线路冒烟、起火；③电动机剧烈振动；④轴承剧烈发热和明显异响；⑤电动机所拖动的生产机械损坏；⑥电动机发生窜轴冲击、扫膛、转速突然下降、温度迅速上升。

3. 电动机的异常及事故处理

（1）合闸后电动机不能起动。

应逐项检查以下内容：是否停电；开关、熔断器、接线盒及导线有无开路；熔断器是否熔断；核对接线图，检查控制设备接线是否有错误；热继电器动作后是否复位等。查出问题后进行修复处理。如果是熔断器熔断，应检查熔断原因，排除故障后换合格熔体。

（2）电动机机壳带电。

电动机绕组受潮或绝缘老化容易引起机壳带电。处理方法是加强绝缘，对老化的绝缘要及时更新，对受潮部件进行烘烤。保护接地线开路或接地不良也会引起机壳带电。此时应检查并接牢保护接地装置。电源相线与中线接错时，要仔细检查并改正接线。

（3）电动机运行中发出异响。

电动机在运行中发出异响原因主要有：转子扫膛；扇叶与风罩相擦；轴承缺油，发生干摩擦；轴承破碎或润滑油中有硬粒异物；定子或转子铁芯松动；电源电压过高或不平衡等。应仔细检查异常声响的位置和产生原因，采取排除转子扫膛；调整扇叶与风罩之间的相对位置；清洁并加足润滑油；更换轴承或清洗轴承，重换润滑油；紧固有关松动部分；检查电源电压等措施。

（4）电动机振动剧烈。

电动机振动剧烈的原因主要有：机座与基础紧固件松动；基础松软，强度不够；转轴弯曲；转子重量不平衡、单边；气隙不均匀；风扇不平衡；轴承破碎或严重磨损；笼型转子断条等。应重新紧固各部件；校直或更换转轴；校正转子动平衡；调整气隙；检修风扇，校正平衡；更换轴承；修复断路笼条。

（5）轴承过热。

电动机轴承过热的原因主要有：润滑油过多、过少或变质干涸；润滑油质量太差或有杂质；轴承与轴颈、端盖轴承座孔配合过松，轴承走内圆或外圆；轴承盖装配不到位或内孔偏心，内孔与转轴相擦；联轴器未校正或皮带过紧；轴承间隙过大或过小；转轴弯曲等。处理方法有：按规定加足或更换合格润滑油；重新加工轴颈或端盖轴承座孔，使其成紧配合；重安装或加工轴承盖；校正联轴器，调整皮带松紧度；更换合格轴承；校正转轴。

（6）电动机过热，甚至冒烟、冒火。

产生的原因有：电源电压过高、过低或三相电压严重不平衡；电动机频繁起动，频繁正反转或负载过重；缺相运行；笼型转子断条；定子铁芯多次过热，质量变差；电动机散热不好、风扇或风道故障；定子绕组短路、接错等。采取的处理方法有：检查电源电压并设法调整；按规定控制起动和正反转次数，适当减轻负载；检查缺相原因，排除缺相故障；修复所断笼条；适量增加绕组匝数或修理更换铁芯；清洗电动机外壳，改进通风条件或采取降温措施；检修风扇，清理风道；检修定子绕组，排除故障。

五、电力电容器的运行与维护

1. 电力电容器的正常运行条件

正常投入运行的电力电容器应在额定状态条件下能连续提供额定补偿无功功率，并满足以下条件。

（1）电容器应有标出基本参数等内容的制造厂铭牌。

（2）电容器金属外壳应有明显接地标志，其外壳应与金属架构共同接地。

（3）电容器周围环境无易燃、易爆危险，无剧烈冲击和振动。

（4）电容器应有温度测量设备，一般情况下，环境温度在40℃时，充矿物油的电容器允许温升为50℃，充硅油的电容器允许温升为55℃。

（5）电容器应有合格的放电设备。

（6）电容器正常运行时，允许在1.1倍的额定电压下长期运行，允许在1.3倍的额定电流下长期运行。

2. 电力电容器的巡视检查

（1）检查电容器是否在额定电压和额定电流下运行，如长期运行电压超过额定电压的1.1倍，最大电流超过额定电流的1.3倍时，应立即停运。

（2）电容器外壳是否膨胀，是否有喷油、渗漏现象。

（3）电容器外壳是否有放电痕迹，其内部是否有放电声或其他异常声响。

（4）电容器部件是否完整，引出端子、出线瓷套管等是否有松动，出线瓷套管是否有裂痕和漏油，瓷釉有无脱落，外壳表面涂漆有无脱落。

（5）电容器接头是否发热。

3. 电力电容器的异常及事故处理

（1）电容器渗漏油。

电力电容器在运行时，由于环境温度过高及过负荷，使电力电容器的温度升高，内部压力增加，于是在外壳裂缝处或焊接薄弱处、引出线瓷套管与外壳连接处、瓷套的顶部等处便会出现渗漏油。由于保养不当使外壳的漆剥落，铁皮生锈，也容易引起渗漏油。运行人员应经常对电容器进行巡视检查，发现其外壳油漆剥落，应及时修补；注意调节运行中电容器的温度。当电容器渗、漏油情况严重时，应将电力电容器停用，立即进行修理或更换。

（2）外壳膨胀。

电力电容器外壳膨胀的原因主要是由于其内部发生局部放电或过电压引起的。应加强对电容器的外观检查，发现外壳膨胀应降压使用。如果是由于电容器的使用期限已过或本身质量有问题，应立即将电力电容器停运。

（3）电容器爆炸。

此类事故大多是由于电容器内部发生相间短路或相对外壳击穿（这种故障多发生在没有安装内部元件保护的高压电容器）所引起的。当电力电容器喷油、爆炸着火时，首先应切断电容器与电网的连接，并用砂子或干式灭火器灭火。为防止此类事故发生，要求安装电容器内部元件保护，也可以用熔断器对单台电容器进行保护。

（4）温度过高。

由于环境温度升高、电力电容器过负荷、长期过电压及频繁投切使电容器反复受浪涌电流影响，会致使电力电容器温度过高而损坏。

对于户内电力电容器组来说，要特别加强通风、降温，增大电容器之间的安装距离。如果出现长期过电压，需要调换为额定电压较高的电容器；在运行中尽量避免频繁投切电容器。

（5）电容器瓷绝缘表面发生闪络。

由于清扫不及时，使瓷绝缘表面污秽，在天气条件较差或遇到各种内外过电压影响时，即可发生闪络。处理方法是经常清扫，保持绝缘子表面干净。对污秽严重的地区，要采取反污秽措施。

（6）电容器内部声音异常。

当电容器内部有局部放电时，会有“滋滋”或“咕咕”声；当出现“咕咕”声时，一般为电容器内部绝缘断裂的前兆。运行人员应经常巡视，发现有异常声响，立即将电容器停运，查找故障并检修。

第二节 倒 闸 操 作

一、倒闸操作的基本知识与规定

1. 倒闸操作的概念

电力系统中运行的电气设备，常常遇到检修、调试及消除缺陷的工作，这就需要改变电气设备的运行状态或改变电力系统的运行方式。

当电气设备由一种状态转换到另一种状态或改变电力系统的运行方式时，所需要进行的一系列操作叫做电气设备的倒闸操作。

2. 电气设备的运行状态及其倒换

（1）电气设备的状态。

电气设备有运行、热备用、冷备用和检修四种不同的状态。“运行状态”是指设备的隔离开关及断路器都在合上位置，将电源至受电端的电路接通。“热备用状态”是指设备只靠断路器断开而隔离开关仍在合上位置。“冷备用状态”是指设备的断路器及隔离开关均在断开位置。当电气间隔的所有断路器、隔离开关均断开，验电并装设接地线，悬挂指示牌并装好临时遮栏时，该设备即处于“检修状态”。

（2）电气设备各种状态之间倒换的典型操作。

工业企业供电系统根据生产的需要经常要将设备从一种状态倒换到另一种状态，表10-2就是电气设备四种状态之间相互倒换的典型操作。

3. 倒闸操作的组织措施和技术措施

倒闸操作是一件既重要又复杂的工作，若发生误操作事故，可能会导致设备的损坏、危及人身的安全及造成大面积停电，给国民经济带来巨大损失。因此必须采取有效的组织、技术措施，以确保运行安全。

表 10-2　电气设备各种状态之间倒换操作表

设备状态	倒换后状态			
	运行	热备用	冷备用	检修
运行		（1）拉开必须切断的断路器 （2）检查所切断的断路器处在断开位置	（1）拉开必须切断的断路器 （2）检查所切断的断路器处在断开位置 （3）拉开必须断开的全部隔离开关 （4）检查所拉开的隔离开关处在断开位置	（1）拉开必须切断的断路器 （2）检查所切断的断路器处在断开位置 （3）拉开必须断开的全部隔离开关 （4）检查所拉开的隔离开关处在断开的位置 （5）挂上保护用临时接地线或合上接地隔离开关 （6）检查合上的接地隔离开关处在接通位置

续表

设备状态	倒换后状态			
	运行	热备用	冷备用	检修
热备用	(1) 合上设备所必需的断路器 (2) 检查所合上的断路器处在接通位置		(1) 检查所拉开的断路器处在断开位置 (2) 拉开必须断开的全部隔离开关 (3) 检查所拉开的隔离开关处在断开位置	(1) 检查所拉开的断路器处在断开位置 (2) 拉开必须断开的全部隔离开关 (3) 检查所拉开的隔离开关处在断开位置 (4) 挂上保护用临时接地线或合上接地隔离开关 (5) 检查所合上的接地隔离开关处在接通位置
冷备用	(1) 检查全部接线 (2) 检查所断开的断路器处在拉开位置 (3) 合上必须合上的全部隔离开关 (4) 检查所合上的隔离开关在接通位置，合上必须合上的断路器 (5) 检查所合上的断路器处在接通位置	(1) 检查全部接线 (2) 检查所断开的断路器处在断开位置 (3) 合上必须合上的全部隔离开关 (4) 检查所合上的隔离开关在接通位置		(1) 检查所断开的断路器处在断开位置 (2) 检查全部隔离开关处在断开位置 (3) 挂上保护用临时接地线或合上接地隔离开关 (4) 检查所合上的接地隔离开关处在接通位置
检修	(1) 拆除全部保护用临时接地线或拉开接地隔离开关 (2) 检查所拉开的接地隔离开关在断开位置 (3) 检查所断开的断路器处在断开位置 (4) 合上必须合上的全部隔离开关 (5) 检查所合上的隔离开关在接通位置 (6) 合上必须合上的断路器 (7) 检查所合上的断路器在接通位置	(1) 拆除全部保护用临时接地线或拉开接地隔离开关 (2) 检查所拉开的接地隔离开关在断开位置 (3) 检查所断开的断路器处在断开的位置 (4) 合上必须合上的全部隔离开关 (5) 检查所合上的全部隔离开关在接通位置	(1) 拆除全部保护用临时接地线或拉开接地隔离开关 (2) 检查所拉开的接地隔离开关在断开的位置 (3) 检查所断开的断路器处在断开位置 (4) 检查所断开的隔离开关处在断开的位置	

组织措施是指电气运行人员必须树立高度的工作责任感和牢固的安全思想，认真执行操作票制度和监护制度等。例如，1kV 以上的设备进行倒闸操作时，必须一人监护，一人操作，绝不允许一个人单独操作。值班人员进行倒闸操作时，必须按照运行领导人员（系统值班调度员、发电厂值长等）的命令进行。其次，应有正确的模拟系统图，统一的术语、电气设备的命名及标志。同时电气运行人员必须充分熟悉电气运行方式，电气设备相互之间的连接、潮流分布、继电保护及自动装置的整定值等。在执行倒闸操作任务时，注意力必须集

中，严格遵守电气设备倒闸操作的规定，以避免发生误操作。

技术措施就是采用防误操作装置，达到“五防”的要求：即防止带负荷分、合隔离开关；防止误入带电间隔；防止误分、合断路器；防止带电挂接地线；防止带接地线合闸。常用的防误操作装置是在断路器和隔离开关之间装设机械或电气闭锁装置。闭锁装置的作用是使断路器在未断开前，该电路的隔离开关就拉不开（以防止带负荷拉刀闸），在断路器接通后，该电路的隔离开关就合不上（以防止带负荷合闸）。此外，在线路隔离开关与接地开关之间也装有闭锁装置，使任一把开关在合闸位置时，另一把开关就无法操作，以避免在设备送电或运行时误合接地开关而造成三相接地短路事故；同时避免在设备检修时，误合线路隔离开关而突然送电，造成设备和人身事故等。

4. 操作票填写的内容

1kV 以上的电气设备，在正常运行情况下进行任何操作时，均应填写操作票。

下列各项应填入操作票内：

（1）应拉合的断路器和隔离开关。

（2）检查断路器、隔离开关位置。

（3）检查接地线是否拆除。

（4）检查负荷分配。

（5）装拆接地线。

（6）放上或取下控制回路或电压互感器回路熔断器。

（7）切换保护回路和检验是否确无电压等。

（8）继电保护定值的更改等。

5. 倒闸操作的原则

倒闸操作的基本原则是“不能带负荷拉、合隔离开关”。因此，在倒闸操作时应遵循以下原则：

（1）在拉合闸时，必须用断路器接通或断开负荷电流及短路电流，绝对禁止用隔离开关切断负荷电流。

（2）在合闸时，应先从电源侧进行，在检查断路器确实在断开位置后，先合上母线侧隔离开关，后合上负荷侧隔离开关，再合上断路器。

（3）在拉闸时，应先从负荷侧进行，拉开断路器后，检查断路器确在断开位置，然后再拉开负荷侧隔离开关，最后拉开电源侧隔离开关。对两侧具有断路器的变压器而言，在停电时，应先从负荷侧进行，先断开负荷侧断路器切断负荷电流，后断开电源侧断路器，只切断变压器空载电流。

二、倒闸操作的基本操作方法

要熟练地掌握倒闸操作技术，就必须学会开关电器的操作方法。

1. 隔离开关的操作方法

由于断路器触头位置的外部指示器既缺乏直观，又不能绝对保证它的指示与触头的实际位置相一致，所以用隔离开关把有电与无电部分明显隔离是非常必要的。此外隔离开关具有一定的自然灭弧能力，常用于电压互感器和避雷器等电流很小的设备投入和断开。

（1）在手动合隔离开关时，必须迅速果断，但在合到底时，不能用力过猛，以防合过头及损坏支持瓷瓶。在合闸开始时如发生弧光，则应将隔离开关迅速合上。隔离开关一经操作，不得再拉开，因为带负荷拉开隔离开关，会使弧光扩大，造成设备更大的损坏，这时只能用断路器切断该回路后，才允许将误合的隔离开关拉开。

（2）在手动拉开隔离开关时，应缓慢而谨慎，特别是刀片刚离开刀嘴时，如发生电弧，应立即合上，停止操作。但在切断小容量变压器空载电流、一定长度架空线路和电缆线路的充电电流、少量的负荷电流以及用隔离开关解环操作时，均有电弧产生，此时应迅速将隔离开关断开，以便顺利消弧。

（3）在操作隔离开关后，必须认真检查其开合位置，防止由于操作机构有毛病或调整得不好，造成隔离开关实际上未合好或未拉开。

2. 断路器的操作方法

高压断路器具有灭弧能力，能切断负荷电流和故障电流，是进行倒闸操作的主要设备。断路器的正确动作可以保证系统的安全运行和操作的顺利进行。

（1）在一般情况下，断路器不允许带电手动合闸。这是因为手动合闸慢，易产生电弧（除特殊需要外）。

（2）遥控操作断路器时，不得用力过猛，以防止损坏控制开关；也不得返回太快，以防止断路器合闸后又跳闸。

（3）在断路器操作后，应检查有关信号（如红、绿指示灯）及测量仪表（如功率、电流及电压表等）的指示，以判断断路器动作的正确性，同时应到现场检查断路器的机械位置指示来确定其实际开、合位置，以防止发生带负荷拉、合隔离开关事故。

3. 高压熔断器的操作方法

高压熔断器采用绝缘杆单相操作，操作方法和隔离开关相同，不允许带负荷进行拉、合操作，以防止电弧威胁人身及设备的安全。停电时高压熔断器的操作顺序为先拉中间，后拉两边；送电时先合两边，后合中间。停电时先拉中间相的原因是，操作第二个（边相）熔断器时，电流较大，而此时中间相已拉开，另两个熔断器距离较远，可防止电弧拉长造成相间短路。

4. 倒闸操作注意事项

（1）在倒闸操作前，必须了解系统的运行方式，继电保护及自动装置等情况，并应考虑电源及负荷的合理分布以及系统运行方式的调整。

（2）在电气设备送电前，必须收回并检查有关工作票，拆除安全措施，如拉开接地开关或拆除临时短路接地线及警告牌，然后测量绝缘电阻。在测量绝缘电阻时，必须隔离电源，进行放电。此外，还应检查隔离开关和断路器在断开位置。

（3）在倒闸操作前应考虑继电保护及自动装置整定值的调整，以适应新的运行方式的需要，防止因继电保护及自动装置误动作或拒绝动作而造成事故。

（4）备用电源自动投入装置、重合闸装置、自动励磁装置必须在所属主设备停运前退出运行，在所属主设备送电后投入运行。

（5）在进行电源切换或电源设备倒母线时，必须先将备用电源投入装置切除，操作结束后再进行调整。

（6）在同期并列操作时，应注意非同期并列，若同步表指针在零位晃动、停止或旋转太快，则不得进行并列操作。

（7）在倒闸操作中，应注意分析表计的指示，如在倒母线时，应注意电源分布的平衡，并尽量减少母联断路器的电流不超过限额，以防止因设备过负荷而跳闸。

（8）在下列情况下，应取下直流操作熔断器，将断路器操作电源切断：

1）在检修断路器时；

2）在二次回路及保护装置有人工作时；

3）在倒母线过程中拉合母线隔离开关、断路器旁路隔离开关及母线分段隔离开关时，必须取下母联断路器、分段断路器及旁路断路器的直流操作熔断器，以防止带负荷拉合隔离开关；

4）操作隔离开关前，应检查断路器确在断开位置，并取下直流操作熔断器（线路操作除外），以防止在操作隔离开关过程中，误跳或误合断路器造成带负荷拉、合隔离开关事故；

5）在继电保护故障情况下，应取下断路器直流操作熔断器，以防止因断路器误合或误跳而造成停电事故；

6）油断路器缺油或无油时，应取下断路器直流操作熔断器，以防止系统中发生故障而跳开该断路器时，造成断路器爆炸。此时如有母联断路器，可由母联断路器代替其工作。

（9）操作中应用合格的安全工具，以防止因安全工具耐压不合格而在工作时造成人身和设备事故。

5. 意外事件的处理

在实际操作中遇到意外事件时，值班人员要沉着冷静、谨慎处理，不要疏忽错拉不应停电的设备。比如拉隔离开关时触头刚刚分离便发现错误则要迅速合闸！如果隔离开关已经拉开了，不允许将误拉的隔离开关再重新合上。如果误合隔离开关发生电弧时也要迅速合上不许再拉开，否则会因电弧拉长造成三相弧光短路。

当合隔离开关出现三相不同期时监护人可作辅助操作，用合格的绝缘杆使触头就位。当遇到重大缺陷如触头接触不良或触头烧损油漆严重变色时，要报告调度等待命令后方可进行送电操作。

操作中发现隔离开关把手上的锁生锈打不开时，切不可鲁莽行事，应再次核对设备编号与操作票项目是否相符、复查油断路器是否确已断开、闭锁装置是否起作用等。

三、倒闸操作的步骤

倒闸操作必须由两人进行，其中对设备较熟悉者作监护人，另一人为操作人。一个操作任务中途严禁换人，严禁做与操作无关的事，监护人应自始至终认真监护。执行监护制度，可及时纠正操作人可能出现的误操作，同时万一发生意外时，监护人可及时救护。

倒闸操作必须有合格的操作票，操作时要严格按操作票顺序执行。倒闸操作的步骤如下。

（1）发布命令和接受任务。值班员接受调度的操作任务或命令时，应明确操作目的和意图。然后向调度员复诵，经双方核对无误后，将双方姓名填入各自的操作票上。

（2）填写操作票。操作人员应根据操作任务，查对一次系统模拟图，逐项填写操作项目，并由操作人和监护人在操作票上共同签名。

（3）审票。操作人填写好操作票后，先由自己核对，再交监护人审票，并分别签名，再经值班负责人审核签名。审票人发现错误应由操作人重新填写，并在被审的错误操作票上盖“作废”印章，以防发生差错。

（4）考问和预想。监护人和操作人应根据所要进行的倒闸操作互相考问，提出应注意的事项、可能会出现的异常情况，制定出相应的对策或措施，做到心中有数，出现异常情况时能从容处理。

（5）发布操作命令。当作好执行任务的准备后，由调度员发布操作任务或命令，监护人操作人同时接受，并由监护人按照填写好的操作票向发令人员复诵。经双方核对无误后，在操作票上填写发令时间，并由操作人和监护人签名。

（6）模拟预演。操作人和监护人先在变电站一次系统模拟图板上按操作票的项目顺序进行模拟操作，以核对操作票的正确性。

（7）操作前准备。操作前必须先准备必要的安全用具、工具、钥匙，准备并检查绝缘手套、接地线是否完好，核对钥匙编号是否与所要操作的设备编号相符。

（8）核对设备。到达操作现场后，操作人应先立准位置核对设备名称和编号，监护人核对操作人所站立的位置及操作设备的名称、编号正确无误，应该用的安全用具已经用上。

（9）唱票操作。监护人按操作顺序及内容高声唱读，由操作人复诵一遍，监护人认为复诵无误后应答“对，执行”，然后操作人方可操作。并记录操作开始时间。

（10）检查设备，监护人逐项勾票。每一步操作完毕后，应由监护人在操作票上打一个“√”号。同时两人应到现场检查操作的正确性，操作人在监护人的监护下检查操作结果，包括表针的指示、连锁装置及各项信号指示是否正常。然后进行下一步操作的内容。

（11）操作汇报。操作结束后，应检查所有操作步骤是否全部执行，然后由监护人在操作票上填写操作结束时间，并向当值调度员汇报。

（12）总结经验。完成一个操作任务后，应对已执行的操作进行评价、总结经验，便于不断提高操作技能。

第三节　运　行　管　理

一、变配电站的运行管理

1. 变配电站运行基本要求

（1）变配电站等作业场所必须设安全遮栏，挂警告标志，并配置有效的灭火器材。

（2）电气作业人员必须具备符合电压等级的绝缘用具和个人防护用品。

（3）变配电站的电气设备，应定期进行预防性试验。

（4）变配电站内应具备全套合格的安全用具，绝缘靴、绝缘手套、绝缘拉杆、验电器、绝缘垫等的绝缘性能必须经检测单位定期检验。经检验合格的安全防护用具，应整齐放置在干燥明显的地方。变电站内的接地线应有明确编号和指定位置。

2. 变配电站运行管理规程

（1）值班人员对变配电站电气设备负有运行、监视和维护保养责任，严格执行所有规章制度。

（2）熟悉电气设备作用，了解系统运行方式，掌握操作技能，正确处理事故及异常运行情况。

（3）值班时要精神集中，不准脱岗或做与本职工作无关的事。

（4）严格执行变配电站调度命令。

（5）防止小动物和雨水进入配电间。

（6）做好各种记录，认真抄表，管理好变配电站的文件及图样资料。

（7）闲杂人等不得进入变配电站，有关人员出入必须执行登记手续。

（8）负责做好现场安全措施，做好安装和维修后的验收工作。

（9）巡视检查变配电站设备，确保设备运行正常，保障通往变配电站的通道畅通。

（10）变配电站设备运行中应保证一定数量的应急备品、备件。

（11）变配电站内拆装接地线应做好记录，交接班时应交代清楚。

（12）工作现场需要临时停、送电时，现场工作人员必须填写《停、送电通知单》。

3. 值班人员基本要求

（1）变配电站的电气设备操作，必须两人进行，一人监护、一人操作。

（2）严禁口头约定时间停电、送电操作。

（3）不论高低压设备是否带电，值班人员不得单独移开或越过遮栏及警戒线对电气设备进行操作和巡视。

（4）单人值班不得参加修理工作，两人值班时应该由级别较高者值班，级别较低的人在负责人领导下参加修理工作。单人值班时不能进行拆装接地线工作。

（5）电气设备停电后，即使是事故停电，在未拉开有关刀闸和采取安全措施之前，不得触及设备或进入遮栏内，以防止突然来电。

（6）如果遇到紧急事故，严重威胁设备或人身安全，来不及向上级汇报时，值班人员可以先拉开有关设备的电源，但事后必须向上级汇报。

（7）值班人员必须确切掌握本变配电站接线情况及主要设备的性能、位置和运行方式，掌握操作技能。值班人员应熟知本变配电站的规章制度，并严格执行。

二、变配电站的安全管理

为保证变配电站的安全运行，防止电气事故的发生，应严格执行“两票三制”，即执行工作票制度、操作票制度和执行交接班制度、巡回检查制度、设备定期试验和轮换制度。

1. 工作票制度

工作票是准许在电气设备或线路上工作的书面安全要求之一。根据工作性质和工作范围的不同，工作票有电气第一种工作票、电气第二种工作票、电气带电作业工作票、紧急抢修单等种类。

需要全部停电或部分停电或做安全措施的工作，填用电气第一种工作票。

大于表 10 - 3 规定安全距离的相关场所和带电设备外壳上的工作以及不可能触及带电设备导电部分的工作，填用电气第二种工作票。

带电作业或与带电设备距离小于表 10 - 3 规定的安全距离但按带电作业方式开展的不停电工作，填用电气带电作业工作票。

表 10 - 3　设备不停电时的安全距离

电压等级（kV）	安全距离（m）	电压等级（kV）	安全距离（m）
10 及以下	0.70	330	4.00
20、35	1.00	500	5.00
60、110	1.50	±50 及以下	1.50
220	3.00	±500	6.00

事故紧急抢修工作使用紧急抢修单或工作票。非连续进行的事故修复工作应使用工作票。

工作票要用钢笔或圆珠笔填写，一式两份，应正确清楚，不得任意涂改，如有个别错、漏字需修改时，应字迹清楚。两份工作票中的一份必须经常保存在工作地点，由工作负责人收执，另一份交工作许可人收执。

工作票由设备运行维护单位签发或由经设备运行维护单位审核合格并批准的其他单位签发。承发包工程中，工作票可实行双方签发形式。

一个工作负责人不应同时执行两张及以上工作票。

第一种工作票应在工作前一日交给运行值班人员。第二种工作票应在进行工作的当天预先交给运行值班人员。由运行值班人员在开工前将工作票内的全部安全措施一次做完。

工作票的有效时间，以批准的检修期为限，延期应办理手续。

2. 操作票制度

把倒闸操作的顺序按规定格式写下来，然后按写下来的顺序逐项操作，这就是操作票。执行操作票制度和操作监护制度是防止电气误操作事故的重要手段。

操作票上要按规定严格地写明每一步操作。操作票应用钢笔或圆珠笔填写，票面应清楚整洁，不得任意涂改。操作票上要用正规的调度术语，设备要写双重名称（设备编号、设备名称）。操作票填写要严格按倒闸操作原则，根据电气主接线和运行方式及操作任务和操作中的要求进行，操作步骤要绝对正确，不能遗漏。

3. 交接班制度

在一个工作班工作完毕、下一个工作班即将开始工作前进行工作交接的制度称交接班制度。交接班工作必须严肃认真，以防由于没有交接清楚而引起事故。

根据长期运行工作的总结，交接班时要做到“五清四交接”。所谓“五清”是指对交接的内容要讲清、听清、问清、看清、点清。所谓“四交接”就是要进行站队交接、图板交接、现场交接、实物交接。站队交接是交接班双方均应站队立正，面对面把各项内容交接清楚；图板交接是交班负责人会同全体接班人员在模拟图板上交待清楚当时的运行方式；现场交接是指对现场设备（包括电气二次设备）运行情况、接地线设置情况及继电保护方式和定值变更情况等交接清楚；实物交接是指具体实物，如工作票和操作票、文件、通知、工具、仪器仪表等物件要交接清楚。只有把各项内容交接清楚，下一班工作才能正确无误地继续进行。

在完成交接手续、双方在值班记录上签字后，值班负责人应向电网有关值班调度员汇报设备的检修、重要缺陷以及本变电站的运行方式、气候等情况，并核对时钟，组织本值人员简要分析运行情况和应做哪些工作，然后分赴各自岗位，开始工作。

如果在交接班过程中，需要进行重要操作或有事故和异常情况要处理，仍由交班人员负责处理，必要时可请接班人员协助工作。需待事故处理、重要操作结束或告一段落，经调度员同意后方可继续交接班。

4. 巡视检查制度

巡视检查是沿着预先拟订好的路线，以规定的巡视周期对所有电气设备按运行规程规定的检查监视项目依次巡视检查。通过巡视检查及时发现事故隐患，防止事故发生。因此巡视检查时应思想集中，一丝不苟，不能漏查设备和漏查项目。要做到：走到、看到、听到、闻到、摸到（不允许触及的设备除外）。发现不正常情况应立即报告并迅速采取措施予以处理。

除定期巡视检查外，还应根据设备情况、负荷情况、自然条件及气候情况增加巡查次数。例如，对过负荷设备、发生事故处理后的设备、危及设备安全运行的重大缺陷以及遇到大雾、大雪、台风、汛期、雷雨后都应按规定增加巡视次数，严密监视设备运行情况，保障变配电站安全运行。

5. 设备定期试验轮换制度

对变配电站内的电气设备、备用设备及继电保护自动装置等需定期进行试验和轮换，以便及时发现缺陷、消除缺陷，使这些设备始终保持完好状态，并确保在发生事故及不正常运行情况时设备能正确使用、正确动作。

习 题

10-1 变压器有哪些异常现象？如何判断？

10-2 变压器的巡视检查项目有哪些？

10-3 断路器在运行中的巡视检查项目有哪些？

10-4 断路器有哪些常见异常情况？如何处理？

10-5 隔离开关有哪些常见异常情况？如何处理？

10-6 架空电力线路的正常运行标准有哪些内容？

10-7 架空线路的巡视检查分哪几种，巡视检查的目的是什么？

10-8 电动机在运行中的巡视检查项目有哪些？

10-9 电力电容器在运行维护中的检查项目有哪些？

10-10 简单介绍电力电容器有哪些常见的异常情况，如何处理？

10-11 什么是倒闸操作？电气设备有哪些运行状态？

10-12 防止误操作的措施有哪些？

10-13 倒闸操作的基本原则是什么？

10-14 简述倒闸操作的步骤。

10-15 什么是工作票制度？工作票是如何分类的？

10-16 简述变配电站的运行管理规程。

10-17 保障变配电站安全运行的“两票三制”的内容是什么？

附 录

附录 A 用电设备组的需要系数、二项式系数及功率因数值

用电设备组名称	需要系数 K_d	二项式系数		最大容量设备台数 x	$\cos\varphi$	$\tan\varphi$
		b	c			
大批和流水作业生产的热加工机床电动机	0.3～0.35	0.26	0.5	5	0.65	1.17
大批和流水作业生产的冷加工机床电动机	0.18～0.25	0.14	0.5	5	0.5	1.73
小批和单独生产的冷加工机床电动机	0.16～0.2	0.14	0.4	5	0.5	1.73
小批和单独生产的热加工机床电动机	0.25～0.3	0.24	0.4	5	0.6	1.33
通风机、水泵、空压机及电动发电机组电动机	0.7～0.8	0.65	0.25	5	0.8	0.75
非连锁的连续运输机械和铸造车间整砂机械	0.5～0.6	0.4	0.4	5	0.75	0.88
连锁的连续运输机械和铸造车间整砂机械	0.65～0.7	0.6	0.2	5	0.75	0.88
锅炉房和机修、机加、装配等类车间的吊车（ε=25%）	0.1～0.15	0.06	0.2	3	0.5	1.73
铸造车间的吊车（ε=25%）	0.15～0.25	0.09	0.3	3	0.5	1.73
自动连续装料的电阻炉设备	0.75～0.8	0.7	0.3	2	0.95	0.33
非自动连续装料的电阻炉设备	0.6～0.7	0.5	0.5	1	0.95	0.33
实验室用的小型电热设备（电阻炉、干燥箱等）	0.7	0.7	0	—	1.0	0
工频感应电炉（未带无功补偿设备）	0.8	—	—	—	0.35	2.68
高频感应电炉（未带无功补偿设备）	0.8	—	—	—	0.6	1.33
电弧熔炉	0.9	—	—	—	0.87	0.57
点焊机、缝焊机	0.35	—	—	—	0.6	1.33
对焊机、铆钉加热机	0.35	—	—	—	0.7	1.02
自动弧焊变压器	0.5	—	—	—	0.4	2.29
单头手动弧焊变压器	0.35	—	—	—	0.35	2.68
多头手动弧焊变压器	0.4	—	—	—	0.35	2.68
单头弧焊电动发电机组	0.35	—	—	—	0.6	1.33
多头弧焊电动发电机组	0.7	—	—	—	0.75	0.88
生产厂房及办公室、实验室照明	0.8～1	—	—	—	1.0	0
变电站、仓库照明	0.5～0.7	—	—	—	1.0	0
宿舍（生活区）照明	0.6～0.8	—	—	—	1.0	0
室外照明、应急照明	1	—	—	—	1.0	0

注 关于照明的 $\cos\varphi$ 为白炽灯的数据，如为荧光灯取 $\cos\varphi=0.9$；如为高压汞灯或钠灯取 $\cos\varphi=0.5$。

附录 B 各类工厂的全厂需要系数、功率因数及年最大有功负荷利用小时参考值

工厂类别	需要系数	功率因数	年最大有功负荷利用小时（h）	工厂类别	需要系数	功率因数	年最大有功负荷利用小时（h）
汽轮机制造厂	0.38	0.88	5000	量具刃具制造厂	0.26	0.60	3800
锅炉制造厂	0.27	0.73	4500	电机制造厂	0.33	0.65	3000
柴油机制造厂	0.32	0.74	4500	石油机械制造厂	0.45	0.78	3500
重型机械制造厂	0.35	0.79	3700	电线电缆制造厂	0.35	0.73	3500
机床制造厂	0.20	0.65	3200	电器开关制造厂	0.35	0.75	3400
重型机床制造厂	0.32	0.71	3700	仪器仪表制造厂	0.37	0.81	3500
工具制造厂	0.34	0.65	3800	滚珠轴承制造厂	0.28	0.70	5800

附录C　LJ型铝绞线的主要技术数据

额定截面积（mm²）	16	25	35	50	70	95	120	150	185	240
电阻（Ω/km）	2.07	1.33	0.96	0.66	0.48	0.36	0.28	0.23	0.18	0.14
几何均距（m）	电　抗（Ω/km）									
0.6	0.358	0.345	0.336	0.325	0.312	0.303	0.295	0.288	0.281	0.273
0.8	0.377	0.363	0.352	0.341	0.330	0.321	0.313	0.305	0.299	0.291
1	0.391	0.377	0.366	0.355	0.344	0.335	0.327	0.319	0.313	0.305
1.25	0.405	0.391	0.380	0.369	0.358	0.349	0.341	0.333	0.327	0.319
1.5	0.416	0.402	0.392	0.380	0.370	0.360	0.353	0.3455	0.339	0.330
2.0	0.434	0.421	0.410	0.398	0.388	0.378	0.371	0.363	0.356	0.348
2.5	0.448	0.435	0.424	0.413	0.399	0.392	0.385	0.377	0.371	0.362
3.0	0.459	0.448	0.435	0.424	0.410	0.403	0.396	0.388	0.382	0.374
3.5	—	—	0.445	0.433	0.420	0.413	0.406	0.398	0.392	0.383
4.0	—	—	0.453	0.411	0.428	0.419	0.411	0.406	0.400	0.392

附录D　LGJ型铝绞线的主要技术数据

额定截面积（mm²）	16	25	35	50	70	95	120	150	185	240	300	400
电　阻（Ω/km）	2.04	1.38	0.95	0.65	0.46	0.33	0.27	0.21	0.17	0.132	1.07	0.082
几何均距（m）	电　抗（Ω/km）											
1.0	0.387	0.374	0.359	0.351	—	—	—	—	—	—	—	—
1.25	0.401	0.388	0.373	0.365	—	—	—	—	—	—	—	—
1.5	0.412	0.400	0.385	0.376	0.365	0.354	0.347	0.340	—	—	—	—
2.0	0.430	0.418	0.403	0.394	0.383	0.372	0.365	0.358	—	—	—	—
2.5	0.444	0.432	0.417	0.408	0.397	0.386	0.379	0.372	0.365	0.357	—	—
3.0	0.456	0.443	0.428	0.420	0.409	0.398	0.391	0.384	0.377	0.369	—	—
3.5	0.466	0.453	0.438	0.429	0.418	0.406	0.400	0.394	0.386	0.378	0.371	0.362

附录E　SL7系列铝绕组低损耗配电变压器技术数据

10（或6）kV、30～6300kVA无励磁调压变压器技术数据

额定容量（kVA）	型　号	额定损耗（W）		阻抗电压（%）	空载电流（%）	绕　组联结组标号
		空　载	短　路			
30	SL7-30/10	150	800	4	3.5	均为Yyn0接线
50	SL7-50/10	190	1150	4	2.8	
63	SL7-63/10	220	1400	4	2.8	
80	SL7-80/10	270	1650	4	2.7	
100	SL7-100/10	320	2000	4	2.6	

续表

10（或6）kV、30～6300kVA无励磁调压变压器技术数据						
额定容量（kVA）	型　号	额定损耗（W）		阻抗电压（%）	空载电流（%）	绕　组联结组标号
		空　载	短　路			
125	SL7-125/10	370	2450	4	2.5	均为Yyn0接线
160	SL7-160/10	460	2850	4	2.4	
200	SL7-200/10	540	3400	4	2.4	
250	SL7-250/10	640	4000	4	2.3	
315	SL7-315/10	760	4800	4	2.3	
400	SL7-400/10	920	5800	4	2.1	
500	SL7-500/10	1080	6900	4	2.1	
630	SL7-630/10	1300	8100	4.5	2.0	
800	SL7-800/10	1540	9900	4.5，5.5	1.7	
1000	SL7-1000/10	1800	11600	4.5，5.5	1.4	
1250	SL7-1250/10	2200	13800	4.5，5.5	1.4	
1600	SL7-1600/10	2650	16500	4.5，5.5	1.3	
2000	SL7-2000/10	3100	19800	5.5	1.2	
2500	SL7-2500/10	3650	23000	5.5	1.2	
3150	SL7-3150/10	4400	27000	5.5	1.1	
4000	SL7-4000/10	5300	32000	5.5	1.1	
5000	SL7-5000/10	6400	36700	5.5	1.0	
6300	SL7-6300/10	7500	41000	5.5	1.0	

附录F　SL7系列铝绕组低损耗电力变压器技术数据

35kV、50～31500kVA无励磁调压变压器技术数据						
额定容量（kVA）	型　号	额定损耗（W）		阻抗电压（%）	空载电流（%）	绕　组联结组标号
		空　载	短　路			
50	SL7-50/35	265	1350	6.5	3.5	Yyn0
100	SL7-100/35	370	2250	6.5	3.2	Yyn0
125	SL7-125/35	420	2650	6.5	3.0	Yyn0
160	SL7-160/35	470	3150	6.5	2.5	Yyn0
200	SL7-200/35	550	3700	6.5	2.3	Yyn0
250	SL7-250/35	640	4400	6.5	2.3	Yyn0
315	SL7-315/35	740	5300	6.5	2.2	Yyn0
400	SL7-400/35	880	6400	6.5	2.0	Yyn0
500	SL7-500/35	1040	7700	6.5	1.8	Yyn0
630	SL7-630/35	1230	9200	6.5	1.7	Yyn0
800	SL7-800/35	1500	11000	6.5	1.6	Yyn0
1000	SL7-1000/35	1770	13500	6.5	1.5	Dyn11
1250	SL7-1250/35	2100	16300	6.5	1.5	Dyn11
1600	SL7-1600/35	2550	17500	6.5	1.4	Dyn11
2000	SL7-2000/35	3400	19800	6.5	1.4	Dyn11

续表

35kV、50～31500kVA无励磁调压变压器技术数据						
额定容量（kVA）	型号	额定损耗（W）		阻抗电压（%）	空载电流（%）	绕组联结组标号
		空载	短路			
2500	SL7-2500/35	4000	23000	6.5	1.32	Dyn11
3150	SL7-3150/35	4750	27000	7.0	1.2	Dyn11
4000	SL7-4000/35	5650	32000	7.0	1.2	Dyn11
5000	SL7-5000/35	6750	36700	7.0	1.1	Dyn11
6300	SL7-6300/35	8200	41000	7.5	1.05	Dyn11
8000	SL7-8000/35	9800	50000	7.5	1.05	Dyn11
10000	SL7-10000/35	11500	59000	7.5	1.0	Dyn11
12500	SL7-12500/35	13500	70000	8.0	1.0	Dyn11
16000	SL7-16000/35	16000	86000	8.0	1.0	Dyn11
20000	SL7-20000/35	18700	103000	8.0	1.0	Dyn11
25000	SL7-25000/35	21500	123000	8.0	1.0	Dyn11
31500	SL7-31500/35	25500	147000	8.0	1.0	Dyn11

附录G　SJL型三相双绕组铝线电力变压器技术数据

型号	额定容量（kVA）	额定电压（kV）		损耗（kW）		阻抗电压（%）	空载电流（%）	绕组联结组标号
		高压	低压	空载	短路			
SJL1-1000/10	1000	10，6	6.3，3.15	2	13.7	5.5	1.7	Dyn11
SJL1-1000/10	1000	10，6.3，6	0.4	2	13.7	4.5	1.7	Yyn0
SJL1-1250/10	1250	10，6	6.3，3.15	2.35	16.4	5.5	1.6	Dyn11
SJL1-1250/10	1250	10，6.3，6	0.4	2.35	16.4	4.5	1.6	Yyn0
SJL1-1600/10	1600	10，6	6.3，3.15	2.85	20	5.5	1.5	Dyn11
SJL1-1600/10	1600	10，6.3，6	0.4	2.85	20	4.5	1.5	Yyn0
SJL1-2000/10	2000	10，6	6.3，3.15	3.3	24	5.5	1.4	Dyn11
SJL1-2500/10	2500	10，6	6.3，3.15	3.9	27.5	5.5	1.3	Dyn11
SJL1-3150/10	3150	10，6	6.3，3.15	4.6	33	5.5	1.2	Dyn11
SJL1-4000/10	4000	10	6.3，3.15	5.5	39	5.5	1.1	Dyn11
SJL1-5000/10	5000	10	6.3，3.15	6.5	45	5.5	1.1	Dyn11
SJL1-6300/10	6300	10	6.3，3.15	7.9	52	5.5	1.0	Dyn11
SJL1-1000/35	1000	35	10.5，6.5，3.15	2.2	14	6.5	1.7	Dyn11
SJL1-1000/35	1000	35	0.4	2.2	14	6.5	1.7	Yyn0
SJL1-1250/35	1250	35	10.5，6.5，3.15	2.6	17	6.5	1.6	Dyn11
SJL1-1600/35	1600	35，38.5	10.5，6.5，3.15	3.05	20	6.5	1.5	Dyn11
SJL1-1600/35	1600	35	0.4	3.05	20	6.5	1.5	Yyn0
SJL1-2000/35	2000	35，38.5	10.5，6.5，3.15	3.6	24	6.5	1.4	Dyn11
SJL1-2500/35	2500	35，38.5	10.5，6.5，3.15	4.25	27.5	6.5	1.3	Dyn11
SJL1-3150/35	3150	35，38.5	10.5，6.5，3.15	5	33	7	1.2	Dyn11
SJL1-4000/35	4000	35，38.5	10.5，6.5，3.15	5.9	39	7	1.1	Dyn11
SJL1-5000/35	5000	35，38.5	10.5，6.5，3.15	6.9	45	7	1.1	Dyn11
SJL1-5600/35	5600	35，38.5	10.5，6.5，3.15					Dyn11
SJL1-6300/35	6300	35，38.5	10.5，6.5，3.15	8.2	52	7	1.0	Dyn11

附录 H　导体在正常和短路时的最高允许温度及热稳定系数

导体种类和材料			最高允许温度（℃）		热稳定系数 C （$A\cdot s^{1/2}\cdot mm^{-2}$）
			额定负荷时	短路时	
母　线	铜		70	300	171
	铝		70	200	87
油浸纸绝缘电缆	铜　芯	1～3kV	80	250	148
		6kV	65（80）	250	145
		10kV	60（65）	250	148
		35kV	50（65）	175	—
	铝　芯	1～3kV	80	200	84
		6kV	65（80）	200	90
		10kV	60（65）	200	92
		35kV	50（65）	175	—
橡皮绝缘导线和电缆		铜芯	65	150	112
		铝芯	65	150	74
聚氯乙烯绝缘导线和电缆		铜芯	65	130	100
		铝芯	65	130	65
交联聚乙烯绝缘电缆		铜芯	90（80）	250	140
		铝芯	90（80）	250	84
含有锡焊中间接头的电缆		铜芯	—	160	—
		铝芯	—	160	—

注　1.“油浸纸绝缘电缆”中加括号的数字，适用于“不滴流纸绝缘电缆”；
　　2.“交联聚乙烯绝缘电缆”中加括号的数字，适用于 10kV 以上电缆。

附录 I　导线的允许载流量及温度校正系数

表 I-1　　**裸铜、铝及钢芯铝绞线的允许载流量**

（环境温度为＋25℃，最高允许温度为＋70℃）

铜　线			铝　线			钢芯铝线	
导　线	载流量（A）		导　线	载流量（A）		导　线	屋外载流量（A）
型　号	屋　外	屋　内	型　号	屋　外	屋　内	型　号	
TJ-4	50	25	—	—	—	—	—
TJ-6	70	35	LJ-10	75	55	—	—
TJ-10	95	60	LJ-16	105	80	LGJ-16	105
TJ-16	130	100	LJ-25	135	110	LGJ-25	135
TJ-25	180	140	LJ-35	170	135	LGJ-35	170
TJ-35	220	175	LJ-50	215	170	LGJ-50	220
TJ-50	270	220	LJ-70	265	215	LGJ-70	275
TJ-60	315	250	LJ-95	325	260	LGJ-95	335

续表

铜线			铝线			钢芯铝线	
导线型号	载流量（A）		导线型号	载流量（A）		导线型号	屋外载流量（A）
	屋外	屋内		屋外	屋内		
TJ-70	340	280	LJ-120	375	310	LGJ-120	380
TJ-95	415	340	LJ-150	440	370	LGJ-150	445
TJ-120	485	405	LJ-185	500	425	LGJ-185	515
TJ-150	570	480	LJ-240	610	—	LGJ-240	610
TJ-185	645	550	LJ-300	680	—	LGJ-300	700
TJ-240	770	650	LJ-400	830	—	LGJ-400	800

表 I-2　　裸导体载流量的温度校正系数

导线额定温度（℃）	实际环境温度（℃）											
	−5	0	+5	+10	+15	+20	+25	+30	+35	+40	+45	+50
80	1.24	1.20	1.17	1.13	1.09	1.04	1.00	0.95	0.90	0.85	0.80	0.74
70	1.29	1.24	1.20	1.15	1.11	1.05	1.00	0.94	0.88	0.81	0.74	0.67
65	1.32	1.27	1.22	1.17	1.12	1.06	1.00	0.94	0.87	0.79	0.71	0.61
60	1.36	1.31	1.25	1.20	1.13	1.07	1.00	0.93	0.85	0.76	0.66	0.54
55	1.41	1.35	1.29	1.23	1.15	1.08	1.00	0.91	0.82	0.71	0.58	0.41
50	1.48	1.41	1.34	1.26	1.18	1.09	1.00	0.89	0.78	0.63	0.45	—

附录 J　绝缘导线明敷、穿钢管和穿塑料管时的允许载流量

表 J-1　　BLX 型和 BLV 型铝芯绝缘线明敷时的允许载流量

（导线正常最高允许温度为 65℃）　　（单位：A）

芯线截面积（mm^2）	BLX 型铝芯橡胶线				BLV 型铝芯塑料线			
	环境温度（℃）							
	25	30	35	40	25	30	35	40
2.5	27	25	23	21	25	23	21	19
4	35	32	30	27	32	29	27	25
6	45	42	38	35	42	39	36	33
10	65	60	56	51	59	55	51	46
16	85	79	73	67	80	74	69	63
25	110	102	95	87	105	98	90	83
35	138	129	119	100	130	121	112	102
50	175	163	151	138	165	154	142	130
70	220	206	190	174	205	191	177	162
95	265	247	229	209	250	233	216	197
120	310	280	268	245	283	266	246	225
150	360	336	311	384	325	303	281	257
185	420	392	363	332	380	355	328	300
240	510	476	441	403	—	—	—	—

注　BX 型和 BV 型铜芯绝缘线的允许载流量均为同截面积的 BLX 型和 BLV 型铝芯绝缘线允许载流量的 1.29 倍。

表 J-2　　BLX 型和 BLV 型铝芯绝缘线穿钢管时的允许载流量

（导线正常最高允许温度为 65℃）　　（单位：A）

导线型号	线芯截面积（mm²）	2 根单芯线				2 根穿管，管径（mm）		3 根单芯线				3 根穿管，管径（mm）		4～5 根单芯线				4 根穿管，管径（mm）		5 根穿管，管径（mm）	
		环境温度（℃）						环境温度（℃）						环境温度（℃）							
		25	30	35	40	SC①	MT②	25	30	35	40	SC①	MT②	25	30	35	40	SC①	MT②	SC①	MT②
	2.5	21	19	18	16	15	20	19	17	16	15	15	20	16	14	13	12	20	25	20	25
	4	28	26	24	22	20	25	25	23	21	19	20	25	23	21	19	18	20	25	20	25
	6	37	34	32	29	20	25	34	31	29	26	20	25	30	28	25	23	20	25	25	32
	10	52	48	44	41	25	32	46	43	39	36	25	32	40	37	34	31	25	32	32	40
	16	66	61	57	52	25	32	59	55	51	46	32	32	52	48	44	41	32	40	40	50
	25	86	80	74	68	32	40	76	71	65	60	32	40	68	63	58	53	40	50	40	—
BLX	35	106	99	91	89	32	40	94	87	81	74	32	50	83	77	71	65	40	50	50	—
	50	133	124	115	105	40	50	118	110	102	93	50	50	105	98	90	83	50	—	70	—
	70	164	154	142	130	50	50	150	140	129	118	50	50	133	124	115	105	70	—	70	—
	95	200	187	173	158	70	—	180	168	155	142	70	—	160	149	138	126	70	—	80	—
	120	230	215	198	181	70	—	210	196	181	166	70	—	190	177	164	150	70	—	80	—
	150	260	243	224	205	70	—	240	224	207	189	70	—	220	205	190	174	80	—	100	—
	185	295	275	255	233	80	—	270	252	233	213	80	—	250	233	218	197	80	—	100	—
	2.5	20	18	17	15	15	15	18	16	15	14	15	15	15	14	12	11	15	15	15	20
	4	27	25	23	21	15	15	24	22	20	18	15	15	22	20	19	17	15	20	20	20
	6	35	32	30	27	15	20	32	29	27	25	15	20	28	26	24	22	20	25	25	25
	10	49	45	42	38	20	25	44	41	38	34	20	25	38	35	32	30	25	25	25	32
	16	63	58	54	49	25	25	56	52	48	44	25	32	50	46	43	39	25	32	32	40
	25	80	74	69	63	25	32	70	65	60	55	32	32	65	60	50	51	32	40	32	50
BLV	35	100	93	86	79	32	40	90	84	77	71	32	40	80	74	69	63	40	50	40	—
	50	125	116	108	98	40	50	110	102	95	87	40	50	100	93	86	79	50	50	50	—
	70	155	144	134	122	50	50	143	133	123	113	40	50	127	118	109	100	50	—	70	—
	95	190	177	164	150	50	50	170	158	147	134	50	—	152	142	131	120	70	—	70	—
	120	220	205	190	174	50	50	195	182	168	154	50	—	172	160	148	136	70	—	80	—
	150	250	233	216	197	70	50	210	210	194	177	70	—	200	187	173	158	70	—	80	—
	185	285	266	246	225	70	—	255	238	220	201	70	—	230	215	198	181	80	—	100	—

注　1. BX 型和 BV 型铜芯绝缘线的允许载流量约为同截面积的 BLX 型和 BLV 型铝芯绝缘线允许载流量的 1.29 倍；

2. 4～5 根单芯线的允许载流量是指三相四线制 TN-C 系统、TN-S 系统和 TN-C-S 系统中的相线允许载流量。

① 焊接钢管，管径按内径计；

② 电线管，管径按外径计。

表 J-3　　BLX 型和 BLV 型铝芯绝缘线穿硬塑料管时允许载流量

（导线正常最高允许温度为 65℃）　　（单位：A）

导线型号	线芯截面积（mm²）	2 根单芯线				2 根穿管，管径（mm）	3 根单芯线				3 根穿管，管径（mm）	4～5 根单芯线				4 根穿管，管径（mm）	5 根穿管，管径（mm）
		环境温度（℃）					环境温度（℃）					环境温度（℃）					
		25	30	35	40		25	30	35	40		25	30	35	40		
BLX	2.5	19	17	16	15	15	17	15	14	13	15	15	14	12	11	20	25
	4	25	23	21	19	20	23	21	19	18	20	20	18	17	15	20	25
	6	33	30	28	26	20	29	27	25	22	20	26	24	22	20	25	32
	10	44	41	38	34	25	40	37	34	31	25	35	32	30	27	32	32
	16	58	54	50	45	32	52	48	44	41	32	46	43	39	36	32	40
	25	77	71	66	60	32	68	63	58	53	32	60	56	51	47	40	40
	35	95	88	82	75	40	84	78	72	66	40	74	69	64	58	40	50
	50	120	112	103	94	40	108	100	93	85	50	95	88	82	75	50	50
	70	153	143	132	121	50	135	126	116	106	50	120	112	103	94	50	65
	95	184	172	159	145	50	165	154	142	130	65	150	140	129	118	65	80
	120	210	196	181	166	65	190	177	164	150	65	170	158	147	134	80	80
	150	250	233	216	197	65	227	212	196	179	75	205	191	177	162	80	90
	185	282	263	243	223	80	255	238	220	201	80	232	216	200	183	100	100
BLV	2.5	18	16	15	14	15	16	14	13	12	15	14	13	12	11	20	25
	4	24	22	20	18	20	22	20	19	17	20	19	17	16	15	20	25
	6	31	28	26	24	20	27	25	23	21	20	25	23	21	19	25	32
	10	42	39	36	33	25	38	35	32	30	25	33	30	28	26	32	32
	16	55	51	47	43	32	49	45	42	38	32	44	41	38	34	32	40
	25	73	68	63	57	32	65	60	56	51	40	57	53	49	45	40	50
	35	90	84	77	71	40	80	74	69	63	40	70	65	60	55	50	65
	50	114	106	98	90	50	102	95	88	80	50	90	84	77	71	65	65
	70	145	135	125	114	50	130	121	112	102	50	115	107	99	90	65	75
	95	175	163	151	138	65	158	147	136	124	65	140	130	121	110	75	75
	120	206	187	173	158	65	180	168	155	142	65	180	149	138	126	75	80
	150	230	215	298	181	75	207	193	179	163	75	185	172	160	146	80	90
	185	265	247	229	209	75	235	219	203	185	75	212	198	183	167	90	100

注　1. BX 型和 BV 型铜芯绝缘线的允许载流量约为同截面积的 BLX 型和 BLV 型铝芯绝缘线的允许载流量的 1.29 倍；

2. 4～5 根单芯线穿管的载流量，是指三相四线制的 TN-C 系统、TN-S 系统和 TN-C-S 系统中的相线载流量。

附录K　室内明敷及穿管的铝、铜芯绝缘线导线的电阻和电抗

导线截面积 (mm^2)	铝 (Ω/km)			铜 (Ω/km)		
	电阻 R_0	电抗 X_0		电阻 R_0	电抗 X_0	
	(65℃)	明线间距 100mm	穿管	(65℃)	明线间距 100mm	穿管
1.5	24.39	0.342	0.14	14.48	0.342	0.14
2.5	14.63	0.327	0.13	8.69	0.327	0.13
4	9.15	0.312	0.12	5.43	0.312	0.12
6	6.10	0.300	0.11	3.62	0.300	0.11
10	3.66	0.280	0.11	2.19	0.280	0.11
16	2.29	0.265	0.10	1.37	0.265	0.10
25	1.48	0.251	0.10	0.88	0.251	0.10
35	1.06	0.241	0.10	0.63	0.241	0.10
50	0.75	0.229	0.09	0.44	0.229	0.09
70	0.53	0.219	0.09	0.32	0.219	0.09
95	0.39	0.206	0.09	0.23	0.206	0.09
120	0.31	0.199	0.08	0.19	0.199	0.08
150	0.25	0.191	0.08	0.15	0.191	0.08
185	0.2	0.184	0.07	0.13	0.184	0.07

附录L　常用高压断路器的主要技术数据

类别	型　号	额定电压 (kV)	额定电流 (A)	开断电流 (kA)	断流容量 (MVA)	动稳定电流峰值 (kA)	热稳定电流 (kA)	固有分闸时间 (s)	合闸时间 (s)	配用操动机构型号
少油户外	SW2-35/1000	35	1000	16.5	1000	45	16.5 (4s)	0.06	0.4	CTZ-XG
	SW2-35/1500		1500	24.8	1500	63.5	28.4 (4s)			
少油户内	SN10-35Ⅰ	35	1000	16	1000	45	16 (4s)	0.06	0.2	CT10
	SN10-35Ⅱ		1250	20	1250	50	20 (4s)		0.25	CD10等
	SN10-10Ⅰ	10	630	16	300	40	16 (4s)	0.06	0.2	CS2
			1000							CS15
	SN10-10Ⅱ		1000	31.5	500	80	31.5 (4s)			CD10
	SN10-10Ⅲ		1250	40	750	125	40 (4s)			CD14
			2000							CT7
			3000							CT8等

续表

类别	型号	额定电压（kV）	额定电流（A）	开断电流（kA）	断流容量（MVA）	动稳定电流峰值（kA）	热稳定电流（kA）	固有分闸时间（s）	合闸时间（s）	配用操动机构型号
户内真空断路器	ZN23 - 35	35	1600	25	—	63	25（4s）	0.06	0.075	CT12
	ZN2 - 10	10	630	11.6	200	30	11.6（4s）	0.06	0.2	CD10 等
	ZN3 - 10		630	8	—	20	8（4s）	0.07	0.15	
			1000	20	—	50	20（4s）	0.05	0.10	
	ZN4 - 10		1000	17.3	—	44	17.3（4s）	0.05	0.20	
			1250	20	—	50	20（4s）			
	ZN5 - 10		630	20	—	50	20（4s）	0.05	0.10	专用CD 型
			1000							
			1250	25	—	63	25（4s）			
	ZN12 - 10		1250	25	—	63	25（4s）	0.06	0.10	CT8 等
			2000							
	ZN24 - 10		1250	31.5	—	80	31.5（4s）	0.06	0.10	
			2000							
户内六氟化硫断路器	LN2 - 35 Ⅰ	35	1250	16	—	40	16（4s）	0.06	0.15	CT1211
	LN2 - 35 Ⅱ		1250	25	—	63	25（4s）			
	LN2 - 35 Ⅲ		1600	25	—	63	25（4s）			
	LN2 - 10	10	1250	25	—	63	25（4s）	0.06	0.15	CT81 CT121

附录 M　常用隔离开关的主要技术数据

型　号	额定电压（kV）	额定电流（A）	极限通过电流峰值（kA）	热稳定电流（kA）		操动机构型　号
				4s	5s	
GN2 - 35T/400 - 52	35	400	52	—	14	CS6 - 2T
GN2 - 35T/600 - 64		600	64	—	25	
GN2 - 35T/1000 - 70		1000	70	—	27.5	
GN13 - 35/400 - 52		400	52	14	—	
GN13 - 35/600 - 64		600	64	16.5	—	
GW1 - 6/200 - 15	6	200	15	—	7	CS8 - 1
GW1 - 6/400 - 25		400	25	—	14	
GW1 - 10/200 - 15	10	200	15	—	7	
GW1 - 10/400 - 25		400	25	—	14	
GW1 - 10/600 - 35		600	35	—	20	

续表

型　　号	额定电压（kV）	额定电流（A）	极限通过电流峰值（kA）	热稳定电流（kA）		操动机构型　　号
				4s	5s	
GW2 - 35/600	35	600	50	—	14	CS8 - 3 或 CS8 - 2D
GW2 - 35D/600		600	50	—	14	
GW4 - 35/（W）	35	600	50	—	14	CS8 - 2D、CS - 11
GW4 - 110（D）/（W）	110	600	50	—	14	CS - 14 或 CQ2 - 145
		1000	80	—	21.5	

附录 N　RW 型高压熔断器的主要技术数据

型　　号	额定电压（kV）	额定电流（A）	断流容量（MVA）	
			上　限	下　限
RW3 - 10/50	10	50	50	5
RW3 - 10/100		100	100	10
RW3 - 10/200		200	200	20
RW4 - 10G/50	10	50	89	7.5
RW4 - 10G/100		100	124	10
RW4 - 10/50		50	75	—
RW4 - 10/100		100	100	—
RW4 - 10/200		200	100	30
RW5 - 35/50	35	50	200	15
RW5 - 35/100 - 400		100	400	10
RW5 - 35/200 - 800		200	800	30
RW5 - 35/100 - 400GY		100	400	30

附录 O　部分低压断路器的主要技术数据

型　　号	脱扣器额定电流（A）	长延时动作整定电流（A）	短延时动作整定电流（A）	瞬时动作整定电流（A）	单相接地短路动作电流（A）	分断能力	
						电流（kA）	$\cos\varphi$
DW15 - 200	100	64～100	300～1000	300～1000 800～2000	—	20	0.15
	150	98～150	—	—			
	200	128～200	600～2000	600～2000 1600～4000			

续表

型号	脱扣器额定电流（A）	长延时动作整定电流（A）	短延时动作整定电流（A）	瞬时动作整定电流（A）	单相接地短路动作电流（A）	分断能力	
						电流（kA）	cosφ
DW15-400	200	128～200	600～2000	600～2000 1600～4000	—	25	0.35
	300	192～300	—	—			
	400	256～400	1200～4000	3200～8000			
DW15-600	300	192～300	900～3000	900～3000 1400～6000	—	30	0.35
	400	256～400	1200～4000	1200～4000 3200～8000			
	600	384～600	1800～6000	—			
DW15-1000	600	420～600	1800～6000	6000～12000	—	40 （30）	0.2 （0.25）
	800	560～800	2400～8000	8000～16000			
DW15-1500	1000	700～1000	3000～10000	10000～20000			
	1500	1050～1500	4500～15000	15000～30000			
DW15-2500	1500	1050～1500	4500～9000	10500～21000	—	60 （40）	0.2 （0.25）
	2000	1400～2000	6000～12000	14000～28000			
	2500	1750～2500	7500～15000	17500～35000			
DW15-4000	2500	1750～2500	7500～15000	17500～35000	—	80 （60）	0.2
	3000	2100～3000	9000～18000	21000～42000			
	4000	2800～4000	12000～24000	28000～56000			
DW16-630	100	64～100	—	300～600	50	30 （380V）	0.25 （380V）
	160	102～160		480～960	80		
	200	128～200		600～1200	100		
	250	160～250		750～1500	125		
	315	202～315		945～1890	158	20 （660V）	0.3 （660V）
	400	256～400		1200～2400	200		
	630	403～630		1890～3780	315		
DW16-2000	800	512～800	—	2400～4800	400	50	—
	1000	640～1000		3000～6000	500		
	1600	1024～1600		4800～9600	800		
	2000	1280～2000		6000～12000	1000		
DW16-4000	2500	1400～2500	—	7500～15000	1250	80	—
	3200	2048～3200		9600～19200	1600		
	4000	2560～4000		12000～24000	2000		

注 电流分断能力括号中的数值为短延时的电流分断能力。

附录P　直流回路编号

序号	回路名称	原数字编号				新编号一				新编号二			
		Ⅰ	Ⅱ	Ⅲ	Ⅳ	Ⅰ	Ⅱ	Ⅲ	Ⅳ	Ⅰ	Ⅱ	Ⅲ	Ⅳ
1	正电源回路	1	101	201	301	101	201	301	401	101	201	301	401
2	负电源回路	2	102	202	302	102	202	302	402	102	202	302	402
3	合闸回路	3～31	103～131	203～231	303～331	103	203	303	403	103	203	303	403
4	合闸监视回路	5	105	205	305					105	205	305	405
5	跳闸回路	33～49	133～149	233～249	333～349	133 1133 1233	233 2133 2233	333 3133 3233	433 4133 4233	133 1133 1233	233 2133 2233	333 3133 3233	433 4133 4233
6	跳闸监视回路	35	135	235	335					135 1135 1235	235 2135 2235	335 3135 3235	435 4135 4235
7	备用电源自动合闸回路	50～69	150～169	250～269	350～369					150～169	250～269	350～369	450～469
8	开关位置信号回路	70～89	170～189	270～289	370～389					170～189	270～289	370～389	470～489
9	事故跳闸音响信号	90～99	190～199	290～299	390～399					190～199	290～299	390～399	490～499
10	保护回路	01～099或J1～J99								01～099或0101～0999			
11	发电机励磁回路	601～699								601～699或6011～6999			
12	信号及其他回路	701～999 (标号不足时可递减)								701～799或7011～7999			
13	断路器位置遥信回路	801～809								801～809或8011～8999			
14	断路器合闸绕组或操动机构电动机回路	871～879								871～879或8711～8799			
15	隔离开关操作闭锁回路	881～899								881～899或8810～8899			
16	发电机调速电动机回路	T991～T999								991～999或9910～9999			
17	变压器零序保护公用电源回路	J01、J02、J03								001、002、003			

注　1. 无备用电源自动投入的安装单位，序号7的编号可用于其他回路。

2. 断路器或隔离开关采用分相操动机构时，序号3、5、14、15等回路标号应以A、B、C标志相别。

附录Q 交流回路编号

回路名称	回路编号组					
	用　途	A　相	B　相	C　相	中性线	零　序
保护装置及测量仪表电流回路	T1 T1-1 T1-2 T1-9 T2-1 T2-9	A11～A19 A111～A119 A121～A129 A191～A199 A211～A219 A291～A299	B11～B19 B111～B119 B121～B129 B191～B199 B211～B219 B291～B299	C11～C19 C111～C119 C121～C129 C191～C199 C211～C219 C291～C299	N11～N19 N111～N119 N121～N129 N191～N199 N211～N219 N291～N299	L11～L19 L111～L119 L121～L129 L191～L199 L211～L219 L291～L299
	T11-1 T11-2	A1111～A1119 A1121～A1129	B1111～B1119 B1121～B1129	C1111～C1119 C1121～C1129	N1111～N1119 N1121～N1129	L1111～L1119 L1121～L1129
保护装置及测量仪表电压回路	T1 T2 T3	A611～A619 A621～A629 A631～A639	B611～B619 B621～B629 B631～B639	C611～C619 C621～C629 C631～C639	N611～N619 N621～N629 N631～N639	L611～L619 L621～L629 L631～L639
经隔离开关辅助触点或继电器切换后的电压回路	6～10kV 35kV 110kV 220kV 330kV 500kV	A（C、N）760～769、B600 A（C、N）730～739、B600 A（B、C、I、Se）710～719、N600 A（B、C、I、Se）720～729、N600 A（B、C、I、Se）730～739、N600或A（B、C、I、Se）750～759、N600 A（B、C、I、Se）750～759、N600				
绝缘检查电压表的公用回路		A700	B700	C700	N700	
母线差动保护公用电流回路	6～10kV 35kV 110kV 220kV 330kV 500kV	A360 A330 A310 A320 A330（A350） A350	B360 B330 B310 B320 B330（B350） B350	C360 C330 C310 C320 C330（C350） C350	N360 N330 N310 N320 N330（N350） N350	

附录R 并联电容器的无功补偿率

补偿前的功率因数	补偿后的功率因数				补偿前的功率因数	补偿后的功率因数			
	0.85	0.90	0.95	1.00		0.85	0.90	0.95	1.00
0.60	0.713	0.849	1.004	1.333	0.76	0.235	0.371	0.526	0.85
0.62	0.646	0.782	0.937	1.266	0.78	0.182	0.318	0.473	0.80
0.64	0.581	0.717	0.872	1.206	0.80	0.130	0.266	0.421	0.75
0.66	0.518	0.654	0.809	1.138	0.82	0.078	0.214	0.369	0.69
0.68	0.458	0.594	0.749	1.078	0.84	0.026	0.162	0.317	0.64
0.70	0.400	0.536	0.691	1.020	0.86	—	0.109	0.264	0.59
0.72	0.344	0.480	0.635	0.964	0.88	—	0.056	0.211	0.54
0.74	0.289	0.425	0.580	0.909	0.90	—	0.000	0.155	0.48

附录S　部分并联电容器的主要技术数据

型　　号	额定电压 (kV)	额定容量 (kvar)	额定电容 (μF)	相　　数
BCMJ0.23-5-3	0.23	5	300	3
BCMJ0.23-10-3	0.23	10	600	3
BCMJ0.23-20-3	0.23	20	1200	3
BCMJ0.4-10-3	0.4	10	200	3
BCMJ0.4-12-3	0.4	12	240	3
BCMJ0.4-14-3	0.4	14	280	3
BCMJ0.4-16-3	0.4	16	320	3
BKMJ0.4-12-3	0.4	12	240	3
BKMJ0.4-15-3	0.4	15	300	3
BKMJ0.4-20-3	0.4	20	400	3
BKMJ0.4-25-3	0.4	25	500	3
BWF6.3-22-1	6.3	22	1.76	1
BWF6.3-25-1	6.3	25	2.0	1
BWF6.3-30-1	6.3	30	2.4	1
BWF6.3-40-1	6.3	40	3.2	1
BWF6.3-50-1	6.3	50	4.0	1
BWF6.3-100-1	6.3	100	8.0	1
BWF6.3-120-1	6.3	120	9.63	1
BWF10.5-22-1	10.5	22	0.64	1
BWF10.5-25-1	10.5	25	0.72	1
BWF10.5-30-1	10.5	30	0.87	1
BWF10.5-40-1	10.5	40	1.15	1
BWF10.5-50-1	10.5	50	1.44	1
BWF10.5-100-1	10.5	100	2.89	1
BWF10.5-120-1	10.5	120	3.47	1
BWF11/$\sqrt{3}$-16-1W	11/$\sqrt{3}$	16	1.26	1
BWF11/$\sqrt{3}$-25-1W	11/$\sqrt{3}$	25	1.97	1
BWF11/$\sqrt{3}$-30-1W	11/$\sqrt{3}$	30	2.37	1
BWF11/$\sqrt{3}$-40-1W	11/$\sqrt{3}$	40	3.16	1
BWF11/$\sqrt{3}$-50-1W	11/$\sqrt{3}$	50	3.95	1
BWF11/$\sqrt{3}$-100-1W	11/$\sqrt{3}$	100	7.89	1
BWF11/$\sqrt{3}$-120-1W	11/$\sqrt{3}$	120	9.45	1

附录 T　PZ220 型普通白炽灯泡的主要技术数据

额定电压（V）	220									
额定功率（W）	15	25	40	60	100	150	200	300	500	1000
光通量（lm）	110	220	350	630	1250	2090	2920	4610	8300	18600
平均寿命（h）	1000									

附录 U　GC1-A（B）-1 型配照灯的主要数据

规格数据			
光源容量	保护角	灯具效率	最大距高比
白炽灯 150W	8.7°	85%	1.25

灯具利用系数 u

顶棚反射系数		70			50			30			0
墙壁反射系数		50	30	10	50	30	10	50	30	10	0
室空间比	1	0.85	0.82	0.78	0.82	0.79	0.76	0.78	0.76	0.74	0.70
	2	0.73	0.68	0.63	0.70	0.66	0.61	0.68	0.63	0.60	0.57
	3	0.64	0.57	0.51	0.61	0.55	0.50	0.59	0.54	0.49	0.46
	4	0.56	0.49	0.43	0.54	0.48	0.43	0.52	0.46	0.42	0.39
	5	0.50	0.42	0.36	0.48	0.41	0.36	0.46	0.40	0.35	0.33
	6	0.44	0.36	0.31	0.43	0.36	0.31	0.41	0.35	0.30	0.28
	7	0.39	0.32	0.26	0.38	0.31	0.26	0.37	0.30	0.26	0.24
	8	0.35	0.28	0.23	0.34	0.28	0.23	0.33	0.27	0.23	0.21
	9	0.32	0.25	0.20	0.31	0.24	0.20	0.30	0.24	0.20	0.18
	10	0.29	0.22	0.17	0.28	0.22	0.17	0.27	0.21	0.17	0.16

附录 V　配照灯的比功率参考值　（单位：W/m^2）

灯在工作面上高度（m）	被照面积（m^2）	白炽灯平均照度（lx）						
		5	10	15	20	30	50	75
3～4	10～15	4.3	7.5	9.6	12.7	17	26	36
	15～20	3.7	6.4	8.5	11.0	14	22	31
	20～30	3.1	5.5	7.2	9.3	13	19	27
	30～50	2.5	4.5	6	7.5	10.5	15	22
	50～100	2.1	3.8	5.1	6.3	8.5	13	18
	120～300	1.8	3.3	4.4	5.5	7.5	12	16
	300 以上	1.7	2.9	4.0	5.0	7.0	11	15
4～6	10～17	5.2	8.9	11	15	21	33	48
	17～25	4.1	7.0	9.0	12	16	27	37
	25～35	3.4	5.8	7.7	10	14	22	32
	35～50	3.0	5.0	6.8	8.5	12	19	27
	50～80	2.4	4.1	5.6	7.0	10	15	22
	80～150	2.0	3.3	4.6	5.8	8.5	12	17
	150～400	1.7	2.8	3.9	5.0	7.0	11	15
	400 以上	1.5	2.5	3.5	4.0	6.0	10	14

附录 W　部分生产车间工作面上的最低照度标准

表 W-1　　部分生产车间工作面上的最低照度值

车间名称及工作内容	工作面上的最低照度（lx）			车间名称及工作内容	工作面上的最低照度（lx）		
	混合照明	混合照明中的一般照明	单独使用的一般照明		混合照明	混合照明中的一般照明	单独使用的一般照明
机械加工车间				铸工车间			
一般加工	500	30	—	熔化、浇注	—	—	30
精密加工	1000	75	—	造型	—	—	50
机电装配车间				木工车间			
大件装配	500	50	—	机床区	300	30	—
精密小件装配	1000	75	—	木模区	300	30	—
焊接车间				电修车间			
弧焊、接触焊	—	—	50	一般	300	30	—
一般划线	—	—	75	精密	500	50	—

表 W-2　　部分生产和生活场所的最低照度值

场所名称	单独一般照明工作面上的最低照度（lx）	工作面离地高度（m）	场所名称	单独一般照明工作面上的最低照度（lx）	工作面离地高度（m）
高低压配电室	30	0	工具室	30	0.8
变压器室	20	0	阅览室	75	0.8
一般控制室	75	0.8	办公室、会议室	50	0.8
主控制室	150	0.8	宿舍、食堂	30	0.8
试验室	100	0.8	主要道路	0.5	0
设计室	100	0.8	次要道路	0.2	0

参 考 文 献

[1] 刘介才. 供配电技术 [M]. 2 版. 北京：机械工业出版社，2007.
[2] 李友文. 工厂供电 [M]. 北京：化学工业出版社，2001.
[3] 王晓丽. 供配电系统 [M]. 北京：机械工业出版社，2004.
[4] 沙振舜. 电工实用技术手册 [M]. 南京：江苏科学技术出版社，2002.
[5] 江文. 供配电技术 [M]. 北京：机械工业出版社，2005.
[6] 陈小虎. 工厂供电 [M]. 北京：高等教育出版社，2003.
[7] 刘介才. 供电工程师技术手册 [M]. 北京：机械工业出版社，2000.
[8] 刘增良. 电气设备及运行维护 [M]. 北京：中国电力出版社，2007.
[9] 杨新民. 电力系统综合自动化 [M]. 北京：中国电力出版社，2002.
[10] 马丽英. 供用电网络继电保护 [M]. 2 版. 北京：中国电力出版社，2013.
[11] 郭培源. 电力系统自动控制新技术 [M]. 北京：科学出版社，2001.
[12] 李骏年. 电力系统继电保护 [M]. 北京：中国电力出版社，2001.
[13] 中国电力企业联合会标准化中心. 电力工业标准汇编 [M]. 北京：中国电力出版社，2010.
[14] 中国标准出版社. 电气制图国家标准汇编 [M]. 北京：中国标准出版社，2001.
[15] 安徽省电力公司培训标准编写组. 供电企业岗位培训考核标准 [M]. 北京：中国电力出版社，2005.
[16] 邢道清，等. 变电运行值班工 [M]. 北京：机械工业出版社，2008.
[17] 赵柄良. 现代电力电子技术基础 [M]. 北京：清华大学出版社，1995.